高职高专教育材料工程技术专业“十三五”创新规划教材

水泥生料制备与水泥制成中控操作

主　编　纪明香　刘世贵
副主编　钟　蓉　杨晓宇
参　编　陆　彬　曹　俊
　　　　邹凌彦　马修辉
主　审　李　江　许加达

中国建材工业出版社

图书在版编目（CIP）数据

水泥生料制备与水泥制成中控操作/纪明香，刘世贵主编．—北京：中国建材工业出版社，2017.8

高职高专教育材料工程技术专业“十三五”创新规划教材

ISBN 978-7-5160-1916-0

Ⅰ.①水…　Ⅱ.①纪…　②刘…　Ⅲ.①水泥—生产工艺—高等职业教育—教材　Ⅳ.①TQ172.6

中国版本图书馆CIP数据核字（2017）第160854号

内容简介

本书是依据全国建材职业教育教学指导委员会2016年会议的有关精神，结合现在的教材改革而编写的。本书立足于水泥工业技术现状及发展趋势，依托仿真及3D技术发展，突出实用性和可操作性。内容既有工艺概述，设备构造、工作过程、性能、应用的介绍，又有系统中控操作描述，并收集了大量的设备实物图片和设备工作过程的动画或视频。本书包括新型干法水泥生产及仿真系统简介、水泥生料制备、水泥制成、拓展项目共四个项目。

本书可作为高职高专材料工程技术专业的教材，也可作为水泥生产生料制备及水泥制成中控操作人员的培训、技能鉴定考前辅导用书。

水泥生料制备与水泥制成中控操作

主　编　纪明香　刘世贵

出版发行：中国建材工业出版社
地　址：北京市海淀区三里河路1号
邮　编：100044
经　销：全国各地新华书店
印　刷：北京雁林吉兆印刷有限公司
开　本：787mm×1092mm　1/16
印　张：17.75
字　数：450千字
版　次：2017年8月第1版
印　次：2017年8月第1次
定　价：49.80元

本社网址：www.jccbs.com　微信公众号：zgjcgycbs

本书如出现印装质量问题，由我社市场营销部负责调换。联系电话：（010）88386906

前　言

本书是依据全国建材职业教育教学指导委员会2016年会议的有关精神，结合现在的教材改革而编写的。

本书立足于水泥工业技术现状及发展趋势，依托仿真及3D技术发展，突出实用性和可操作性。内容既有工艺概述，设备构造、工作过程、性能、应用的介绍，又有系统中控操作描述，并收集了大量的设备实物图片和设备工作过程的动画或视频。

本书以5000t/d水泥熟料生产线为载体，结合博努力（北京）仿真技术有限公司开发的水泥生产仿真系统，共分为四个项目。项目一为新型干法水泥生产及仿真系统简介；项目二为水泥生料制备及中控操作；项目三为水泥制成及中控操作；项目四为拓展项目，介绍了煤粉制备、中卸磨、辊压机终端粉磨、生料均化系统的操作。通过项目二和项目三，详细介绍了原料破碎及输送、物料计量、废气处理、物料分选、立式磨、球磨等设备的使用及系统操作与控制技能。本书可作为高职高专材料工程技术专业的教材，也可作为水泥生产生料制备及水泥制成中控操作人员的培训、技能鉴定考前辅导用书。

本书由黑龙江建筑职业技术学院纪明香、北京金隅科技学校刘世贵担任主编，江西现代职业技术学院钟蓉、内蒙古化工职业学院杨晓宇担任副主编。编写分工是：项目一的任务1、项目二的任务3、任务4由黑龙江建筑职业技术学院纪明香编写；项目二的任务5、项目三的任务1、任务5、项目四的任务2由北京金隅科技学校刘世贵编写；项目二的任务1、任务2、项目四的任务4由江西现代职业技术学院钟蓉编写；项目三的任务2、任务3、项目四的任务1由内蒙古化工职业学院杨晓宇编写；项目二的任务6由新疆建设职业技术学院陆彬编写；项目三的任务4由江西现代职业技术学院曹俊编写；项目一的任务2由黑龙江建筑职业技术学院邹凌彦编写；项目四的任务3由黑龙江建筑职业技术学院马修辉编写。

本书由纪明香统稿，刘世贵协助修改，由全国建材职业教育教学指导委员会副主任兼秘书长李江、博努力公司工程师许加达审稿。

本书中在编写过程中得到兄弟院校和博努力公司的大力支持，在此表示衷心感谢！由于编者水平有限，书中难免有不妥之处，恳请读者指正。

编者

2017年7月

目　录

项目一　新型干法水泥生产及仿真系统简介

任务1　新型干法水泥生产技术基本知识

知识目标　了解新型干法水泥生产特点；掌握新型干法水泥生产工艺流程，即原料的破碎、预均化，生料的粉磨、均化，熟料的煅烧，水泥的制成及包装发运的工艺流程。

能力目标　能够看懂水泥生产工艺流程图。

1.1　新型干法水泥生产特点

新型干法水泥生产技术，是以悬浮预热和窑外分解技术为核心，把现代科学技术和工业生产成果广泛用于水泥生产全过程，采用新型原料、燃料、预均化技术和节能粉磨技术及装备，全线采用计算机集散控制，以高效、优质、低耗、符合环保要求和大型化、自动化为特征的现代水泥生产方法。

新型干法水泥生产技术是20世纪50年代开始发展，尤其是20世纪70年代初出现的带窑外分解炉的新型窑生产线，将水泥干法生产推向一个新阶段。传统的水泥生产方法，生料的预热、分解和烧成过程均在窑内完成，窑内的传热、传质速度很慢，对需要热量较大的预热、分解过程很不适应，而悬浮预热、窑外分解技术从根本上改变了物料的预热、分解过程的传热状态，将窑内的物料堆积状态的预热和分解过程分别移到悬浮预热器和分解炉内进行。

新型干法水泥生产由于物料悬浮在气流中，与气流的接触面积大幅度增加，因此传热极快、效率高，可同时将物料在悬浮状态下均匀混合，并将燃料燃烧的热及时传给物料，使之迅速分解。因此传热、传质均很迅速，大幅度提高了生产效率和热效率，目前最大的规模已经达到日产熟料万吨以上。这种能耗低、产量高、质量好、技术新的窑已成为世界各国水泥生产的发展方向，其主要特点有：

（1）高效。悬浮预热、预分解窑技术从根本上改变了物料预热、分解过程的传热状态，传热、传质迅速，大幅度提高了热效率和生产效率，操作实现自动化。

（2）优质。生料制备全过程广泛采用现代均化技术。矿山开采、原料预均化、原料配料及粉磨、生料空气搅拌均化四个关键环节互相衔接，紧密配合，形成生料制备全过程的均化控制保证体系，从而满足了悬浮预热、预分解窑新技术以及大型化对生料质量提出的严格要求，使干法生产的熟料质量得到了保证。

（3）低耗。采用高效多功能挤压粉磨、新型粉体输送装置大大节约了粉磨和输送能耗，悬浮预热及预分解技术改变传统回转窑内物料堆积状态的预热和分解方法，熟料煅烧所需要的能耗大幅度下降。

（4）环保。由于“均化链”技术的采用，可以有效地利用在传统开采方式下必须丢弃的石灰石资源；悬浮、预分解技术及新型多通道燃烧器的应用，有利于低质燃料及再生燃料的利用，同时可降低系统废气排放量、排放温度和还原窑气中产生的 NO_x 含量，减少了对环境的污染，为“清洁生产”和广泛利用废渣、废料、再生燃料及降解有害危险废弃物创造了有利条件。

（5）装备大型化。装备大型化、单机生产能力大，使水泥工业向集约化方向发展。水泥熟料烧成系统单机生产能力最高可达 10000t/d，从而有可能建成年产数百万吨规模的大型水泥厂，进一步提高了水泥生产效率。

（6）生产控制自动化。利用各种检测仪表、控制装置、计算机及执行机构等对生产过程自动测量、检验、计算、控制、监测，保证生产“均衡稳定”与设备的安全运行，使生产过程经常处于最优状态，达到优质、高效、低消耗的目的。

（7）管理科学化。应用 IT 技术进行有效管理，采用科学、现代化的方法对所获取的信息进行分析和处理。

（8）投资大，建设周期较长。技术含量高，资源、地质、交通运输等条件要求较高，耐火材料的消耗亦较大，整体投资大。

1.2 新型干法水泥生产工艺流程

水泥厂三维仿真总平面图

图 1-1-1 为我国某企业两条日产 5000t 水泥熟料新型干法水泥生产线效果图。从图中可以看出，新型干法水泥生产工艺流程比较复杂，所用设备较多。为确保原料、燃料、材料及生料、熟料、水泥符合要求，达到硅酸盐水泥限定的各项技术指标，生产过程的各个工序还必须进行生产控制与质量监督。图 1-1-2 为新型干法水泥生产工艺流程。

图 1-1-1　我国某企业两条日产 5000t 熟料新型干法水泥生产线效果图

一般而言，水泥生产主要包括以下工序：①原料、燃料、材料入厂、破碎及预均化；②原材料的配料；③生料制备；④生料的均化与储存；⑤煤粉制备；⑥熟料煅烧；⑦水泥制成；⑧水泥储存、包装及发运。

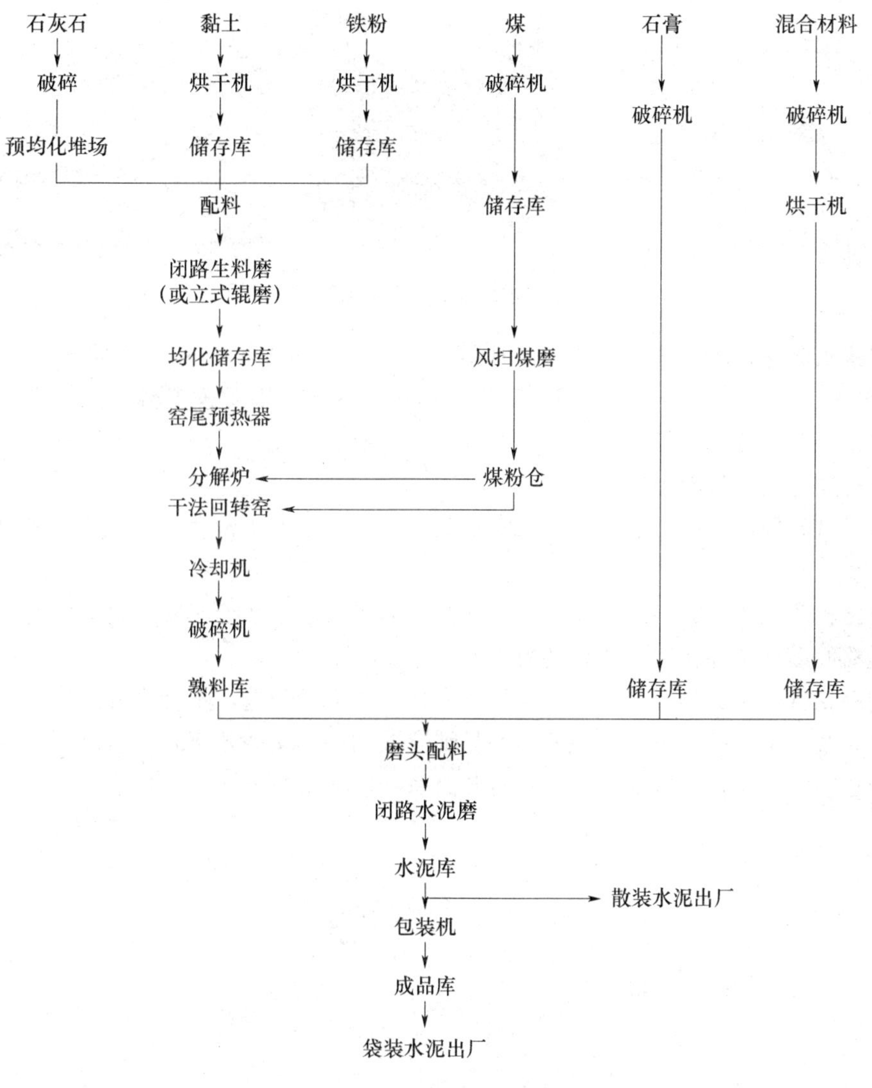

图 1-1-2　新型干法水泥生产工艺流程图

1. 原燃材料破碎及预均化

生产水泥所需原料主要有石灰石、黏土质及各种校正原料，其中石灰石用量最大，大约占原料的 80%。矿山开采的石灰石一般粒度较大，给运输、储存及粉磨带来一定的困难。所以，首先要对石灰石进行破碎，目前大部分企业都是在矿山进行破碎，破碎后再入厂。为了减小原料成分波动对熟料质量的影响，石灰石入厂后要进行预均化处理，其他原料要根据其成分的波动情况，决定是否需要预均化处理。图 1-1-3 为圆形预均化堆场。水泥厂所用燃料为煤，入厂后也需要进行预均化处理。

2. 原料配料

根据原料的品质、水泥的品种及性能要求、燃料的品质及窑的热工制度等，选定熟料三个率值，进行原料配料计算。按照计算好的配合比，确定每种原料的用量，选用电子皮带秤等计量设备进行定量计量喂料。

3. 生料制备

将各种原料按一定比例配合、磨细为成分合适、质量均匀的生料的过程称为生料制备。

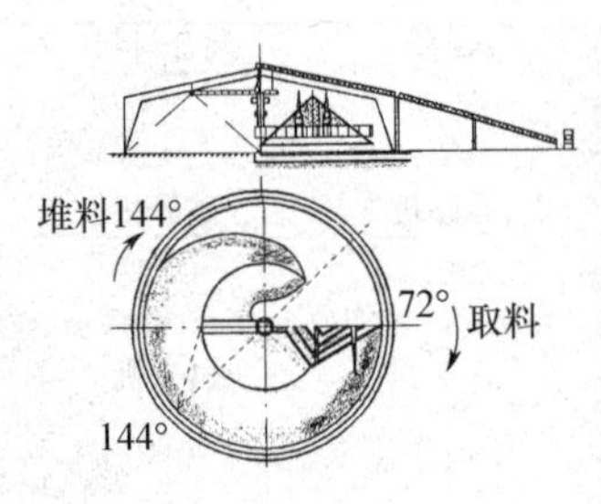

图 1-1-3 圆形预均化堆场

生产硅酸盐水泥熟料的原料主要有石灰质原料（主要提供 CaO）和黏土质原料（主要提供 SiO_2、Al_2O_3、Fe_2O_3），补充某些成分不足的校正原料，如铁质校正料、硅质校正料、铝质校正料。

（1）普通干法生料粉磨系统

物料经过单独烘干设备烘干后再入磨粉磨，称为普通干法粉磨，分开路系统和闭路系统两种。

①开路粉磨系统为物料进入磨机一次性粉磨为成品。该系统流程简单，投资少，但物料在磨内过粉磨多，缓冲作用大，粉磨效率低。

②闭路粉磨系统为物料进入磨机粉磨后入选粉机进行分选，不合格的部分返回磨机重新粉磨。该系统消除了磨内过粉磨现象，产品细度波动小，粉磨效率高，但流程较复杂，设备多，投资也较大，操作、维护、管理相对开路系统较复杂，如图 1-1-4 所示。

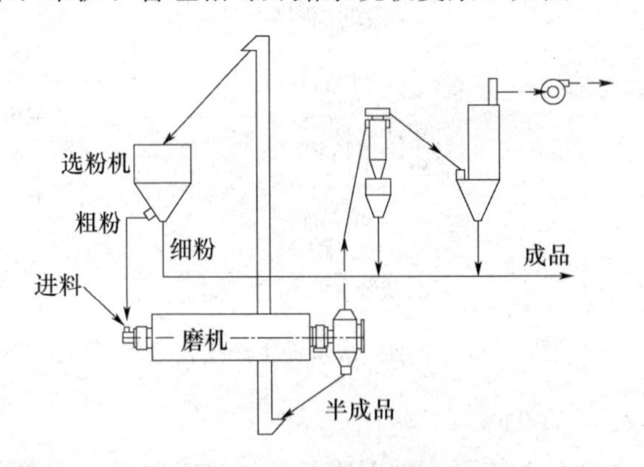

图 1-1-4 一级闭路粉磨系统

（2）烘干兼粉磨系统

烘干兼粉磨系统是将烘干与粉磨两者结合在一起，在粉磨过程中同时进行烘干。生料制备系统主要有尾卸提升循环磨系统、中卸提升循环磨系统。

①尾卸提升循环磨系统：尾卸提升循环磨与普通闭路粉磨的区别在于在球磨机的前端增加一个烘干仓，物料经烘干仓进入粉磨仓，最后从尾部卸出，用提升机送入选粉机进行粗细分离，粗粉回磨机重新粉磨，烘干废气从磨尾抽出，经除尘后排放。这种系统的烘干能力较差，如图 1-1-5 所示。

②中卸提升循环磨系统：该磨机是在中部卸料，喂入磨内的物料经烘干仓进入粗磨仓，从磨机中部卸出，由提升机送入选粉机，选粉机选出的粗粉大部分送入尾部的细磨仓，小部分回粗磨仓，再次粉磨后从中部卸出。

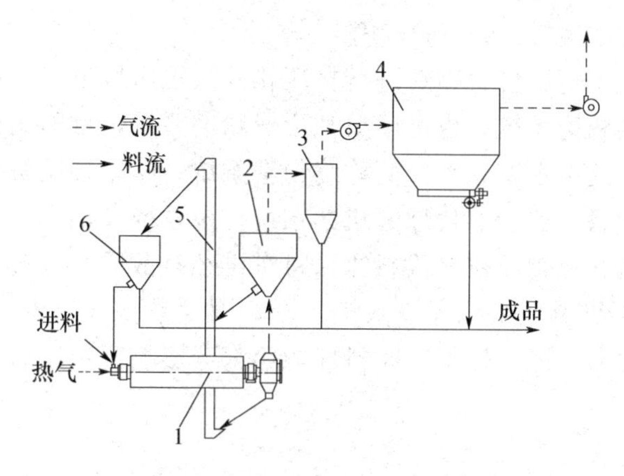

图 1-1-5　尾卸提升循环粉磨系统

1—球磨机；2—粗粉分离器；3—旋风分离器；

4—袋式除尘器；5—斗式提升机；6—选粉机

这种系统由于粗磨仓和细磨仓分开，有利于最佳配球，对原料的硬度和粒度适应性较好，粉磨效率较高；可以通入大量热风，烘干能力也较强。其主要缺点是密封困难、漏风大、流程复杂，如图 1-1-6 所示。

（3）立式磨系统

立式磨又称辊式磨，属于烘干兼粉磨系统一类，其粉磨机理与球磨机有明显的区别，它集粉磨、烘干、选粉和输送多种功能于一体，是一种高效节能的粉磨设备，目前被广泛应用于生料制备。

该系统与球磨机系统相比，电耗低，烘干能力大，入磨物料粒度大，可节省二级破碎，投资省；产品细度调节方便，产品粒度均齐，噪声低，占地面积小。但不适应磨蚀性大的物料，否则设备零部件磨损大，检修量大，如图 1-1-7 所示。

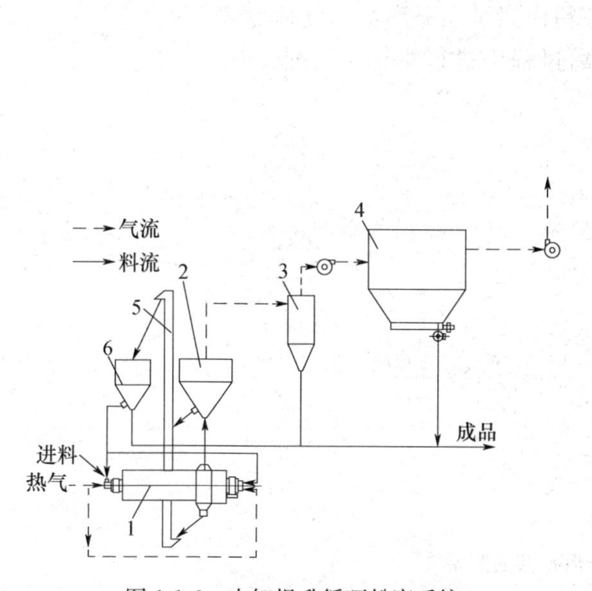

图 1-1-6　中卸提升循环粉磨系统

1—球磨机；2—粗粉分离器；3—旋风分离器；

4—袋式除尘器；5—斗式提升机；6—选粉机

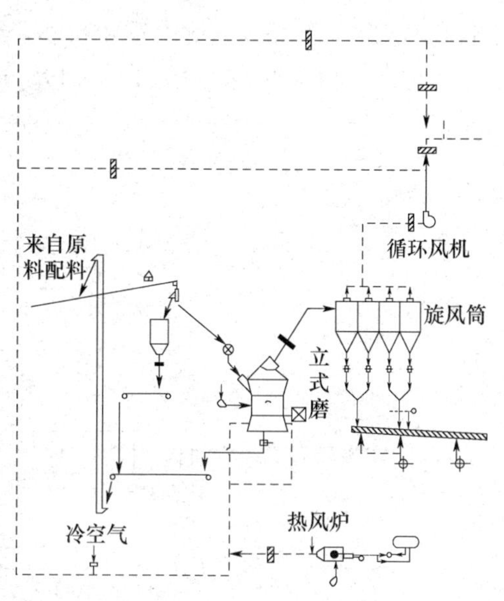

图 1-1-7　立式磨粉磨系统

（4）挤压粉磨技术在生料粉磨中的应用

挤压粉磨技术是利用辊压机对物料进行挤压粉碎。辊压机可以和球磨机联合组成不同的粉磨系统，也可以单独形成粉磨系统，目前用于生料制备的有辊压机终端粉磨系统，简称终粉磨系统，即用辊压机作为最终粉磨的主要设备，完全取代球磨机的系统。该系统在辊压机后加设一台打散机，物料经辊压机挤成料饼，料饼再经打散后送入选粉机，粗粉全部回辊压机重新挤压。该系统的影响因素是多方面的，如系统形式与匹配、设备性能、操作、原料性能等都会影响到辊压机的工作效果。

原料预均化及配料
三维仿真系统

生料制备及入窑
三维仿真系统

4. 生料均化及储存

生料均化是水泥干法生产中很重要的工艺环节，它对提高水泥熟料产量、质量和确保水泥质量的稳定，有着举足轻重的作用。

新型干法水泥生产技术的应用，使窑的产量大幅度增长，窑的产量越高，生料的均匀程度对熟料产质量和窑热工制度稳定的影响也越大，因此对生料均匀程度的要求也越高。为了制成成分均齐而又合格的水泥生料，首先要对原料进行预均化。但由于在配料过程中设备的误差、各种人为因素及物料在粉磨过程中的某些离析现象，出磨生料仍会有一定的波动，因此，必须通过均化进行调整，以满足入窑生料的控制指标。

5. 煤粉制备

煤粉制备是指将煤粉磨成一定细度的煤粉，以满足分解炉及回转窑燃烧用煤的需要。煤粉制备系统可以采用风扫磨系统和立式磨系统，立式磨系统流程同生料制备立式磨系统基本相同。

煤粉制备
三维仿真系统

风扫磨系统是将磨细的物料用气力提升至粗粉分离器，在粗粉分离器中将物料分离，粗粉返回磨内重新粉磨，细粉由风带入分离器与气体分离后作为成品。物料被热风从磨内抽出及分离过程中进行烘干，如图 1-1-8 所示。

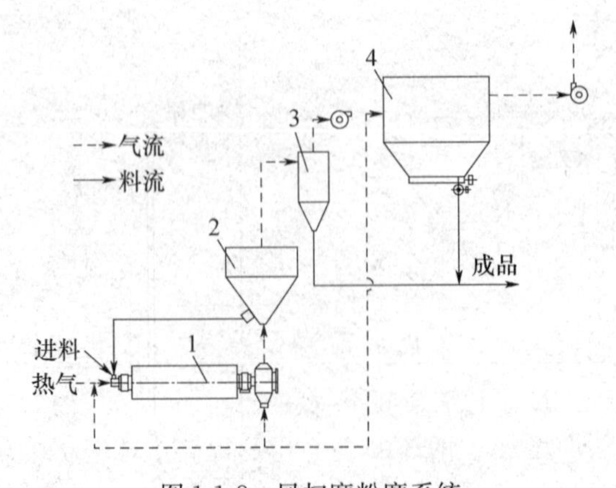

图 1-1-8　风扫磨粉磨系统

1—球磨机；2—粗粉分离器；3—旋风分离器；4—袋式除尘器

6. 熟料煅烧

生料在水泥窑内煅烧至部分熔融，所得以硅酸钙为主要成分的硅酸盐水泥熟料的过程称为熟料煅烧。熟料的煅烧过程直接决定水泥的产量和质量、燃料与衬料的消耗以及窑的安全运转。新型干法水泥生产是以悬浮预热和窑外分解技术为核心。熟料煅烧的关键技术装备有旋风筒、换热管道、分解炉、回转窑、冷却机（简称筒—管—炉—窑—机）等。这五组关键技术装备五位一体，彼此关联，相互制约，形成了一个完整的熟料煅烧热工体系，分别承担着水泥熟料煅烧过程的预热、分解、烧成、冷却任务，如图 1-1-9 所示。

熟料煅烧及储存
三维仿真系统

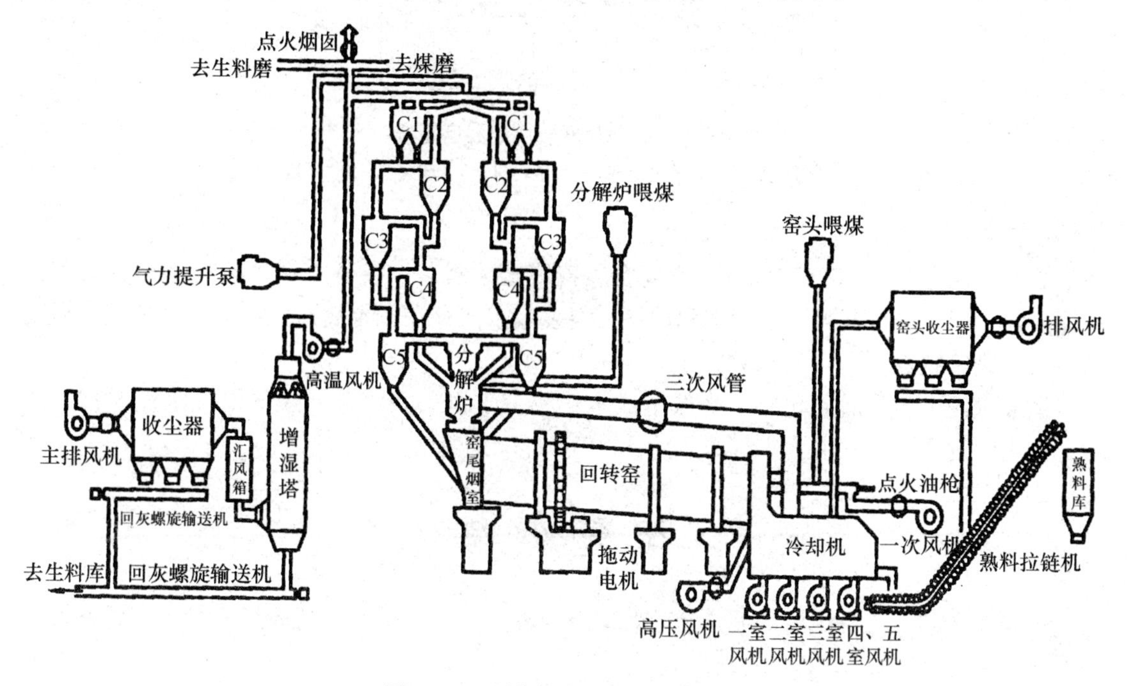

图 1-1-9　预分解窑系统工艺流程图

7. 水泥制成

水泥熟料加入适量石膏、混合材料共同磨细成粉状水泥的生产过程称为水泥制成。水泥制成系统有普通闭路粉磨系统和挤压粉磨系统。挤压粉磨系统的工艺流程有预粉磨工艺、混合粉磨工艺、联合粉磨工艺、半终粉磨工艺及终粉磨工艺等五种。目前水泥制成用得较多的是联合粉磨工艺。

联合粉磨工艺是辊压机和打散分级机构成闭路，辊压机挤压后的物料先送入打散分级机打散分选，小于一定粒径的半成品（小于 3mm）送入球磨机粉磨，而分选出来的粗粉重新返回料仓与新进物料再次被辊压机挤压。打散分级机既可联结闭路管磨系统，也可联结开路管磨系统。

该工艺可以通过打散分级机调整入球磨机物料的粒径，分配辊压机和球磨机系统的负荷，使整个粉磨系统的工作参数得到优化。由于打散分级机将大颗粒分选出来送回辊压机重新挤压，消除了辊压机运行状态对球磨机系统的影响，降低了进入球磨机物料的最大粒径，使球磨机内的钢球的平均球径大幅度降低，从而增加了钢球的表面积，提高了球磨机的研磨能力，如图 1-1-10 所示。

水泥制成
三维仿真系统

8. 水泥储存、包装及发运

为了平衡生产，改善水泥质量，保证水泥出厂全部合格，水泥出磨后需送入水泥库进行储存。储存一定期限的水泥，经过质量检测合格的水泥成品可以用包装或散装两种方式通过

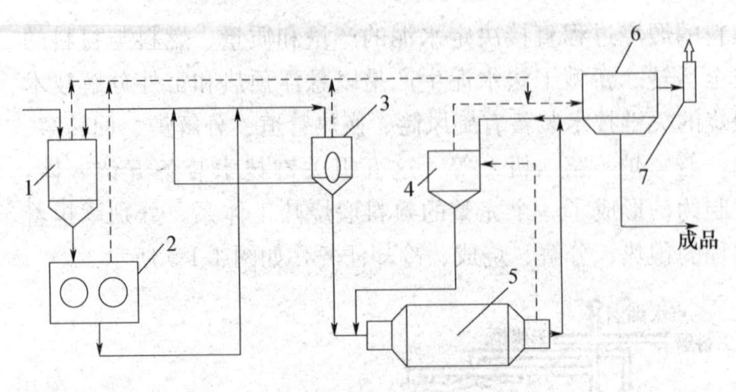

图 1-1-10　挤压联合闭路粉磨系统

1—稳料仓；2—辊压机；3—打散分级机；4—选粉机；5—球磨机；6—除尘器；7—风机

公路、铁路、水路发运出厂。

袋装水泥是每包 50kg，用纸袋或复合袋覆膜塑编袋装。袋装水泥虽然有运输、储存和使用不需专门设施，并且便于清点和计量，但袋装水泥存在成本高、储运过程易破袋，损失大，有污染等缺点。

散装水泥由于不需要包装，降低了成本，减少了损失和污染，还能保证水泥质量，因此，应大力发展散装水泥。

任务小结

本任务介绍了新型干法水泥生产的特点是高效、优质、低耗、符合环保要求、设备大型化、控制自动化、管理现代化。

新型干法水泥生产工序包括：原料、燃料、材料入厂，破碎及预均化；原材料的配料；生料制备；生料的均化与储存；煤粉制备；熟料煅烧；水泥制成；水泥储存、包装及发运。重点介绍了生料制备、熟料煅烧、水泥制成、煤粉制备的工艺流程。

思考题

1. 新型干法水泥生产特点是什么？
2. 新型干法水泥生产工艺流程是什么？
3. 尾卸提升循环磨与中卸提升循环磨的区别是什么？
4. 挤压联合粉磨工艺的特点是什么？

任务 2　中控操作仿真系统简介

知识目标　了解 DCS 集散控制系统的概念及基本组成；掌握仿真系统各部分的任务、流程、所用的主要设备的规格及仿真系统考评方法、考评系统的使用等。

能力目标　会使用仿真系统进行模拟操作；会使用考评系统进行学习考核。

2.1　5000t/d新型干法水泥熟料生产线仿真系统简介

水泥生产过程仿真系统模拟5000t/d新型干法水泥熟料生产线的DCS中控系统，对水泥熟料生产流程进行1：1的全范围仿真。可实现全厂开车、停车、运行参数调整、现场信号的模拟、控制与监控，根据成分、细度、水分等化验室数据，结合组态界面上的工艺参数，调节系统的受控量，各部位参数（被控量）的显示、记录或报警等结果均与实际水泥生产情况相同。系统结合水泥生产中的常见故障，通过动画演示、参数变化提示、画面及声音报警等手段演示故障，使用者可以反复模拟练习试题，将故障或异常工况组成考题和试卷，进行考核评分。

2.1.1　DCS集散控制系统简介

1. 计算机集散控制系统的概念

DCS是分散控制系统（Distributed Control System）的简称，国内一般习惯称为集散控制系统。集散控制系统（DCS）又名分布式计算机控制系统，是利用计算机技术对生产过程进行集中监测、操作、管理和分散控制的一种新型控制技术，是由计算机技术、信号处理技术、测量控制技术、通信网络技术、CRT技术、图形显示技术及人机接口技术相互渗透发展而产生的。

2. 计算机集散控制系统的基本组成

DCS控制系统的产品很多，但从系统的结构分析，DCS由三部分组成，分别是分散过程控制装置部分、集中操作和管理系统部分、通信系统部分。

（1）分散过程控制装置部分

分散过程控制装置部分由多回路控制器、可编程序逻辑控制器及数据采集装置等组成。它实现与工厂实际过程的连接，是系统与过程之间的接口。在硬件上，它由I/O板、控制器组成，I/O板主要完成模拟和数字的转换（A/D和D/A转换），最初用得最多的是8位，后来是12位加1位符号位。控制器是DCS的核心部件，任务是完成以PID为主要功能的过程控制。

（2）集中操作和管理系统部分

集中操作和管理系统部分的主要功能是集中各分散过程控制装置送来的信息，通过监视和操作，把操作命令下送各分散过程控制装置。信息用于分析、研究、打印、存储，并作为确定生产计划、调度的依据。

要求在硬件上具有大的存储容量，允许有较多的画面可以显示，软件上采用数据压缩技术、分布式数据库技术以及并行处理技术等。人机界面良好，方便技术人员和管理人员的操作。同时，要有充分的容错性，防止人员的误操作造成生产事故，如设置硬件密钥、软件口令，对误操作不予响应等安全措施。

（3）通信系统部分

通信系统用于数据的通信，包括各级的计算机（或微处理器）与外部设备的通信、各级之间的通信。对它不仅要求传输速率要高，误码率要低，而且要有开放性和互操作性，允许与其他厂商的产品通信。不同厂商的现场级的智能变送器、执行器等可互换。

2.1.2 仿真系统工艺简介

2.1.2.1 原料粉磨

1. 概述

该系统由石灰石破碎及输送、石灰石预均化堆场、辅助原料预均化堆场及输送、原料配料站及输送、原料粉磨及废气处理、生料均化库的库顶部分组成。

该工程原料粉磨采用立式磨。原料烘干所需热源来自窑尾旋风预热器。出粉磨系统的废气或停磨时经增湿塔增湿降温后的废气，由窑尾电收尘器净化后排入大气；合格的出磨生料和收尘回灰，由输送系统转运入生料均化库。为了保证生料质量，系统中配置了生料质量控制系统，可根据各种原料成分自动调节其配比及入磨喂料量。设计入磨石灰石 $CaCO_3$ 的标准偏差最大不超过 1.5%，适宜最佳目标值在 1.0%范围内。

2. *石灰石破碎、碎石库及原料配料*

石灰石采用一段破碎。石灰石由汽车卸入破碎机受料斗内，料斗下设有重型板式喂料机，将石灰石均匀喂入单段锤式破碎机，破碎后的碎石由胶带输送机送到石灰石装车库，再由汽车送入石灰石预均化堆场内储存和均化，然后再送入原料配料站的石灰石料仓内待用。生产线配备了辅助原料联合堆棚及输送、辅助原料预均化堆场，满足了生产和均化的需要。原料配料站设石灰石、钢渣、砂岩、炉渣、镁渣仓各一个，仓底设定量给料秤，各种原料按设定的比例计量后由胶带输送机送入原料磨粉磨。生料成品经过二级收尘收下后进入均化库。

各种原料的给料秤的启动运行，与原料磨主电机和锁风喂料机的运行联锁。喂料量及配比将根据各种原料的化学成分、出磨生料率值要求、磨机负荷以及出磨生料的分析结果，经生料质量控制系统的计算机进行综合计算后，自动设定和随时调整配比，以保证出磨生料成分及率值经均化库均化后达到入窑的质量要求。收尘设备在所有设备启动前启动，所有设备停机后停机。原材料堆取工艺流程如图 1-2-1 所示。

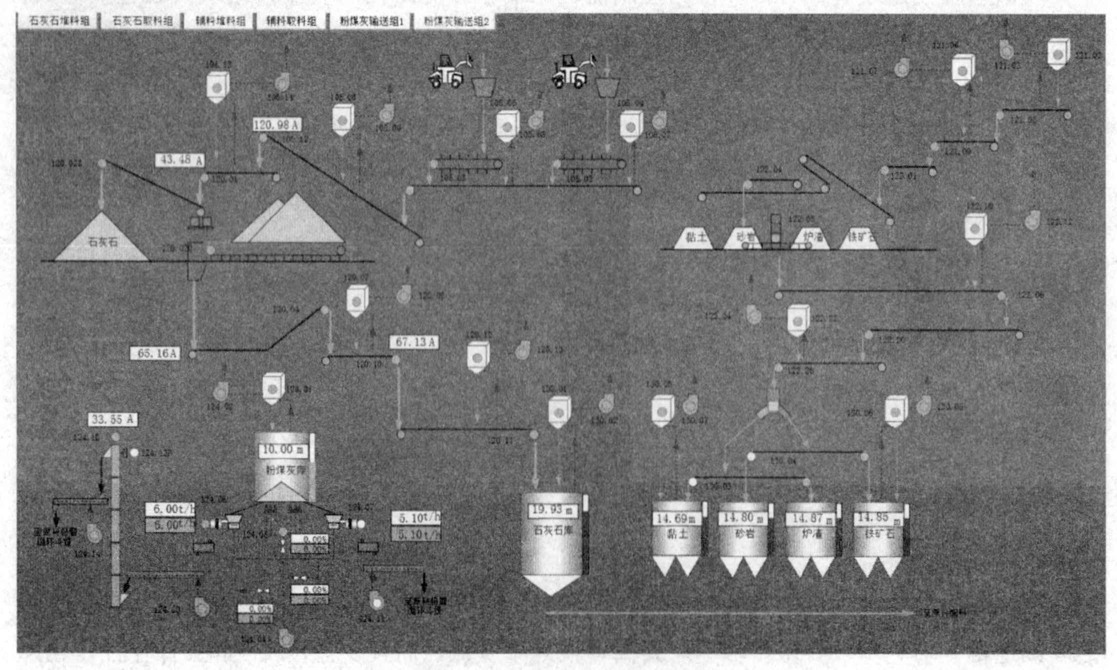

图 1-2-1 原材料堆取工艺流程

3. 原料粉磨和废气处理

该工程采用立式磨系统进行原料的烘干与粉磨。由预热器风机、原料磨风机和废气排风机组成的三风机系统，使得系统操作控制方便灵活，易于稳定生产。

来自原料配料站的混合原料，由胶带输送机和三道锁风阀进入原料磨。为防止混在原料中的金属异物杂块进入磨内，在胶带上方设有永磁自卸式除铁器。在入磨口前的金属探测仪若检测出原料中仍混有异物，则电动三通分料阀马上自动切换到旁路排料，10s 后又自动恢复主通道运行以保证磨内连续供料。磨盘转动时，物料在磨床上不断受到辊子的碾压粉碎，并在磨盘转动离心力的作用下逐渐向磨床外沿泛出直周边风环，进而受到来自预热器的高温废气携带上升，同时又被快速烘干。经磨体上方选粉机筛选的合格细度的生料被气流带出磨机，随气流一起进入两个细粉分离器料气分离后，由空气输送斜槽、提升机、空气输送斜槽送往均化库。而废气由原料磨风机抽出，将部分废气作为循环风返回原料磨，以满足烘干与粉磨要求，其余废气进窑尾袋收尘器净化后，经废气排风机和烟囱排入大气。

窑磨同时运行时，出预热器的废气经增湿塔喷入少量水降温后，由预热器高温风机送至原料磨。入磨气体温度根据入磨原料的综合水分的变化，除采取增湿塔喷水降温外，还可通过入磨冷风阀门调节掺入冷风量来控制。开窑停磨运行时，出预热器废气经增湿塔喷水降温至 150℃左右，由预热器风机直接送往窑尾袋收尘器，净化后废气由窑尾排风机排入大气。增湿塔及袋收尘器收下的窑灰由螺旋输送机、链式输送机送往入库提升机，与出原料磨合格生料一起送至均化库；在开窑停磨时，窑灰也可经电动闸门和入窑提升机直接转送至生料入窑。原料粉磨及生料入库工艺流程如图 1-2-2 所示。

4. 生料均化库库顶

由空气输送斜槽送来的出磨生料和窑灰由斗式提升机送至均化库顶，再由空气输送斜槽送入生料均化库内，库内通风经袋收尘器净化后排入大气。

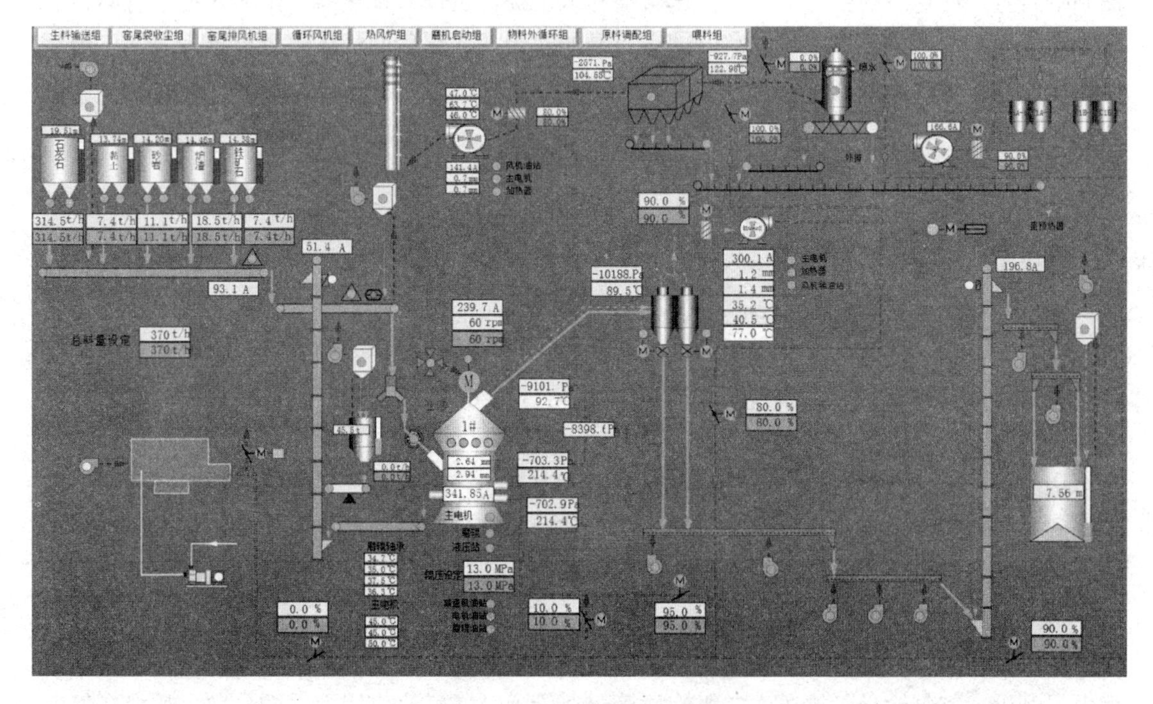

图 1-2-2　原料粉磨工艺流程

2.1.2.2 生料均化及生料入窑系统

1. 概述

该系统由生料均化库的库底部分和生料入窑系统两个子项组成。

该工程生料均化库采用一座 IBAU 型连续式均化库，设计均化指标为进库生料 $CaCO_3$ 标准偏差 1.0%＜S_1＜1.5%时，均化效果不低于 5；进库生料 $CaCO_3$ 标准偏差 S_2≤1%时，出库生料 $CaCO_3$ 标准偏差 S_2≤±0.2%，由称量仓、流量控制阀、固体冲板流量计及提升机等组成的生料入窑系统，可保证入窑生料计量误差≤±1.0%。

2. 生料均化库

生料均化库的工作原理就是利用物料的重力切割混合作用来实现生料的均化。它的结构特点是库底边形成漏斗形，中部有一个锥体，库壁与中心锥之间的环形区，设有若干个充气区，每个充气区设有一定数量的充气箱，每个区有一条卸料口与充气生料小仓相通。在库底设有 7 个卸料口，生料从设在库底的一个或两个卸料口同时进入生料小仓，每隔 20～30min 轮换一次卸料口。罗茨风机中的一台向库底环形区两个相对分区的一半轮流充气；在孔洞上方出现多个漏斗凹陷，漏斗沿径向排成一列，随充气的变换而旋转角度，从而不仅产生重力混合，而且也因漏斗卸料速度不同，使库底生料产生径向混合，生料卸入充气生料小仓后，由一台充气罗茨风机连续充气，使重力混合后的生料又进行一次气力混合。出库生料量由库底卸料阀根据称量仓内料位或荷重传感器显示出的料重来调节与控制（在基本稳定工作时，由自控回路实现调节）。因此，当均化库投入运行时，均化库环形区总是在充气。

3. 生料入窑

出库生料由空气输送斜槽送至称重仓，仓底设气动阀、流量控制阀与冲板流量计组成一套喂料计量系统，计量后的流量信号回馈给流量控制阀，及时通过调节流量控制阀的开度来控制喂料量，计量后的生料由空气输送斜槽和入窑提升机送入预热器。生料入窑设有两台袋收尘器，用于提升机、称重仓、空气输送斜槽的收尘，净化后的气体由风机排入大气。由于冲板流量计的传感器要受到此处收尘负压的影响，因此要保持冲板流量计处的负压不要太大，只要保持不冒灰即可。

2.1.2.3 烧成系统

1. 概述

烧成系统是水泥厂生产的核心环节，包含烧成窑尾，烧成窑中、烧成窑头和熟料输送及储存。

该系统采用了高效低阻五级旋风预热器带管道式在线分解炉系统；熟料冷却采用第三代控制流推动篦式冷却机，熟料烧成设计热耗不超过 3200kJ/kg.cl，出冷却机熟料温度小于 65℃＋环境温度（小于 25mm 的熟料），冷却效率大于 70%。

烧成系统包括从生料喂入一级旋风筒进风管道开始，经预热、预分解后入回转窑煅烧成水泥熟料，通过水平推动篦式冷却机的冷却、破碎并卸到链斗输送机输送入熟料库为止。该系统可分为生料预热与分解、三次风管、熟料煅烧、熟料冷却破碎及熟料输送四大部分。

2. 生料预热与分解

窑尾系统由五级旋风筒和连接旋风筒的气体管道、料管以及分解炉构成。生料粉经计量后由提升机、空气输送斜槽送入二级旋风筒出口管道，在气流作用下立即分散、悬浮在气流中，并进入一级旋风筒。经一级旋风筒气料分离后，料粉通过重锤翻板阀转到三级旋风筒出口管道，并随气流进入二级旋风筒。这样经过四级热交换后，生料粉得到充分预热，随之入分解炉内与来自窑头罩的三次风及喂入的煤粉在喷腾状态下进行煅烧分解。预分解的物料，随气流进入五级旋风筒，经过第五级旋风筒分离后喂入窑内；而废气沿着逐级旋风筒及其出口管道上升，最后由第一级旋风筒出风管排出，经增湿塔由高温风机送往原料粉磨和废气处理系统。

为防止气流沿下料管反串而影响分离效率，在各级旋风筒下料管上均设有带重锤平衡的翻板阀。正常生产中应检查各翻板阀动作是否灵活，必要时应调整重锤位置，控制翻板动作幅度小而频繁，以保证物料流畅、料流连续均匀，避免大幅度地脉冲下料。

预热器系统中，各级旋风筒依其所处的地位和作用侧重之不同，采用不同的高径比和内部结构形式。一级旋风筒采用高柱长内筒形式以提高分离效率，减少废气带走飞灰量；各级旋风筒均采用大蜗壳进口方式，减小旋风筒直径，使进入旋风筒气流通道逐渐变窄，有利于减少小颗粒向筒壁移动的距离，增加气流通向出风管的距离，将内筒缩短并加粗，以降低阻力损失，各级旋风筒之间连接风管均采用方圆变换形式，增强局部涡流，使气料得到充分的混合与热交换。正常情况下，系统阻力损失为 4500～5500Pa，总分离效率可达 95%以上，出一级筒飞灰量小于 80g/Nm^3，废气温度为 310～340℃。

分解炉的燃烧空气由炉底颈部以 30m/s 左右的速度喷入炉内，预热生料由分解炉柱体底部喂入，燃煤由炉下锥体中部喂入。由于喷腾效应，生料与燃煤充分混合于气流中，且气料两相间产生相对运动，有利于燃煤燃烧及生料的吸热分解，也有利于炉内温度场稳定均匀和使物料颗粒在炉内停留足够的时间。炉温可稳定控制在 850～900℃之间，从而入窑物料表观分解率可达 90%～95%。

三次风管热风管道外径为 ϕ2800mm，共有 3 挡支撑，其目的是把窑头罩的热风引入窑尾分解炉以保证炉内燃料的充分稳定燃烧。另外，管道上设有电动高温调节阀来调节窑与分解炉的风量匹配，平衡窑与分解炉的气流，便于烧成系统操作控制。

3. 熟料煅烧

预热分解的料粉喂入窑进料端，并借助窑的斜度和旋转慢慢地向窑头运动，在烧成带用窑头煤粉所提供的燃烧热将其烧结成水泥熟料。ϕ4.8×72m 回转窑的斜度为 3.5%，三挡支撑，窑尾和窑头配有特殊的密封圈，窑的传动为单侧，除主电机外，还设有辅助传动电机供特殊情况下使用，各托轮轴承为油润滑、水冷却，配置的液压挡轮可调节窑筒体上下窜动。

窑内煅烧所需的煤粉来自于煤粉制备及输送车间的计量、输送系统，通过四风道喷煤管，与一次风机的冷风和冷却机的二次热风一起进入窑内充分燃烧。与一次风机并列的还有一台事故风机，可保护喷煤管在一次风机异常停车时及时吹风冷却而不被高温气流损坏。喷煤管吊装在电动移动小车上，可随意上下、左右、前后移动以满足煅烧要求。另外，窑头还设有一套供窑点火用的燃油系统，包括油箱、油泵、管路系统及油枪等。熟料煅烧工艺流程如图 1-2-3 所示。

4. 烧成窑头

篦冷机对来自回转窑约 1300℃的炽热熟料进行快速急冷。高温熟料经各冷却风机鼓入冷却空气冷却至环境温度+65℃（小于 25mm 的熟料），并经熟料破碎机破碎至小于 25mm（占 90%以上），以便输送、储存和粉磨。同时，风机鼓入的冷却风经热交换吸收熟料中的热能后作为二次风入窑、三次风入分解炉，多余废气（180～250℃）将通过熟料电收尘器净化后，由锅炉引风机排入大气。窑头负压可通过引风机前的百叶阀开度来调节、控制。当窑头废气温度高时，可通过冷却机喷水系统调节、控制废气温度及含湿量，以满足电收尘器的操作要求，提高收尘效率。由冷却机篦板缝隙间漏下的熟料送至带式输送机入熟料库。

熟料带式输送机将冷却、破碎后的熟料和电收尘器的回灰一起输送至熟料库顶。熟料冷却工艺流程如图 1-2-4 所示。

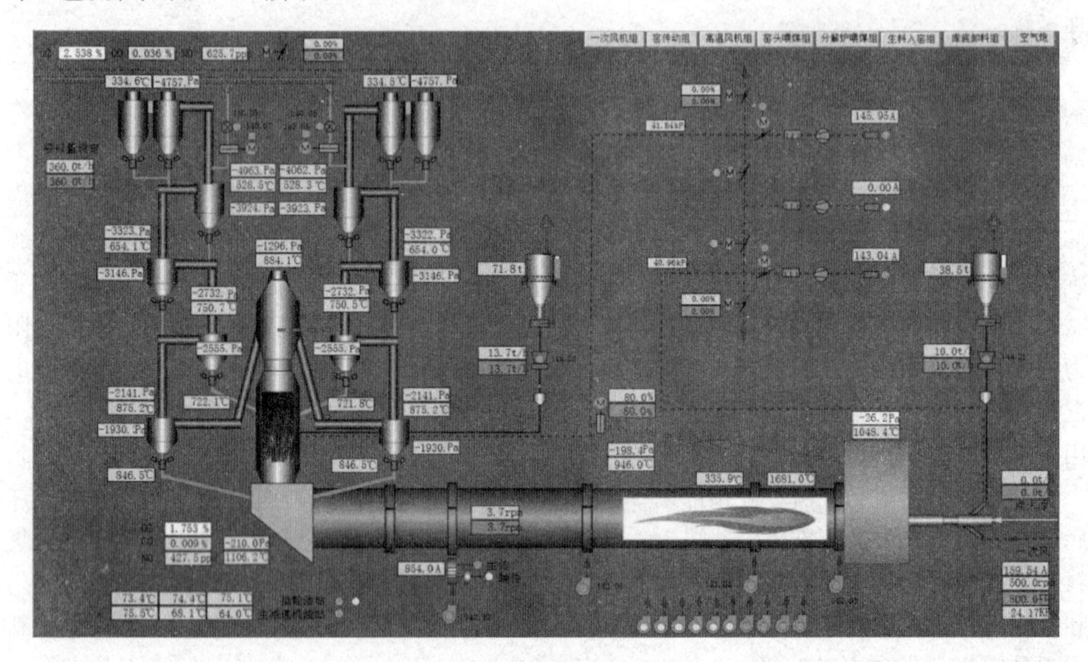

图 1-2-3　熟料煅烧工艺流程

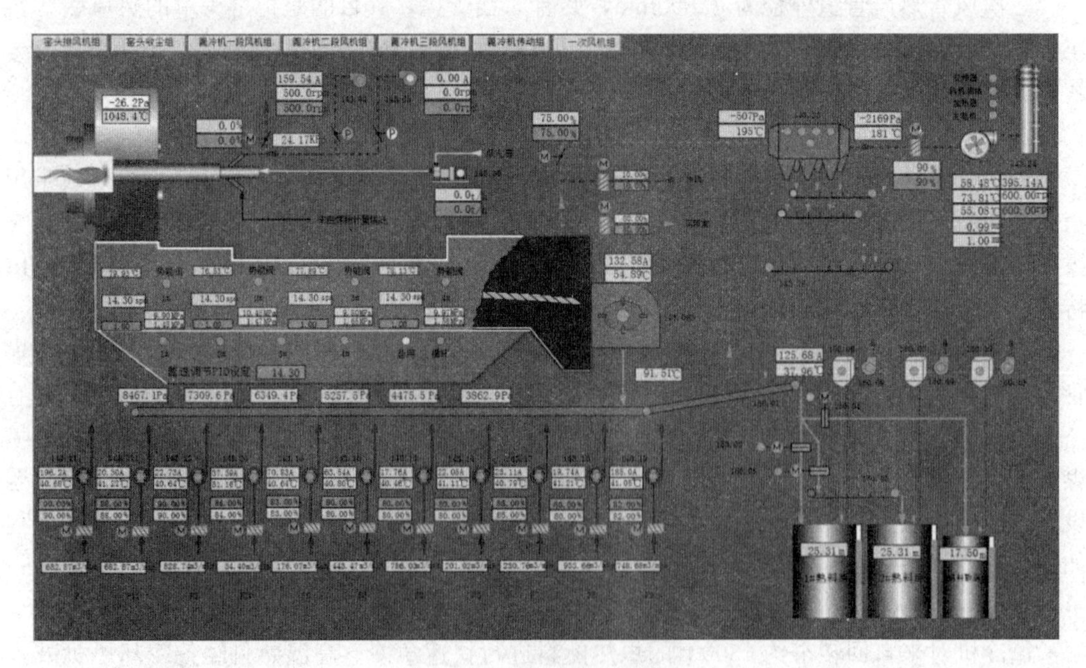

图 1-2-4　熟料冷却工艺流程

2.1.2.4　煤粉制备及运输系统

1. 概述

该系统包括原煤预均化堆场和煤粉制备及输送系统。

原煤预均化堆场系统指的是原煤经破碎后通过输送设备进入原煤预均化堆场进行均化，再经取料机、皮带机入煤磨磨头原煤仓。煤粉制备及输送系统是将原煤磨制成合格的煤粉，再按适当的比例均匀地输送到烧成窑头及窑尾分解炉。该系统的运转是否正常，直接影响到窑系统的正常生产。因此，操作人员必须熟悉系统的工艺流程及有关设备的功能和操作控制方式，以便熟练、准确地操作。

2. 原煤输送、煤粉制备及输送

来自原煤堆场的原煤经取料机、皮带机将原煤送入煤磨磨头仓；磨头仓底设一个电子称量皮带秤，用于定量向煤磨喂煤。原煤经过煤磨的烘干兼粉磨，得到合格的煤粉。

用于烘干原煤水分的热源来自窑头冷却机的废气，废气温度为 250～300℃，热气由磨头的冷风阀掺入冷风，使入磨的热风达到生产控制的温度为 200～250℃。经粉磨后的煤粉随磨出口气体入煤磨选粉机，不合格的粗粉被选出并经螺旋输送机送回磨头重磨，合格的细煤粉经旋风收尘器分离后，由螺旋输送机送往煤粉仓。废气经煤磨袋收尘器进行除尘净化后，由煤磨排风机抽出排入大气，排放浓度小于 50mg/Nm³，由袋收尘器收集下来的煤粉与旋风收尘器分离出来的合格煤粉，由螺旋输送机一起送往煤粉仓。

3. 煤粉计量及输送

该系统设有 2 个煤粉仓，仓底各设有一套给料计量系统，将煤粉按一定比例分别送至窑头和分解炉燃烧器。仓上设有三个荷重传感器。煤粉仓内的煤粉经转子计量秤计量后，由气力输送至窑头和分解炉燃烧器。

为保证回转窑和分解炉的连续运行，共设有三台罗茨风机，其中一台作为窑头和窑尾煤粉输送的备用风机。煤粉制备工艺流程如图 1-2-5 所示。

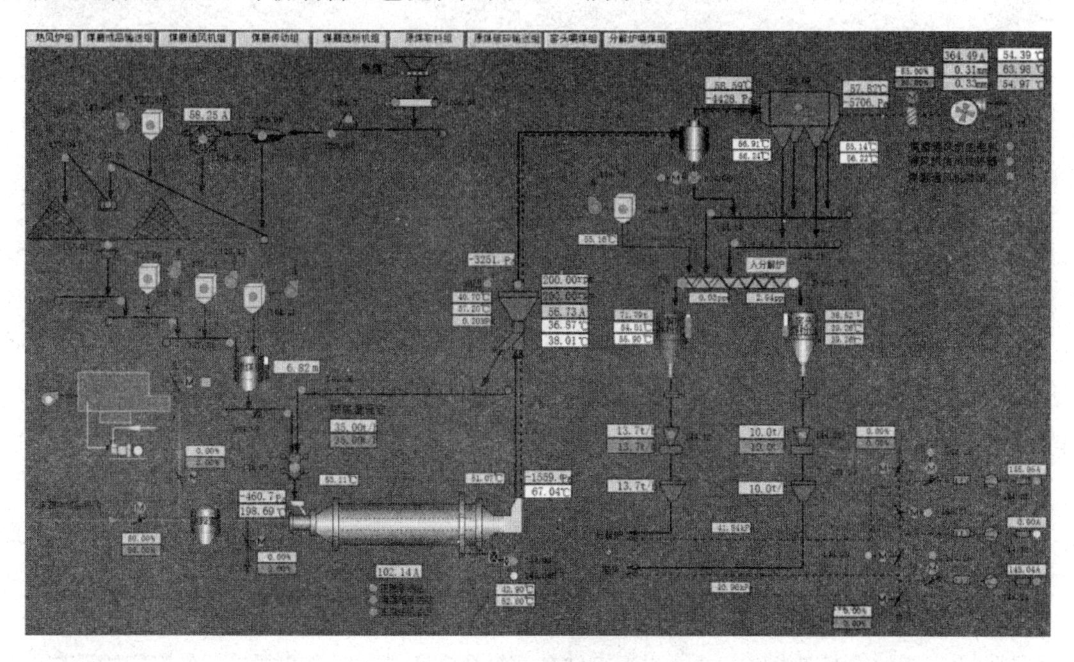

图 1-2-5　煤粉制备工艺流程

2.1.2.5　水泥粉磨系统

该系统由炉渣和矿渣堆棚及输送，石膏、混合材堆棚破碎及输送、水泥配料、水泥粉磨和水泥储存顶部等子项组成。

水泥粉磨系统是采用配料秤进行集中配料，首先一台辊压机和一台V型选粉机构成一套相对独立的预破碎系统，再配以经过高效筛分磨技术改造的管磨机构成的挤压联合粉磨系统（共两套）。

经过集中配料配好的物料和出辊压机经挤压后的物料通过皮带机输送至提升机后，再通过皮带机（在该皮带机上安装永磁除铁器去除各种磁性金属后）进入V型选粉机，入稳流称重仓，接着喂入辊压机。混合后的物料由提升机输送入V型选粉机进行分级，其中大于3mm的粗粉经溜管送至稳流称重仓后入辊压机继续挤压，而小于3mm的细粉（即V型选粉机的成品）则由气流送入袋式收尘器收集，收集后的细粉进入水泥磨进行粉磨。出磨水泥经重锤翻板锁气卸灰阀送入空气输送斜槽，经提升机、空气输送斜槽送到高效水平涡流选粉机进行选粉，选粉后的粗粉经过空气输送斜槽进入水泥磨重新粉磨，细粉由气流送入袋式收尘器收集后通过空气斜槽，斗式提升机进入水泥库。水泥磨尾含尘气体由气箱脉冲袋式收尘器收集处理后，其细粉喂入链式输送机、提升机，处理后的气体排入大气。水泥粉磨工艺流程如图1-2-6所示。

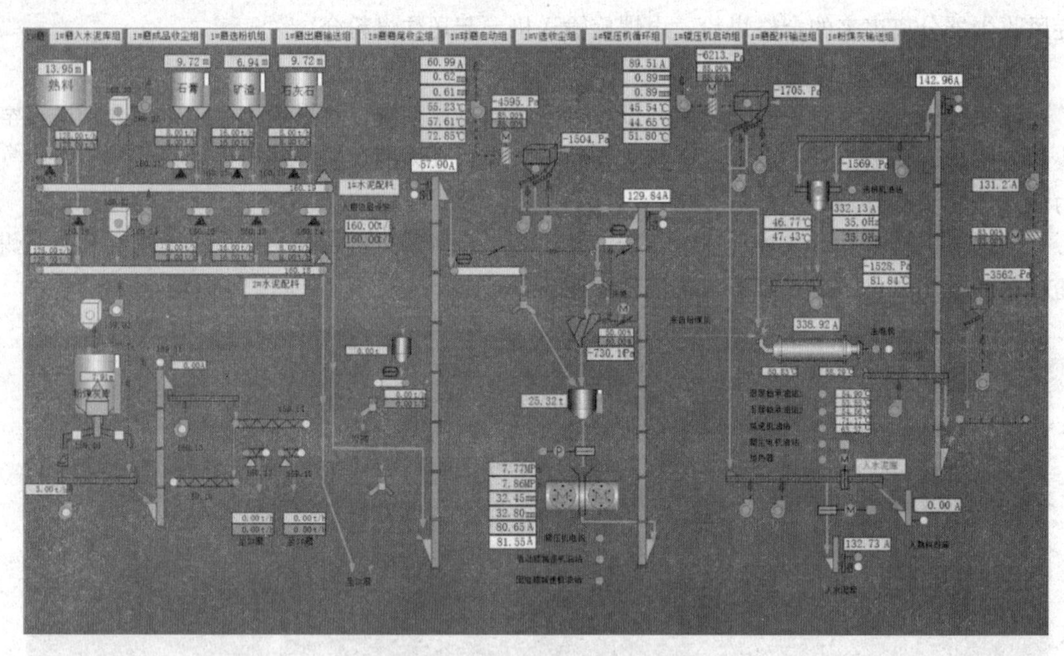

图1-2-6　水泥粉磨工艺流程

2.1.2.6　水泥包装和散装系统

1. 概述

该系统包括水泥储存（库底）、水泥汽车散装和水泥袋装等子项。水泥储存设6个水泥库，采用气力搅拌和多点出料的方式均化水泥，以确保水泥质量稳定。

2. 水泥储存及输送

来自水泥磨的水泥通常送入6个水泥库储存，每个库底设有2个卸料口，各库库侧设有1个散装头，水泥搭配后经空气输送斜槽、斗式提升机和空气输送斜槽送往水泥仓进行水泥包装。

3. 水泥包装和散装

来自水泥储存库的水泥经空气输送斜槽和斗式提升机及空气输送斜槽，送到包装及散装车间。汽车散装单独设置4个散装仓，每仓底各设1台散装机。水泥经包装机上的给料器均匀稳定地卸入包装机（装袋）。袋装水泥由皮带机送到成品库，然后装车出厂。包装机的漏灰及破包回灰由链式输送机送到斗式提升机返回中间仓。在包装机及落袋处和各个扬尘点设一台高浓度脉冲袋式收尘器。

2.1.2.7　生料辊压机终粉磨系统

该系统中除生料立式磨外，增加了辊压机终粉磨系统，作为生料的另一套粉磨工艺。

辊压机粉磨系统采用基于料层粉磨技术及配套的集打散、分级、烘干于一体的 VXS 和 VXR 型选粉机，就是说辊压机只与 V 型选粉机组合自成系统。由于粉磨机理的改变，辊压机及其系统工艺技术可使粉磨电耗降低 20%～100%，产量提高 25%～200%。粉磨电耗比较：球磨机 22kWh/t，立式磨 17～18kWh/t，辊压机 12kWh/t。

辊压机的两个辊子做慢速的相对运动，其中一个辊子固定，另一个辊子做水平滑动，被粉碎物料沿整个辊子宽度连续而均匀地喂料，大于辊子间隙 G 的颗粒在上部钳角 2α 处先进行挤压，然后进入压力区 A（即拉入角 α 的范围内）即被压紧并受到不断加大的压力 P，直至两辊间的最小间隙 G 处压力达到最大 P_{max}，受到压力的料层从进入 α 角开始随着料层的向下运动，密度逐渐增大，料层中的任一颗粒不可避免地受到来自各个方向的相邻颗粒的挤压，不断加大的压力使颗粒之间的间隙逐渐消失，无限趋于 0，颗粒受到巨大压力时发生应变，出现粉碎和微裂纹，这就是粒间粉碎的效应，即“料床粉碎”。生料辊压机终粉磨工艺流程如图 1-2-7 所示。

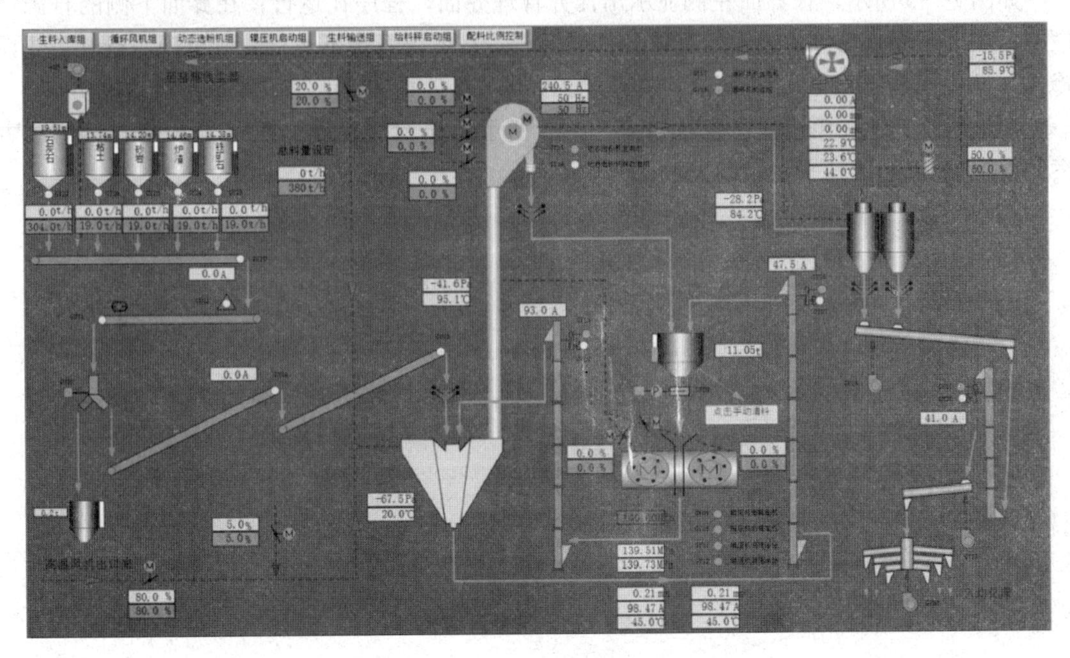

图 1-2-7　生料辊压机终粉磨工艺流程

2.2　仿真系统启动与运行

2.2.1　仿真系统启动

该仿真软件实行了加密，在使用时需要网络加密狗，其启动步骤如下：

（1）将红色的网络加密狗插入教师机 USB 插口中，待指示灯结束闪烁呈常亮状态。

（2）在教师机上双击“仿真平台”，打开 MSP 仿真平台界面，如图 1-2-8 所示。

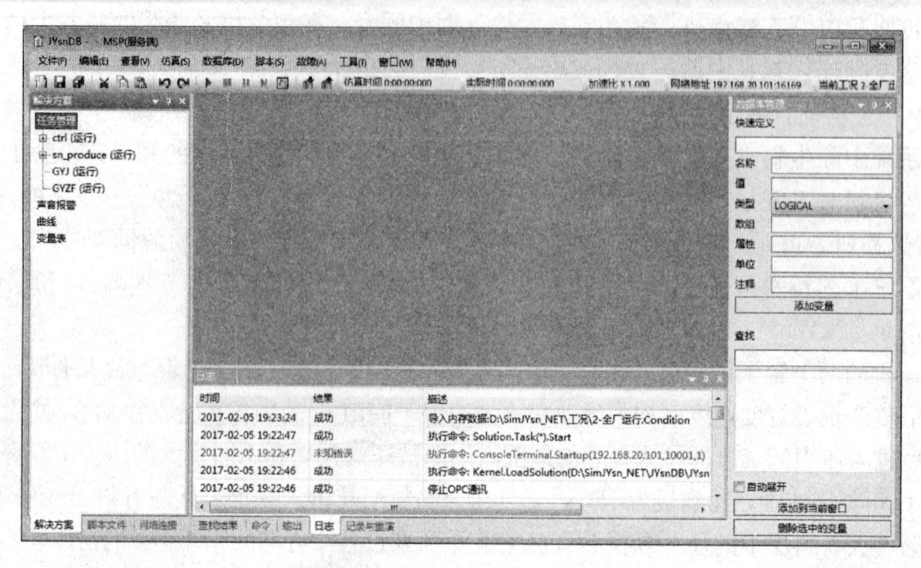

图 1-2-8　MSP 仿真平台界面

如图 1-2-8 所示，在界面左侧显示出任务管理界面，程序在运行；在界面下侧的日志一栏中，如果全部是黑色，表示所有任务都能运行；在考评系统不运行时，出现一行红色错误警告，显示“验证成功”、“打开解决方案”。如图 1-2-9 所示，证明仿真平台启动成功。

如果还有其他红色错误警告，如图 1-2-10 所示，显示“验证失败”、“没有打开解决方案的权限”，证明仿真平台启动失败。

日志

时间	结果	描述	等
2015-11-18 15:24:03	成功	执行命令: Solution.Task(*).Start	
2015-11-18 15:24:03	未知错误	执行命令: ConsoleTerminal.Startup(127.0.0.1,10001,1)	
2015-11-18 15:24:02	成功	执行命令: Kernel.LoadSolution(D:\SimJYsn_NET\JYsn...	
2015-11-18 15:24:02	成功	停止OPC通讯	
2015-11-18 15:24:02	成功	向RTS发送命令: 加载	
2015-11-18 15:24:02	成功	没有OPC连接(Hollysys)	
2015-11-18 15:24:00	成功	打开解决方案	
2015-11-18 15:23:59	成功	验证成功	
2015-11-18 15:23:59	成功	向服务器发出授权验证请求: 127.0.0.1:54321	
2015-11-18 15:23:59	成功	执行命令: Kernel.Node.Start(127.0.0.1,16169)	
2015-11-18 15:23:59	成功	初始化网络模块	
2015-11-18 15:23:56	成功	加载集成模块	
2015-11-18 15:23:56	成功	创建重演窗口	

图 1-2-9　仿真平台启动成功

日志

时间	结果	描述	等级
2015-11-18 15:2...	未知错误	执行命令: Solution.Task(*).Start	
2015-11-18 15:2...	未知错误	执行命令: ConsoleTerminal.Startup(127.0.0.1,10001,1)	
2015-11-18 15:2...	成功	执行命令: Kernel.LoadSolution(D:\SimJYsn_NET\JYsn...	
2015-11-18 15:2...	未知错误	没有打开解决方案的权限	
2015-11-18 15:2...	未知错误	验证失败	
2015-11-18 15:2...	未知错误	错误的数据大小	
2015-11-18 15:2...	成功	向服务器发出授权验证请求: 127.0.0.1:54321	
2015-11-18 15:2...	成功	执行命令: Kernel.Node.Start(127.0.0.1,16169)	

图 1-2-10　仿真平台启动失败

如果打开失败，要检查加密狗是否插好，是否指示灯常亮。如果加密狗正常，检查是否有设置被更改过。

（3）教师机的仿真平台确定打开成功后，可以打开“DCS-本地”，如图 1-2-11 所示。同时，学生可以打开各自的仿真平台和 DCS 界面。要强调的是：一定是在教师机的仿真平台打开的前提下，学生机再打开仿真平台才能得到授权。

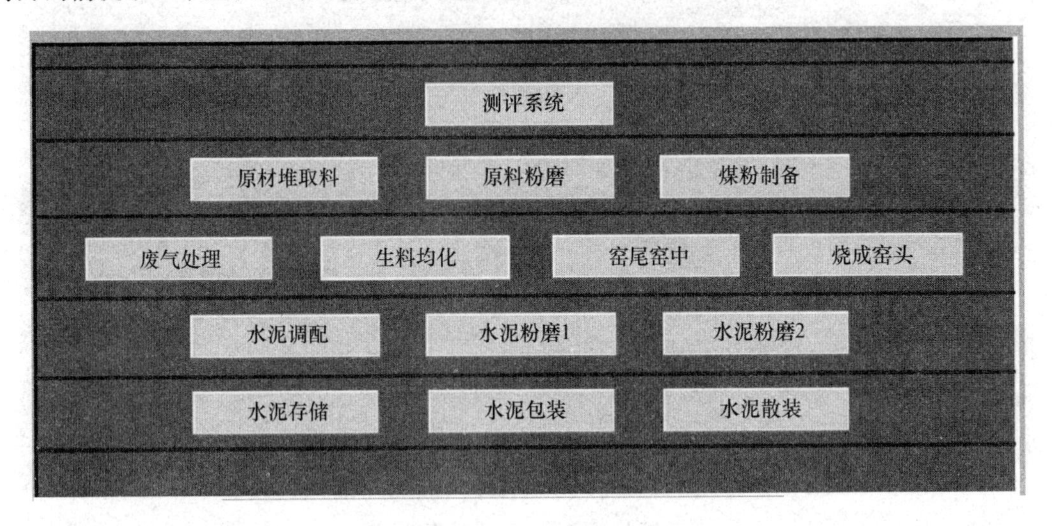

图 1-2-11　DCS 界面首页

打开上述界面后，选择要进入的系统界面，如要打开“废气处理”界面，就直接点击“废气处理”按钮，进入图 1-2-12 所示界面。

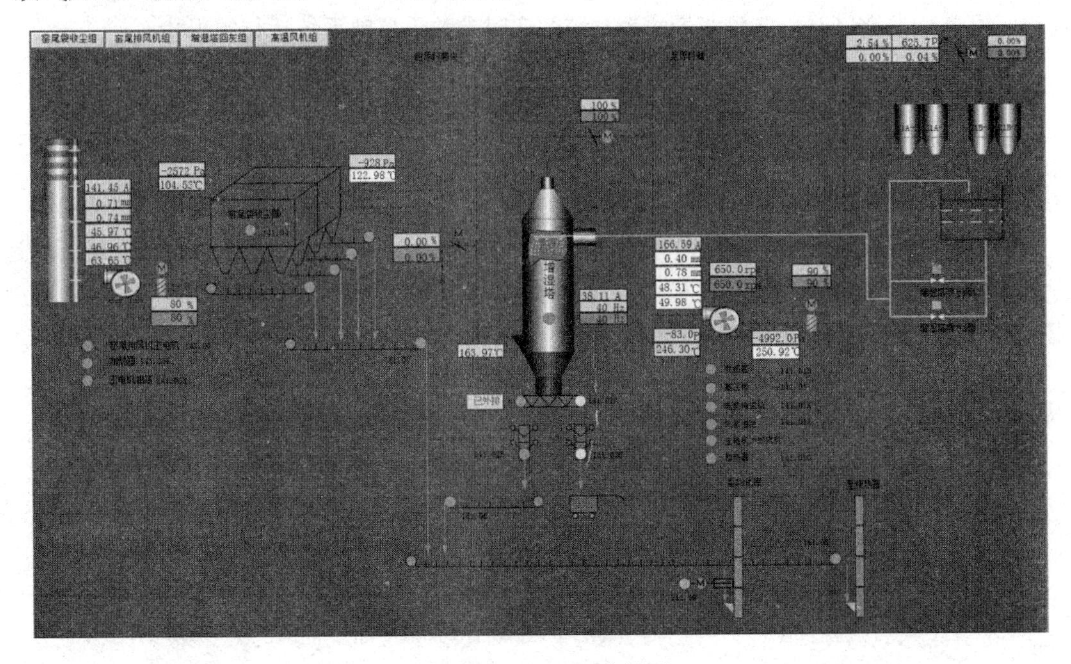

图 1-2-12　DCS 工作界面

如果界面上提示黄色字体“没有连接上平台数据库，脱机运行”，则表示界面启动失败，请重新启动平台，再进入“DCS 本地”界面。

在打开的界面中，每一个圆点代表一个设备的电机。设备运行时该圆点显示绿色，待机

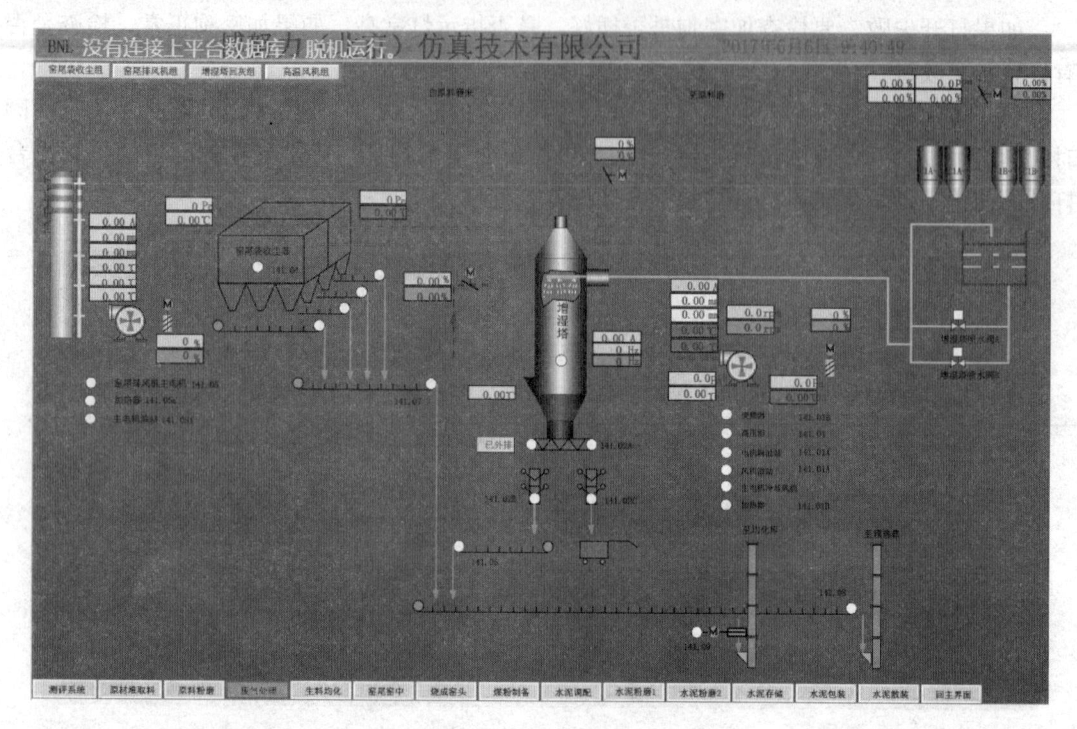

图 1-2-13　DCS工作界面连接失败

状态时显示黄色，脱机（不供电）状态时显示白色，点击后会弹出该设备的操作窗口。画面中方框内的数据是生产控制参数，蓝色背景的是可修改变量，在运行状态下点击后弹出操作窗口，可进行参数修改，白色背景的为系统的实时参数，反映系统运行的现状。

2.2.2　仿真系统运行

（1）系统运行

成功打开平台和界面后，即可进行系统的运行操作。在平台界面的标准工具栏中有一个三角形按钮工具。该按钮为红色时，表示系统为停止状态，点击它变成灰色时，系统开始运行，如图 1-2-14 所示。标准工具栏中的方形按钮为红色时，表示系统正在运行，点击它变成灰色时，系统停止运行，如图 1-2-15 所示。

图 1-2-14　系统运行操作

图 1-2-15　系统停止操作

（2）选择工况

该软件将水泥生产的各道工序、各种问题、在不同的条件下的运行操作设置为不同的工况，如在全厂冷态下启动立式磨生料制备系统，在窑正常运行状态下启动立式磨生料制备系统等。在仿真操作练习时，可以选择某种工况进行训练。

选择工况要在系统停止状态下进行，选择的方法有两种：一种方法是利用标准工具栏中的选择工况按钮进行选择，如图 1-2-16 所示。点击选择工况按钮，在 D 盘中找到“工况”文件夹，选择一个所需工况，点击确定。另一种方法是在系统停止状态下，点击菜单栏中的“仿真”下拉菜单，选择“工况”下面的“选择工况”选项，在 D 盘中找到“工况”文件夹，选择一个所需工况，点击确定，如图 1-2-17 所示。选择好工况之后，点击三角形红色按钮开始运行仿真平台，就可以到 DCS 画面上去操作软件了。

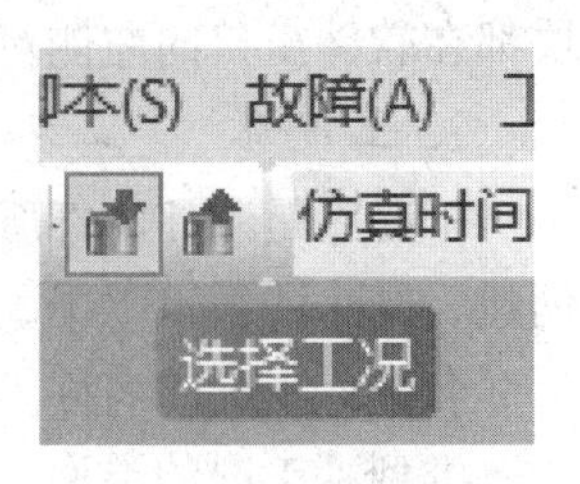

图 1-2-16　利用工具按钮选择工况

（3）保存工况

如果想要把当前仿真软件的运行状态保存起来，以便下次操作时能够快速找到此状态继续进行操作，则可以用保存工况的功能。同上，保存工况也是要在系统停止状态下进行，可以用保存工况的按钮或用“仿真”下拉菜单中的“工况”下面的“保存工况”进行保存，如图 1-2-18 所示。点击保存工况，选择一个路径和名字，点击保存，则系统就保存了当前的操作进度和数据。当想要读取已保存的工况时，在仿真工具栏中点击选择工况，找到想要的工况，打开即可。

仿真系统启动过程

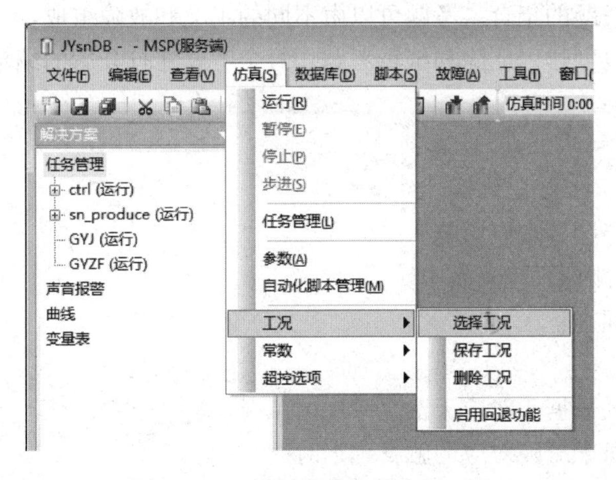

图 1-2-17　利用仿真菜单选择工况

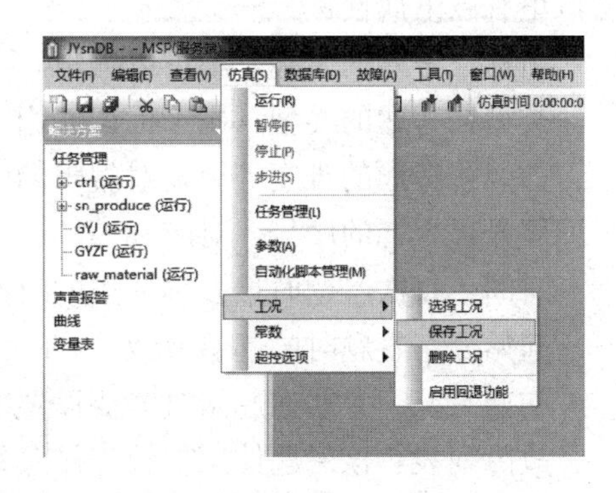

图 1-2-18　利用仿真菜单保存工况

2.3　仿真操作考核系统使用

2.3.1　考核系统简介

考核系统是考核学生学习成果的一个软件，该系统的运行依靠三个软件：测评软件、MSP 仿真平台和 GView 画面。测评软件用于试题和试卷的编辑，以及作为测评终端分发考题、反馈分数；MSP 仿真平台用于提供计算支撑；GView 画面是测评系统的操作接口。

2.3.2　测评软件组成

测评软件由五个主要模块组成：工况库、故障库、考题库、试卷库和测评终端。每个模块都在软件窗口的左侧对应一个管理窗口。

1. 工况库

工况库是测评软件所有可以使用的工况的集合，是组成考题的基础。在管理窗口里可以创建、删除和编辑工况。每个工况在打开后的编辑窗口里有以下属性：

名称：工况的名称，不可以编辑。

类型：工况的类型，用于标记使用。

等级：工况的难度等级，用于标记使用，对编辑的考题分数不产生影响。

载入代码：填入工况对应的工况文件名称，例如：压差过大 . condition。

工况描述：对工况的描述，用于标记使用。

2. 故障库

故障库是评分软件所有可以使用的故障的集合，是组成考题的基础。在管理窗口里可以创建、删除和编辑故障。每个故障在打开后的编辑窗口里有以下属性：

名称：工况的名称，不可以编辑。

类型：工况的类型，用于标记使用。

等级：工况的难度等级，用于标记使用，对编辑的考题分数不产生影响。

3. 考题库

考题库是评分软件所有可以使用的考题的集合。考题可以由不同的工况和故障组成，难度等级可以从 A 到 Z。在管理窗口里可以创建、删除和编辑考题。每个考题在打开后的编辑窗口里有以下属性：

名称：考题的名称，不可以编辑。

类型：考题的类型，用于标记使用。

等级：考题的难度等级，对编辑的考题分数有影响。

序号：考题的序号，对应到 GView 测评系统画面中。

时间：每次答题时最多可使用的时间。

起始分：答题时的起始分数。

初始工况：考题在起始时需要设置的数据，对应于工况库中的工况。

故障列表：该考题使用的故障以及每个故障对应的触发延迟时间。

判定规则列表：该考题使用的判定规则列表。

判定规则信息：每个判定规则的详细信息。

4. 试卷库

试卷库是评分软件所有可以使用的试卷的集合。每套试卷由不同难度的考题组成。如 1A2B3C，表示这套试卷包括 1 道 A 等级题目，2 道 B 等级题目，3 道 C 等级题目。在管理窗口里可以创建、删除和编辑试卷。每个试卷在打开后的编辑窗口里有以下属性：

名称：试卷的名称，不可以编辑。

类型：试卷的类型，用于标记使用。

等级：试卷的难度等级，用于标记使用，对编辑的考题分数不产生影响。

时间：每次使用该试卷考试时最多可使用的时间。

考题列表：该试卷中包含的考题。

5. 测评终端

测评终端可以显示与教师机已经建立连接的学生机的数量及编号，在测评终端可以控制学生机的运行模式，给学生机分发试卷。每个终端在打开的窗口里有以下属性：

用户：使用该终端的用户。

培训模式：该终端的运行模式，包括考试和练习两种。

培训内容：当前该终端上运行的内容。

操作记录：用户的操作记录。

2.3.3　联机考试

1. 连接教师机

考试时，教师机打开测评软件，其他学生机打开 MSP 平台和 GView 界面，如果教师机在测评终端中能看到对应的学生机号码变成黑色，则表示学生机已经和教师机建立联系。学生机运行 MSP 中的程序，并切换到 GView 测评系统界面，等待教师机发题。

2. 教师机试题分发

待考试的学生机和教师机建立联系之后，教师机在测评终端界面里选中要考试的学生（需要选中多名学生时，按住 ctrl 键），然后点击左上角的开始考试按钮，选择试卷，点击 OK。

考评系统
教师发题过程

3. 学生答题

教师机分发试题之后，学生机在测评系统界面中将看到有题目条变成红色，考试总时间开始倒计时。点击题目编号，试题颜色由红色变为黄色，试题状态由未答变成答题中，试题时间开始倒计时。待试题时间结束，题目颜色由黄色变为绿色，显示已答。

进入答题界面前可以先点击题目对应提示，有些题目有文字、图片或者声音提示，可参照提示内容考虑答题方法。

考评系统
学生答题过程

4. 考试成绩反馈

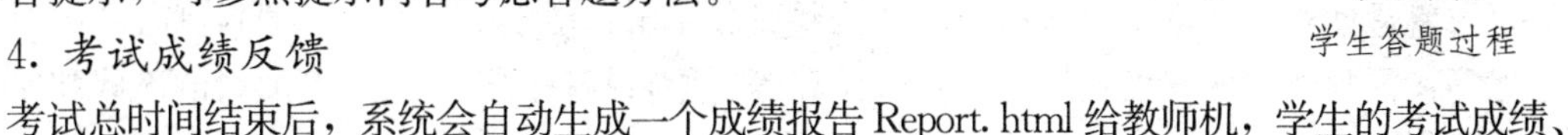

考试总时间结束后，系统会自动生成一个成绩报告 Report.html 给教师机，学生的考试成绩、每道题的答题情况都有记录。报告的存储路径为：D：\SimJYsn\Console\JYsnDB\Report。

任务小结

本任务介绍了水泥生产中使用的 DCS 集散控制系统的概念、组成。介绍了 5000t/d 熟料水泥生产仿真系统的组成：原料粉磨及废气处理系统，石灰石采用一段破碎、进行原料预均化后进入原料配料库，原料粉磨采用立式磨系统；生料均化及生料入窑系统；烧成系统采用了 ϕ4.8×72m 回转窑的斜度为 3.5%，及带五级旋风预热，第三代篦冷机的预分解窑系统；风扫磨煤粉制备粉磨系统；水泥制成的挤压联合粉磨系统。

仿真系统中的测评系统的组成及使用：可以利用工况库和故障库中的工况和故障创建不同难度的考题，再由不同的考题创建试卷。学生机要和教师机联机后方能进行测评，测评后自动上传成绩。

思考题

1. 仿真系统由哪几部分组成？
2. 如何判断考题是否已答？

项目二　水泥生料制备（立式磨）

任务1　原料制备

知识目标　了解原料破碎及预均化的相关概念；掌握各种破碎机的工作原理、构造及使用情况，石灰石预均化原理及设施。

能力目标　学会颚式破碎机、锤式破碎机及反击式破碎机的使用及维护。

1.1　原料制备生产过程

1.1.1　原料制备

原料制备主要是对石灰质原料、黏土质原料、辅助和校正原料的加工制作。原料制备的目的就是降低生料粉磨能耗，稳定窑内热工制度，降低热耗，充分利用好矿产资源。原料制备要求就是使物料粒度满足入磨要求和物料成分稳定，便于配料要求。原料制备的主要工艺过程是：原料的粉碎—输送—预均化—储存等。原料制备的主要流程有原料的破碎和原料的均化两部分。

（1）原料的破碎。水泥生产过程中，大部分原料要进行破碎，如石灰石、黏土、铁矿石及煤等。石灰石是生产水泥用量最大的原料，开采后的粒度较大，硬度较高，因此石灰石的破碎在水泥厂的物料破碎中占有比较重要的地位。原料由自卸汽车运输倒入卸车坑中，由板式喂料机喂入破碎机中破碎。破碎后的原料由胶带输送机送至预均化堆场。

（2）原料预均化。预均化技术就是在原料的存、取过程中，运用科学的堆取料技术，实现原料的初步均化，使原料堆场同时具备储存与均化的功能。

1.1.2　粉碎

1. 粉碎的含义

固体物料在外力的作用下，克服了分子间的内聚力，使固体物料外观尺寸由大变小，物料颗粒的比表面积由小变大的过程称为粉碎。

将固体物料粉碎的方法有很多种，通常采用机械方法，物料的粉碎作业一般是在破碎机和粉磨机内进行的，所以，按物料的粗细程度，又划分为破碎和粉磨两个操作过程。为了更明确起见，通常按图2-1-1所示方法进一步划分。

2. 粉碎比

在破碎或粉磨过程中，未经粉碎的原料尺寸（或粒径）与粉碎后的产品尺寸（或粒径）

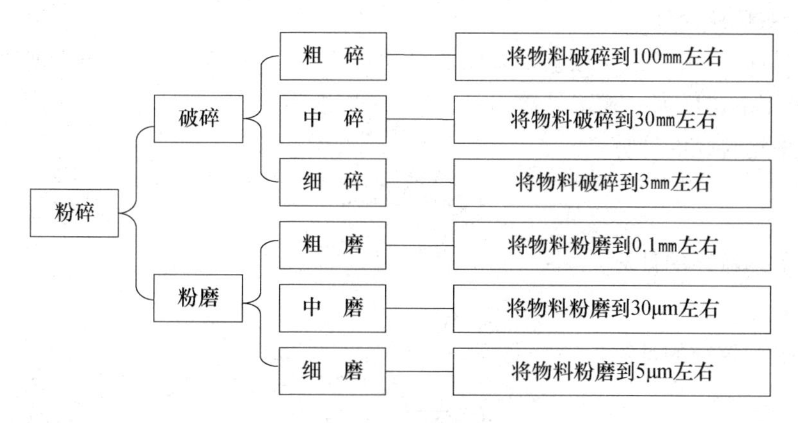

图 2-1-1　固体物料粉碎方法

的比值，称为粉碎比。对破碎的过程而言，又称为破碎比。粉碎比表示物料尺寸在破碎和粉磨过程中改变的程度，它是评价粉碎过程的技术指标之一。

通常所说的粉碎比系指平均粉碎比，即粉碎前后物料的平均粒径的比值。

$$n=\frac{D_{\mathrm{m}}}{d_{\mathrm{m}}} \tag{2-1-1}$$

式中　n——粉碎比；

D_{m}——粉碎前物料的平均粒径，mm；

d_{m}——粉碎后物料的平均粒径，mm。

在生产中常以粉碎前后的物料有 80%通过某筛孔尺寸来代替物料的平均粒径，故式（2-1-1）可写为：

$$n=\frac{D_{80}}{d_{80}} \tag{2-1-2}$$

式中　D_{80}——粉碎前物料有 80%通过的筛孔尺寸（方孔筛指边长），mm；

d_{80}——粉碎后物料有 80%通过的筛孔尺寸（方孔筛指边长），mm。

对于破碎机械，也可以简单地用破碎机的最大进口宽度与最大出料口宽度之比作为破碎比，称为公称破碎比。因此，破碎比亦可写成：

$$n=\frac{B}{b} \tag{2-1-3}$$

式中　B——破碎机最大进料口宽度，mm；

b——破碎机最大出料口宽度，mm。

破碎机的平均破碎比一般都较公称破碎比低，在破碎机选型时应特别注意。

由于破碎机的破碎比较小，如果要求达到的破碎比超过该破碎机的允许范围时，就要用几台破碎机串联破碎，这种破碎过程称为多级破碎。这时原料尺寸与破碎的最后产品尺寸之比称为总破碎比。在多级破碎时，总破碎比 n_{b} 等于各级破碎比 n_i 之乘积，即：

$$n_{\mathrm{b}}=n_1 n_2 \cdots n_i n_2 \tag{2-1-4}$$

3. 粒径表示方法

表示颗粒大小的尺寸一般称为粒径。破碎、粉磨和分级过程中所处理的物料都是大小不同、颗粒形状不规则的各种颗粒的混合物。生产过程中的各种固体颗粒也可以用“粒径”来表示颗粒的大小。一般用平均粒径来表示全部颗粒的平均尺寸。

(1) 单个颗粒粒径计算

假设被测量的料块三个互相垂直方向的尺寸：长为 l，宽为 b，厚为 h，则物料随使用的场合不同，可用下述任何一式来计算。

1) 算数平均粒径的计算：

$$d=\frac{l+b+h}{3} \tag{2-1-5}$$

2) 几何平均粒径的计算：

$$d=\sqrt[3]{lbh} \tag{2-1-6}$$

3) 调和平均粒径的计算：

$$d=\frac{3}{\frac{1}{l}+\frac{1}{b}+\frac{1}{h}} \tag{2-1-7}$$

(2) 颗粒群平均粒径计算

在粉碎过程中，经常遇到的是包含各种粒径的混合物，称为颗粒群。颗粒群的尺寸用平均粒径表示，通常用筛析法求平均粒径。

如果相邻两层筛子筛孔的尺寸为 d_1 和 d_2，则残留在两筛之间的颗粒群的平均粒径可以用上下两筛的筛孔的算术、几何或调和平均值表示。其计算式分别是：

$$d_m=\frac{d_1+d_2}{2} \quad d_m=\sqrt{d_1 d_2} \quad d_m=\frac{2}{\frac{1}{d_1}+\frac{1}{d_2}} \tag{2-1-8}$$

对于整个颗粒群的平均粒径，可根据颗粒群的粒径组成进行计算。用套筛将物料分成若干狭窄粒级的平均粒径分别为 d_1，d_2，…，d_n，设总量为 100 份，每一粒级相应质量份数为 x_1，x_2，…，x_n，则颗粒群的平均粒径为：

1) 算数平均粒径 $d_m=\frac{x_1 d_1+x_2 d_2+\cdots+x_n d_n}{x_1+x_2+\cdots+x_n}=\frac{\sum xd}{100}$ (2-1-9)

2) 几何平均粒径 $d_m=\sqrt[m]{x_1 d_1 x_2 d_2 \cdots x_n d_n}$ (2-1-10)

3) 调和平均粒径 $d_m=\frac{x_1+x_2+\cdots+x_n}{\frac{x_1}{d_1}+\frac{x_2}{d_2}+\cdots+\frac{x_n}{d_n}}=\frac{100}{\sum\frac{x}{d}}$ (2-1-11)

粒径有多种表示方法，采用不同的测定方法会得到不同的粒径。即使采用同一的测定数据，由于应用目的不同，采用的计算方法不同，其结果也不相同。各种平均粒径的具体应用，要视所讨论问题的性质，结合测定方法和生产操作过程来选用。

4. 粉碎产品粒度特性

在水泥生产中，粉碎后的产品都是由各种粒度的混合物料组成。为了鉴定这些混合物料的粒度分布情况，通常采用筛析方法将它们按一定的粒度范围分成若干粒级。筛析所得数据可整理在记录表上，用来说明物料颗粒的组成特性。为了能更明显地比较物料的粒度组成情况，通常将测得筛析数据在普通的直角坐标上绘制出物料的粒度特性曲线（或称筛析曲线）。用纵坐标表示大于或小于某粒径的累积百分数，横坐标表示相应的粒径（或筛孔尺寸），所描绘的曲线称为粒度累积分布曲线，即粒度特性曲线，如图 2-1-2 所示。根据粒度特性曲线可以清楚地判断物料粒度分布情况。图 2-1-2 中，直线 2 表明此物料全部大小颗粒是均匀分布的；凹形曲线 1 表明粉碎产品中含有较多的细小颗粒级；凸形曲线 3 表明粉碎产品中粗颗粒的物料占多数。一般中等硬度的物料粉碎后具有接近于直线的特性曲线。

粒度特性也可以用频度分布曲线来表示，如图 2-1-3 所示。纵坐标表示一定粒径等间隔 dx 范围内（例如 $dx=5\mu m$）的颗粒质量百分率 dR，dR/dx 称为频度。横坐标表示相应的粒径 x。以 dR/dx 及 dx 分别为纵横坐标制图，称为粒度频度分布曲线。

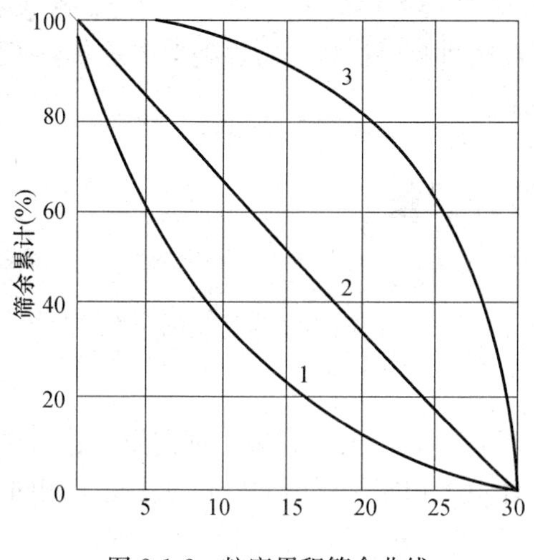

图 2-1-2　粒度累积筛余曲线

1—凹形曲线；2—直线；3—凸型曲线

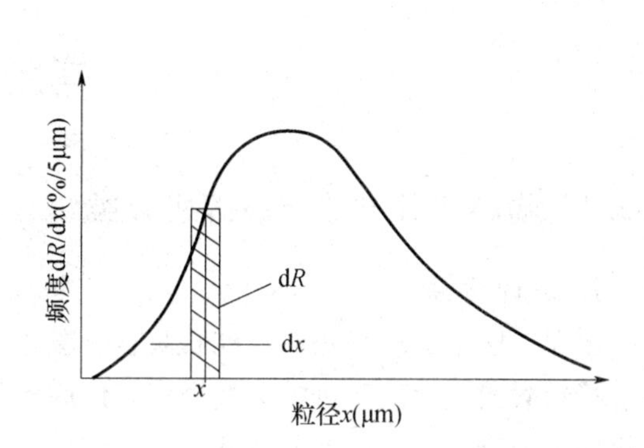

图 2-1-3　粒度频度分布曲线

绘制出粒度特性曲线，不仅可以求得筛析表中的任意中间粒级百分数，同时还可以检查和判断粉碎机械的工作情况，也可以用以比较在不同粉碎机械中粉碎同一物料的粒度特性。

5. 物料易碎性

物料粉碎的难易程度称为易碎性。同一粉碎机械在相同的操作条件粉碎不同的物料时，其生产能力是不同的，这说明各种物料的易碎性不同。易碎性与物料的强度、硬度、密度、结构的均匀性、含水性、黏度、裂痕、表面形状等因素有关。强度和硬度都表示物料对外力的抵抗能力，故强度和硬度都大的物料是比较难粉碎的，但是硬度大的物料并不一定很难破碎，因为物料的破碎是一块块分裂开来的，故破碎难易的决定因素是物料的强度。硬度大而强度不大（即结构松弛而性脆）的物料比强度大而硬度小（即韧而软）的物料易于破碎。硬度大的物料虽然不一定很难破碎，但是却难以粉磨，同时也使粉碎机械的工作表面容易磨损。这是因为粉磨过程与破碎过程不同，前者是工作体在物料的表面不断磨削而产生大量细粉的过程，故粉磨过程中硬度与强度的影响较大。

由于物料的易碎性与许多因素有关，一般用相对易碎系数来表示物料的易碎性。某一物料的易碎系数 K_m 是指采用同一台粉碎机械，在同一物料尺寸变化条件下，粉碎标准物料的单位电耗 E_b（kWh/t）与粉碎干燥状态下同一物料的单位电耗 E（kWh/t）之比，即：

$$K_m=\frac{E_b}{E} \tag{2-1-12}$$

物料的易碎系数越大，越容易粉碎。我国水泥工业中通常采用平潭标准砂作为测定物料易碎系数的标准物料。

6. 粉碎目的与意义

粉碎的目的是：固体物料经粉碎后，其单位重量的表面积增加，因而可以提高物理作用的效果及化学反应的速度；几种不同固体物料的混合，在细粉状态下易达到均匀的效果；固体物料经粉碎后，为烘干、输送和储存等准备好有利条件。

在水泥生产过程中，大量的原料、燃料和半成品等都需要经过粉碎，每生产1t水泥需要粉碎的物料量约3t。在现代化的生产中，生产1t水泥约需要耗电100kWh以上，而消耗在物料的破碎和粉磨作业上的电量约占总电量的70%，电耗占水泥生产成本的30%，用于物料粉碎电耗占水泥成本的20%，由此可见，粉碎是很重要的工艺过程。因此，改善和提高粉碎操作，合理选择粉碎流程，采用新技术不断改进粉碎机械，对提高生产效率和产品质量、节省电力消耗、降低生产成本有着重要的意义。

1.2 常用破碎设备

1.2.1 物料破碎方法与破碎机分类

1. 破碎方法

水泥工厂中的块状物料，如石灰石、黏土、石膏、煤以及熟料等，都需要先进行破碎，再进行粉磨。虽然破碎机械类型繁多，但因施加外力不相同，所用的破碎方法也不相同。利用机械破碎物料的方法有以下几种：

(1) 压碎 [图2-1-4 (a)]。将物料置于两个破碎表面之间，施加压力后，物料因压力达到抗压强度极限而破碎。

(2) 劈碎 [图2-1-4 (b)]。用一个楔形工作件挤压物料时，物料将沿压力作用线的方向劈裂。劈裂的原因是由于物料在楔形作用下，使劈裂表面受到拉应力。物料的拉伸强度极限比抗压强度极限小得多，一般来说劈裂比压碎要容易得多。

(3) 磨碎 [图2-1-4 (c)]。靠运动的工作面对物料摩擦时所施加的剪切力，或靠物料之间摩擦时的剪切力而使物料粉碎。

(4) 击碎 [图2-1-4 (d)]。由于冲击力的作用使物料破碎。冲击力的来源是运动的工作体对物料的冲击；高速运动的物体向固定工作面冲击；高速运动的物料的相互冲击。

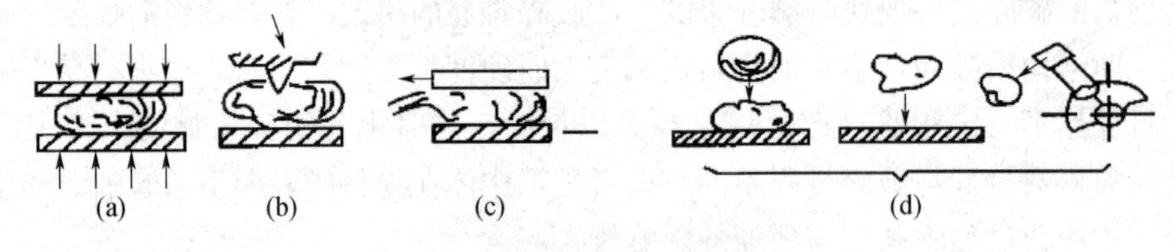

图2-1-4 物料的破碎方法

(a) 压碎；(b) 劈碎；(c) 磨碎；(d) 击碎

实际上，任何一种破碎机（或粉磨机）都不能只用某一种方法进行破碎，一般都是由两种或两种以上的方法联合起来进行破碎的。物料的破碎方法主要是根据物料的物理机械性能、被破碎物料的外形尺寸和所要求的破碎产品的尺寸来选择。对于坚硬物料的粗碎和中碎，宜用压碎法；对于脆性和软质物料的破碎，宜用击碎和劈碎法；粉磨时多是击碎和磨碎。冲击破碎法应用较广，可用于破碎和粉磨。

2. 破碎机分类

(1) 水泥厂所使用的破碎机按破碎前后物料的粒度大小分为：

粗碎破碎机，由900～300mm破碎到350～100mm；

中碎破碎机，由350～100mm破碎到100～20mm；

细碎破碎机，由 100～20mm 破碎到 15～5mm。

（2）破碎机按工作过程和结构特征可分为：

颚式破碎机［图 2-1-5（a）］，依靠活动颚板对固定颚板做周期性往复运动，对其间的物料挤压破碎。

锥式破碎机［图 2-1-5（b）］，依靠内圆锥在固定的外圆锥内做偏心运转，对其间的物料在挤压和弯曲力作用下碎裂。

辊式破碎机［图 2-1-5（c）］，依靠一对相向旋转的辊子，对其间的物料挤压破碎。

锤式破碎机和反击式破碎机［图 2-1-5（d）、（e）］，利用高速回转的锤子的冲击作用和高速运动的物料对固定衬板的冲击作用使物料粉碎。

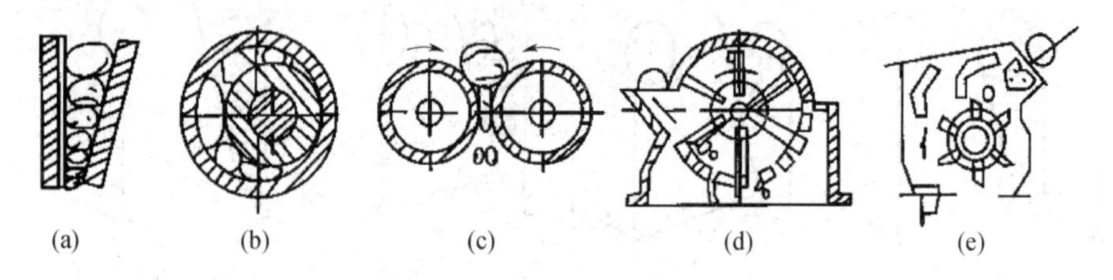

图 2-1-5　破碎机的形式

（a）颚式破碎机；（b）旋回式破碎机；（c）辊压式破碎机；（d）锤式破碎机；（e）反击式破碎机

3. 破碎机要求

（1）破碎机的传动装置、给料口及排料口必须有安全防护装置；

（2）破碎机必须有可靠的防尘和除尘装置；

（3）破碎机应当有简单而有效的保险装置；

（4）破碎机的构造应当保证迅速而容易更换其全部磨损了的部件；

（5）破碎机应有简单灵活改变破碎比的装置，即排料口有调节装置；

（6）破碎机应配有均匀给料和连续排料的辅助设备。

4. 破碎系统

破碎作业可以有一段、二段甚至三段破碎过程。有些破碎机可兼有粗碎、中碎、细碎的作用，破碎系统的段数与要求的破碎比和破碎机的性能有关。当选用一种破碎机就能满足破碎比及产量的要求时，即为一段破碎系统；如果需要选用两种或三种破碎机进行分段破碎才能满足要求时，即为二段破碎或三段破碎系统。物料破碎的段数越多，系统越复杂，要力求减少破碎段数。国内已有反击式破碎机可用于中型水泥厂的石灰石的一段破碎。从国外引进新型锤式破碎机的生产技术，也可以生产用于大型水泥厂的石灰石一段破碎的新型破碎机。

破碎机与筛分机组合使用，构成闭路破碎流程。凡是不带筛分或只有预先筛分的破碎系统称为开路流程。凡是有检查筛分的破碎系统称为闭路流程。开路流程的优点是流程简单，设备少，扬尘点也较少；缺点是当要求的破碎产品粒度较细时，破碎效率较低。闭路流程的优点是可以将大块筛出返回破碎机再次破碎，保证产品粒度合格；缺点是需要设备较多，流程复杂。

1.2.2　颚式破碎机

颚式破碎机是一种构造简单、工作可靠和维修方便的破碎机械。在水泥工业中被广泛用于粗碎和中碎石灰石、砂岩等块状硬质原料。

1.2.2.1　颚式破碎机构造及工作过程

1. 颚式破碎机工作过程

如图 2-1-6 所示，加入到颚式破碎机破碎腔（由固定颚板和活动颚板组成的空间）中的物料，由于颚板而做周期性往复摆动。当活动颚板靠近固定颚板时，物料受到挤压和劈裂的作用而破碎。当活动颚板离开固定颚板时，已被破碎到小于排料口的物料靠自重从排料口排出。位于破碎腔上还未完全被破碎的物料也随之落到破碎腔下部，再次受到颚板的挤压作用而被破碎。

颚式破碎机工作原理

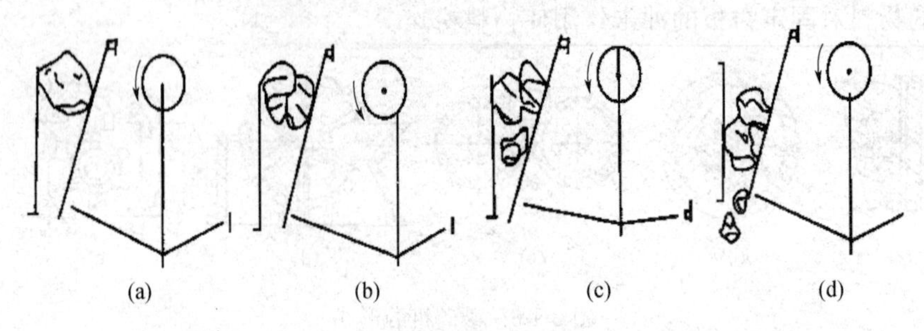

图 2-1-6　颚式破碎机破碎过程

图 2-1-6 为一大块物料在颚式破碎机中被破碎的过程。图 2-1-6（a）是活动颚板张到离固定颚板最远的位置，此时物料进入破碎腔。图 2-1-6（b）是活动颚板逐渐向固定颚板靠近，物料受挤压产生裂缝而被破碎。图 2-1-6（c）是活动颚板靠到离固定颚板最近时的位置，压裂了的物料被挤碎成几个小块。图 2-1-6（d）是活动颚板又张到离固定颚板最远的位置，这时排料口最大，被破碎了的物料由于自重而下落，小于排料口的物料从破碎腔中排出，大于排料口的物料落至破碎腔下部，与新进破碎腔的物料一起再次受到破碎。

2. 颚式破碎机构造

（1）简摆式颚式破碎机（图 2-1-7）

机架 1 是颚式破碎机的机架，所有其他零部件都安装在它的上面。它的上部装有两对平行的轴承，在第一对轴承中安装着轴 3，动颚 2 固定在该轴上，并利用轴 3 及其轴承悬挂在机架上，因此轴 3 称为动颚悬挂轴。在第二对轴中装有偏心轴 5 和安放在轴上的连杆 6，在偏心轴 5 的两端分别固定着飞轮和皮带轮 4，连杆的下端有凹槽，推力板 7 的端部伸入此凹槽内，左推力板的另一端支承在动颚 2 下端，而右推力板的另一端支承在与机架后壁 9 相连的特殊挡块 8 上。借助拉杆 10 和支持在机架后壁凸缘 11 上的圆柱形弹簧 12 的拉力，使动颚的下端经常向机架后壁方向拉紧，而使动颚张开时推力板不至于掉下。

（2）复摆式颚式破碎机（图 2-1-8）

复摆式和简摆式基本相同，都由机架、动颚等组成。不同的地方就是动颚悬挂轴也是心轴，因此连杆也随之取消，推力板也只有一块，所以这种形式的颚式破碎机也称单撑式颚破碎机。图 2-1-8 中的 7、8、9 是出料口调整装置，它利用调节螺栓 7 来改变楔形顶座 8 和 9 的相对位置，从而使出料口大小得到改变。

（3）液压式颚式破碎机（图 2-1-9）

液压式颚式破碎机是近年来出现的，是在上述各种破碎机中装上液压部件而成。图 2-1-9

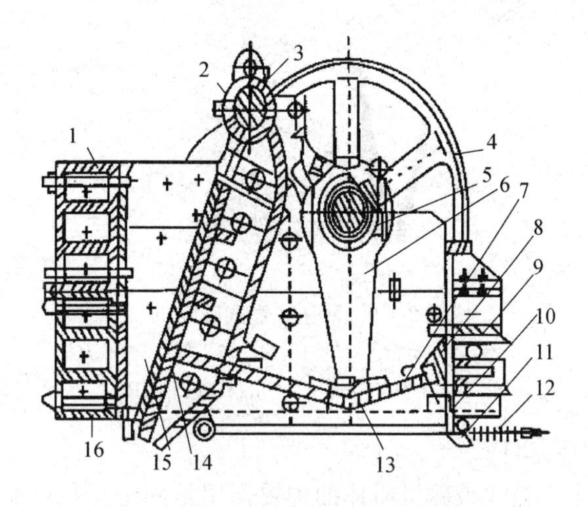

图 2-1-7　简摆式颚式破碎机

1—机架；2—动颚；3—悬挂轴；4—飞轮（皮带轮）；5—偏心轴；6—连杆；7—推力板；8—挡块；9—机架后壁；10—拉杆；11—后壁凸缘；12—拉杆弹簧；13—推力板支架；14—动颚破碎板；15—侧护板；16—固定颚破碎板

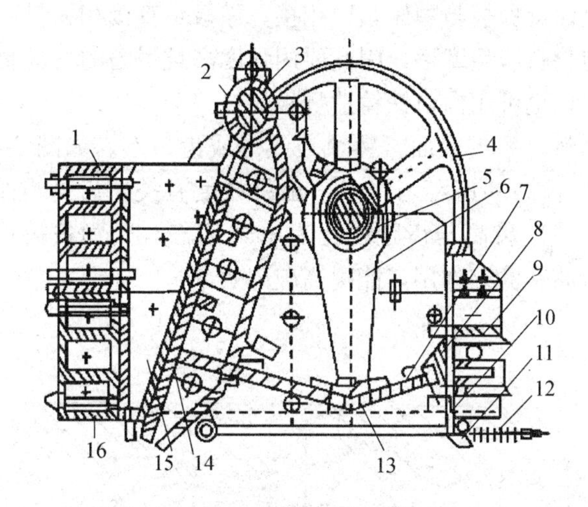

图 2-1-8　复摆式颚式破碎机

1—机架；2—侧护板；3—动颚；4—偏心轴；5—动颚轴承；6—皮带轮；7—调节螺栓；8—前楔形顶座；9—后楔形顶座；10—拉杆弹簧；11—拉杆；12—推力板；13—动颚破碎板；14—定颚破碎板

中的连杆 3 上装一个液压油缸和活塞 6，油缸和连杆上部连接，活塞杆与推力板 5 连接。当破碎机主电动机启动时，液压油缸尚未充满油，油缸和活塞可做相对滑动。因此，主电动机无需克服动颚等运动部件的巨大惯性力，而能较容易启动。待主电动机正常运转时，液压油缸内已充满了油，使连杆油缸和活塞杆紧紧地连接在一起，这时油缸与连杆不再做相对运动，相当于一个整体连杆，动力通过连杆、推力板等使动颚摆动。当颚腔内掉入难破碎物体（如铁块等）时，连杆受力增大，油缸内油压急剧增加，从而推开溢流阀，油缸内的油被挤出，活塞与油缸松开，连杆和油缸虽然随偏心轴的转动而上下运动，但连杆与活塞不动，于是推力板和动颚也不动，从而保护了破碎机的其他部件免受损坏，起到保险装置的作用。出料口间隙的调整也采用液压装置 7，调整简单方便。由于液压式颚式破碎机具有启动、调整容易和保护机器部件不受损坏等优点，国内外已经制造和使用。

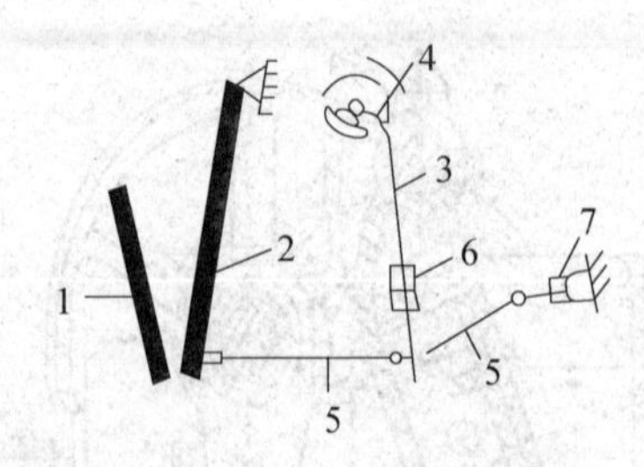

图 2-1-9　液压式颚式破碎机

1—定额；2—动颚；3—连杆；4—偏心轴；5—推力板；

6—液压油缸和活塞；7—出料口调节液压缸

（4）颚式破碎机主要部件

1）机体。也称机座。颚式破碎机机体的主要作用是固定全机，支承偏心轴和承受运转中压碎物料时受到的反作用力，因此要求它有足够的强度和刚度。机体一般用铸钢整体铸造，规格小的可用优质铸铁铸造，或用 40～50mm 厚的钢板焊接。

2）颚板。固定颚和活动颚都由颚床和颚板组成。颚板用螺栓固定在颚床表面上，其间常垫一种塑性材料，以保持颚板与颚床紧密相接。颚板是直接和物料接触的工作件，它除随挤压冲击载荷外，还与物料产生摩擦，因此要用强度高且耐磨的材料制造，通常采用锰钢铸造，对小型颚式破碎机，也可用白口铁铸造颚板。

为了有效地破碎物料，颚板表面常铸成波纹形或齿条形。如图 2-1-10 所示，颚板的齿峰角一般为 90°～110°。齿高和齿距与产量、出料粒度有关。齿高齿距小时，出料粒度小，产量低，动力消耗大，一般齿高与齿距之比为 1/2～1/3，两颚板齿形的排列应峰谷相对，这对物料兼有挤压、折曲和劈碎作用，能提高破碎效率。

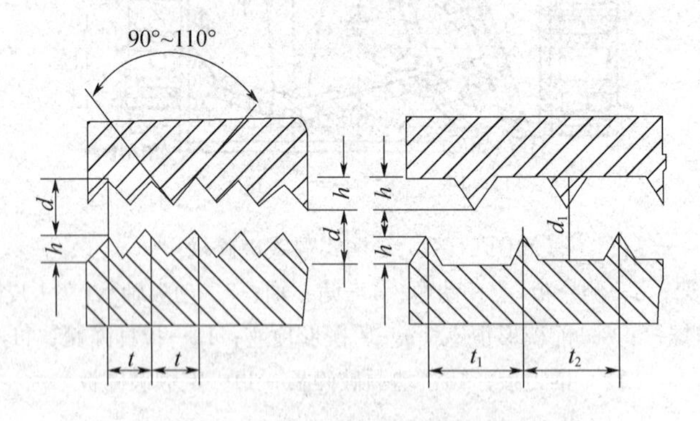

图 2-1-10　表面形状及排列

颚板的各部位磨损是不均匀的，通常下部磨损较快。为了延长颚板的使用寿命，颚板上下制成对称形，待下部磨损后可调换使用，大型颚板是用几块拼成的，各块间均可互换，便于运输的拆装。

固定颚的颚床是机体，活动颚的颚床悬挂在偏心轴上，由于它们直接承受对物料的挤压作用力，所以必须有足够的强度和硬度，一般用铸铁或铸钢铸造。

3）推力板。它的作用是直接推动活动颚做往反运动，并把被挤压物料的反作用力传给机架，同时又起着整个破碎机的保险作用。当负荷过大时，它先断裂，可以防止其他机件损坏。此外，推力板与契形顶座组成调节装置，可以调节排料口的尺寸。

4）偏心轴。它是颚式破碎机的主轴，是带动活动颚做往反运动的主要部件。它承受巨大的扭转和弯曲应力，因此要采用合金钢制造。

5）飞轮与皮带轮。由于颚式破碎机是间歇地压碎物料，工作负荷是不均匀的。为了使负荷能比较均匀，利用惯性原理，在轴一端装上飞轮，当活动颚后移时能把能量储存起来，当活动颚挤压物料时再释放出来。轴另一端装上皮带轮，它除了传递动力外，同样起着飞轮作用。

6）连杆。连杆也称摇杆，是简摆式颚式破碎机中的重要部件之一。主轴的动力通过连杆、推力板传递给活动颚进行破碎物料，连杆工作时承受很大的拉力，必须具有足够的强度，故采用铸钢或锻钢制造。

7）润滑冷却系统。颚式破碎机偏心轴的轴承通常采用齿轮油泵压入各润滑点循环润滑。动颚的悬挂轴和推力板的支承面采用润滑脂润滑，小型颚式破碎机利用油轮或油杯供油，大型颚式破碎机则采用集中供油（润滑脂）站供油。

1.2.2.2 颚式破碎机类型及型号表示方法

颚式破碎机一般是按照活动颚板的运动特性来进行分类的，主要有三类，即简单摆动式、复杂摆动式和组合摆动式，分别表示为PEJ、PE、PEZ，其中P表示破碎，E表示颚式破碎，J表示简摆，Z表示组合摆。近年来，液压技术在颚式破碎机上得到应用，出现了液压颚式破碎机，表示为PEY，其中Y表示液压。颚式破碎机按其破碎程度分为粗碎式和细碎式，分别表示为PE系列和PEX系列，其中X表示细碎。

以简摆式颚式破碎机为例，型号表示为PEJ。颚式破碎机的规格以给料口宽度B和长度L的大小来表示。PEJ给料口宽为1200mm，长为1500mm，则表示为PEJ1200×1500破碎机；复摆式颚式破碎机给料口宽度为250mm，长为400mm，则表示为PEF250×400。新标准中，将F去掉，改为PE250×400。

给料口宽度大于600mm为大型破碎机，给料口宽度500～600mm为中型破碎机，给料口宽度小于500mm为小型破碎机。

1.2.2.3 颚式破碎机主要参数

1．钳角

颚式破碎机动颚与定颚间的夹角α称为钳角，减小钳角，可使破碎机的生产能力增加，但会导致破碎比减小，相反，增大钳角虽可增加破碎比，但会降低生产能力，同时落在颚腔中的物料不易夹牢，有被推出机外的危险。钳角的大小可以通过物料的受力分析来确定，如图2-1-11所示。实际上，进入破碎机的物料粒度相差较大，大块物料可能夹在两个小块料之间，这时物料就有被挤出加料口的可能，所以，一般颚式破碎机的钳角α取18°～22°。

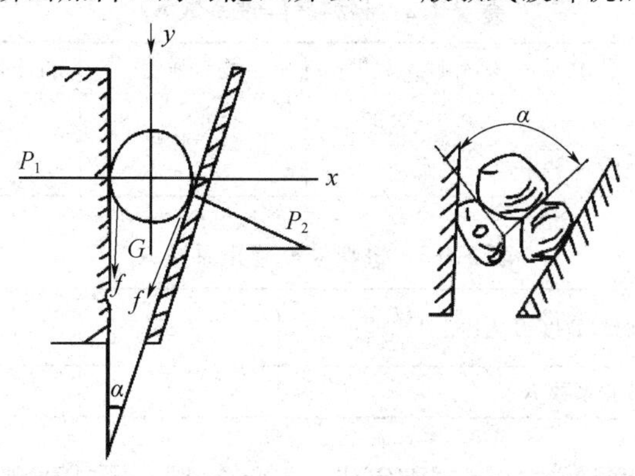

图2-1-11 颚式破碎机的钳角

2. 偏心轴的转速

颚式破碎偏心轴转速直接反映动颚的摆动次数。在一定范围内，偏心轴转速增加，生产能力随之增加，但是超过一定限度时，反而会使生产能力降低，并增加电耗。这是由于动颚摆动过快，已被破碎的物料来不及全部排出，甚至造成颚腔内物料发生堵塞。

偏心轴的实际转速 $n=470\sqrt{\frac{\tan\alpha}{s}}$（r/min） (2-1-13)

此外，设计与生产中常用下列经验公式计算破碎机偏心轴转速。

给料口宽度 $B\leqslant1.2$m 时：

$$N=310-145B \quad (2\text{-}1\text{-}14)$$

给料口宽度 $B\leqslant1.2$m 时：

$$N=160-42B \quad (2\text{-}1\text{-}15)$$

式中 B——颚式破碎机进料口宽度，mm。

3. 生产能力

破碎机的生产能力与被破碎物料的性质（如物料强度、节理、喂料粒度等）、破碎机的性能和操作条件（如供料情况、出料口大小）等因素有关。目前还没有把所以因素包括进去的理论计算方法，还需广泛采用实际资料和经验公式：

$$Q=K_1K_2K_3qe\text{（t/h）} \quad (2\text{-}1\text{-}16)$$

式中 q——标准条件下（指开路破碎容积密度为1.6t/m^3的中等硬度物料）的单 位出口宽度的生产能力，t/（mm·h），如表2-1-1所示；

e——破碎机出料口宽度，mm；

K_1——物料易破碎性系数，如表2-1-2所示；

K_2——物料容积密度修正系数，$K_2=\frac{\rho_s}{1.6}$；

ρ_s——容积密度，t/m^3；

K_3——进料粒度修正系数，如表2-1-3所示。

表2-1-1 颚式破碎机出料口单位宽度的产量 *q*

破碎机规格（mm×mm）	250×400	250×400	250×400	250×400	250×400	250×400
q [t/（mm·h）]	0.4	0.65	0.95～1.0	1.25～1.3	1.9	2.7

表2-1-2 物料易碎性系数 K_1

物料强度	抗压强度（MPa）	易碎性系数 K_1	物料强度	抗压强度（MPa）	易碎性系数 K_1
硬质物料	157～196	0.9～0.95	软质物料	<79	1.1～1.2
中等硬度物料	79～157	1.0			

表2-1-3 进料粒度修正系数 K_3

进料最大粒度 D_{max} 和进料口宽度 B 之比 $\alpha=\frac{D_{max}}{B}$	0.85	0.60	0.40
进料粒度修正系数 K_3	1.0	1.1	1.2

式（2-1-16）较适合于简摆式颚式破碎机，对于复摆式颚式破碎机，由于动颚有促进排料的作用，产量较高，一般比简摆式颚式破碎机高20%～30%。

1.2.2.4　颚式破碎机操作及维护

颚式破碎机的正确操作是十分重要的。不正确的操作往往是造成事故的重要原因。破碎机的正确操作也将有利于破碎机生产能力的提高。正确的操作必须按照设备的操作规程进行。以大型、中型颚式破碎机的基本操作为例，简述如下。

1. 基本操作

（1）开车前的准备工作

1）认真检查破碎机的主要零件，如颚板、轴承、连杆、推力板、拉杆弹簧、皮带轮及V形皮带等是否完好，紧固螺栓等连接件有无松动，保护装置如皮带轮、飞轮外罩等是否完整，与运动部件是否有相碰的障碍物。

2）检查辅助设备如喂料机、皮带机、润滑站、电器、仪表及信号等设备是否完好。

3）检查破碎腔中有无物料，若在破碎腔中有大块物料必须取出后才能启动。

4）检查偏心轴的偏心位置，当偏心轴处在回转中心的下部时，应用吊车和卷扬机等驱动下轮，使偏心轴转到回转中心的上部以后才能启动。用两台电动机驱动的颚式破碎机，由于其启动转矩大，可直接启动。

5）检查贮油箱的润滑油量，油量不足时应及时补充。开车前，应先启动油泵，待回油管有回油（通常需要5～10min），油压力表指针在正常工作压力数值时，才能启动破碎机。在冬季气温较低的情况下，在油泵启动前应先合上油加热器的开关，使油预热到15～20℃后再启动油泵。

（2）启动和运行中的操作注意事项

1）做好准备工作后，应按规定的开车顺序操作。启动主电机时应注意控制柜上的电流表，经过30～40s的启动高峰电流后，电流就会降到正常的工作电流值。在正常的运转过程中，也要注意电流不应较长时间超过规定值。

2）破碎机正常运转后，就可开动喂料机，并根据料块的大小和破碎机运转情况，调节喂料机的转带以改变喂料量。通常，破碎腔中的物料堆积高度不要超过破碎腔高度的2/3。料块的直径最好不超过进料口宽度的50%～60%，这时破碎机的生产能力最高。当料块更大时，就会造成堵塞，影响正常生产。

3）要严防金属物（如铲牙、履带板、钻头等）进入破碎机，以免损坏机器，当它们通过破碎机时，应立即通知下一岗位操作人员及时取出，防止进入第二级破碎系统而造成事故。

4）当电器设备自动跳闸后，若原因不明，严禁强行连续启动。

5）在巡回检查中发现机器声音不正常必须停车处理故障时，应立即停止喂料，待破碎腔中的物料全部排出后，再停止主电机，切断电源后检查处理。

（3）停机注意事项

1）必须按生产流程顺序停车，首先停止喂料机，待物料全部破碎卸出后再停止破碎机和输送机。破碎腔内不准存料，以免给下次启动造成困难。

2）必须在破碎机停稳后，才能停止润滑油泵及冷却系统。在冬季应放掉冷却水，以防轴承冻裂。

2. 检查和维护

（1）检查轴承温度，一般控制轴承温度不超过60℃（滚动轴承不超过70℃）。在没有安装温度计的情况下，可用表面温度计测量轴承壳的表面温度。

(2) 检查润滑系统及水冷却系统有无漏油、漏水现象，以及油泵运行的声响及振动情况。

(3) 检查机器部件的磨损情况及紧固、连接件是否有松动现象。

(4) 定期更换润滑油，清洗润滑过滤器。

1.2.3 锤式破碎机

1.2.3.1 锤式破碎机构造及工作过程

1. 锤式破碎机工作过程

锤式破碎机是利用快速旋转的锤子对物体冲击的，适用于脆性，中性，含水分不大的物体的破碎。在水泥工业中，它主要用来破碎石灰石、煤、页岩、石膏等。

如图 2-1-12 所示，主轴上装有锤架，在锤架之间挂有锤头，锤头在锤架上能摆动大约 120°角。在机壳的下半部装有篦条，以筛卸出破碎后的物料。为保护机壳，在其内壁镶有衬板。由主轴、锥架和锤头组成的回旋体称为转子。物料进入锤式破碎中，即受到高速旋转的锤头的冲击而破碎。物料从锤头处获得动能以高速向机壳内壁冲击而受第 2 次破碎，较小的物料通过篦条排出。由于各种脆性物料的抗性冲击性差，因此，在作用原理上这种破碎机是比较合理的。

锤式破碎机工作原理

图 2-1-12 锤式破碎机工作过程

2. 锤式破碎机构造

(1) 单转子锤式破碎机

单转子锤式破碎机（图 2-1-13）为单转子、多排、不可逆锤式破碎机。它主要由机壳、转子、链条和冲击板等部件组成。机壳由上下两部分组成，分别用钢板焊成，各部分用螺栓连接成一体。顶部有喂料口，机壳内壁有高锰钢衬板，衬板磨损后可以拆换，为了方便检修，以及调整和更换篦条 14 和锤头，在机壳 1 的前后及两侧面均设有检查门 7。

破碎机的转子由主轴 8、挂锤圆盘 10 和锤头 6 等组成。在主轴上安装数排挂锤圆盘，圆盘周围的销孔上贯穿着销轴 4，挂锤圆盘之间安装间隔套 9，用销轴将锤头铰接在各排挂锤圆盘之间，锤头磨损后可调换工作面。挂锤圆盘上开有两圈销孔，销孔中心至回转轴心的

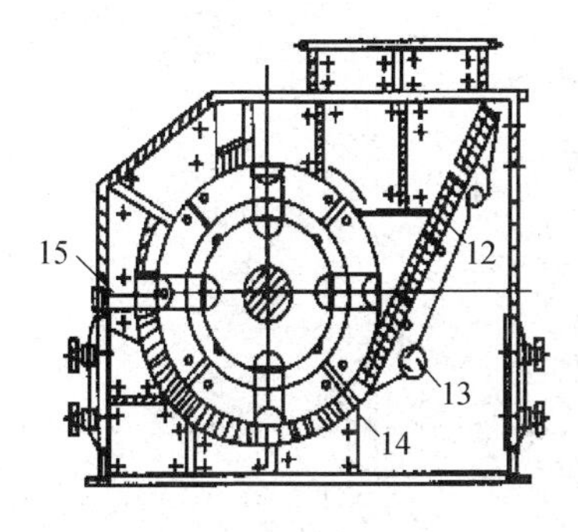

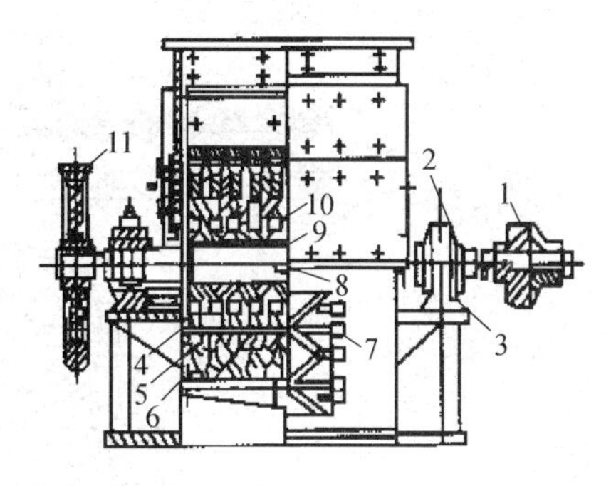

图 2-1-13　单转子锤式破碎机

1—机壳；2—球面圆心滚动轴承；3—轴承座；4—销轴；5—销轴套；6—锤头；7—检查门；8—主轴；9—间隔套；10—挂锤圆盘；11—飞轮；12—冲击板；13—横轴；14—篦条；15—机壳

半径尺寸是不同的，用来调整锤头与篦条之间的间隙。为了防止挂锤圆盘和锤头的轴向窜动，在挂锤体两端用压紧锤盘和锁紧螺母固定，转子两端支承在滚动轴承 2 上，承轴用螺栓固定在机壳上。主轴与电动机用弹性联轴节直接连接。为了使转子运转平稳，在主轴的一端还装有一个飞轮 11。

圆弧状的卸料篦条安装在转子下方，篦条的两端装在横梁上，最外面的篦条用压板压紧，篦条排列方向与转子运动方向垂直，为了便于物料排出，篦条之间构成向下扩大的篦缝，同时还向转子回转方向倾斜。

在进料部分还安装有冲击板 12，是首先承受物料冲击和磨损的部位。它由托板和衬板等部件组装而成。托板是用普通钢板焊接的。上面的衬板是高锰钢铸件，进料角度可用调整丝杆进行调整，磨损后可以更换。

由于锤子是自由悬挂的，当遇上难碎物件时，能沿销轴回转，从而避免机械损坏，起着保护作用。另外，在传动装置上还装有专门的保险装置，利用保险销钉，在过载时被剪断，使电动机和破碎机转子连接脱开，起到保护作用。

上述这种锤式破碎机的转子只能沿一个方向运转进行破碎，故称不可逆式。可逆式锤式破碎机的特点是转子可以逆转，当锤头的一侧磨损后，可将转子反转，利用垂头未磨损的一侧继续工作。因此，机器零部件需制成对称的，给料口必须设在机器的上方中部。这种机器多用于煤的破碎。

（2）双转子锤式破碎机

双转子锤式破碎机如图 2-1-14 所示。在机壳 6 内，平行安装有两个转子。转子由臂形挂锤体 4 及铰接在其上的锤头 3 组成。挂锤体安装在方轴 7 上，锤头式多排式排列，相邻的挂锤体互相交叉成十字形。两转子有单独的电动机带动相向旋转。破碎机的进料口设在机壳上方正中，进料口下面，在两转子中间设有弓形篦篮 1，篦篮由一组互相平行的弓形篦条 2 组成。多排锤头可以自由通过篦条下面的间隙。篦篮底部有凸起成马鞍状钻座 8。

料块由进料口喂进弓形篦篮后，落在弓形篦条上的大块物料，受到从篦条间隙扫过的锤头冲击粉碎。预碎后落在钻座及两边转子下放的篦条筛 5 上，连续受到锤子的冲击成为小块物料，最后从篦缝卸出。

由于物料在弓形篦条被预粉碎，允许进料粒度要大，所以其粉碎比较单转子的要大，破碎比一般在 30～40，其生产能力也相当于两台转子规格相同的单转子锤式破碎机。

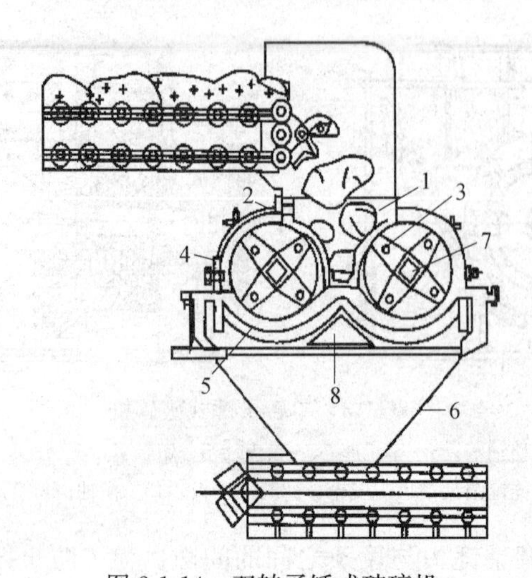

图 2-1-14　双转子锤式破碎机

1—篦篮；2—篦条；3—锤头；4—锤体；5—篦条筛；6—机壳；7—主轴；8—钻座

(3) 锤式破碎机主要部件

1) 转子

锤式破碎机的转子（图 2-1-15）由轴、锤体（三角盘）和锤头组成，是回转速度较高的部件。要求转子装配后应准确地平衡（静平衡与动平衡），因为当转子轴有很小的偏心时，由它产生的附加惯力作用于轴承上，将使轴承迅速磨损，并引起机械振动。转子的主轴承最好采用双列向心球面滚子轴承，因为当各种原因产生偏心时，它能起到一定的调心作用。

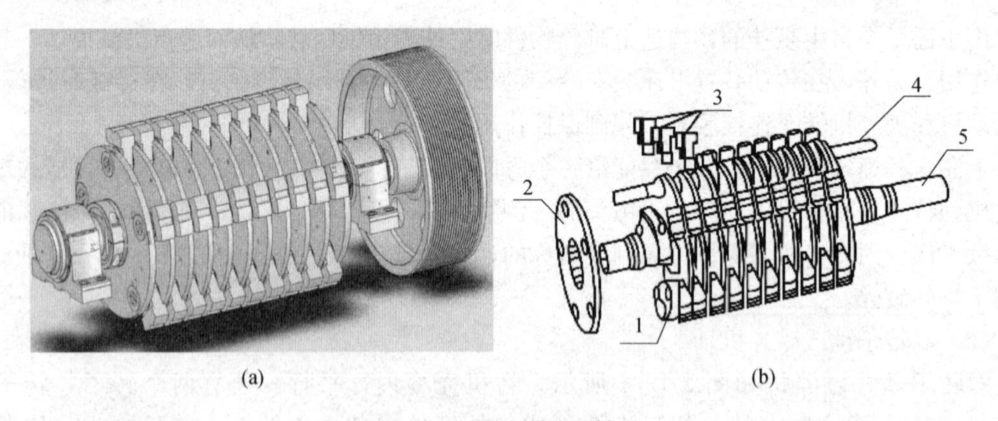

图 2-1-15　锤式破碎机转子

(a) 转子示意图；(b) 转子结构

1、2—锤盘；3—锤头；4—锤轴；5—主轴

锤体一般有圆形的、三角形的和多角形的。它与锤头数目有关，一般在保证强度的原则下，应尽量减小其质量。

2) 锤头

锤头（图 2-1-16 和图 2-1-17）是锤式破碎机的主要工作部件，也是易损件。它的主要质量指标是耐磨性。提高它的耐磨性可以大大提高生产率，减少修理费用，并能减少原料中的掺铁量。锤头多用含锰的高锰钢制成。用高碳钢锻造或冲压的锤头也应用得很广泛。除了从材料上提高锤头的耐磨性外，还可以从几何形状上加以考虑。

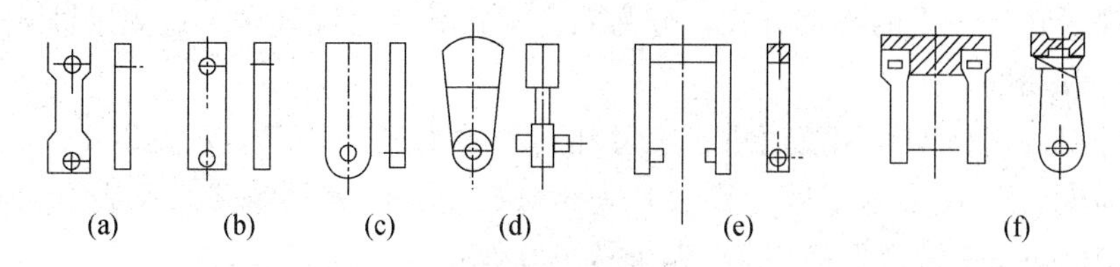

图 2-1-16　常用锤头形状

(a)、(b)、(c) 轻型锤头；(d) 中型锤头；(e)、(f) 重型锤头

图 2-1-17　锤式破碎机锤头实物

3）篦条

篦条的作用是控制产品粒度（图 2-1-18）。一般用锰钢（大型的）或白口铸铁（小型的）制造。对脆性物料进行细碎时，筛格的缝隙应比产品最大尺寸大 3～6 倍；粗碎时应大 1.5～2倍。篦条缝隙应沿物料运动方向排列，便于卸料。锤式破碎机篦条形状如图 2-1-19 所示。

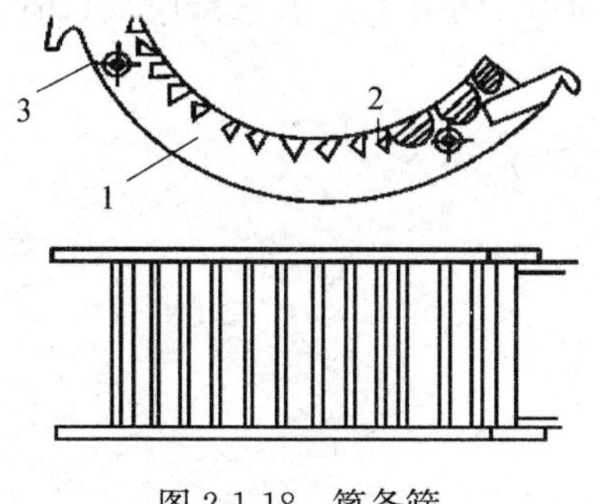

图 2-1-18　篦条筛

1—框架；2—篦条；3—穿杠

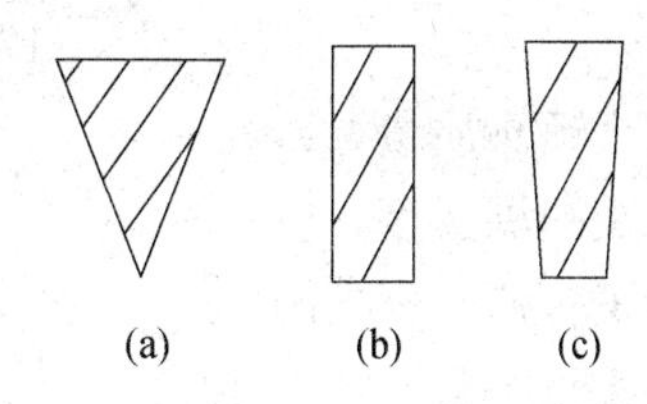

图 2-1-19　锤式破碎机篦条形状

(a) 三角形；(b) 矩形；(c) 梯形

1.2.3.2　锤式破碎机类型及表示方法

锤式破碎机的种类很多，可以按照下述结构特征进行分类。

(1) 按转子的数目，分为单转子和双转子两类。

(2) 按转子的回转方向，分为不可逆式及可逆两类。

(3) 按锤子的排列方式，分为单排式和多排式两类。前者锤子安装在同一回旋平面上，后者锤子分布在好几个回旋平面上。

(4) 按用途的不同，分为一般用途和特殊用途两类。

(5) 按锤子在转子上的连接方式，分为固定锤式和活动锤式两类。固定锤式主要用于软质物料的细碎和粉磨。

锤式破碎机的规格型号用汉语拼音字母和转子的直径和长度表示，以 PCK-ø1000×800 锤式破碎机为例。PCK 表示型号，其中 P 表示破碎机，C 表示锤式，K 表示可逆，不可逆不要标注；ø1000 表示转子直径；800 表示转子有效长度。

1.2.3.3 锤式破碎机主要参数及应用

1. 转子转速

转子的转速决定着锤头的圆周线速度，而锤头的圆周线速度应与产品的粒度、物料性质以及设备的规格相适应。随着圆周线速度的增加破碎比及产品的中细颗粒含量增加，但是过大生产能力将降低，同时锤头、篦条、功率消耗等磨损增大，设备安装技术要求也随之提高。目前锤式破碎机转子圆周线速度在 18～70m/s，一般中小型破碎机转速在 750～1500r/min；大型破碎机转述在 200～350r/min。

2. 生产能力

锤式破碎机的生产能力与物料、给料粒度、给料均匀程度、卸料篦条间隙以及破碎机的规格、转速等因素有关。用理论方法推导的公式计算较麻烦，而且计算结果比实际产量低，一般多采用经验公式来计算。

$$Q=(30\sim45)Dly \qquad (2\text{-}1\text{-}17)$$

式中 Q——破碎机的生产能力，t/h；

D——转子工作直径，m；

L——转子工作长度，m；

y——破碎产品容积密度，t/m。

3. 需用功率

由于锤式破碎机工作时物料在机内的状况不稳定，以及物料受冲击时的动力学特性很复杂，至今仍无比较准确的公式可用于计算锤式破碎机的功率消耗。在选配电动机时，可以根据以下经验公式来估算。

$$N=\frac{G\omega^2 nZK}{120000\eta}\ (\text{kW}) \qquad (2\text{-}1\text{-}18)$$

式中 G——每个锤头质量，kg；

ω——垂头圆周速度，m/s；

n——转子转速，r/min；

Z——锤头总个数，个；

η——破碎机有效利用系数，一般 η=0.86～0.88；

K——与锤头圆周速度有关的系数，如表 2-1-4 所示。

表 2-1-4 系数 K

圆周速度（m/s）	17	23	30	40
K	0.22	0.10	0.03	0.015

也可用以下经验式估算：

$$N=7.5DL\left(\frac{n}{60}\right)\ (\text{kW}) \qquad (2\text{-}1\text{-}19)$$

式中 D——锤头外圆周直径，m；

L——转子有效长度，m；

n——转子转速，r/min。

1.2.3.4 锤式破碎机操作及维护要点

1. 锤式破碎机操作

（1）锤式破碎机启动前的准备工作

1）检查轴承内是否有润滑油。

2）检查所有的紧固件是否完全紧固。

3）检查机体内是否有金属或其他不易破碎的杂物。

4）检查锤子与筛条之间的间隙是否正常。

5）用手转动转子，观察其是否正常。旋转方向是否正确，锤子与其他零件是否相撞。

（2）锤式破碎机启动

1）经检查，证明机器与传动部分情况正常，方可启动。

2）如启动后发现有不正常的情况，则应停止开动。必须查明和消除不正常情况后，方可再启动破碎机。

（3）锤式破碎机运行及停车

1）破碎机正常运转后，方可投料。

2）均匀地喂料物料，并须分布于转子工作部分的全长上，防止电动机负荷突增。

3）定期检查筛条情况，如有堵塞应立即清除。

4）轴承在正常工作情况下，温升应在35℃范围内，最高温度不得超过70℃。如超过70℃时应立即停车，查明原因加以消除之。

5）停车前应停止投料工作，待破碎腔的物料完全被破碎后，方可关闭电动机。

（4）锤式破碎机的安全规程

1）锤式破碎机运转时，操作人员不能站在转子惯性力作用线内。

2）锤式破碎机运转时，严禁进行任何调整、清理、检修等工作，以免发生危险。

3）严禁向锤式破碎机内投入不能破碎的物料，以免损坏机器。

4）锤式破碎机在检修时，首先应切断电源。

2. 锤式破碎机维护与调整

（1）锤式破碎机维护

1）联轴器上的弹性套如发现损坏，应及时更换。

2）产品粒度的调整可通过更换筛条样式，或将筛条装在筛条架槽内的两端，以改变筛条的缝隙。

3）产品粒度调整也可通过旋转偏心轴来调整锤子与筛条之间的间隙。

4）破碎机工作时，若突然发生强烈振动，应立即停车，查明原因并消除后，再启动锤式破碎机。

5）锤子的撞击部分在一面磨损后，可反转另一面使用。

6）装配或更换锤子时，必须保持转子的平衡。每排锤轴上的锤子的总质量应与相对应锤轴上的锤子的总质量相等，总的偏差不得超过100g。单个锤子质量偏差不大于±0.5kg。

（2）锤式破碎机润滑

1）锤式破碎机的轴承可以是干油润滑、稀油循环润滑或稀油间断注油润滑。

2）采用稀油间断注油润滑时：

a. 滚动轴承应用洁净的锭子油润滑；

b. 每工作 8h 后往轴承内加注润滑油一次；

c. 每 1～3 个月更换润滑油一次，换油时应用洁净的汽油或煤油仔细清洗轴承，轴承座内油面高度应保持在最低一个滚珠中心的位置。

3. 锤式破碎机可能发生的故障和消除方法

锤式破碎机在使用中可能发生的故障、原因及消除方法如表 2-1-5 所示。

表 2-1-5　锤式破碎机可能发生的故障原因和消除方法

故障	故障的原因	消除方法
振动量增加	更换或装配锤子时，转子未很好地平衡	卸下锤子，按要求选择锤子的质量，使每排锤轴上锤子的总质量与其相对的锤轴上锤子质量符合要求
生产量减少	（1）筛条缝隙被堵塞 （2）加料不均匀	（1）停车后清除筛条缝隙中的堵塞物 （2）调整加料机构
机器内部产生敲击声	（1）非破碎件进入破碎腔 （2）衬板紧固件松弛，锤子撞击在衬板上 （3）锤子或其他零件断裂	（1）停车后清理破碎腔 （2）检查衬板的紧固情况及锤子与筛条之间的间隙 （3）更换断裂零件
出料粒度过大	（1）锤子磨损过多 （2）筛基断裂	（1）更换锤子 （2）更换筛条

1.2.4　反击式破碎机

1.2.4.1　反击式破碎构造及工作原理

反击式破碎机是一种新型、高效率的破碎机械，在水泥工业中已被广泛使用。它主要用来对石灰石，砂岩、煤以及熟料等进行粗、中、细碎。

1. 反击式破碎机工作原理

反击式破碎机是在锤式破碎机基础上发展起来的。虽然它有多种形式，然而就其工作过程、性能和结构设计来说，它们又有许多共同点。反击式破碎机的工作部件为带有板锤的高速旋转的转子，如图 2-1-20 所示。喂入机内的料块在转子回转范围（即锤击区）受到板锤冲击，并被高速抛向反击板，再次受到冲击，然后又从反击板反弹到锤，继续重复上述过程，在往返途中，物料间还有互相碰击作用。由于物料受到板锤的打击、与反击板的冲击以及物料相互之间的碰撞，物料不断产生裂缝，松散而粉碎。当物料粒度小于反击板与板锤之间的缝隙时即被卸出。反击式破碎机的破碎作用主要分为三个方面，如图 2-1-21 所示。

反击式破碎机工作原理

（1）自由破碎：进入破碎腔内的物料，立即受到高速板锤的冲击，以及物料之间相互撞击，同时，板锤与物料及物料之间的摩擦作用使破碎腔内物料受到粉碎。

（2）反弹破碎：由于高速旋转的转子上的板锤冲击作用，使物料获得很高的运动速度，然后，撞击到反击板上，使物料得到进一步破碎。

（3）磨削破碎：经上述两种破碎作用未破碎的，大于出料口尺寸的物料，在出料口处被高速旋转的锤头磨削而破碎。

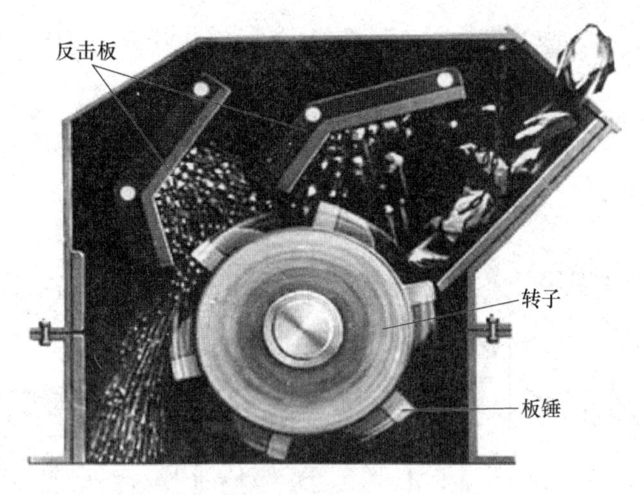

图 2-1-20　反击式破碎机工作示意图

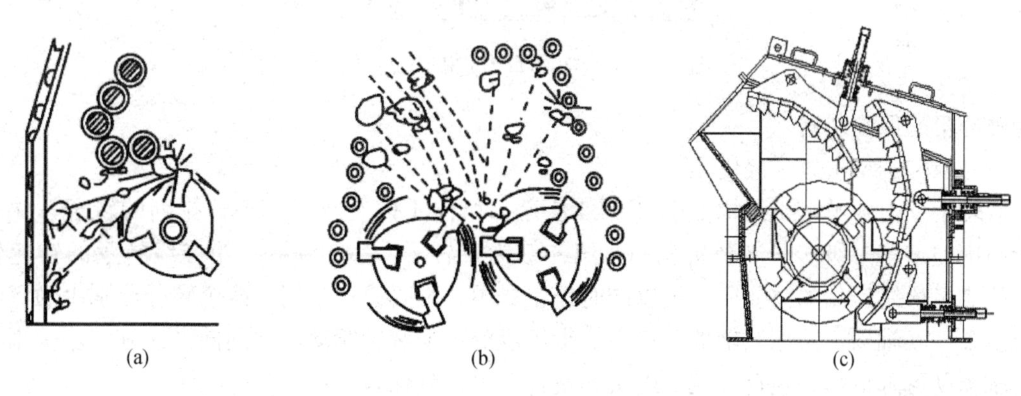

图 2-1-21　反击式破碎机破碎作用

(a) 自由破碎；(b) 反弹破碎；(c) 磨削破碎

反击式破碎机与锤式破碎机比较，两者工作过程相似，都是以冲击方式粉碎物料，但是结构和工作过程都各有差异。主要区别在于：反击式破碎机的板锤是自下而上迎击投入的物料，并把它抛掷到上方的反击板上；而锤式破碎机的锤头则顺着物料下落方向打击物料。

2. 反击式破碎机结构

(1) 单转子反击式破碎机

单转子反击式破碎机结构如图 2-1-22 所示。料块从进料口喂入，为了防止料块在破碎时飞出，装有链幕。喂入的料块落在篦条筛的上面，细小料块通过篦缝落到机壳的下部，大块的物料沿着筛面滑到转子上。在转子的圆周上固定安装着有一定高度的板锤，转子由电动机经三角皮带带动做高速转动。落在转子上面的料块受到高速旋转的板锤冲击，获得动能后以高速向反击板撞击，接着又从反击板上反弹回来，在破碎区中又同被转子抛出的物料相碰撞。由篦条筛、转子、反击板以及链幕所组成的空间是第一冲击区，由于反击板与转子之间组成的空间是第二冲击区。物料在第一冲击区受到相互冲击而破碎后，继而又进入第二冲击区受到再次的冲击粉碎。破碎后的物料经机壳下部的出料口卸出。

反击板的一端用活铰链悬挂在机壳上，另一端用悬挂螺栓将其位置固定。当大块物料或难破碎物件夹在转子与反击板之间的间隙时，反击板受到较大压力而使反击板后移，间隙增大，可让难碎物通过，而不致使转子损坏。而后反击板在自重作用下又恢复原来位置，以此

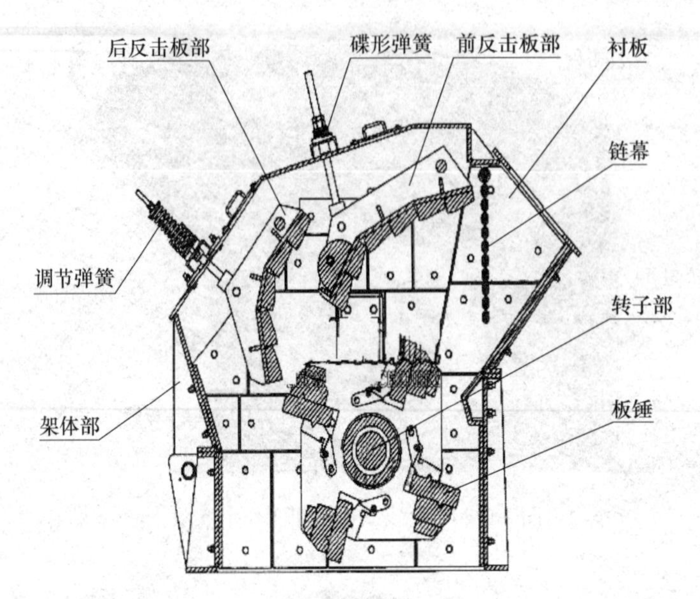

图 2-1-22　单转子反击式破碎机结构

作为破碎机的保险装置。

（2）双转子反击式破碎机

双转子反击式破碎机结构如图 2-1-23 所示。机体 1 内装有两个平行排列的转子，并有一定高度差。第一级转子 2 位置稍高，第一级为重转子，用于粉碎；第二级转子的转速较快，能满足最终产品的需要所以可以同时作粗、中、细碎设备使用。两个转子分别由两台电动机及弹性联轴器、液压联轴器、三角皮带组成的传动装置驱动，做同向高速旋转。采用液压联轴器既可降低启动负荷，减少电机容量，又可起到保险作用。

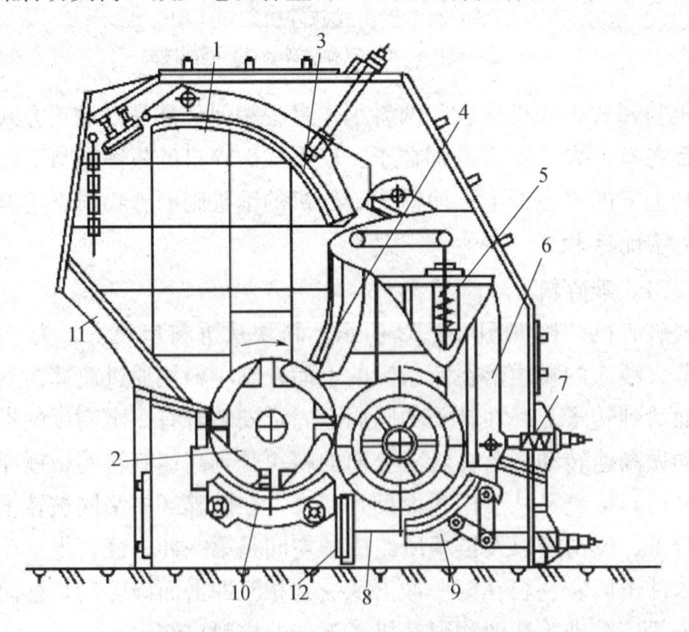

图 2-1-23　双转子反击式破碎机结构

1—机体；2—第一级转子；3—第一反击板；4—分腔反击板；5—第二级转子；6—第二反击板；7—调节弹簧；8—第二整栅板；9—第一整栅板 10—均整篦板；11—固定反击板；12—衬板

第一道和第二道反击板 3、6 的一端，通过悬挂轴铰接于上机体两侧板上，另一端分别由悬挂螺栓或调节弹簧 7 支挂在机体上部或后侧板上，分腔反击板 4 通过支挂轴与装在机体两侧面的连杆及压缩弹簧 8 相联结，悬挂在两转子之间，将机体分成两个破碎腔。在分腔反击板和第二道反击板的下半部安装不同排料尺寸的篦条衬板，使达到粒度要求的料块及时排出，以减少不必要的能量损耗。为了充分利用物料排出时的动能，消除个别大块物料排出，确保产品粒度的质量指标，在第一级转子和第二级转子的卸料端分设均整篦板 10 和 9 以及固定反击板 11。为了防止因增设均整篦板而影响破碎机产量的提高，在分腔反击板和第二道反击板的下半部，安装有不同的缝隙尺寸的篦条衬板，使达到产品粒度要求的物料及时排出去。

扭动拉紧弹簧螺母，可以调节分腔反击板的弹簧的压紧力。通过连杆可以改变分腔反击板下端与第一级转子的板锤的间隙，从而控制给第二破碎腔的物料粒度。调节第二道反击板下端的调节弹簧的压紧力可以直接改变第二转子的板锤与第二反击板下端的间隙，以便控制破碎机最终产品粒度。调节时必须使对称安装的两个拉紧弹簧的压紧力一致。

（3）反击式破碎机主要部件

1）反击板

反击板的作用是承受被板锤击出的物料的冲击，使物料受冲击而破碎，并将冲击破碎后的物料重新弹回冲击区，再次进行冲击破碎获得所需的产品粒度。

反击板的形式很多，主要有折线形和弧线形两类。折线形反击面能使在反击板各点上的物料都以近似垂直方向进行冲击，因此可获得最佳的破碎效果。圆弧形反击面能使料块由反击板反弹出来之后，在圆心区形成激烈的冲击粉碎区，以增加物料的自由冲击破碎效果。

反击板一般采用钢板焊成。其反击面上装有耐磨的衬板，但也可用反击辊或篦条板组成。带有篦缝的反击面，其产品细粒级含量较少，设备生产能力可提高，电耗省。但存在结构复杂、反击面磨损后难于更换、磨损快等缺陷。

2）转子

反击式破碎机转子大多采取整体铸钢制造，结构坚固耐用，易于安装板锤，质量能满足破碎的要求。小型或轻型转子也有钢板焊接的。

3）板锤

板锤的形状与紧固方式及工作载荷密切相关。板锤的设计应满足工作可靠、装卸简便和提高板锤金属利用率的要求。板锤一般采用高铬铸铁、高锰钢和其他耐磨合金钢制成。板锤的形状很多，有长条形、T 形、S 形、工形、斧形和带槽式等形状，现在一般为长条形。

反击式破碎机板锤固定形式如图 2-1-24 所示。

①螺栓紧固法［图 2-1-24（a）］：板锤靠螺栓紧固在板锤座上。板锤座带榫头，可以利用榫口承受工作时的板锤的冲击力，改善螺栓的紧固性。

②嵌入紧固法［图 2-1-24（b）］：板锤从侧面插入相应固定槽内，两端用压板固定，由于去掉了紧固螺栓，因此提高了板锤固定的可靠性。

③楔块紧固法［图 2-1-24（c）］：板锤装入转子相应槽内，用楔铁块紧固，板锤紧固可靠，无相对活动，转子槽不易磨损，更换也很方便。

④液压式楔铁紧固法［图 2-1-24（d）］：利用油压缸内的柱塞压紧楔块，可以预防工作时螺栓的拉伸或楔铁磨损导致板锤松动的现象，更换也很便捷。

⑤改进后的嵌入式固定法［图 2-1-24（e）］：采用对称的带槽板锤，板锤工作面可以互

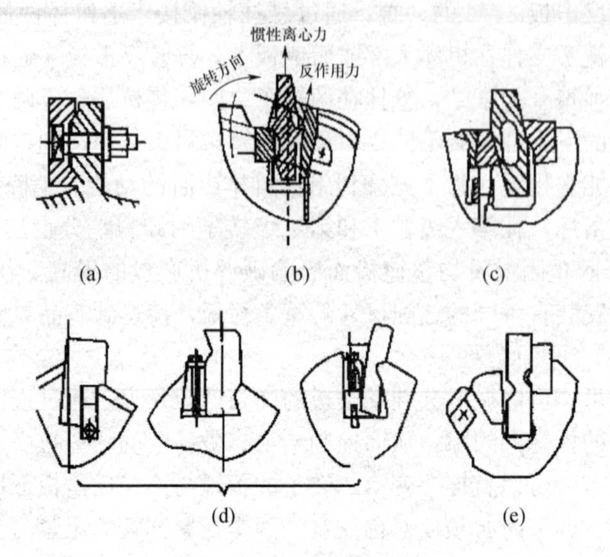

图 2-1-24　板锤固定形式

（a）螺栓紧固法；（b）嵌入紧固法；（c）楔块紧固法；（d）液压式楔铁紧固法；（e）嵌入式固定法

换，使用寿命长。

1.2.4.2　反击式破碎机型号及表示方法

反击式破碎机按其结构特征可分为单转子反击式破碎机和双转子反击式破碎机。按转子转向，单转子反击式破碎机分可逆式转动和不可逆式转动两大类型。双转子反击式破碎机可分为同向转动式、反向转动式和相向转动式三种类型。

按内部结构，单转子反击式破碎机又分为带匀整篦板和不带匀整篦板两种形式。双转子反击式破碎机可分为转子位于同水平和转子不在同水平两种形式。

单转子反击式破碎机有以下三种：

（1）不带匀整篦板反击式破碎机如图 2-1-25（a）、（b）、（c）所示。

（2）带匀整篦板反击式破碎机如图 2-1-25（d）、（e）所示。此种机型可控制产品粒度，因而过大颗粒少，产品粒度分布范围较窄，产品粒度较均匀。这是由于匀整篦板起着分级和破碎过大颗粒的作用。

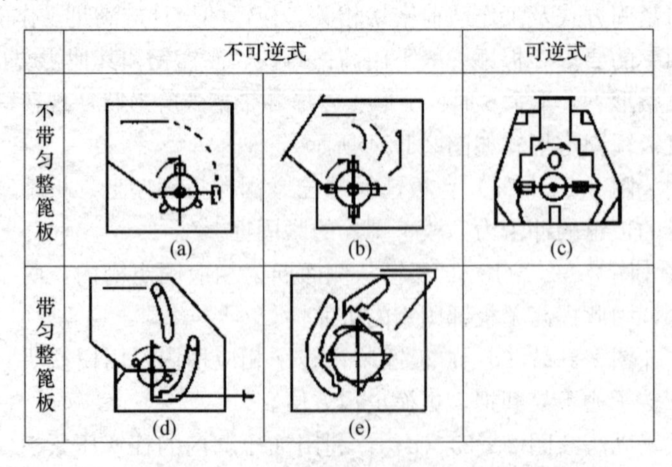

图 2-1-25　单转子反击式破碎机分类

（3）可逆式单转子反击式破碎机如图 2-1-25（c）所示。转子可以反向、正向旋转，进料口布置在机体的正上方，在破碎腔内对称布置两套反击板。

双转子反击式破碎机有以下三种：

（1）两转子同向旋转的双转子反击式破碎机如图 2-1-26（a）、（c）所示。相当于两台单转子反击式破碎机串联使用，破碎比大，粒度均匀，生产能力大，但电耗较高。可同时作为粗、中和细碎机械使用。这种破碎机可以减少破碎板数，简化生产流程。

（2）两转子反向旋转的双转子反击式破碎机如图 2-1-26（b）所示。相当于两台单转子反击式破碎机并联使用，生产能力大，可破碎较大块物料，作为大型粗、中碎破碎机使用。

（3）两转子相向旋转的双转子反击式破碎机如图 2-1-26（d）所示。

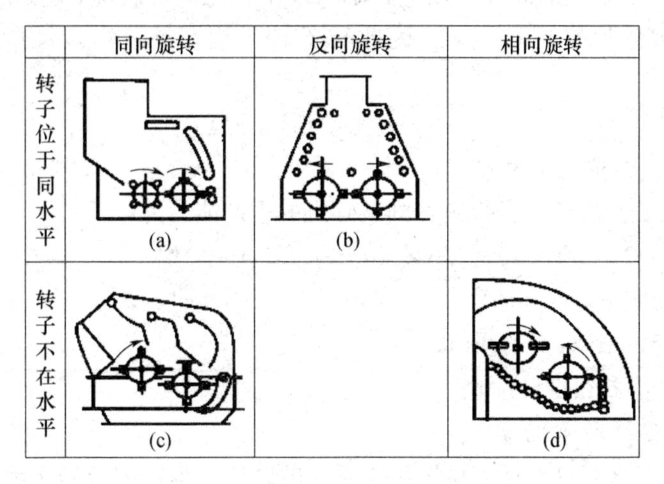

图 2-1-26 双转子反击式破碎机分类

反击式破碎机的规格型号用汉语拼音字母和转子的直径和长度表示，以 PF-1008 反击式破碎机为例。PF 表示型号，其中 P 表示破碎机，F 表示反击式；10 是转子直径的百分数，08 是转子有效长度的百分数，单位为 mm。双转子反击破碎机在字母前加 2。

1.2.4.3 反击式破碎机主要参数及应用

1. 转子直径与长度

反击式破碎机主要用带有压板锤的转子。高速冲击物料进行破碎的，冲击物料的能量与转子质量有关，转子直径的大小一般是与喂入物料尺寸有关，根据有关资料统计，喂料块与转子直径的该关系可用下列经验公式来确定。

$$d=0.54D-60 \tag{2-1-20}$$

式中 d——喂料粒度，mm；

D——转子直径，mm。

式（2-1-20）用于单转子反击式破碎机时，其计算结果还要乘以 2/3。

转子长度主要视破碎机的生产能力大小而定。转子长度与直径之比（L/D）一般取 0.5～1.2。

2. 转子转速

转子的圆周速度对破碎机的生产能力、产品粒度和破碎比影响很大，转子圆周速度又与破碎机的结构、物料性质和破碎比等因素有关。通常粗碎时转子的圆周速度取 15～40m/s，细碎时取40～80m/s。对于双转子反击式破碎机，第一道转子的圆周速度为30～35m/s，第二道转子的圆周速度为35～45m/s。

3. 板捶（打击板）数量

板锤的数目与转子直径有关。通常转子直径小于1m时，可以只装设3个板锤；转子直径为1～1.5m时，可以装设4～6个板锤，转子直径为1.5～2m时，可以装设6～10个板锤。对于硬质物料或要求破碎比较大时，板锤数目应该多一些。

4. 生产能力

反击式破碎机的生产能力，可以根据其工作过程，用推理的方法进行计算。物料进入破碎机之后，物料层被板锤拨动通过转子与反击板之间的间隙，物料带的宽度等于转子的长度L，物料层的高度等于板锤的高度b加上转子与反击板之间的间隙e，板锤每拨一次物料的厚度等于物料被破碎后平均粒度d。因此转子转一周，每一个板锤所拨动的物料体积（v）为：

$$v=(b+e)Ld\ (m^3) \tag{2-1-21}$$

式中，b、e、L和d的单位均为m。

设该破碎机转子上共有Z个板锤，则破碎机的生产能力为：

$$Q=60KZ(b+e)Lds\rho_v\ (t/h) \tag{2-1-22}$$

式中　s——转子的转速，r/min；

K——经验修正系数，一般取0.1；

ρ_v——物料的容积密度，t/m²。

5. 反击式破碎机所需功率

反击式破碎机所需功率大小，与物料性质、破碎比、生产率及转子线速度等因素有关。由于物料的破碎过程情况复杂，目前反击式破碎机的电机功率尚无准确的理论计算公式，通常是利用经验公式或根据实测的单位电耗来计算电机功率。

根据单位电耗计算功率N（kW）：

$$N=K_1Q \tag{2-1-23}$$

式中　K_1——破碎单位质量物料所需的电耗，kWh/t，视破碎物料的性质和破碎比而定。对中等硬度石灰石，粗碎时$K_1=0.5\sim1.2$kWh/t；细碎时$K_1=1.2\sim2.0$kWh/t

Q——破碎机生产能力，t/h。

1.2.4.4　反击式破碎机操作及维护要点

1. 反击式破碎机操作

（1）开机前检查

1）检查破碎机轴承的润滑情况是否良好。

2）检查传动皮带是否松紧适度。

3）检查所有紧固件是否松动。

4）检查反击式破碎机机体内是否有不易破碎的杂物。

5）检查反击板与板锤之间的间隙是否达到要求。

6）用手盘动转子观察其是否有磕碰或不正常声响，板锤与其他零件不得有磕碰现象。

（2）破碎机启动

1）经检查，确认各部分情况正常，方可启动。

2）破碎机只许在无负荷情况下启动。

3）顺流程逐台启动各设备，待前台设备运行平稳才可启动下台设备。

（3）给料

1）反击式破碎机正常运转后，方可给料。

2）必须采用送料装置均匀连续给料，并均匀地分布于转子工作部分的全长上，这样既保证生产高效率，又可防止堵料和过载。

3）送料装置的电气控制应与破碎机的电气控制联锁。当破碎机超负荷时，输送带便应自动断电，停止给料。

（4）运行中操作

1）检查喂料均匀性，防止超规格物料和非破碎件进入破碎腔。

2）经常检查润滑系统和冷却系统工作情况，注意轴瓦、电机轴承温度是否在规定值。

3）注意出料粒度是否均匀

4）检查机体的螺栓有无松动。

5）检查设备密闭及除尘。

（5）破碎机停机

1）顺流程逐台停机。

2）停机前应先停止给料，待破碎腔内的物料完全排出后方可关机

（6）排料间隙调整

当需要调整排料间隙时，首先松动后反击板螺套，随后转动长螺母，当调整到符合要求时，再拧紧螺套。间隙大小情况，可以通过打开机架上检视门进行观察、测量。

2. 维护和保养

（1）设备维护

1）机器运转应平稳，当机器振动量突然增加时，应立即停车查明原因并消除。

2）在正常工作情况下，轴承的温升不应超过 35℃，最高温度不超过 70℃，当超过时，应立即停车，查明原因并消除。

3）板锤磨损达到极限时应调头使用或及时更换。

4）装配或更换板锤后，必须进行转子平衡试验，静平衡配座不得超过 0.25 kg。当机架衬板磨损后，应及时更换，以免磨损机壳。

5）每次开机前需检查所有螺栓的紧固情况。

6）当机架衬板、反击衬板、板锤等易损件磨损需更换时，或机器发生故障需要检修时，采用撑杆装置起闭机器后上机架。

7）在开启后上机架之前，应先拧开法兰平面锁紧螺母和螺栓，然后在后上机架支臂下端放好垫块。开启时，需 2 人同时操作，扳动撑杆装置，徐徐开启后上架，当开启接近限位时，下端垫块应预先接触支臂下端斜面，以保证安全。

8）在完成更换或检修后，两人同时操作，转动双头丝杠，徐徐关闭后上机架。在关闭后上机架之前，需要彻底清理机架法兰平面。

（2）润滑

1）经常注意和及时做好破碎机轴承的润滑工作。

2）轴承采用极压锂基脂或锂基3号脂。

3）每工作8h后往轴承内加注润滑脂一次，每三个月更换润滑脂一次，换油时应用洁净的汽油或煤油仔细清洗轴承，加入轴承座的油脂为容积的50%左右。

（3）反击式破碎机故障和消除方法

1）振动量骤然增加。更换或装配板锤时，转子未很好地平衡 。

处理：采用焊接平衡块方法，对转子进行静平衡校正。

2）出料粒度过大。由于衬板或板锤磨损过多，引起间隙过大。

处理：通过调整前后反击架间隙或更换衬板和板锤。

3）机器内部产生敲击声，可能非破碎件进入机器内部；衬板紧固件松弛，板锤撞击在反击板上；板锤或其他零件断裂。

处理：停车后清理破碎腔；检查衬板的坚固情况及板锤与反击板之间的间隙；更换损坏件。

4）轴承温度过高，可能是润滑脂过多或不足；润滑脂脏污或牌号不适合；轴承损坏。

处理：检查润滑脂是否适量；清洗轴承后更换润滑脂；更换轴承。

（4）安全规程

1）破碎机运转时，工作人员不能站在机器的正前方或正后方，电气开关的安装也要避开这个位置，皮带轮侧应设置防护罩（用户自备）。

2）破碎机运转时，严禁打开检测门观察机内情况，严禁进行任何调整、清理检修等工作，以免发生危险。

3）严禁向机器内投入不可破碎的物料，以免损坏机器。

4）机器在检修时，首先应切断电源，并在电源旁设置明显标志。

5）在破碎机运转中，严禁机器过负荷工作。

6）电气设备应接地，电线应可靠绝缘，并装在蛇皮管内。

7）使用撑杆启闭上机盖时，严禁在上盖运动的两个方向站人。

1.2.5 辊式破碎机

1.2.5.1 辊式破碎机构造及工作过程

辊式破碎机是一种较老式的粉碎设备。但是其结构简单、紧凑轻便、易于制造及价格低廉、操作简单，适用于破碎黏性和潮湿的硬度物料。辊式破碎机至今广泛运用在一些工业部门，并且有新的改进和发展。水泥工业主要用于粉碎黏土质原料、煤块和混合材。缺点主要是：生产能力低，喂料不均匀易造成不均匀磨损，需要经常维修，破碎比也很小。

1. 单辊破碎机

单辊破碎机结构如图2-1-27所示。单辊破碎机的破碎机构由一个转动辊子1和一块颚板4组成。带齿的衬套2用螺栓安装在辊芯上，齿尖向前伸出如鹰嘴状，衬套磨损后可以拆换，辊子面对着颚板，颚板挂在心轴3上，颚板上面镶有耐磨的衬板5。颚板通过两根拉杆6借助于顶在机架上的弹簧7的压力拉向辊子，使颚板与辊子保持一定距离。辊子轴支承在装于机架两侧壁的轴承上，工作时只有辊子旋转，料块从加料斗喂入，在颚板与辊子之间受挤压作用，并受到齿尖的冲击和劈裂作用而粉碎。如遇有难碎物掉入，所产生的作用力就会使弹簧压缩，颚板离开辊子而增大出料口，使难碎物排出而避免机件的损坏。辊子轴上装有飞轮，以平衡破碎机的动能。

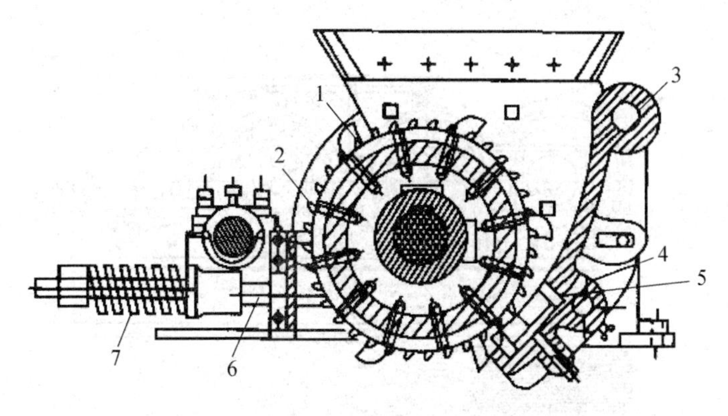

图 2-1-27　单辊破碎机结构

1—辊子；2—衬套；3—心轴；4—颚板；5—衬板；6—拉杆；7—弹簧

单辊破碎机实际上是将颚式破碎机和辊式破碎机的部分结构组合在一起，因而具有这两种破碎机的特点，该机种又称为颚辊破碎机。单辊破碎机具有较大的进料口，另外辊子表面装有不同的破碎齿条，当大块物料喂入时，较高的齿条将大块物料钳住，并以劈裂和冲击方法将其破碎，然后落到下方，再由较小的齿将其进一步破碎到要求的尺寸。在一台破碎机中，有预碎区和二次破碎区，所以可用于粗碎物料，而且破碎比较大，可达 15。破碎时，料块受到辊子上的齿棱拨动而卸出机外，因此是强制卸料，粉碎粘湿的物料也不致发生堵塞。

单辊破碎机宜用于粉碎中硬或松软的物料，如石灰石、硬质黏土及煤块等。当物料比较黏湿（如含土石灰石等）时，它的粉碎效果比使用颚式破碎机和圆锥破碎机都好，特别是对于破碎片状黏土物料，与颚式或圆锥破碎机相比，在性能与机体紧凑方面均有优越之处。

2. 双辊破碎机

双辊破碎机结构如图 2-1-28 所示。双辊破碎机的破碎机构是一对互相平行、水平安装在机架上的圆柱形辊子。前辊 1 和后辊 2 工作相向旋转，物料加入到喂料箱 16 内，落在转辊的上面，物料在辊子表面摩擦力的作用下，被扯进转辊之间，受到辊子的挤压而粉碎。粉碎后的物料被转辊推出，向下卸落。因此，破碎机是连续操作的，且有强制卸料的作用，粉碎粘湿的物料也不致堵塞。

辊子安装在焊接的机架 3 上，由安装在轴 11 上的辊芯以及套在辊芯上的辊套 7 组成，两者通过锥形环 6，用螺栓 5 拉紧，以使辊套紧套在辊芯上。当辊套的工作表面磨损时，可以拆换。前辊的轴安装在滚柱轴承中，轴承座 18 固定安装在机架上，后辊的轴承 19 则安装在机架的导轨中，可以在导轨上前后移动，后辊的轴承用强力弹簧 14 压紧在顶座 12 上。当转辊之间落入难碎物时，弹簧被压缩，后辊后移一定距离，让硬物落下，然后在弹簧张力作用下又回到原来位置。弹簧的压力可用螺母 15 调整，在轴承 19 与顶座 12 之间放有可以换的钢垫片 13，通过更换不同厚度的垫片，即可调节两转辊的间距。

前辊通过减速齿轮 9 和 10、传动轴 8 以及带轮 20 用电动机带动，后辊则通过装在辊子轴上的一对齿轮 17 由前辊带动做相向转动。为了使后辊后移时两齿轮仍能啮合，齿轮采用非标准长齿。辊子的工作表面根据使用要求，可以选用光面的（如后辊 2）、槽面的（如前辊 1）或是齿面的。

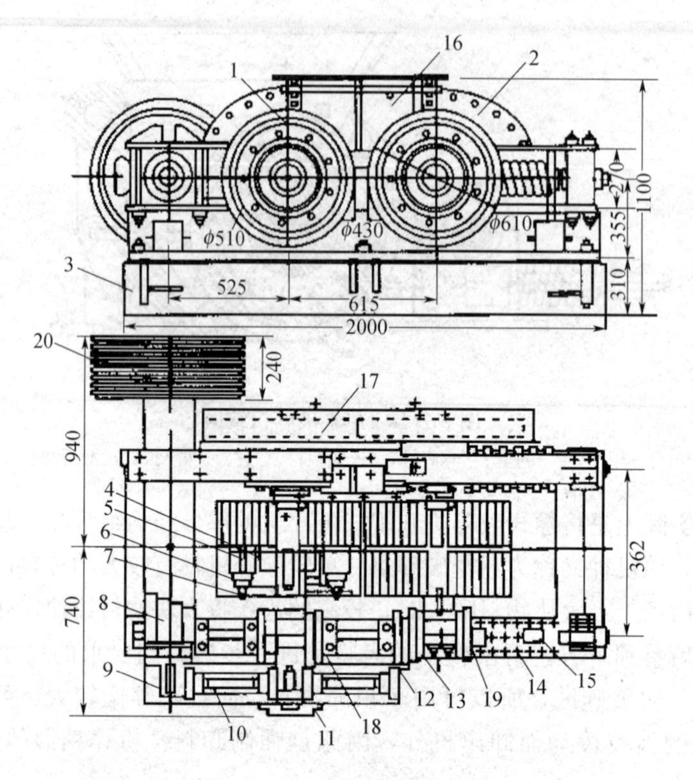

图 2-1-28　双辊破碎机结构

1—前辊；2—后辊；3—机架；4—固定轴承；5—螺栓；6—锥形环；7—辊套；8—传动轴；9、10—减速齿轮；11—轴；12—顶座；13—垫片；14—弹簧；15—螺母；16—喂料箱；17—齿轮；18—轴承座；19—轴承；20—带轮

光面辊子主要以挤压方式粉碎物料，适于破碎中硬或坚硬物料，为了加强对物料的粉碎，两辊子的转速也可以不一致。此时对物料还兼施磨剥作用，宜用于黏土及塑性物料的细碎，产品粒度小且均匀。

带有沟纹的槽面辊子，破碎物料时，除施于挤压作用外，还兼施剪切作用，故适于强度不大的脆性或黏湿性物料的破碎，产品粒度均匀。槽面辊子还可以帮助料块的扯入，当需要取得较大的破碎比时宜采用槽面辊子。

齿面辊结构如图 2-1-29 所示。该辊子由一块块带有齿 5 的钢盘 1 并成，钢盘用键 3 装在轴 2 上，螺栓 4 将各块钢盘串接起来拉紧成为一个整体。齿面辊子破碎物料时，除了施压作用外，还兼施劈裂作用，故双辊破碎机适于破碎具有片状节理的软质和低硬度的脆性物料，如煤、干黏土、页岩等，破碎产品的粒度也比较均匀，齿面和槽面辊子都不适于破碎坚硬物料。

1.2.5.2　辊式破碎机类型及型号表示方法

辊式破碎机按照辊子数目可分为单辊、双棍、三辊和四辊四种类型。按照辊子表面形状可分为光面、槽面和齿面三种。

辊式破碎机型号用 PG 辊子直径×辊子长度表示，其中 P 表示破碎，G 表示辊式，双棍式破碎机前面加 2 表示。例如：2PG400×250 表示双辊式破碎机，辊子直径为 400mm，辊子长度为 250mm。

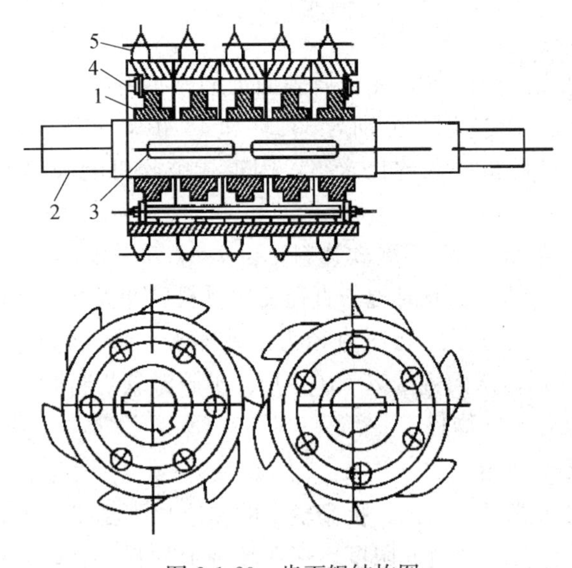

图 2-1-29　齿面辊结构图

1—钢盘；2—轴；3—键；4—螺栓；5—齿

1.2.5.3　辊式破碎机主要工作参数及应用

1. 辊式破碎机辊子直径

（1）辊式破碎机辊子直径 ϕ 与给料粒度 d、排料口宽度 e、物料与辊面之间的摩擦系数 f，以及齿面类型等因素有关。对于光面辊子，其理论公式可以推导如下：

辊子直径 ϕ 与给料粒度 d 之间的关系，主要取决于钳角 α 与摩擦角 μ_0 或摩擦系数 f 之间的关系，如图 2-1-30 所示。设给料为球形，通过物料与辊子的接触点作切线，两条切线之间出夹角为 α（钳角），辊子在物料上的正压力为 F 以及由它所引起的摩擦力 fF。而料块的重大 G 较之作用力小得多，故可忽略不计。

（2）齿面辊式破碎机的 ϕ/d 比值较光面辊式破碎机的比值小，其值视齿形及齿高而定，使用正常齿时，$\phi/d\approx1.5\sim6$；使用槽形辊面时，$\phi/d\approx10\sim12$。

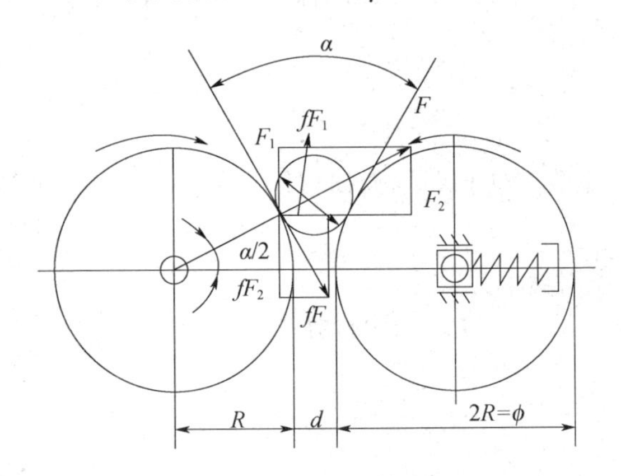

图 2-1-30　辊子直径与喂料粒度关系图

2. 钳角

物料与两辊子接触点的切线夹角 α 称为辊式破碎机的钳角，如图 2-1-30 所示。

与颚式破碎机一样，为了能钳住物料进行破碎，要求辊式破碎机有一定的钳角。钳角的极限值可以从辊子直径运算中得出 $\alpha\leqslant2\mu_0$，即钳角应小于或等于物料与辊子之间的摩擦角的2倍。

干硬物料（如石灰石、砂岩等）在金属表面上的摩擦系数 $f=0.3$，湿软物料的（黏土等）$f=0.45$。与此相应的最大钳角分别为 $33°20'$ 和 $48°40'$，实际上采用的钳角要小些。

ϕ/d 的比值由辊式破碎机的破碎比求得，因辊式破碎机的破碎比一般为 $i=4$，故 $e/d=0.25$。

对于干硬物料，$\phi/d=17$；对于湿软物料，$\phi/d=7.5$ 。实际上，为了使破碎机可靠工作，ϕ/d 还必须大20%～25%，此时辊子直径要比物料尺寸大9～22倍。

根据上述计算得出辊子直径与物料直径为：破碎干、脆性物料时，光面辊 $\phi/d=20\sim21$；齿面辊 $\phi/d=1.5\sim6$ ；槽面辊 $\phi/d=10\sim12$。破碎湿软物料时，光面辊 $\phi/d=6\sim9$，齿面或槽面辊子不适宜破碎湿软物料。

3. 辊式破碎机辊子转速

由生产能力的计算公式可以得出，提高辊子的转速，可提高生产能力。但是在实际生产中，转速的提高有一定限度，超过此限度，落在转辊上的料块在较大的离心惯性力作用下，就不易钳进转辊之间。这时，生产能力不但没有提高，反而引起电耗增加，辊子表面的磨损及机械振动增大。

光面辊子取上限值，槽面与齿面辊子则取下限值，辊子的合理转速一般通过实验确定。目前使用的辊式破碎机，辊子的圆周速度在0.5～3m/s之间，对于硬质物料，取1～2m/s；对于软质物料，可达6～7m/s。

4. 辊式破碎机生产能力

辊式破碎机生产能力与加料速度、加料均匀程度、物料在辊子上分布均匀及物料性质有关。产量的理论计算式为：

$$Q=188LD(e+s)Kn\rho \qquad (2\text{-}1\text{-}24)$$

式中 L——辊子有效长度，m；

e——空载时排料口宽度；

s——破碎物料时调节弹簧的弹性压缩值，m；

D——辊筒直径，m；

n——辊筒转速，r/min；

ρ——产品的堆积密度，t/m^3；

K——排料不均匀系数，对于硬质物料取 $K=0.2\sim0.3$，对于软质物料取 $K=0.4\sim0.6$。

5. 辊式破碎机轴功率

当破碎硬矿石时，需用功率为：

$$P_0=0.0415KLin\ (kW) \qquad (2\text{-}1\text{-}25)$$

式中 K——系数，$K=0.6i+0.15$；

i——破碎比。

当破碎煤时，可按下式计算：

$$P_0=0.1iQ\ (kW) \qquad (2\text{-}1\text{-}26)$$

或按下式计算：

$$P_0=0.85Lin\ (kW) \qquad (2\text{-}1\text{-}27)$$

也可以按每吨产品的功耗进行计算：

$$P_0=K_NQ\ (kW) \qquad (2\text{-}1\text{-}28)$$

式中 K_N——每吨产品的功耗，kW/t，如表 2-1-6 和表 2-1-7 所示。

表 2-1-6 辊式破碎机的 K_N 值

物料分类	辊子间距（mm）	每吨产品功耗（kW/t）
石灰石、炉渣、熔渣、熟料	5～6	1.5～2.2
齿面辊粗碎黏土	8～10	0.55～0.66
白垩、石膏、沥青、焦炭	5～6	0.88～1.03
坚硬岩石	30～100	0.9～1.1
齿面辊细碎黏土	2～3	0.66～0.92

表 2-1-7 辊式破碎机的单位功耗和辊子直径与辊子间距的关系

辊子间距（mm）	辊式破碎机辊子直径（mm）			
	400	600	750	1000
	单位功耗（kW/t）			
6	2.23～1.76	1.63～1.47	1.63～1.57	2.54～1.84
8	0.81～0.66	0.52～0.29	0.46～0.27	0.74～0.33

1.2.5.4 辊式破碎机操作及维护要点

1. 辊式破碎机操作及保养

为了保证辊式破碎机的最大产量，加料必须连续均匀分布于辊子的全长上，应定期检查出料口是否有堵塞现象，并在电动机停止工作前先停止给料，当料块完全落下，辊子变为空转时，方可停电动机。如果沿辊子长度方向给料不均匀，辊面不仅磨损较快，而且各点磨损不均，将出现环形沟槽，使正常的破碎工作受到破坏，破碎产品的粒度不均匀。因此，辊式破碎机通常设有给料机，以保证给料连续、均匀，而且给料机的长度与辊子长度相等，使给料沿辊子长度方向均匀一致。辊式破碎机的合理保养及正确的操作使用，可以保证长期连续工作，减少停车时间，只有正常地管理及每天注意检查辊式破碎机的工作情况，才能防止故障，保证其连续工作。为此，操作人员应注意下列事项：

（1）注意各部件螺栓紧固情况，如发现松动应立即拧紧。

（2）工作前必须先开动辊式破碎机，待转速正常后，再向机内送料，停车时程序相反。

（3）定期检查出料口情况，发现有堵塞时，应进行清除。

（4）注意检查易磨损件的磨损程度，随时注意更换被磨损的零件。

（5）不应使机器产生过负荷，应随时注意电气仪表。

（6）轴承加油要及时，并不使轴承内有漏油之处。

（7）应控制轴承温度温升不得高于周围空气。

（8）放活动装置的底架平面，应除去灰尘等物料，以免辊式破碎机遇到不能破碎的物料时，活动轴承不能在底架上移动，以致发生严重事故。

2. 辊式破碎机维护

辊式破碎机在运转时需要对辊面经常进行维修。光面辊式破碎机有时在机架上装有砂轮，当辊面磨出凹坑或沟槽时，可以不拆掉辊面而在机器上对辊面进行磨削修复。齿面辊式破碎机的齿板或齿环是可以更换或调头使用的。当齿牙磨损至一定程度后，必须更换或修复，否则导致破碎产品粒度不均匀、功耗增加、生产量下降等。有的机器上还装有堆焊装置，可直接在机器上进行修复。有的光面辊式破碎机附有辊子自动轴向往复移动装置，使辊面磨损均匀。

（1）辊面磨损后，排料口宽度增加，需要对活动辊进行调节（单辊破碎机则调节颚板）。调节时需要注意保持两个辊子相互平行，防止歪斜。

（2）采用滑动轴承的辊式破碎机，应注意辊子轴承的间隙。辊子轴瓦与轴颈的顶间隙通常是轴颈直径的1/10000～1.5/10000，轴瓦的侧间隙是顶间隙的1/2～1/3。

（3）为了保证破碎机正常工作，需要经常检查轴承的润滑情况。滑动轴承常采用油杯加油或定期由人工注入稀油，滚动轴承则定期注油进行润滑和密封。辊式破碎机的注油处有：传动轴承、辊子轴的轴承、所有齿轮、活动轴承滑动平面。

（4）一些黏性比较强的物料会堵塞破碎腔，清理破碎腔时必须在停机后进行。

（5）辊式破碎机在破碎大块物料时，要防止大块物料从破碎腔中挤飞而损坏设备或伤及工作人员。

（6）在对辊式破碎机工作较长时间后，辊面的磨损较大，会引起物料粒度的过细，所以应经常检查调整排矿口或者对设备检修。

（7）要全面对工作后的辊式破碎机进行检查，加强部件的润滑工作与紧固件的紧固工作。

1.3 原料的预均化

原料、燃料煤在储存、取用过程中，通过采用特殊的堆取料方式及设施，使原料或燃料化学成分波动范围缩小，为入窑前生料或燃料煤成分趋于均匀一致而做的必要准备过程，通常称作原燃料的预均化。简言之，原燃料的预均化就是原料或燃料在粉磨之前所进行的均化。水泥厂通常需要预均化原燃料主要有石灰石原料和燃煤，其他原料不需预均化。黏土质原料既可以单独预均化，也可以与石灰石合后一起进行预均化。

原燃料需要均化的条件：$C_V<5\%$时，原料的均匀性良好，不需要进行预均化。变异系数 C_V 表示物料成分的相对波动情况，其值越小，成分的均匀性越好。

$C_V=5\%\sim10\%$时，原料的成分有一定的波动。如果其他原料包括燃料的质量稳定、准确及生料均化设施的均化效果好，可以不考虑原料的预均化。相反，其他原料包括燃料的质量不稳定，生料均化效果不好，矿石中的夹石、夹土多，应考虑该原料的预均化。

$CV>10\%$时，原料的均匀性很差，成分波动大，必须进行预均化。

进厂煤的灰分波动大于±5%时，应考虑煤的预均化。当工厂使用的煤种较多，不仅热值各异，而且灰分的化学成分各异，它们对熟料的成分及生产控制将造成一定影响，严重时对熟料产量、质量产生较大的影响时，应考虑进行煤的预均化。

原料预均化的基本原理是“平铺直取”。即：堆放时，尽可能地以最多的相互平行、上下重叠的同厚度的料层构成料堆；取料时，按垂直于料层方向的截面对所有料层切取一定厚度的物料。

预均化方式主要如下：

（1）多库搭配及多点下料（图 2-1-31）

通过S形小车往返布料，形成人字形料堆，按照多点下料和各库按一定比例卸料相结合的方式，其均化系数为2.0～2.5（均化系数用来描述均化设施性能，其越大，表示均化效果越好）。多库搭配结构简单、操作方便、运转维修管理费用低。但是预均化原料处理能力小，不适于大型水泥厂；预均化效果较差，不适于原燃料成分波动较大的预均化。

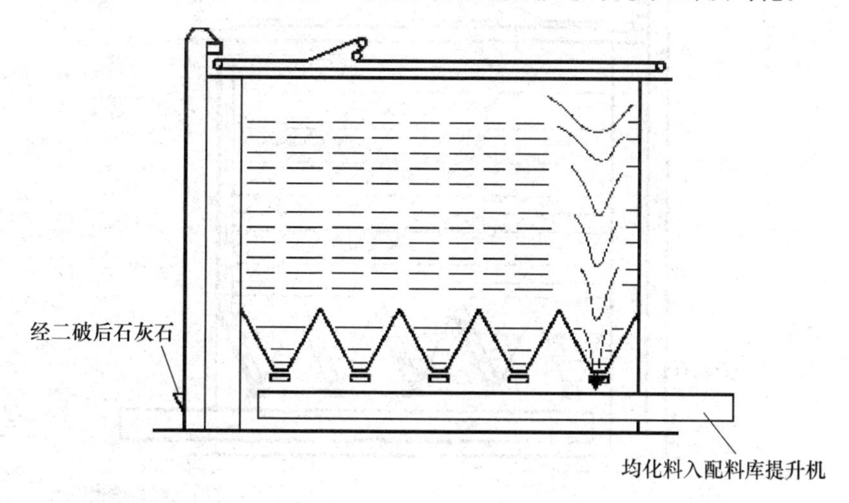

图 2-1-31　多库搭配预均化库

（2）预均化堆场

预均化堆场是采用堆料机连续地把进料按一定的方式在堆场上多层堆铺，形成由相互平行、上下重至的具有一定长宽比的料堆，而取料机则按垂直于料堆的纵向，实行对成分各异的料层的同时切取，完成“ 平铺直取”，实现各层物料的混合，从而达到均化的目的。

预均化堆场的布置方式有矩形和圆形两种。矩形堆场一般都有 2 个堆，一个堆料，一个取料，相互交替。每个料堆的储量通常可供工厂使用 5～7 天。2 个料堆是平行布置还是呈直线布置，可根据工厂地形条件和总体布置的要求决定，水泥厂多采用直线型布置。

圆形预均化堆场的原料由皮带机送到堆场中心，由可以围绕中心做 360°回转的悬臂式皮带堆料机堆料，料堆为圆环，其截面呈人字形料层。取料则采用桥式刮板取料机，其桥架的一端固定在堆场中心的立柱上，另一端则支撑在料堆外围的圆形轨道上。整个桥架以主柱为圆心，按垂直于料层方向的截面进行端面取料，刮板将物料送到堆场底部中心卸料斗，由地沟皮带机运出。

预均化堆场在我国大、中型水泥厂原料预均化方面发挥着重要的作用。预均化效果好，对原料和大型水泥企业原料预均化要求适应性好，但预均化堆场投资大、机械设备复杂，自动化水平要求高。预均化堆场的发展在一定的程度上受到财力与技术因素的限制。

（3）断面切取式原料预均化库（图 2-1-32）

断面切取式原料预均化库是在吸取多库搭配和预均化堆场长处的基础上设计出来的。该库既实现了平铺布料，又实现了断面切取取料，因此，均化效果可以与预均化堆场相媲美。

该库的主体为矩形中空六面体。库顶布置一条 S 形胶带输送机，用以布料。库底设有若干卸料斗和 1 条或 2 条胶带输送机，用以卸料。四面为挡墙，为了保证连续生产，库内由隔墙沿纵向将库一分为二，一侧布料时，另一侧出料，交替进行装卸作业。

该库工作过程是：待均化的物料由 S 形胶带输送机往返平铺入均化库，形成多层人字形料堆，装满后，从一端开始依次启动库底卸料器，利用物料的自然滑移，实现横断面上的切取，从而达到均化的目的。

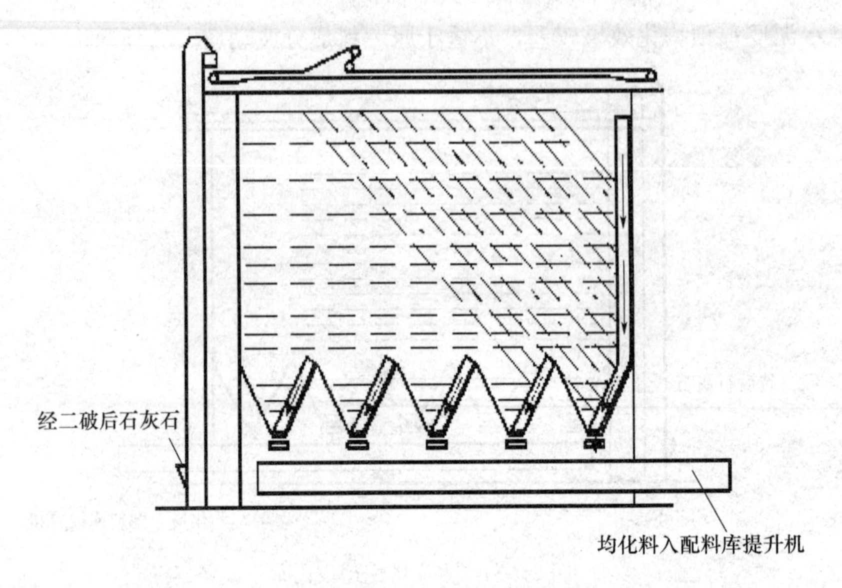

图 2-1-32　断面切取式原料预均化库

该库除了占地面积小、设备简单、操作维护方便之外，还有一个显著的特点就是其均化过程全部在库内进行，易于防尘。该库对水分大及黏性大的原料不适用。此外，该库随着规模的增大，土建投资所占比重增大，限制着该库向大型化发展。

任务小结

本任务介绍了原料制备的相关概念：粉碎、破碎比及颗粒粒径的表示方法；介绍了物料破碎的方法原理，颚式破碎机、锤式破碎机、反击式破碎机及辊式破碎机的工作原理及构造，各种破碎机的使用及维护；原料预均化的方法及原理及堆场形式。

颚式破碎机主要靠挤压破碎物料，有简单摆动式、复杂摆动式及组合式、液压式；锤式破碎机和反击式破碎机是靠高速旋转的锤头和打击板粉碎物料，破碎效率高，产品颗粒形状好，是目前水泥企业常用的破碎设备；辊式破碎机主要用于破碎黏土质原料。

思考题

1. 物料破碎主要目的是什么？
2. 什么是粉碎比？什么是粉碎？粉碎与破碎有何关系？
3. 物料破碎方法有哪些？各自特点是什么？
4. 常用破碎机械有哪些？各自特点是什么？
5. 颚式破碎机主要工作件是什么？对其材质有何要求？
6. 颚式破碎机如何调整出来料粒度？
7. 什么是钳角？钳角大小对破碎有何影响？
8. 锤式破碎机易磨损件主要有哪些？材质有何要求？

9. 如何调整锤式破碎机破碎产品粒度?
10. 锤式破碎机工作时产生振动的可能原因有哪些?
11. 反击式破碎机与锤式破碎机比较主要特点是什么?
12. 反击式破碎机板锤安装形式主要有哪几种? 各自特点是什么?
13. 反击式破碎机产品细度如何调整?
14. 辊式破碎机主要适合哪些物料的粉碎? 其主要优缺点是什么?
15. 颚式、锤式、反击式及辊式破碎机的易磨损件有哪些?
16. 原料预均化有何意义? 预均化有哪些方法?

任务2 物料输送

知识目标 了解带式、螺旋式输送机、斗式提升机及气体输送设备的构造和工作原理，掌握各种输送设备的性能和使用、维护等。

能力目标 能够正确使用各种输送设备并对各种输送设备进行必要的维护和保养。

2.1 概述

由于硅酸盐的生产流程比较复杂，如陶瓷生产、水泥生产，从原料到成品经常需要经过几千米以上的路径，有的物料垂直上升的高度达几十米。因此合理地选用输送机械设备，对于提高劳动生产率，降低劳动强度和生产成本，使工艺布置合理紧凑及生产过程连续化、自动化都具有十分重要的意义。

一般输送设备的类型包括以下几种：

（1）胶带输送机。其应用非常广泛，多用于块状或颗粒状及单件物品的水平及倾斜输送。既可以在小输送量、短距离情况下使用，也可以大输送量、长距离运送物料，具有动力消耗少、使用经济的特点。

（2）斗式提升机。在建材行业被广泛应用于垂直输送块状、粒状和粉状物料。具有结构简单、占地少、输送能力大、输送高度高（可达80多米）的特点。

（3）螺旋输送机。适合于较短距离的水平输送，适合于输送磨琢性小的粉状和小颗粒的物料，要求输送量较小或中等（100t/h）以下。特点是：可以多点进料和多点出料，易于密闭防尘，噪声较小。但是动力消耗较大，机件磨损较大。

（4）板式输送设备。主要用于输送块状、沉重、磨琢性大和高温物料。可用于水平、倾斜方向的输送。特点是：运行平稳，牵引件强度高，输送量大，但运行成本大，速度低，防尘困难，噪声较大。

（5）气力输送设备。在硅酸盐工业生产中，气力输送设备通常用于水平输送或垂直提升粉状物料。如生料粉、煤粉及水泥的输送。其特点是设备简单，占地少，操作方便，输送效率高，适用于各种地形的大高度、长距离的输送。但动力消耗大，不适宜黏性及块状物料的输送。

2.2 带式输送机

2.2.1 带式输送机构造及工作过程

2.2.1.1 工作过程

带式输送机结构如图 2-2-1 所示。它主要包括胶带、支撑装置、驱动装置、改向装置、拉紧装置及其他附属装置等几部分。

带式输送机的牵引构件和承载构件为一条无端的挠性胶带 6，绕在驱动滚筒 4 和改向滚筒 10 上，构成封闭的循环线路，并由固定在机架上的上托辊 7 和下托辊 14 支承。拉紧装置 11 使胶带张紧在两滚筒之间。

工作时，物料由漏斗通过导料槽 9 加至带上，驱动机构带动驱动滚筒 4 回转，驱动滚筒与胶带间的摩擦力带动胶带运行，物料随胶带运行至驱动滚筒处卸出。

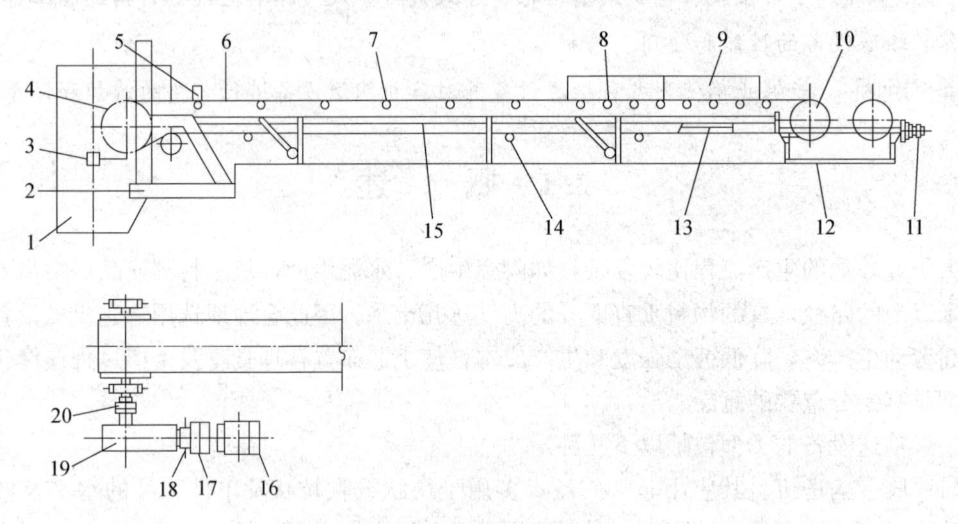

图 2-2-1 带式输送机结构

1—头罩；2—头架；3—清扫器；4—驱动滚筒；5—调心装置；6—胶带；7—上托辊；8—缓冲托辊；9—导料槽；10—改向滚筒；11—拉紧装置；12—尾架；13—空段清扫器；14—下托辊；15—中间架；16、17、18、19、20—驱动机构

胶带的种类有橡胶带和塑胶带两种，其中橡胶带使用广泛。橡胶带由若干层帆布组成，帆布层间用硫化方法浇上一层薄的橡胶，带的上下面及左右两侧均覆以橡胶保护层，保护帆布不至受潮及防止物料的摩擦。

2.2.1.2 主要部件

带式输送机主要由输送带、托辊、滚筒、传动装置、拉紧装置、装料装置、卸料装置、清扫装置等构成。

1. 输送带

输送带是带式输送机的主要部件，既是承载件又是牵引件，对设备性能有着决定性作用。因此，合理选用、正确使用和维护输送带至关重要。

要求胶带具备足够的强度，能承受足够的牵引力；具备较好的纵向绕度，能较好地绕过滚筒；横向绕度适当，能在槽辊上形成槽而又不会有过大的下垂度和离开槽辊出现塌边撒料；表面具备较好的耐磨和抗腐蚀性、抗老化性、耐油性的化学稳定性等性能。

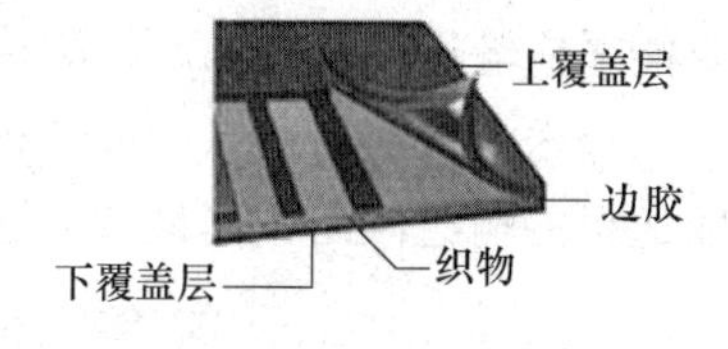

图 2-2-2　织物带芯胶带

输送带主要由带芯和面材构成，按照带芯分为织物带芯胶带（图 2-2-2）和钢丝绳芯胶带（图 2-2-3）。

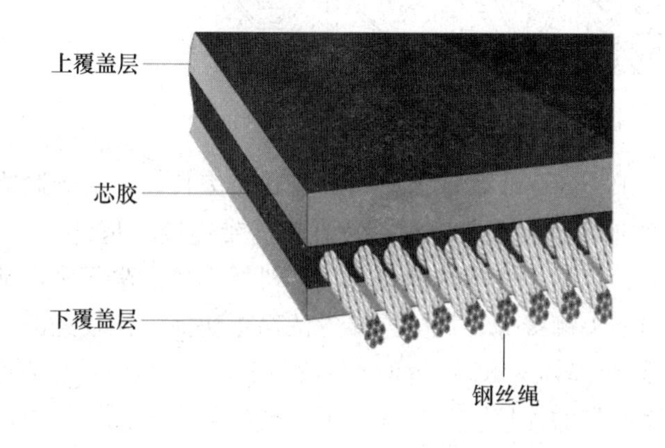

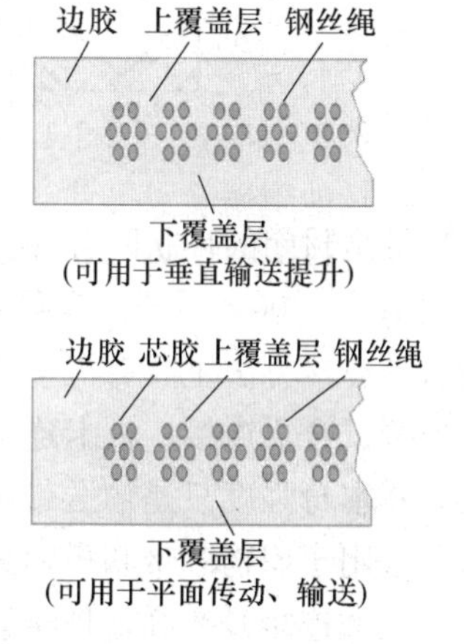

图 2-2-3　钢丝绳芯胶带

胶带的芯层主要起到承受拉力作用，其强度、层数及宽度都会影响抗拉伸力，宽度越大，承载拉伸力越好；层数越多，承受拉伸力越大，但是影响输送带的绕度，因此要根据胶带输送量和输送距离合理选择带宽和带芯层数。带芯层数选择如表 2-2-1 所示。

表 2-2-1　常用橡胶输送带帆布层带芯层数

带宽（mm）	300	400	500	650	800	1000	1200	1400	1500
层数	3～4	3～5	3～6	3～7	4～8	5～10	6～12	7～12	8～13

输送带覆盖层主要起到保护带芯不受到物料的磨损和腐蚀的作用。按其材质分为橡胶带和塑胶带。橡胶带应用较为广泛，塑胶带除具备橡胶带的弹性外，还具备优良的化学稳定性、耐酸碱性、耐油性，为输送带的使用开辟了新的途径。输送带主要有上覆盖层、下覆盖层及边胶构成，上覆盖层是工作面，下覆盖层是非工作面，其厚度是不同的。上覆盖面厚度为 1.0mm、1.5mm、3.0mm、4.5mm、6.0mm 五种，下覆盖面厚度为 1.0mm、1.5mm、3.0mm 三种。覆盖层厚度要根据带速、输送长度、物料粒度选择，一般带速高、距离长、粒度大，覆盖层要厚些，输送带覆盖层厚度选择如表 2-2-2 所示。

表 2-2-2　输送带覆盖层的推荐厚度

物料性质	物料名称	覆盖层厚度（mm）	
		上胶层	下胶层
$\rho_s<2t/m^3$，中、小颗粒或磨琢性小的物料	焦炭、煤、石灰石、白云石、烧结混合料、砂等	3.0	1.5
$\rho_s>2t/m^3$，块度<200mm，磨琢性较大的物料	破碎后的矿石、给类岩石、油页岩等	4.5	1.5
$\rho_s>2t/m^3$，大块、磨琢性大的物料	大块铁矿石、油页岩等	6.0	1.5

胶带输送带按用途可分为普通型、强力型和耐热型等三种。普通型的带芯层每层径向扯断强度为 56kN/（m·层）；强力型的带芯层每层径向扯断强度为 95kN/（m·层）；耐热型

要能适应输送温度在120℃以下的物料或物品，其表面覆盖了一层耐热石棉层。

输送带表面也可以制成各种花纹（图 2-2-4），增大胶带与物料的摩擦力，从而增加胶带输送机的输送倾角，其最大输送倾角可达 40°。花纹输送带的缺点是容易磨损。

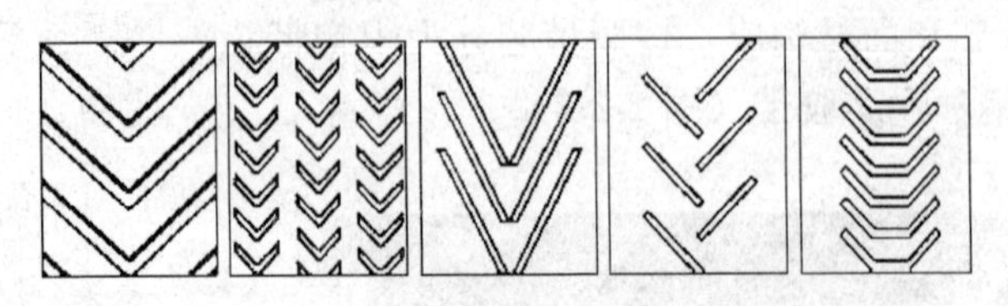

图 2-2-4 输送带花纹

输送带是封闭的环状闭合件。对于长距离胶带输送机，其输送带太长，不便于运输，一般制作成 100～200m 一段，运到目的地再连接起来，这就存在输送带连接问题。

输送带连接方法主要有机械连接、冷粘连接和热硫化连接。机械连接方法很多，常见的有钢卡连接、合页连接、板卡连接和搭头铆接等。机械连接方法简单快捷，比较经济；连接效率低，其本身强度只是输送带强度的 35％～40％，而且与滚筒、托辊摩擦较大，使用寿命较短，常用于织物芯带和短距离输送带的连接。冷粘连接就是使用粘合剂连接，连接方便快捷，比机械连接效率高，粘接质量很难把握。热硫化连接就是在一定温度和压力下产生硫化反应，是橡胶变成硫化橡胶，粘结强度高，使用寿命长，但是方法复杂，连接时间长，多用于长距离和输送量较大的输送带的连接。

2. 托辊

托辊是输送带的支撑和约束装置，对输送带运行稳定、使用寿命和运行阻力有着很大的影响。因此，对托辊的要求是工作可靠、回转阻力小、表面光滑、径向跳动小、制造成本低和便于安装维护。

按照托棍作用和安装部位不同可以分为平行托辊、槽型托辊和缓冲托辊等。

（1）平行托辊。其构造如图 2-2-5 所示。其中图 2-2-5（a）为上托辊，主要用于支撑承上部载物品输送带。图 2-2-5（b）为下托辊，支撑下部空载输送带，各类带式输送机的下部都用平行托辊。平行托棍主要用于输送整件物品和小型输送机。

（2）槽型托辊。其结构如图 2-2-6 所示。它是由 2 节、3 节、4 节、5 节等组成一定角度的槽型托辊。槽型辊子角度对输送量影响较大，角度增大可以提高运输量，提高运输能力。但是随着角度增大，胶带输送机的运行速度平稳性很难控制，制作技术要求也很高。国内槽角为 30°、35°，国外有 45°槽角。槽型托辊适合输送散状物料。

（3）缓冲托辊。为了减轻物料对胶带的冲击作用，在带式输送机物料入口处，安装较为密集的缓冲托辊。缓冲托辊主要有橡胶缓冲辊和弹簧缓冲辊，其结构分别如图 2-2-7 和图 2-2-8 所示。橡胶缓冲托辊在辊子上包裹一定厚度的橡胶。弹簧缓冲托辊是托辊支架用铰链与机架连接，托辊支架用两根弹簧斜撑住，弹簧起到缓冲作用。

（4）调心托辊。为了防止和克服输送带的跑偏，在输送带的重载段，每隔 10 组槽型（平行）托辊，设置 1 组槽型（平行）调心托辊，其构造如图 2-2-9 和图 2-2-10 所示。在输送带的回空段，每隔 6～10 组下托辊设置一组下平行调心托辊如图 2-2-10 所示。槽型调心托辊或平行调心托辊，除了完成一般支承作用外，托辊架还能绕垂直轴自由回转。当输送带跑偏时，输送带的一边便压在立辊上，使其旋转，从而带动托辊架回转一定的角度（图 2-2-11），这时托辊速度与带速方向不一致，产生一个与输送带跑偏方向相反的分速度，使输送带向输送机中心线一侧移动，从而纠正跑偏现象。当输送带回复到运行中心位置时，回转的托辊架也恢复正常位置。

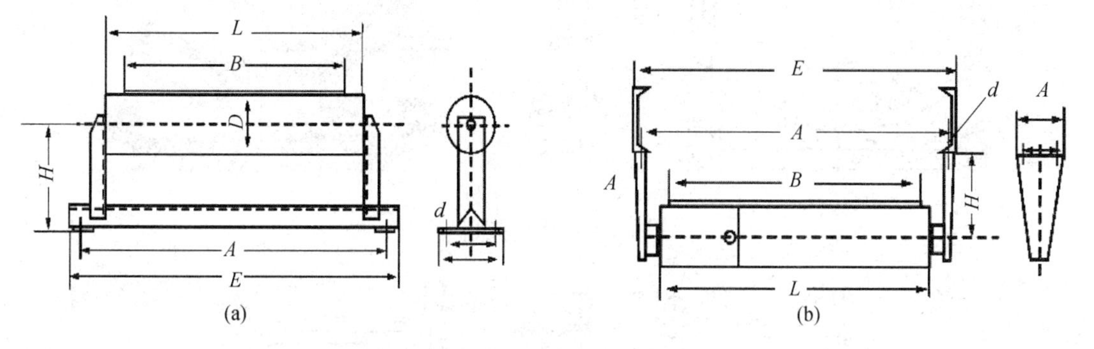

图 2-2-5　平行托辊构造

（a）上托辊；（b）下托辊

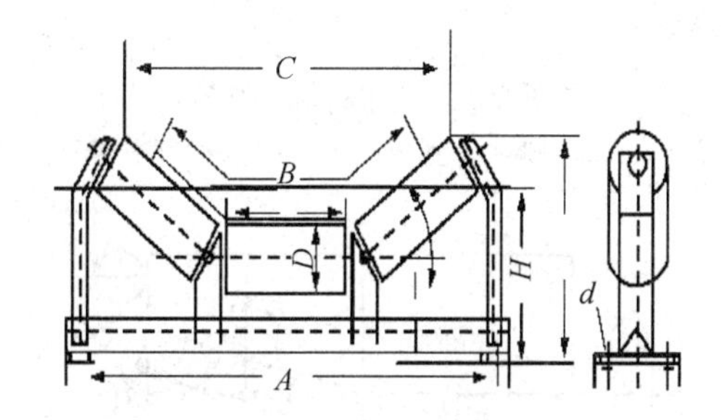

图 2-2-6　槽型托辊结构

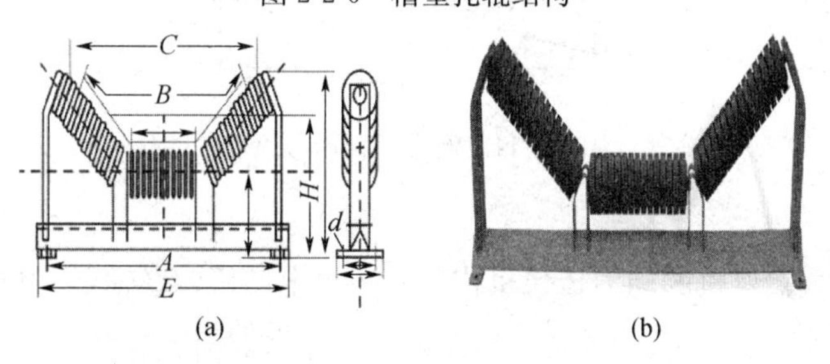

图 2-2-7　橡胶式缓冲托辊

（a）橡胶式缓冲托辊结构；（b）橡胶式缓冲托辊实物

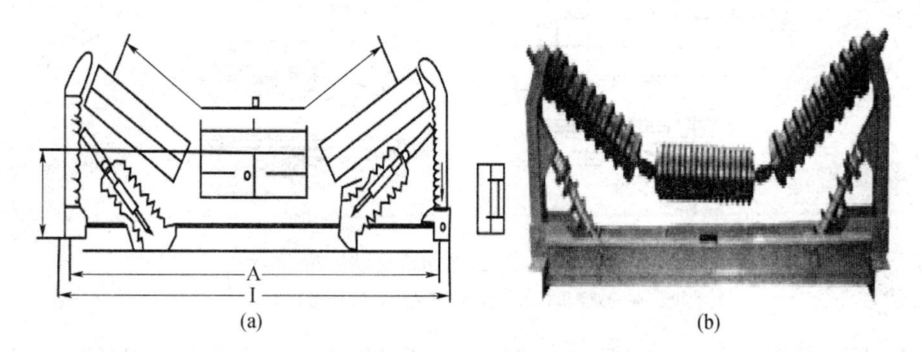

图 2-2-8　弹簧缓冲托辊

（a）弹簧缓冲托辊结构；（b）弹簧缓冲托辊实物

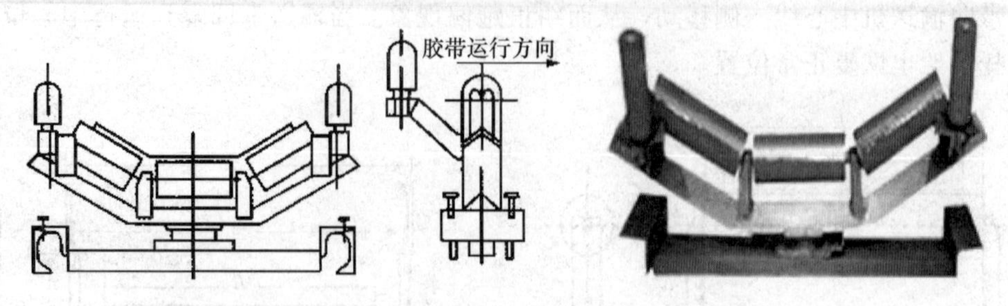

图 2-2-9　槽型调心托辊

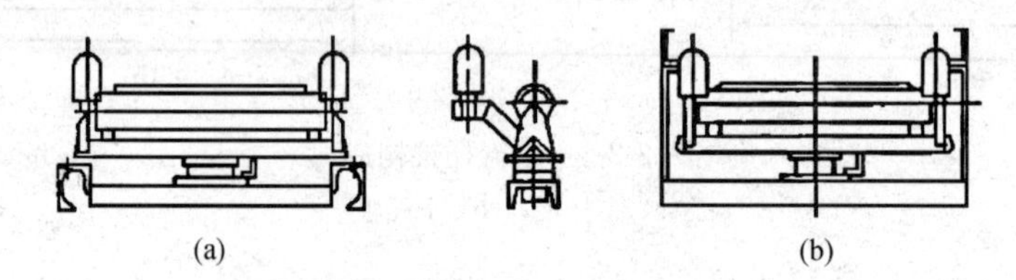

图 2-2-10　平行调心托辊

(a) 平行调心上托辊；(b) 平行调心下托辊

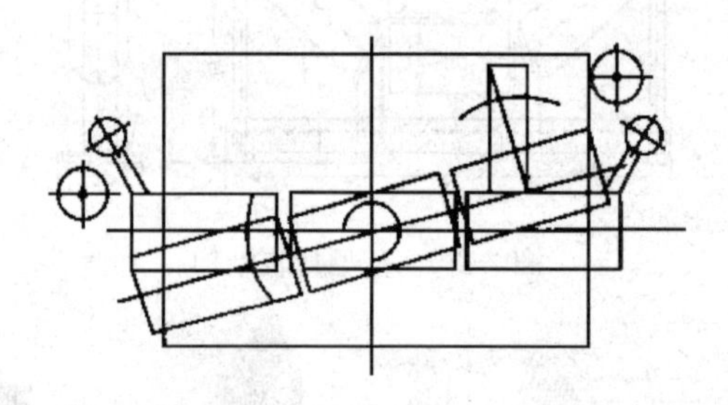

图 2-2-11　调心托辊调心原理

3. 驱动装置

驱动装置是带式输送机的动力传递机构。一般由电动机、联轴器、减速器及驱动滚筒组成，如图 2-2-12 所示。

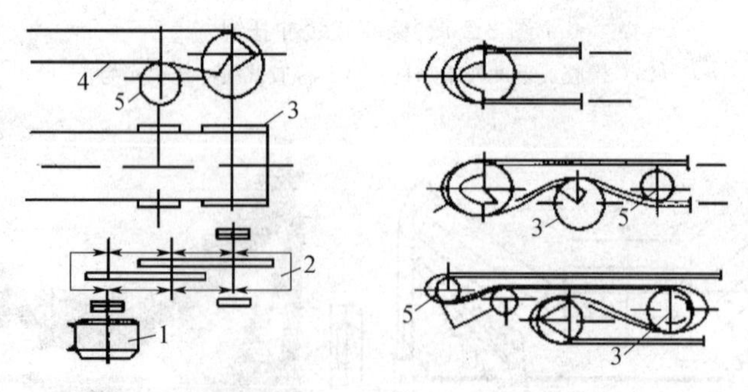

图 2-2-12　带式输送机驱动机构

1—电动机；2—减速机；3—驱动滚筒；4—输送带；5—改向滚筒

根据不同的使用条件和工作要求，带式输送机的驱动方式可分单电机驱动、多电机驱动、单滚筒驱动、双滚筒驱动和多滚筒驱动。

滚筒可分为驱动滚筒和改向滚筒两种。驱动滚筒的作用是通过筒面和带面之间的摩擦驱动使输送带运动，同时改变输送带的运动方向。只改变输送带运动方向而不传递动力称为改向滚筒（如尾部滚筒、垂直拉紧滚筒等）。滚筒又分为钢板焊接滚筒（大型的）和铸造滚筒（小型的）。

（1）驱动滚筒

驱动滚筒是传递动力的主要部件。为了传递必要的牵引力，输送带与滚筒间必须具有足够的摩擦力。根据摩擦传动的理论，在设计或选择驱动装置时，可采用增加输送带与驱动滚筒间的摩擦和围包角的方法来保证获得必要的牵引力。当采用单滚筒驱动时，围包角为180°～240°；当采用双滚筒驱动时，围包角为360°～480°。用双滚筒传动能大大提高输送机的牵引力，所以常常被采用，尤其是当运输长度比较长时，一般采用双滚筒驱动。

驱动滚筒的表面有光面和胶面两种型式。胶面的用途是增大驱动滚筒与输送带间的摩擦系数，减小滚筒的磨损。在功率不大、环境湿度小的情况下，可选用光面滚筒；在环境潮湿、功率又大、容易打滑的情况下，应选用胶面滚筒作为驱动滚筒。

滚筒的确定：在使用织物带芯的输送带时，取决于输送带的厚度，即织物带芯的层数。这是因为输送带在运转中要反复地绕过滚筒，在滚筒上发生挠曲。胶带在挠曲时，外层受拉伸，内层受压缩，各层的应力和应变均不一样，这样多次反复挠曲到一定程度以后，各层之间的橡胶层就要发生机械疲劳，产生层间剥离而损坏。滚筒的直径越小，胶带的挠曲度就越大，机械疲劳而导致的层间剥离出现得也越快。所以，驱动滚筒的直径 D 由输送带的允许弯曲度来决定，其值用下列公式确定：

对于硫化接头：　　$D \geqslant 125Z$

对机械接头：　　$D \geqslant 100Z$

对移动式输送机：　　$D \geqslant 80Z$

式中　Z——胶带的挂胶帆布层数。

在标准设计中，带宽与滚筒直径也有一定比例关系，所以用上式计算的滚筒直径，在系列标准中圆整成相近的标准直径，如表2-2-3所示。

表2-2-3　带宽与驱动滚筒标准直径的关系　　（mm）

胶带宽度 B	500	650	800	1000	1200	1400
驱动滚筒标准直径 D	500	500	500	630	630	800
	—	630	630	800	800	1000
	—	—	800	1000	1000	1250
	—	—	—	—	1250	1400

滚筒长度 B_1 应比输送带宽度 B 大100～200mm。

（2）改向滚筒

改向滚筒分别有180°、90°和45°三种改向。改向滚筒的直径与驱动滚筒直径及输送带在改向滚筒上的围包角有关。改向滚筒与驱动滚筒直径配套关系如表2-2-4所示。滚筒为钢板焊接结构，并采用滚动轴承。

表2-2-4　改向滚筒与驱动滚筒直径配套关系

胶带宽度 B	驱动滚筒直径 D	≈180°改向滚筒直径	≈90°改向滚筒直径	<45°改向滚筒直径
500	500	400	320	320

续表

胶带宽度 B	驱动滚筒直径 D	≈180°改向滚筒直径	≈90°改向滚筒直径	<45°改向滚筒直径
650	500	400	400	320
	630	500	400	320
800	500	400	400	320
	630	500	400	320
	800	630	400	320
1000	630	500	500	400
	800	630	500	400
	1000	800	500	400
1200	630	500	500	400
	800	630	500	400
	1000	800	500	400
	1250	1000	630	400
1400	800	630	500	400
	1000	800	500	400
	1250	1000	630	400
	1400	1250	630	400

4．拉紧装置

在各种具有挠性牵引构件的输送机中，必须装设拉紧装置。

(1) 带式输送机拉紧装置的作用

1) 使输送带具有足够的初张力，保证输送带与驱动滚筒之间所必需的摩擦力，并且使摩擦力有一定的贮备。

2) 补偿牵引构件在工作过程中的伸长。

3) 限制输送带在各支承托辊间的垂度，保证输送机正常平稳地运行。

(2) 拉紧装置的结构形式

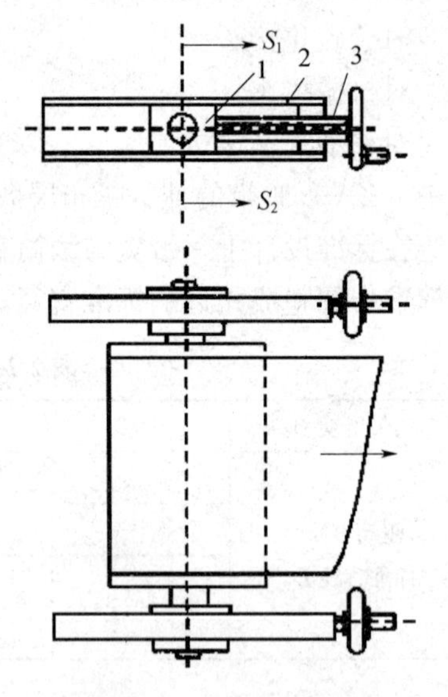

图 2-2-13 螺旋拉紧装置

1—张紧滚筒轴承座；2—滑架；3—螺杆

1) 螺旋式拉紧装置。张紧滚筒两端的轴承座 1 安装在带有螺母的滑架上，滑架 2 可以在尾架上移动。转动尾架上的螺杆 3，可使滚筒前后移动，以调节输送带的张力，如图 2-2-13 所示。螺杆的螺纹应能自锁，防止松动。优点是结构简单、紧凑。缺点是工作过程中，张紧力不能保持恒定。一般用于机长较短（小于 80m）、功率较小的输送机上。螺旋式拉紧装置的适用功率及许用张紧力（即上、下两分支输送带张力之和）如表 2-2-5 所示。

表 2-2-5 螺旋式拉紧装置的适用功率和许用张紧力

B（mm）	500	650	800	1000	1200	1400
适用功率（kW）	15.6	20.5	25.2	35	42	58
许用张紧力（N）	12000	18000	24000	38000	50000	66000

2）车式拉紧装置。机尾张紧滚筒安装在尾架导轨可移动的小车上，钢丝绳的一端连接在小车上，而另一端悬挂着重锤，如图 2-2-14 所示。它是依靠重锤的重力拉紧输送带，故可以自动张紧输送带，保持恒定的张紧力。适用于输送机距离较长、功率较大的场合，尤其适用于倾斜输送的输送机上。其缺点是机尾需要有较大的空间。

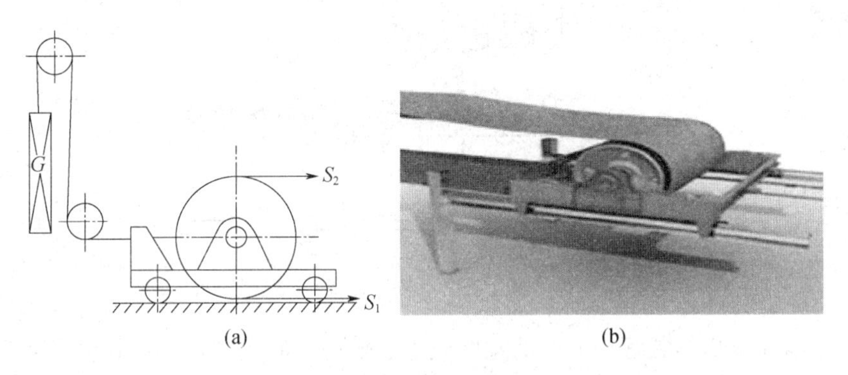

图 2-2-14 车式拉紧装置

（a）车式拉紧装置结构；（b）车式拉紧装置实物

3）垂直拉紧装置。垂直拉紧装置如图 2-2-15 所示。滚筒 1 安装在框架 2 上，重锤 3 吊挂在框架上，框架沿导轨上下移动，利用重锤的重力使输送带经常处于张紧状态。该装置适用于长度较大（大于 100m）的输送机或输送机末端位置受到限制的情况。这种拉紧装置一般适合装设在驱动滚筒近处或利用输送机走廊下面的空间。缺点是改向滚筒多，而且物料容易落入输送带与张紧滚筒之间，从而损坏输送带。

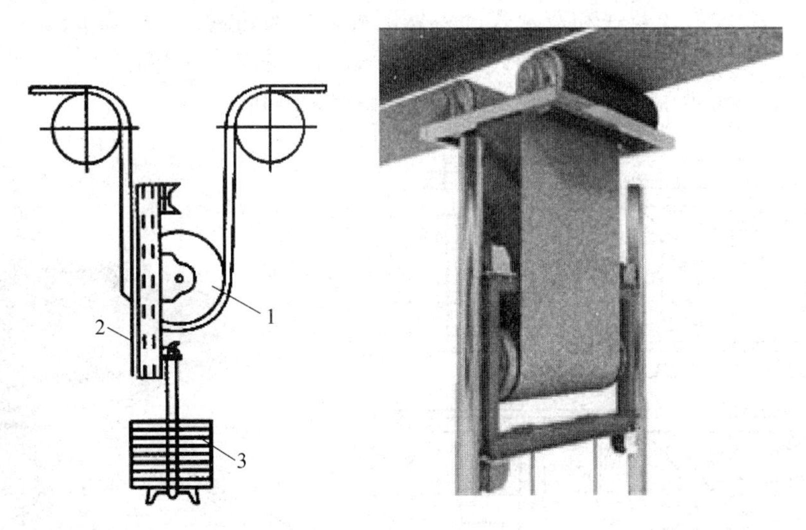

图 2-2-15 垂直拉紧装置

1—滚筒；2—框架；3—重锤

5. 装料装置

正确地设置受料装置，能够减轻输送带在受料处的磨损，延长其使用寿命。在选煤厂中，受料方式一般采用溜槽给到输送机上。为了减小对输送带的磨损，应使溜槽的方向与物料运动方向和输送带运行方向相一致，溜槽的倾角不宜过大，最好使物料下落的水平分速度与输送带的运行速度相等。为了避免大块硬物料对输送带的冲击损伤，给料溜槽后壁应设有筛孔，让细粒物料先落入作为保护层，如图 2-2-16 所示。物料的给入点应避免设在滚筒或托辊的上面，减小大块物料击伤输送带的可能性。

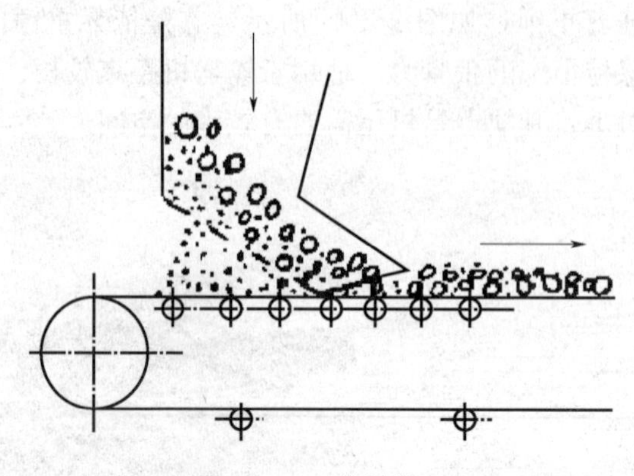

图 2-2-16　装料装置

为了避免给料时物料洒落，溜槽的宽度应小于输送带的宽度，通常其宽度多为输送带宽度的 2/3 以下。溜槽导向板的下部应装设挡板。挡料板的长度约为带宽的 2～4 倍。理想的挡板由不带织物带芯的软橡胶制成，其高度以高出带面 150～350mm 为宜。

6. 卸料装置

卸料装置是把带式输送机带上物料卸下，常用的有端部卸料和中部卸料两种。

端部卸料是利用物料的自重和所受的离心力（在滚筒圆周上）将物料卸到卸料漏斗中，然后由漏斗再导入其他设备。其卸料不会产生附加阻力，适合卸物点固定的场合。

中部卸料常用的有犁式卸料器和电动车式卸料器。

（1）犁式卸料器有单犁式和双犁式卸料器两种，分别如图 2-2-17 和图 2-2-18 所示。犁式卸料器结构简单，但对输送带磨损较为严重。因此，只限于应用在水平或倾角小 8°的带式输送机上，或者用于运送磨损性较小的细粒物料的输送机上。

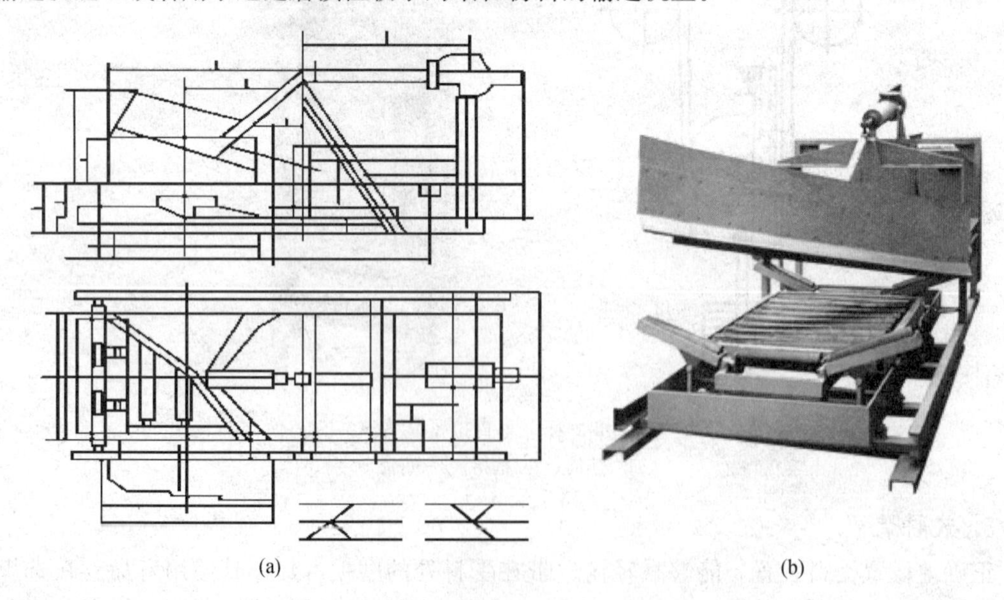

(a)　(b)

图 2-2-17　单犁式卸料器

（a）单犁式卸料器结构；（b）单犁式卸料器实物

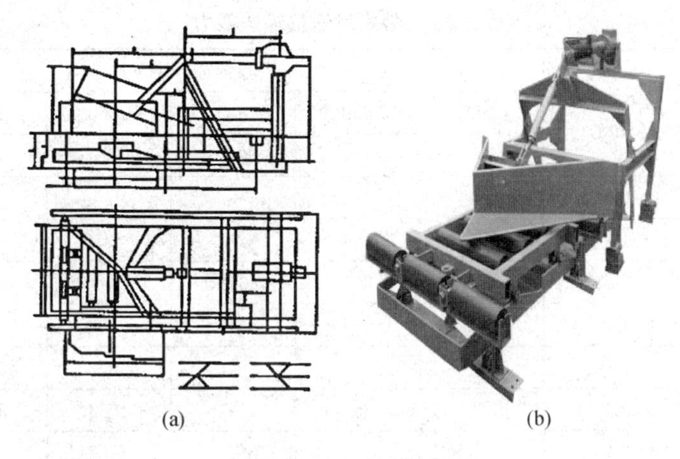

图 2-2-18　双犁式卸料器

（a）双犁式卸料器结构；（b）双犁式卸料器实物

（2）电动车式卸料器如图 2-2-19 所示。装设两个改向滚筒和小车，利用车轮可以在输送机机架两边铺设的导轨上行走。输送带的承载段绕过滚筒时，将物料卸到安在小车上的叉形漏斗中。如果需要端部卸料，可以将叉形漏斗闸门关闭，此时物料可以通过中间的漏斗重新卸回输送带的承载段上。小车的行走是由电动机通过链轮带动车轮来实现的。采用电动车式卸料器的输送机带速一般不宜超过 2.5m/s。

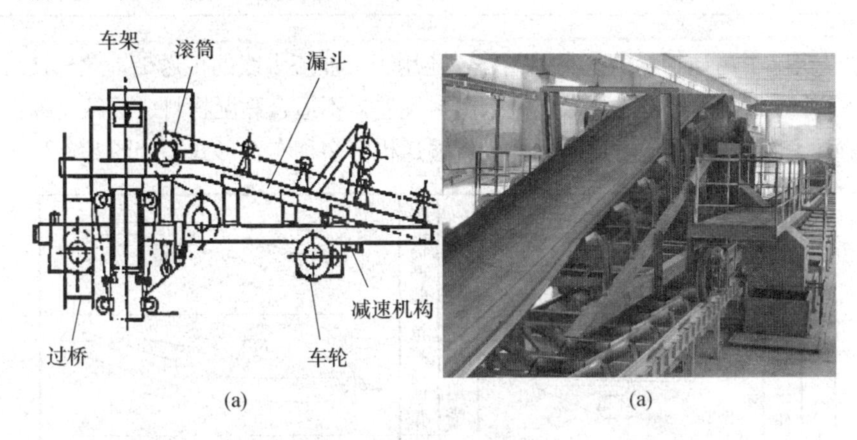

图 2-2-19　电动车式卸料器

（a）电动车式卸料器结构；（b）电动车式卸料器实物

电动车式卸料器可避免输送带承受额外的磨损（如犁式卸料器），其运转可靠，适宜卸载任何性质的物料。但结构复杂，高度较大。在选煤厂，该卸料装置广泛用在煤仓，可用于将煤炭分配到各个仓格。

2.2.2　带式输送机性能与应用

带式输送机是一种适应能力强、应用比较广泛的连续输送机械。通常用它来输送散粒状物料，有时用来搬运单件物品，是各种生产机械设备之间构成生产的纽带。在采用多点驱动时，长度几乎不受限制。作为越野输送时，可远达几十千米。

由于带式输送机单位自重的生产率很高，动力消耗少，所以每吨物料的运费往往低于其他常用输送方式。各种带宽的带式输送机的输送能力如表 2-2-6 所示。

表 2-2-6　带式输送机输送能力

断面形式	带速 v (m/s)	带宽 B (mm)					
		500	650	800	1000	1200	1400
		输送能力 G (t/h)					
槽型	0.8	78	131				
	1.0	97	164	278	435	655	891
	1.25	122	206	348	544	819	1115
	1.6	156	264	445	696	1048	1427
	2.0	191	323	546	863	1284	1748
	2.5	232	391	661	1033	1556	2118
	3.15			824	1233	1858	2528
	4.0					2202	2996
平行	0.8	41	67	118			
	1.0	52	88	147	230	345	469
	1.25	66	110	184	288	432	588
	1.6	84	142	236	368	553	753
	2.0	103	174	289	451	667	922
	2.5	125	211	350	546	821	1117

带式输送机除了运送物料的基本用途外，还用于工业流水线的传送带，此外还可用于料仓排料和称量工作。带式输送机主要缺点是：密封性差，不适合黏湿物料、酸碱腐蚀性物料及高温物料的输送。根据物理输送方向不同，胶带输送机有多种布置形式，如图 2-2-20 所示。

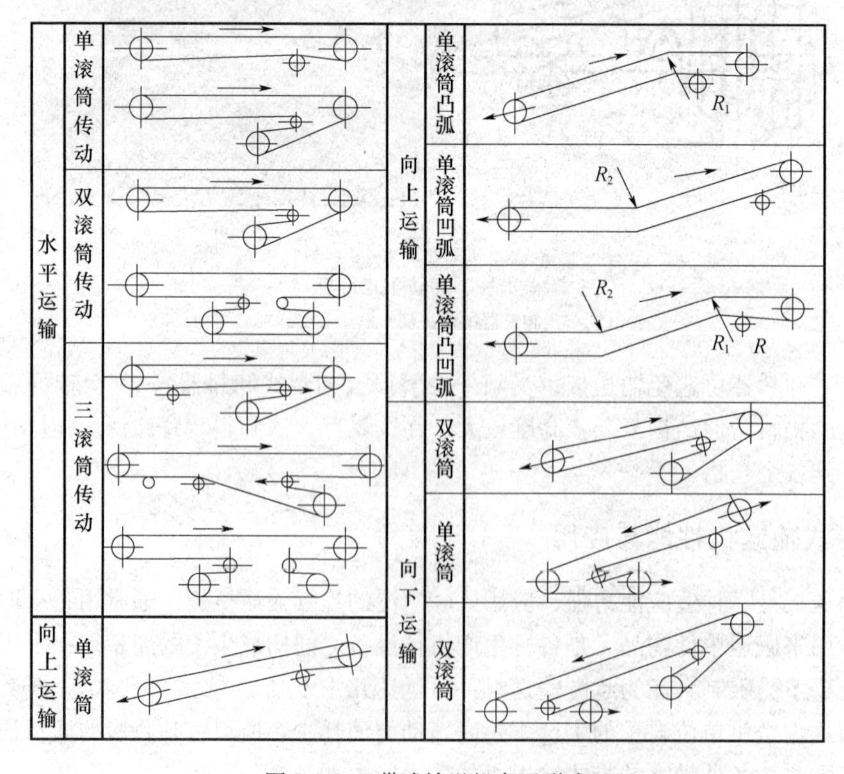

图 2-2-20　带式输送机布置形式

若倾斜向上输送时，不同物料所允许的最大允许倾角如表 2-2-7 所示。

表 2-2-7　带式输送机最大允许倾角

物料名称	最大允许倾角 β（°）	物料名称	最大允许倾角 β（°）
块煤	20	块状干黏土	15～18
原煤	18	粉状干黏土	22
粉煤	21	干砂	15
0～350mm 矿石	16	筛分后的石灰石	12
0～120mm 矿石	18	水泥	20
0～60mm 矿石	20	熟料	14

2.2.3　带式输送机操作与维护

1. 启动和停机

输送机一般应在空载的条件下启动。在顺次安装有数台带式输送机时，应采用可以闭锁的启动装置，以便通过集控室按一定顺序启动和停机。除此之外，为防止突发事故，每台输送机还应设置就地启动或停机的按钮，可以单独停止任意一台。为了防止输送带由于某种原因而被纵向撕裂，当输送机长度超过 30m 时，沿输送机全长，应间隔一定距离（如 25～30m）安装一个停机按钮。

2. 带式输送机维护

为了保证带式输送机运转可靠，最主要的是及时发现和排除可能发生的故障。为此操作人员随时观察运输机的工作情况，如发现异常应及时处理。机械工人应定期巡视和检查任何需要注意的情况或部件，这是很重要的。

带式输送机的输送带在整个输送机成本里占相当大的比重。为了减少更换和维修输送带的费用，必须重视对操作人员和维修人员进行输送带运行和维修知识的培训。表 2-2-8 列出了大量有关输送带发生操作问题的原因及处理方法。

表 2-2-8　带式输送机发生故障的原因及处理方法

序号	故障内容	原因及处理方法
1	输送带弯曲	避免把输送带卷成塔形或贮存在潮湿的地方。一条新的输送带在接入后应平直，否则就应更换
2	输送带拼接不正确或者卡子不当	使用正确的卡子，在运转一个短时间后再卡紧一次。假如拼接不正确，就要除去输送带的接头，再做一个新接头。建立定期的检查制度
3	输送带速度太快	降低输送带速度
4	输送带在一边扭歪	接入新的输送带。如果输送带接入不正确或不是新带，就要除去扭歪部分，并接入一段新的输送带
5	条状缓冲衬层遗漏或不当	不能使用时，装上带有适当的条状缓冲衬层的输送带
6	配重太重	重新计算需要的重量并相应调整配重，把张紧力减少至打滑点，然后再稍许拉紧
7	配重太轻	重新计算所需重量并相应调节配重或螺旋张紧装置

续表

序号	故障内容	原因及处理方法
8	由于磨损、酸、化学物、热、霉、油而损坏	采用为特殊条件使用的输送带。磨损性物料磨破或者磨入织物层时，用冷补或永久性修补。用金属卡子或者用阶梯式硫化接头代替。封闭输送带作业线以防雨雪或太阳，不要过量地润滑托辊
9	双滚筒传动速度不同	进行必要的调整
10	输送带传递能力不足	重新计算输送带最大张力和选择正确的输送带。假如系统延伸得过长，应考虑采用具有运转站的两段系统。假如带芯刚度很差，不足以支承负荷而不能正常工作时，应更换具有适当挠性的轮送带

2.3 斗式提升机

在带或链等挠性牵引构件上，每隔一定间隔安装若干个钢质料斗，连续向上输送物料的机械称为斗式提升机。斗式提升机主要用于垂直或大倾角输送粉状、粒状及小块状、无磨琢或磨琢小的物料的输送。斗式提升机的主要优点是结构简单紧凑，断面尺寸小，可减少占地面积，有较大的提升高度和良好的密封性。其缺点是牵引件料斗磨损大，输送物料种类受到限制。

2.3.1 斗式提升机结构与工作原理

2.3.1.1 工作过程

带用斗式提升机结构和工作原理如图 2-2-21 所示。固接着一系列料斗的牵引构件（胶带或链条）环绕提升机的头轮与尾轮之间，构成闭合轮廓，驱动装置与头轮相连，使斗式提升机获得必要的张紧力，保证正常运转。驱动机构驱动头轮，带动牵引件运行，料斗随之运行。

物料从提升机的底部供入，通过一系列料斗向上提升至头部，并在该处卸载，从而实现在竖直方向运送物料。斗式提升机的料斗和牵引构件等行走部分及头轮、尾轮等安装在全封闭的罩壳之内。

2.3.1.2 主要部件（结构）

1. 料斗

料斗是斗式提升机的物料承载件，通常由 2～3mm 厚的钢板制成，为减少边唇的磨损，常在料斗边唇外焊上一条附加的斗边。斗的形式有三种，即深斗、浅斗和鳞式斗（尖斗、梯形斗），如图 2-2-22 所示。

（1）深斗（S 制法）如图 2-2-22（a）所示。特征是斗口下倾角度较小（斗口与后壁一般成 65°夹角）和深度较大，适合于输送干燥、松散、易于卸出的物料。料斗在牵引件上间断布置。

（2）浅斗（Q 制法）如图 2-2-22（b）所示。特征是斗口下倾角度较大（斗口与后壁成 45°夹角），斗的容量较小，适合输送潮湿或流动性较差、不易卸空的散装物料。料斗在牵引件上间断布置。

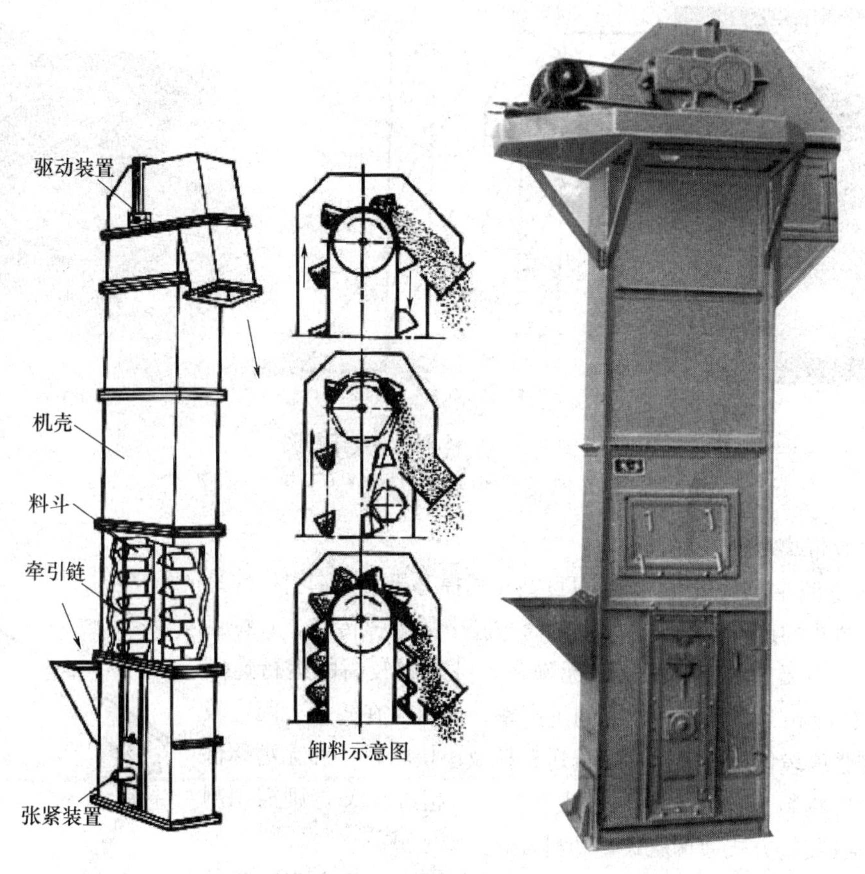

图 2-2-21　斗式提升机结构和工作原理

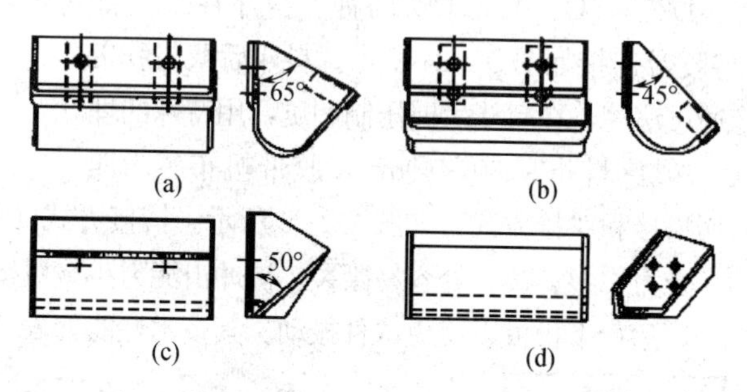

图 2-2-22　料斗形式

(a) 深斗；(b) 浅斗；(c) (d) 鳞式斗

(3) 鳞式斗（梯形斗或三角斗）如图 2-2-22 (c)、(d) 所示。适合于输送沉重的、块状、磨琢性较大的物料。梯形斗具有较大的输送容积，三角斗输送容积较小。在牵引件上连续布置。

料斗实物及运行图如图 2-2-23 所示。

2. 牵引件

牵引件是斗式提升机重要部件，对提升机运行和性能等具有决定作用。牵引件应具备重量轻、承载能力大、运行平稳、耐磨损、绕性好、与斗连接牢固、寿命长和成本低等要求。

斗式提升机牵引件有胶带式（D)、环链（H)、板链（P）和铸造链（Z）等四种。提升机类型是按照牵引件不同分类的。

(a)

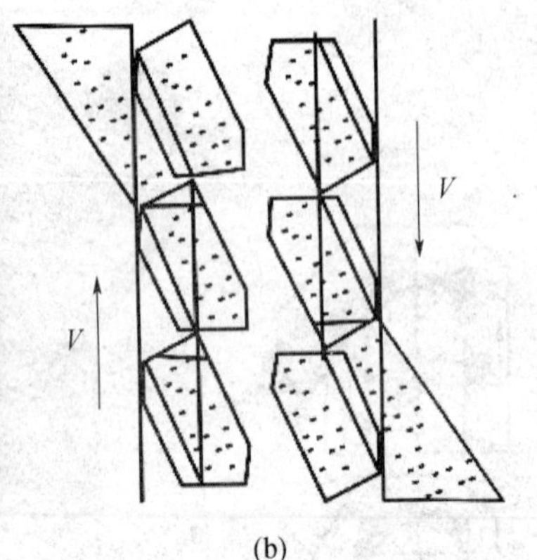

(b)

(c)

图 2-2-23　料斗实物及运行图

(a) 深浅斗实物；(b) 料斗运行图；(c) 梯形斗实物

(1) 胶带离心斗式提升机

又称 D 型斗式提升机、新型 TD 型斗式提升机。其牵引构件是橡胶带。料斗的运行依靠头部驱动滚筒与胶带的摩擦传动。其特点是成本低，自重轻，工作平稳，无噪声，可采用较高的运行速度(一般为 1～3m/s)，因此有较大的生产率。但料斗在胶带上固定较弱，胶带强度较低，一般适用于输送粉粒及小块状物料和无磨琢性或半磨琢性物料。物料温度不超过 80℃，若超过 80℃。则需用耐热胶带。其装料方式为掏取式，卸料方式为离心式。

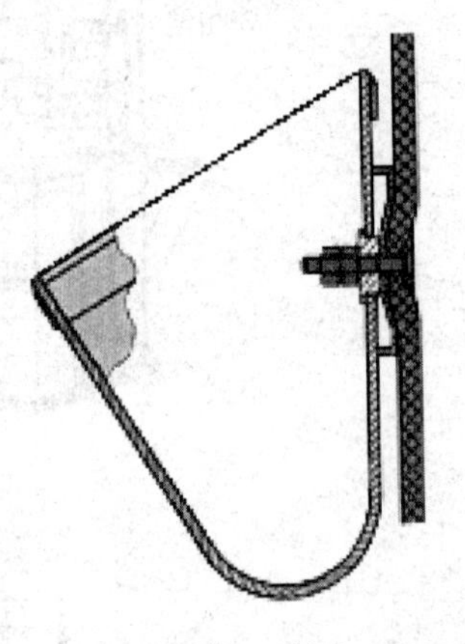
图 2-2-24　料斗与胶带连接

胶带斗式提升机是以料斗宽（mm）表示的。国产型胶带斗式提升机规格有 D160、D250、D350、D450 四种。料斗在牵引件上是间断布置，料斗与胶带连接如图 2-2-24 所示。料斗后壁与胶带连接，为了使胶带平稳通过滚筒，在料斗后壁压制凹坑，用特殊的埋头螺栓连接。胶带宽度一般比料斗宽 30～40mm，胶带帆布芯为四层。胶带头的链接可采用搭接和对接方式，如图 2-2-25 所示。搭接方式［图 2-2-25 (a)］的接头在通过滚筒易产生振动，受力集中，接头处容易撕裂，抗冲击能力小。对接方式［图 2-2-25 (b)］受力均匀，承受冲击力大，运行平稳可以避免这种振动。其技术性能如表 2-2-9 所示。

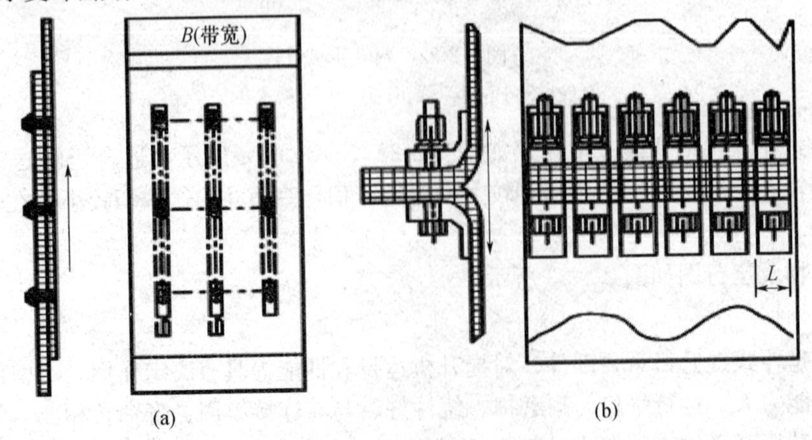

(a)　(b)

图 2-2-25　胶带头连接

(a) 搭接；(b) 对接

表 2-2-9 D型斗式提升机技术性能

提升机型号		D_{160}		D_{250}		D_{350}		D_{450}	
		S	Q	S	Q	S	Q	S	Q
输送能力（m^3/h）		8.0	3.1	21.6	11.8	42	25	69.5	48
料斗	容量（L）	1.1	0.65	3.2	2.6	7.8	7.0	14.5	15
	斗距（m）	300		400		500		640	
带料斗的胶带质量（kg/m）		4.72	3.8	10.2	9.4	13.9	12.1	21.3	21.3
胶带	宽度（mm）	200		300		400		500	
	层数	4		5		4		5	
	外胶带层厚度	1/1		1.5/1		1.5/1		1.5/1	
料斗运行速度（m/s）		1.0		1.26		1.26		1.26	
传动滚筒转速（r/min）		47.5						37.5	

（2）环链离心斗式提升机

又称 HL 型斗式提升机。其牵引构件是链条。料斗的速度一般为 1.25～1.4m/s，提升高度为 4.5～30m，输送能力为 16～30m^3/h。优点是不受被输送物料种类的限制，且提升高度大，但使用时链条磨损大，有时会发生“断链”事故。适用于输送磨琢性不大的各种粉、粒、块状物料和温度较高的物料。料斗的装料方式为掏取式，卸料方式为离心式，料斗采取间断式布置，料斗与环链连接如图 2-2-26 所示，环链钩与料斗后壁连接。环链牵引件主要优点是结构简单，料斗连接比较坚固，适应较高温度环境，便于制造和更换。其缺点是自重较大，运行不够平稳，磨损较大。

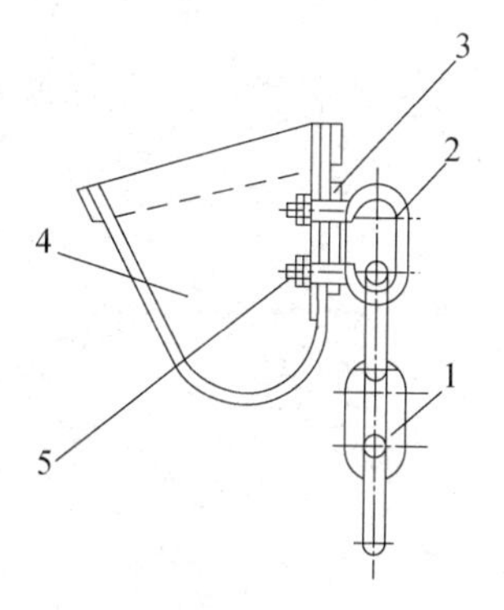

图 2-2-26 料斗与环链连接
1—环链；2—链环钩；3—垫板；4—料斗；5—螺母

国产 HL 型斗式提升机规格有 HL_{300}、HL_{400}、HL_{500} 三种，其技术性能如表 2-2-10 所示。D 型和 HL 型斗式提升料斗有深斗和浅斗两种型式。

表 2-2-10 D型和HL型斗式提升机技术性能

提升机型号		HL_{300}		HL_{400}		HL_{500}
		S 制法	Q 制法	S 制法	Q 制法	
输送能力（m^3/h）		28	16	47.2	30	96
料斗	容量（L）	5.2	4.4	10.5	10	19.8
	斗距（mm）	500		600		608
运行部分（料斗链条）质量（kg/m）		24.8	24	29.2	28.3	
牵引链条	型式	锻造环形链				
	圆钢直径（mm）	18				
	节距（mm）	50				
	破断负荷（N）	128000				
料斗运行速度（m/s）		1.25				1.34
传动轴轮转速（r/min）		37.5				35.6
输送物料最大块度（mm）		40		50		60

(3) 板链斗式提升机

又称 PL 型斗式提升机。其牵引构件是板链，其构造如图 2-2-27 所示，主要由内外链板、套筒、滚子和销轴构成。料斗与板链连接有两种。图 2-2-27 所示为斗的后壁与板链连接，多用于单链或小型提升机。图 2-2-28 所示为料斗侧面与板链连接，为双链连接，多用于大型提升机，斗是连续排列。

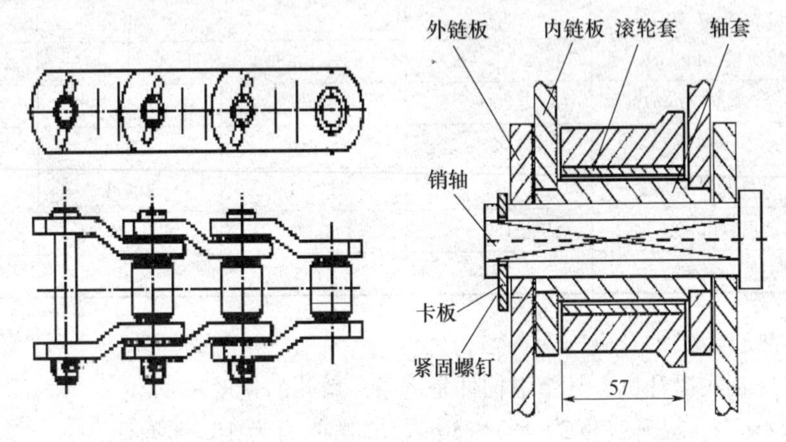

图 2-2-27 板链

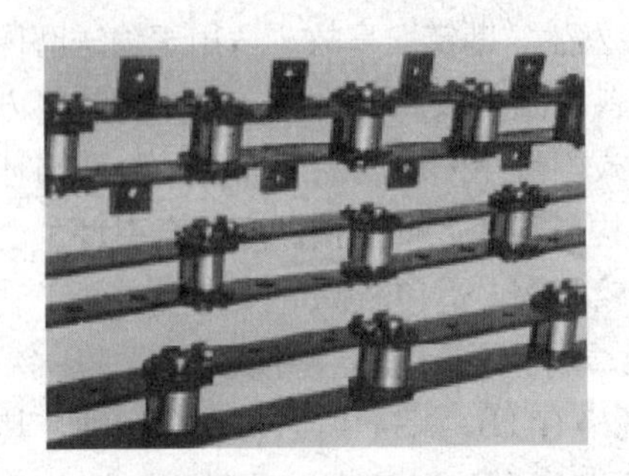

图 2-2-28 双链连接

料斗运行速度很慢（0.4m/s），适合于输送温度 250℃以下，密度较大、磨琢性大、块状物料，如块煤、石灰石、水泥熟料等。装料方式为流入式，卸料方式为重力式，料斗形状为鳞式斗。

板链斗式提升机有三种规格，即 PL250、PL350、PL450，其技术性能如表 2-2-11 所示。

表 2-2-11 PL 型斗式提升机技术性能

提升机型号		PL250		PL350		PL450	
		ϕ=0.75	ϕ=1	ϕ=0.85	ϕ=1	ϕ=0.85	ϕ=1
输送能力（m^3/h）		22.3	30	50	59	85	100
料斗	容积（L）	3.3		10.2		22.4	
	斗距（mm）	200		250		320	
每米长，料斗及链条质量（kg/m）		36		64		92.5	
链板规格 小轴直径（mm）×节距（mm）×破断负荷（N）		20×200×182000		20×250×182000		24×320×256000	

续表

提升机型号		PL250		PL350		PL450	
		ϕ=0.75	ϕ=1	ϕ=0.85	ϕ=1	ϕ=0.85	ϕ=1
链轮齿数	传动链轮	8		6		6	
	拉紧链轮	6		6		6	
料斗运行速度（m/s）		0.5		0.4		0.4	
传动链轮转速（r/min）		18.7		15.5		11.8	

3. 驱动装置

驱动机构主要驱动牵引件带动料斗和物料运行动力机构，同时还安装有逆止装置和过载保护装置。其主要由电动机、带或者链传动、减速机、联轴器、驱动轮、逆止器等部分组成，如图 2-2-29 所示。按照传动机构方位分为左装和右装，选择左装还是右装视工艺布置确定。传动机构安装在机体的平台上，也可以安装在机外基础上，大型重载提升机传动机构安装在机外。

为了防止提升机在停电或偶发事故情况下重载停机，引起牵引件和载料斗逆向运行导致下部集料或堵塞，在驱动装置要安装逆止阀，防止反向运行。

驱动轮的牵引件不同，其结构不同。D 型提升机用滚筒做驱动轮，依靠滚筒与胶带摩擦力驱动，其构造原理与胶带输送机相同。HL 型斗式提升机使用无齿链轮，其结构如图 2-2-30所示。主要依靠链条与摩擦环的摩擦作用驱动链条。链轮可用铸铁或铸钢，摩擦环使用 45 号钢制成，用螺栓镶嵌在链轮内，可以更换。PL 提升机使用带齿链轮，通过板链与链轮齿的啮合驱动板链运行。其结构如图 2-2-31 所示。

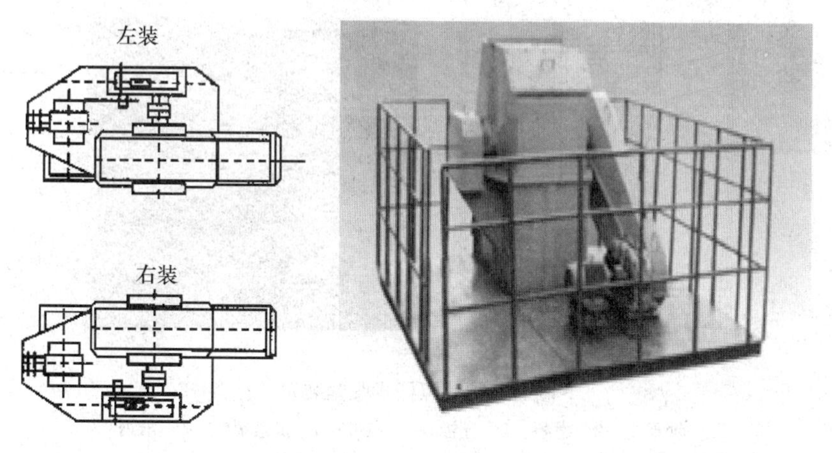

图 2-2-29 提升机驱动机构

4. 张紧装置

提升机下部改向轮需要张紧装置以增加牵引件张力，防止牵引件张力不足造成驱动滚筒与胶带打滑、牵引件波动、牵引件脱轨等故障。张紧装置主要有螺杆式张紧装置、弹簧螺杆式张紧装置和重力张紧装置等。

螺杆式张紧装置如图 2-2-32 所示。调节张力的方法是：用扳手旋转螺杆 4，通过螺母带动滑板 2 和轴承座 1 沿导板 3 向上或向下移动，从而改变牵引件张力的大小。调节张力大小时，应同时调节两侧轴承座，而且调节量要均衡，使张紧轮轴保持水平。螺杆式张紧装置主

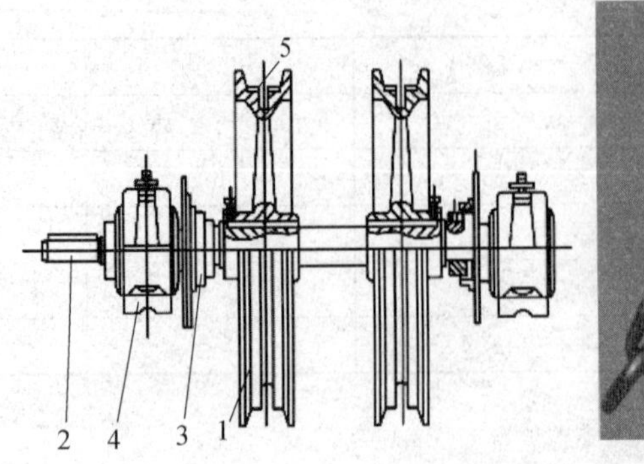

图 2-2-30　HL 型提升机驱动链轮组

1—链轮；2—轴；3—密封装置；4—轴承；5—摩擦环

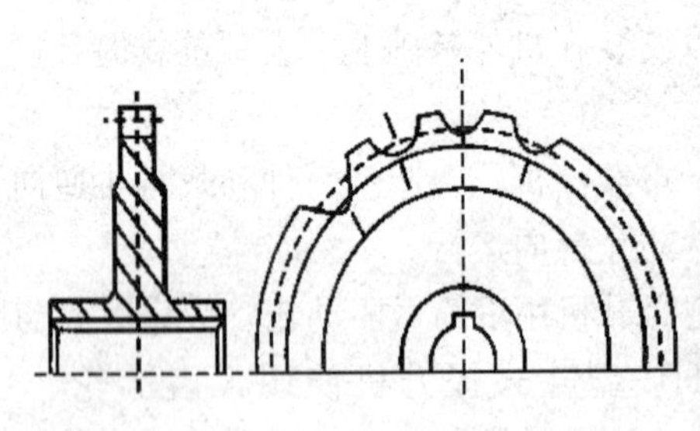

图 2-2-31　PL 提升机链轮

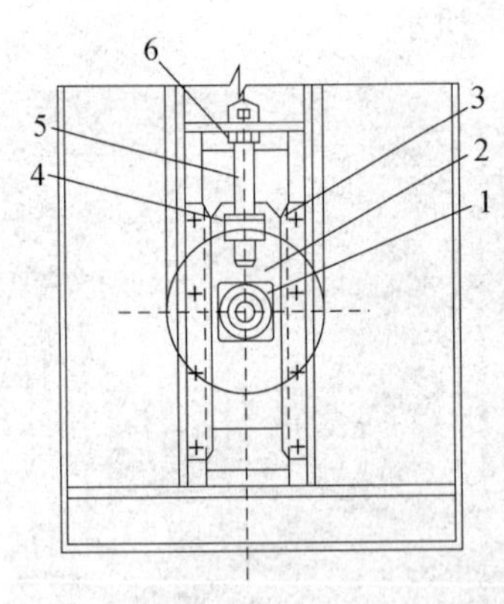

图 2-2-32　螺杆式张紧装置

1—轴承座；2—滑板；3—导板；4—螺母；5—张紧螺杆；6—角钢

要优点是结构简单、紧凑，但是不能随牵引件改变自动保持稳定的张紧力，在掏取物料阻力大时易发生掉链、螺杆弯曲等故障。

弹簧螺杆式张紧装置是在螺杆式张紧装置基础上增设缓冲弹簧，可以起到自动张紧和缓冲作用。

重力张紧装置如图 2-2-33 所示。通过改变配重改变张紧力，配重确定后，可以自动保持张力。其主要优点是，在牵引件变化和运行阻力变化时，其可以保持张力不变，具备较好的缓冲作用。缺点是机构不紧凑，占用空间较大。

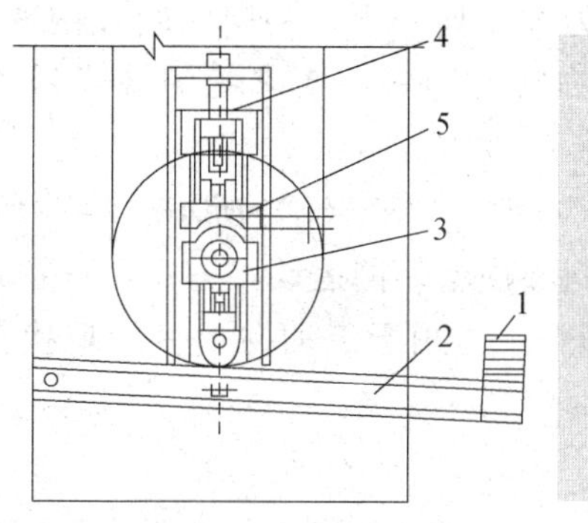

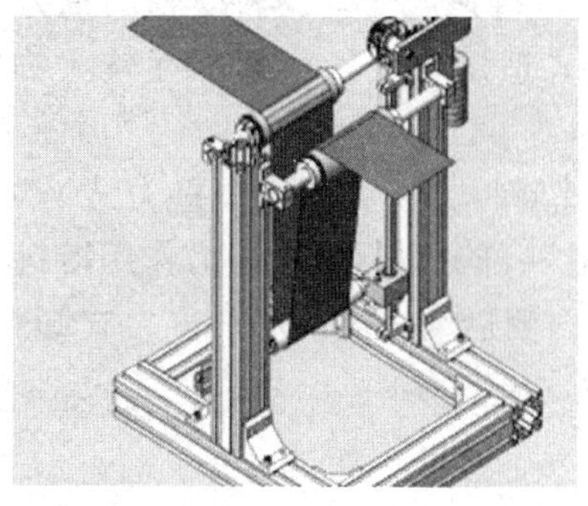

图 2-2-33　重力张紧装置

1—配重；2—转架；3—轴承；4—螺杆；5—止动块

2.3.2　斗式提升机性能与应用

1. 装料方式

斗式提升机的装料方式分为掏取式和流入式两种。

（1）掏取式如图 2-2-34（a）所示。由料斗在物料中掏取物料，要求工作阻力小，因此主要用于提升粉粒状及小块状而磨琢性较小的散状物料。进料口离地面较低，适合链斗间断布置的斗式提升机。料斗运行速度可达 0.8～2m/s 。

（2）流入式如图 2-2-34（b）所示。物料直接流入料斗内装料。为防止装料时撒料，料斗是密接布置的，主要用于提升大块及磨琢性大的物料，料斗运行速度不得超 1m/s。

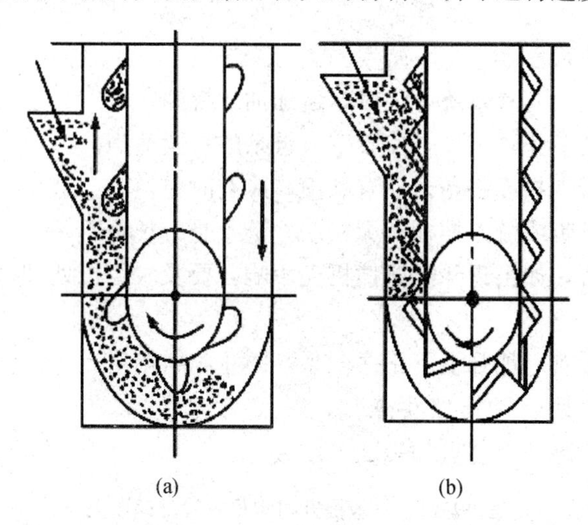

图 2-2-34　斗式提升机装料方法

（a）掏取式；（b）流入式

2. 卸料方式

斗式提升机的卸料方式分为离心式、混合式及重力式三种，如图 2-2-35 所示。

（1）离心式卸料方式如图 2-2-35（a）所示。该卸料方式料斗运行速度通常为 1～3.5m/s，料斗运行速度较快，物料受到离心力的值大于重力值，斗内物料沿料斗内壁外侧运动，做离心式卸料，用于易流动的粉状、粒状、小块状物料的卸料。

（2）重力式卸料方式如图 2-2-35（c）所示。该卸料方式料斗运行速度为 0.4～

0.8m/s，料斗运行速度慢，物料受到的重力大于离心力，物料沿料斗内壁的内侧运动，做重力式卸料，适用于块状、磨琢性较大物料的卸料，要求使用鳞式料斗，且料斗密排布置。

（3）混合式卸料方式（离心—重力式）如图 2-2-35（b）所示。料斗的运行速度为 0.6～0.8m/s，一部分物料受离心力作用沿料斗内壁外侧运动，另一部分物料受重力作用沿料斗内壁的内侧运动，做离心—重力式卸料，适用于流动性不良的粉状及含水分物料的卸料。

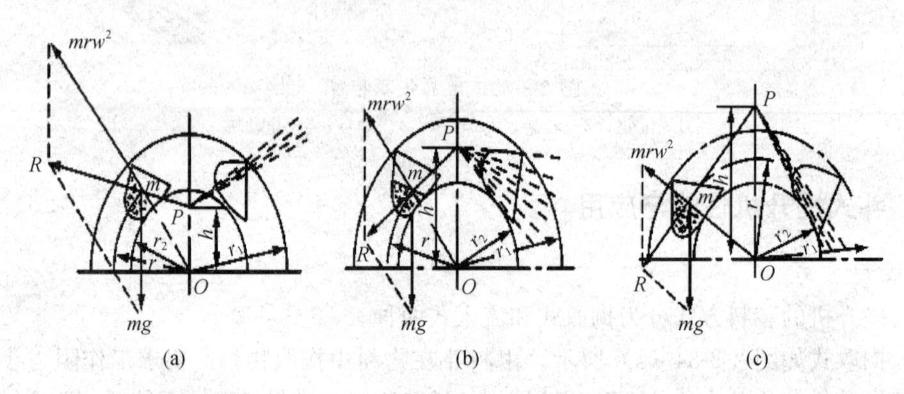

图 2-2-35　提升机卸料方式

（a）离心式卸料；（b）混合式卸料；（c）重力式卸料

2.3.3　斗式提升机操作与维护

1. 斗式提升机日常维护

（1）检查传动部位及润滑系统，定时定量加油或换油。

（2）经常检查和调节张紧装置，使胶带或链条的松紧适当。

（3）经常检查胶带卡扣或链条，如有磨损，应及时更换。

（4）检查斗子与胶带或链条螺栓有无松动，链条是否长短不一。

（5）勤听运转声音，如出现斗子碰撞机壳声响，要及时停机处理，校正斗子的水平和链条长度。

（6）要加强循环检查，加强上下工序联系，防止物料堵塞。

2. 一般提升机常见故障处理要点

一般提升机常见故障处理要点如表 2-2-12 所示。

表 2-2-12　一般提升机常见故障处理要点

常见故障	产生原因	处理方法
上下轴承温度高	1. 润滑油脂不足 2. 润滑脂脏污 3. 安装不良	1. 补足润滑油脂 2. 清洗轴承，换注新润滑脂 3. 重新检查，调整找正
料斗严重变形或刮坏	1. 料斗连接螺栓松动或脱落 2. 下链轮链条掉道 3. 牵引件磨损严重，过分伸长 4. 底部落入非运输异物	1. 检查紧固料斗连接螺栓 2. 清除该链条故障 3. 调整牵引件长度 4. 清除底部积料和异物

续表

常见故障	产生原因	处理方法
物料回料	1. 底部有物料堆积 2. 料斗填装过多 3. 卸料不净	1. 调整供料量 2. 调整供料量 3. 在卸料口增设可调节料板
上链轮发生链条打滑	1. 上链轴主轴不水平 2. 关节板链条和上链轮磨损严重，使两者节距不一	1. 调整机首两侧主轴承，使上链轮主轴水平 2. 更换磨损的链条和链轮
下链轮发生链条打滑	1. 牵引件张紧程度过于松弛 2. 两链条长度不一致，使链条松紧程度不一致 3. 底部物料堆积过多	1. 调整张紧装置 2. 调整两链条长度，使之一致 3. 消除积料，调整供料量

2.4　螺旋输送机

螺旋输送设备具有结构简单、制作成本低、密封性强、操作安全方便等优点，中间可多点装、卸料。螺旋输送机广泛应用于建材、化工、电力、冶金、煤矿炭等行业，适用于水平或倾斜输送粉状、粒状和小块状物料，如煤矿、灰、渣、水泥等，物料温度小于 200℃。螺旋输送机不适于输送易变质、大块状、磨琢性大、黏性大、易结块的物料。从输送物料位移方向的角度划分，螺旋输送机分为水平式螺旋输送设备和垂直式螺旋输送设备两大类型。

2.4.1　螺旋输送机结构与工作原理

2.4.1.1　螺旋输送机工作原理

螺旋输送机（俗称绞刀）整体结构如图 2-2-36 所示，由头节 4、中间节 5、尾节 6 及驱动部分 1 等构成。

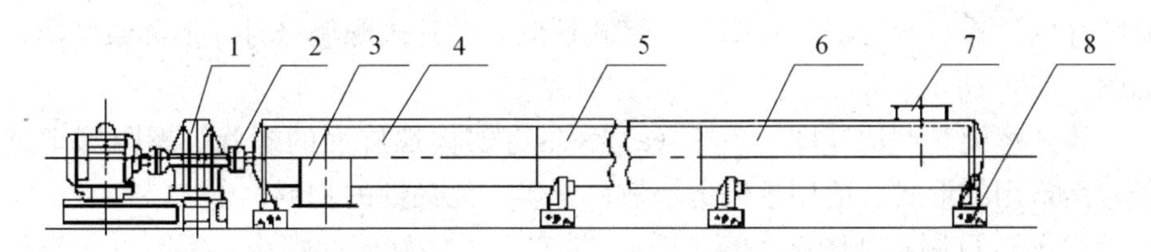

图 2-2-36　螺旋输送机整体结构

1—驱动部分；2—联轴器；3—卸料口；4—头节；5—中间节；6—尾节；7—进料口；8—支撑

螺旋输送机内部结构如图 2-2-37 所示。机槽内装有螺旋叶片，螺旋叶片固定在轴上构成螺旋，螺旋可分若干节组成，每节轴有一定长度，节与节之间由联轴器连接，连接处装有悬挂轴承。头节的螺旋轴与驱动装置相连接，一般出料口设在头节的槽底，进料口设在尾节的盖上，当电动机驱动螺旋轴回转时，加放槽内的物料由于自重作用不能随螺旋中叶片旋转，但受螺旋的轴向推力作用朝着一个方向推到出料口处，物料被卸出，达到输送物料的目的。

2.4.1.2　主要部件

螺旋输送机主要由槽体部分、螺旋部分、悬挂轴承及驱动部分构成，如图 2-2-38 所示。

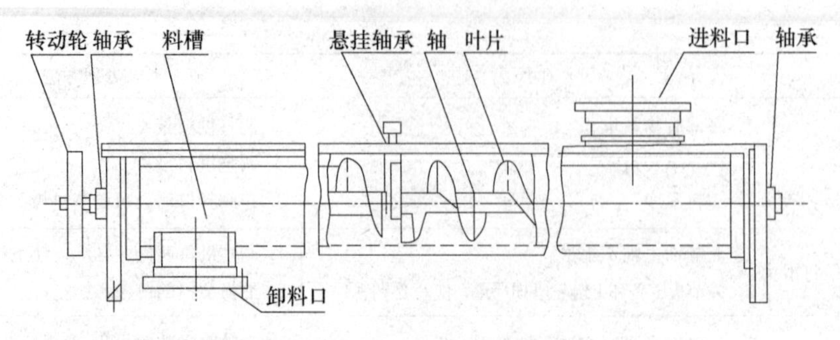

图 2-2-37　螺旋输送机内部结构

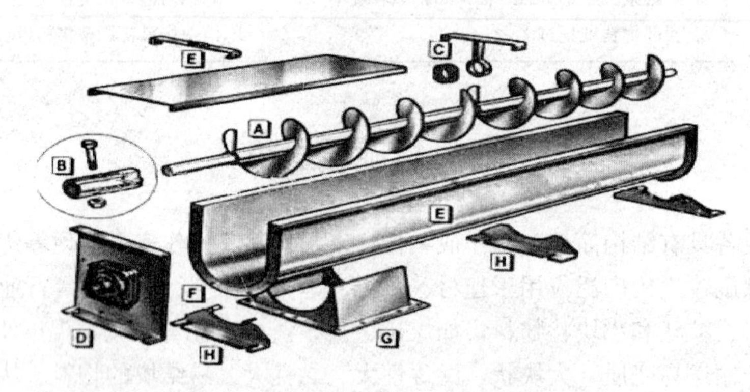

图 2-2-38　螺旋输送机主要部件

A—螺旋；B—轴套；C—悬挂轴承；D、F—槽体端盖及端部轴承；E—槽体；G—出料口；H—机座

1. 螺旋

螺旋 A 由转轴和装在转轴上的叶片组成，转轴一般采用空心的，可以减轻螺旋输送机的质量，并且轴与轴之间可采用法兰联结，比较方便，节省材料，转轴的直径一般为 50～100mm，每根轴的长度一般为 2～3m。

螺旋叶片的形式可分为实体式螺旋、带式螺旋和叶片式螺旋（月牙形和桨叶形）等三种形式，如图 2-2-39 所示。

（1）实体式螺旋 S 制法［图 2-2-39（a)］。带有实体螺旋面的螺旋，螺距等于螺旋直径的 0.8 倍，是常用的形式，适用于输送松散、干燥、无黏性的物料。

（2）带式螺旋 D 制法［图 2-2-39（b)］。带有带式螺旋面的螺旋，螺距等于直径，适用于输送块状、黏性及腐蚀性物料。

（3）叶式螺旋［图 2-2-39（c)、(d)］。适用输送黏性较大和可压缩的物料，在物料输送过程中，能对物料进行搅拌、揉捏及松解等作业。

2. 悬挂轴承及端部轴承

作用是保证各节螺旋的同轴度，承受螺旋的自重和螺旋工作产生的轴向力。悬挂轴承安装在螺旋中部，用于连接两端螺旋。轴承座支架类型有上下对开和左右对开两种，如图 2-2-40所示。悬挂轴承主要由支架、轴衬、密封装置等构成。

端部轴承安装在螺旋的前头部和尾部，头部轴承是在物料运行的前方，用止推轴承承受物料的运动方向所产生轴向力，如图 2-2-41 所示 。尾端使用的双列向心球面轴承如图 2-2-42所示。

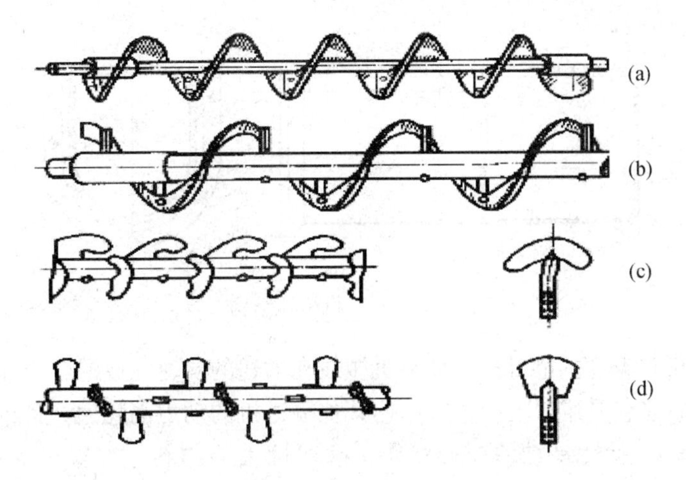

图 2-2-39　螺旋形式

（a）实体式螺旋；（b）带式螺旋；（c）月牙形螺旋；（d）桨叶形螺旋

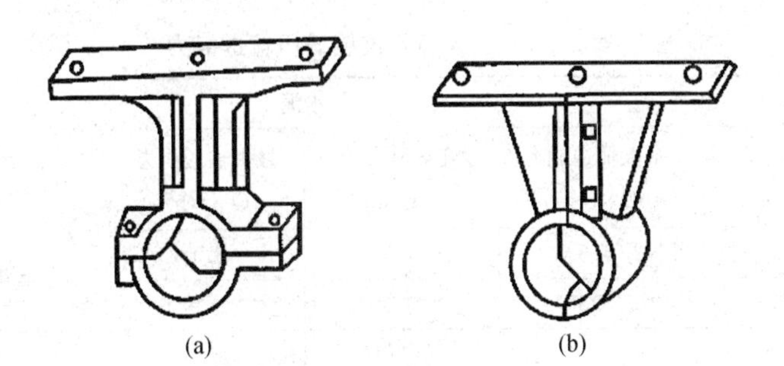

图 2-2-40　轴承座支架

（a）上下对开；（b）左右对开

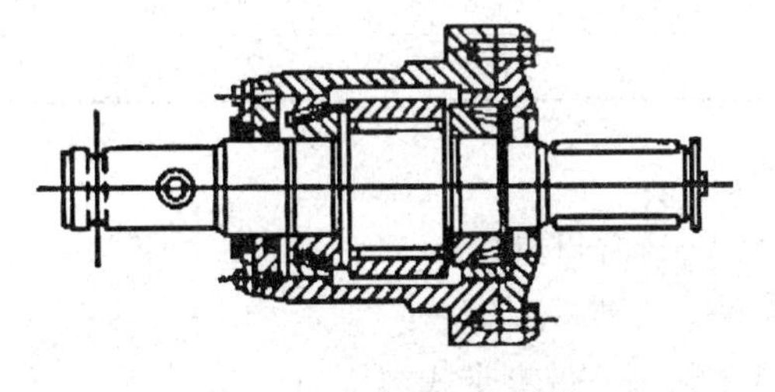

图 2-2-41　头部止推轴承

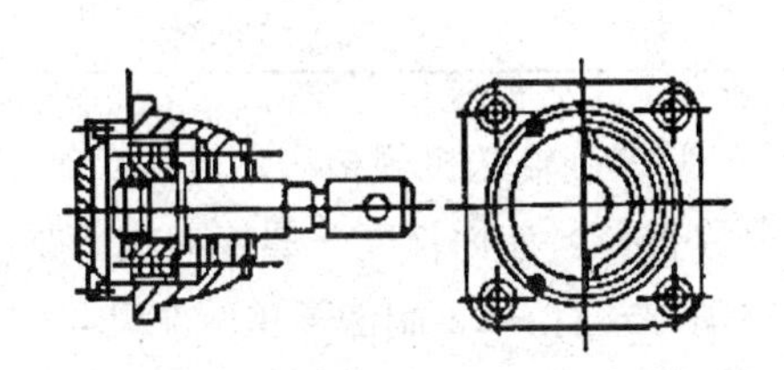

图 2-2-42　尾部双列向心球面轴承

3. 机槽

其结构如图 2-2-43 所示。螺旋输送机机槽是由一定厚度的钢板卷制而成的，下部做成与螺旋叶片同心的圆弧。机槽是分节制造，每节机槽有端部法兰，用于每节联接。上部法兰，用于机盖固定和密封。机槽有头节、尾节和中间节（标准节和非标节）。按工艺要求，机槽上部可开进料口，下部可开出料口。机盖使用钢板制成，用 U 形卡或螺栓固定在槽的顶部。

2.4.2　螺旋输送机性能与应用

螺旋输送机是一种无牵引构件的连续输送机械，在机槽外部除了传动装置以外，不再有转动部件。螺旋输送机的优点是：构造简单，占地少，设备易密封，便于多点装料及多点卸料，管理和操作比较简单等。常用于水平或小于 20°斜方向输送各种粉状和粒状物料，如生

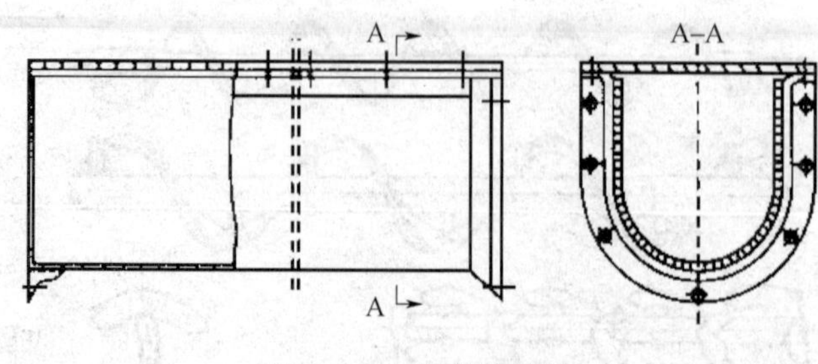

图 2-2-43 机槽体结构

料，煤粉，水泥和矿渣等。也可作为加料机械或在输送的同时完成混合作业。

螺旋输送机的缺点是运行阻力很大，比其他输送机的动力消耗大，且机件磨损较快，维修量大。不宜于输送黏性易结块、粒状块、磨琢性大的物料，被输送的物料温度要低于200℃，常用于中小输送量及输送距离小于50m的场合。

我国广泛采用的螺旋输送机为GX型螺旋输送机。其最大输送能力如表2-2-13所示。

表 2-2-13 GX型螺旋输送机输送能力

螺旋直径（mm）	煤粉		水泥		生料	
	螺旋轴最大转速 n（r/min）	最大输送能力 Q（t/h）	螺旋轴最大转速 n（r/min）	最大输送能力 Q（t/h）	螺旋轴最大转速 n（r/min）	最大输送能力 Q（t/h）
150	190	4.5	90	4.1	90	3.6
200	150	8.5	75	7.9	75	7.0
250	150	16.5	75	15.6	75	13.8
300	120	23.3	60	21.2	60	18.7
400	120	54.0	60	51.0	60	45
500	90	79.0	60	84.8	60	74.5
600	90	139.0	45	134.2	45	118

GX型螺旋输送机规格表示方法：

公称直径×公称长度—螺旋形式—驱动方式—轴衬材料。

驱动方式有：C1制法—单端驱动，C2制法—双端驱动。

螺旋形式有：B1制法—带实体螺旋面，B2制法—带有带式螺旋面。

轴衬材料有：M1制法—中间悬吊轴承轴瓦带有铜、锑、锡合金（巴氏）轴衬，M2制法—中间悬吊轴承带有耐磨铸铁轴衬。

驱动装置装配方法有：右装和左装，站在电动机尾部向前看，减速机低速在电动机的左侧为左装，在电动机的右侧为右装。

2.4.3 螺旋输送机操作与维护

螺旋输送机是用来输送粉状、粒状、小块状物料的一般用途的输送设备，各种轴承均处于灰尘中工作，因此在这样工作条件下的螺旋输送机的合理操作与保养就具有更大的意义，螺旋输送机的操作和保养主要要求如下：

（1）螺旋输送机应无负荷启动，即在壳内没有物料时启动，启动后开始向螺旋机给料。

（2）螺旋输送机初始给料时，应逐步增加给料速度直至达到额定输送能力，给料应均匀，否则容易造成输送物料的积塞、驱动装置的过载，使整台机器过早损坏。

（3）为了保证螺旋机无负荷启动的要求，输送机在停车前应停止加料，等机壳内物料完全输尽后方可停止运转。

（4）被输送物料内不得混入坚硬的大块物料，避免螺旋卡死而造成螺旋机的损坏。

（5）在使用中经常检视螺旋机各部件的工作状态，注意各紧固件是否松动，如果发现机件松动，则应立即拧紧螺钉，使之重新紧固。

（6）应特别注意螺旋联接轴间的螺钉是否松动、掉下或者剪断，如发现此类现象，应该立即停车，并矫正之。

（7）螺旋输送机的机盖在机器运转时不应取下，以免发生事故。

（8）螺旋输送机运转中发生不正常现象均应加以检查，并消除之，不得强行运转。

（9）螺旋输送机各运动机件应经常加润滑油。

1）驱动装置的减速器内应用汽油机润滑油 HQ-10（GB485-81）每隔 3～6 个月换油一次。

2）螺旋两端轴承箱内用锂基润滑脂，每半月注一次。

3）螺旋机吊轴承选用 M1 类别，其中 80000 型轴承装配时已浸润了润滑油，平时可少加油；每隔 3～5 个月，将吊轴承体连同吊轴拆下，取下密封圈，将吊轴承及 80000 型轴承浸在熔化了的润滑中，与润滑脂一道冷却，重新装好使用，如尼龙密封圈损坏应及时更换，使用一年，用以上方法再保养一次，可获得良好效果。

4）螺旋机吊轴承选用 M2 类别，每班注润滑脂，每个吊轴瓦注脂 5g；高温物料应使用 ZN2 钠基润滑脂（GB492-77）；采用自润滑轴瓦，也应加入少量润滑脂。

2.5　板式输送机

2.5.1　板式输送机结构及工作原理

2.5.1.1　板式输送机工作原理

板式输送机也是连续输送机的一种，其构造如图 2-2-44 所示。它主要有：焊有上下导轨的机架、驱动链轮、张紧链轮、两根在关节处装有滚轮的无端链条、固接在两根链条上由若干块板片组成的底板等。

它的基本结构是在两根封闭的牵引链条上安装许多块底片，组成底板。牵引链条在输送机两端绕过驱动链轮和张紧链轮与齿轮啮合，在链条的关节处装有支撑行走的滚轮。当驱动装置带动链轮转动时，链条带动底板移动，使滚轮沿导向的轨道行走，底板上的物料被向前输送。

2.5.1.2　板式输送机主要部件

1. 链板组合装置

板链组合装置由牵引件链条、输送托板、滚子构成封闭的环绕件，如图 2-2-45 所示。牵引链按牵引构件的结构型式可分为套筒滚子链式、冲压链式、铸造链式、环链式及可拆链式等。

输送托板用于承载物件、物料的构建，按其构造形式分主要有鳞板和平板，如图 2-2-46 所示。

带裙边的鳞板底板适合在水平或小角度倾斜的场合输送散装物料，带斗鳞板适合在倾斜角度较大的场合输送散装物料。平板适合输送整件物品。

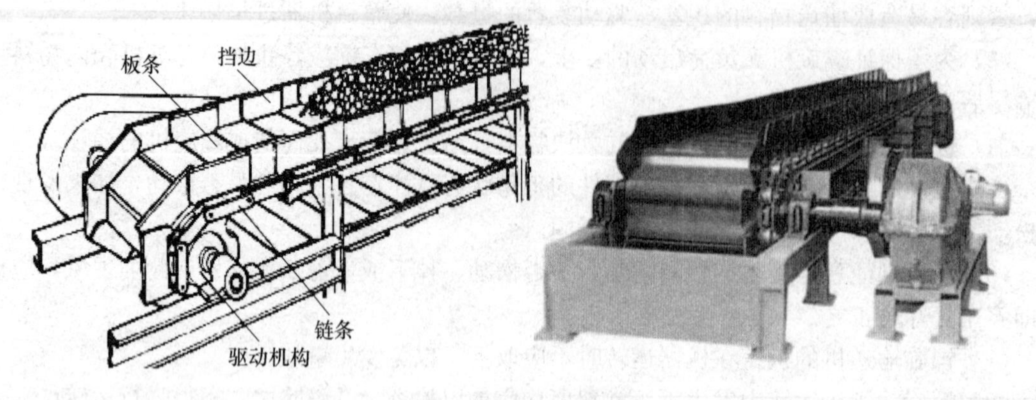

图 2-2-44　板式输送机

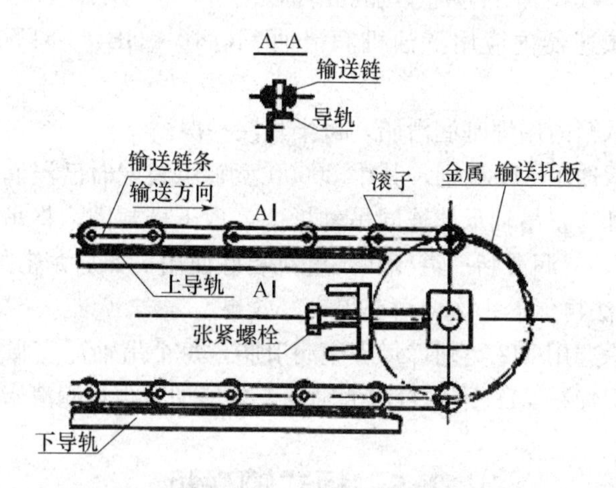

图 2-2-45　板链组合装置

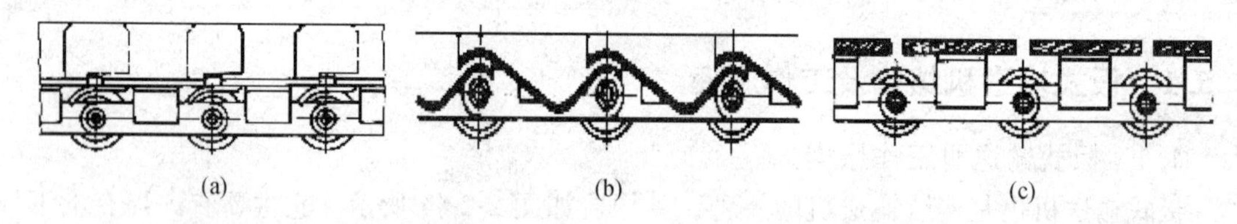

图 2-2-46　板式输送机底板

（a）带裙边鳞板；（b）带斗鳞板；（c）平板

2．链轮装置与驱动装置

板式输送机链轮主要有三种，即传动链轮装置、拉紧链轮装置和改向链轮装置。它主要由链轮、连轮毂、链轮轴及链轮轴承装置构成。

板式输送机一般输送速度较低，驱动装置的转速比较大。设计传动装置多使用多级减速，除选用较大转速比的减速机外，还要增设带传动或链传动及齿轮传动。

3．拉紧装置

拉紧装置主要增加牵引件张力，板式输送机的拉紧装置形式有很多，常用的主要有弹簧式拉紧装置和螺旋拉紧装置。弹簧式拉紧装置结构如图 2-2-47 所示，主要由一对拉紧螺旋杆、压缩螺旋弹簧及支座、紧固件构成。由于弹簧可自由压缩，牵引件链条张力可以自动调整，维持输送机正常运转。螺旋拉紧装置结构如图 2-2-48 所示，主要由一对拉紧螺杆、滑块式轴承座及支座、紧固装置等构成。这种拉紧装置结构简单，造价低。

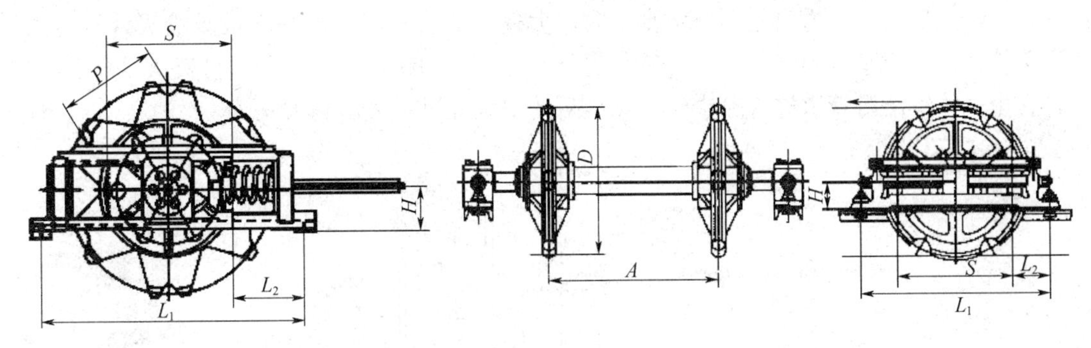

图 2-2-47 弹簧式拉紧装置　　图 2-2-48 螺旋拉紧装置

2.5.2 板式输送机类型与应用

板式输送机广泛应用于水泥工业中，它的结构坚固，牵引件强度较高，并有较高输送能力（达 1000～2000t/h），特别适合运送沉重、大块、有磨损性及高温物料。水泥厂常用来运送大块、中等块度的矿石、碎石及高温物料等。

根据输送物料的大小，板式输送机可分为轻型、中型和重型三种类型。轻型板式输送机适用于输送粒度在 160mm 以下、密度较小的物料。中型板式输送机适用于输送最大粒度在 300～400mm 以下的物料。而重型板式输送机用来输送大块且密度较大的物料，但最大粒度不大于输送机宽度的 1/2。板式输送机的规格用底板宽度和首尾链轮中心距（公称长度）来表示。

板式输送机用作给料设备时称为板式给料机。它既可以水平输送，也可以倾斜向上输送，倾角一般为 30°～50°，对具有波浪式的底板输送机，倾斜角可达 45°。

板式输送机的缺点是自重大，运输速度小，制造复杂，成本高，维护工作量大，噪声大等。

2.6 气力输送设备

2.6.1 气力输送系统

气力输送是利用气流的能量，在密闭管道内沿气流方向输送颗粒状物料，是流态化技术的一种具体应用。气力输送装置的结构简单，操作方便，可作水平的、垂直的或倾斜方向的输送，在输送过程中还可同时进行物料的加热、冷却、干燥和气流分级等物理操作或某些化学操作。与机械输送相比，此法能量消耗较大，颗粒易受破损，设备也易受磨蚀。含水量多、有粘附性或在高速运动时易产生静电的物料，不宜进行气力输送。

根据颗粒在输送管道中的密集程度，气力输送按气固比分为：稀相输送，即固体输送量与相应气体用量的质量流率比较小的输送过程；密相输送，即固体含量高于 100kg/m 或固气比较大的输送过程。按管道内气体压力，又分为吸引式、压送式和混合式。

2.6.1.1 系统组成及原理

气力输送系统的设备包括供气系统（泵、风机、压气机）、供料器、管网、气固分离系统（分离器、过滤器或收尘器）以及储存仓等。

1. 吸入式

吸入式的管道压力低于大气压力，系统内在负压状态下工作，如图 2-2-49 所示。当风机（真空泵）启动，管道内达到一定真空时，大气中的空气混合着粉料被吸嘴吸入管道内，并沿着管道进入料仓（固气分离器）进行粗分离，空气和粉料分离，固体粉料从料仓下部排出，含尘气体继续沿管道进入除尘器，除尘后的空气经风机排出到大气。

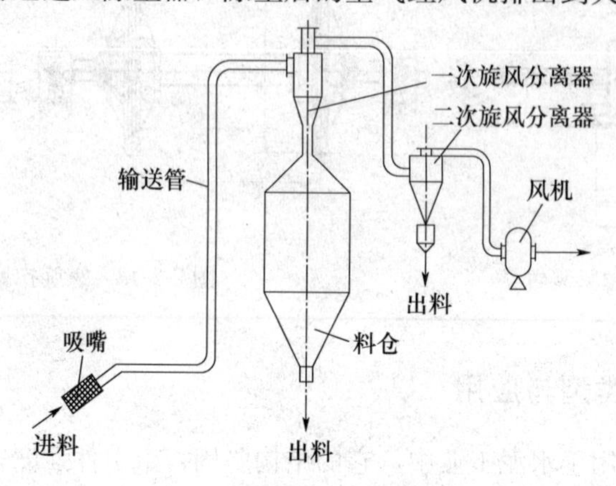

图 2-2-49　吸入式气力输送系统

吸入式系统的主要优点是：供料装置简单，不受供料点空间大小和位置限制，可以多点供料。缺点是：管内真空度有限，输送距离有限，分离后空气经过风机（真空泵），磨损较大。

2. 压入式

管道内压力大于大气压力，风机（空气泵）将压缩空气送入加料泵，气体和粉料混合沿输送管道到气固分离器，在分离器内气体和粉料分离，粉料从分离器舱内卸出，气体经除尘器除尘，进风机排出到大气，如图 2-2-50 所示。

压入式系统的主要优点是：输送距离较远；卸料简单，可以多点卸料；风机不与粉尘接触，不易磨损。缺点是：供料要有专门设备，结构比较复杂，只能有一处供料。

3. 混合式

混合式是吸入式和压送式的组合方式，如图 2-2-51 所示。风机 5 开启，管道 2 处于负压，物料由吸嘴吸入管道 2，进入分离器 3 分离后，气体经过收尘器过滤，由风机吹入管道 6（正压），分离器内物料由供料器吸入管道 6，输送到分离器 7 进行分离。

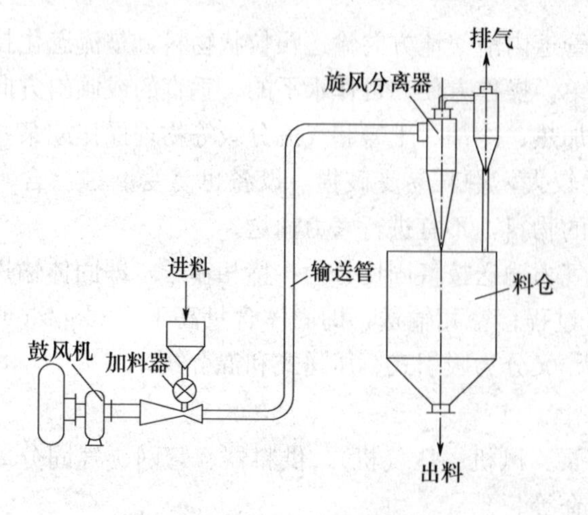

图 2-2-50　压入式气力输送系统

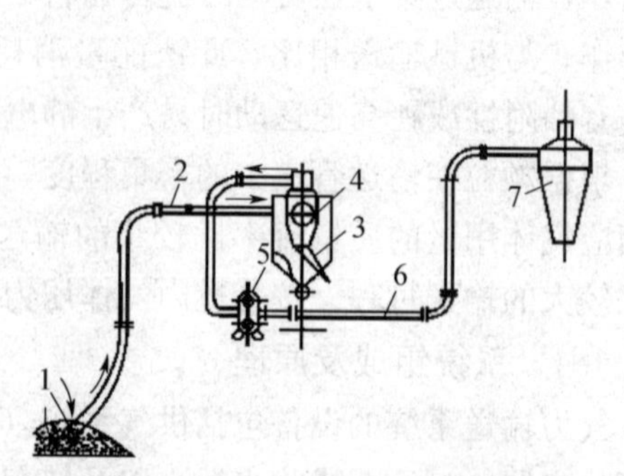

图 2-2-51　混合式气力输送系统

1—吸嘴；2、6—管道；3、7—分离管；4—除尘器；5—风机混合式系统的主要优点是：既可以多点供料，又可以多点出料，能够长距离输送物料。缺点是：系统复杂，风机易磨损。

物料集团气力输送系统如图 2-2-52 所示。它是将一股压缩空气通入下罐，将物料吹松；另一股频率为 20～40min^{-1}脉冲压缩空气流吹入输料管入口，在管道内形成交替排列的小段料柱和小段气柱，借空气压力推动前进。密相输送的输送能力大，可压送较长距离，物料破损和设备磨损较小，能耗也较省。

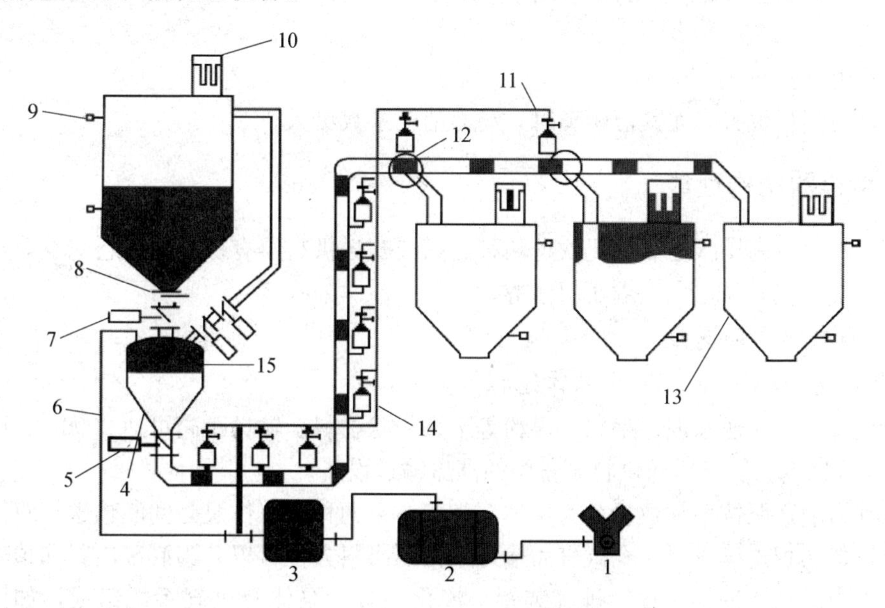

图 2-2-52　集团气力输送系统

1—气体压缩机；2—储气罐；3—气体控制；4—发送罐；5—出料阀；6—进气管；7—进料阀；8—手动阀门；9—料位计；10—料仓通风过滤器；11—流量控制阀；12—三通换向阀；13—进料仓；14—增压器供气管路；15—排气阀

4. 流态式输送

利用空气使粉体物料流态化，形成流化床，借助高差使物料流动输送。特点是输送动力小，设备磨损小，如图 2-2-53 所示。

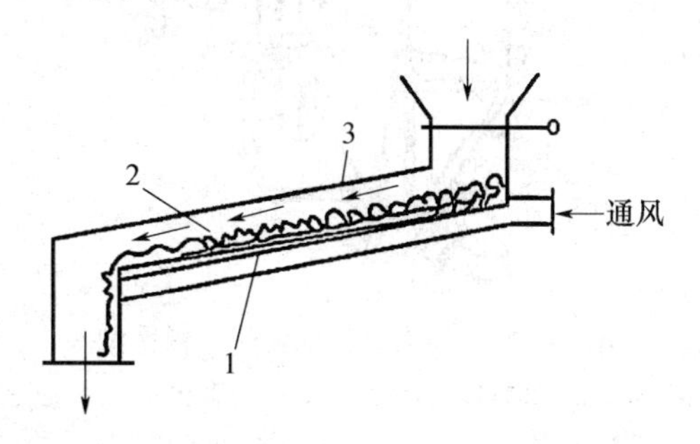

图 2-2-53　空气输送斜槽

1—多孔透气层；2—物料；3—机槽

2.6.1.2　气力输送系统特点

气力输送系统与机械输送比较，具有以下特点：

(1) 管道结构简单，占地空间小，可以水平、倾斜、垂直输送，管道布置灵活，管理简单。

（2）物料在管道内密闭输送，物料输送不受天气环境的影响，也没有漏料、粉尘飞扬对环境的影响。

（3）设备已实现自动控制。

（4）输送量大，距离长，可以任意方向输送，进料点和卸料点布置灵活。

（5）可与工艺过程（如干燥、冷却、混合、分选等）结合起来联合进行。

（6）对物料适应性较窄，目前多用于干燥粉体物料输送，不适宜黏性、潮湿、易碎及块状物料输送。

（7）管道磨损较大。

（8）动力消耗较大，尤其短距离时，动力消耗系数更大。

2.6.2 供料器结构性能

常用供料器有高压吹送和低压吹送两种。高压吹送供料器有螺旋泵、仓式泵等，低压吹送供料器有气力提升泵、空气输送斜槽等。

2.6.2.1 仓式气力输送泵

1. 仓式气力输送泵结构及工作过程

供料设备用于输送水泥、生料、煤粉等干燥粉状物料。输送距离可达2000m。压缩空气压力高达0.7MPa。属于压送供料设备中的高压输送设备。

仓式气力输送泵按泵体数量分为单体泵和双体泵两种。单体泵是间断输送，双体泵可以两泵交替送料实现连续供料。仓式气力输送泵按照出料方位可以分为底部出料和顶部出料两种。主要由中间仓、进料装置、排气装置、流化装置、泵体及供气系统组成，如图2-2-54所示。

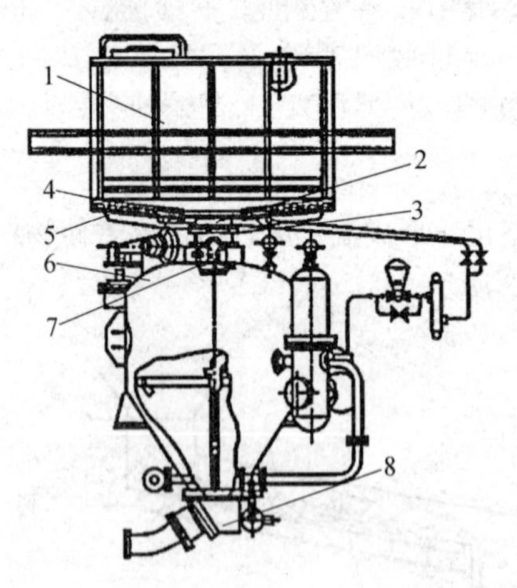

图2-2-54 底部出料仓式气力输送泵

1—中间仓；2—卸料口；3—进料口；4—多孔板；5—充气槽；6—泵体；7—进料阀；8—喷射及流化装置

（1）进料装置。也称进料阀，设置在仓泵上部，用于控制仓泵进料。其结构形式如图2-2-55所示。它是用气缸来控制锥形阀的上下运动，从而打开及关闭控制进料和送料操作。

（2）送料流化装置。也称气化室，它设置在仓泵的底部。在气化室的下部设有气化装置，中部设置喷射管，其结构如图2-2-56所示。由气化接口3充入气体，气体通过流化层使物料流态化，由喷射管喷出气体，把流化物料经物料出口吹入输送管，实现物流输送。

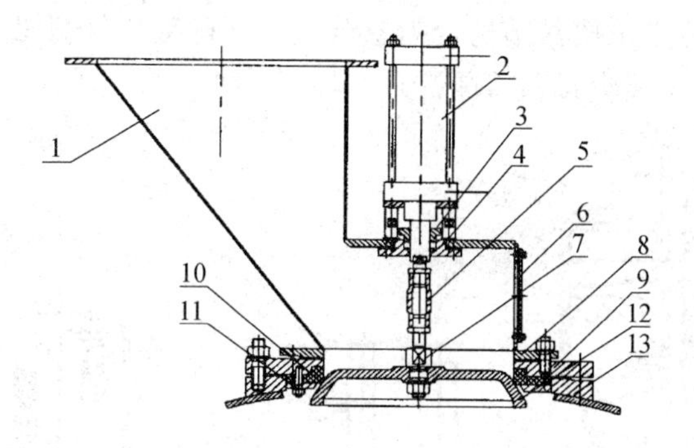

图 2-2-55　进料装置

1—进料阀；2—气缸；3、4—活塞杆压紧盖、座；5—接头；6—检修孔盖；7—拉杆；8—进料斗下；9—中间法兰；10—密封圈；11—压圈；12—锥阀；13—泵盖法兰

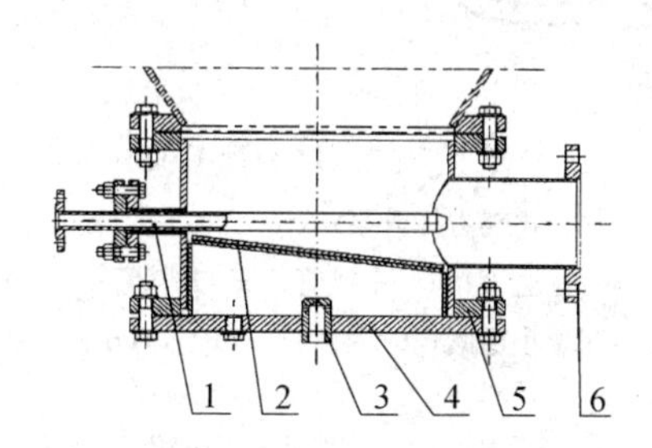

图 2-2-56　喷射及流化装置

1—喷射管；2—气化层；3—气化接口；4—下法兰；5—气化室体；6—物料出口

(3) 泵体。泵体是钢制密封罐，主要是装要输送的物料和向罐内充气实现输送物料。

(4) 供气系统。向泵体供气，实现输送物料、流化物料，使各阀门工作。它由各类管道、阀门及供气设备组成。

2. 仓式气力输送泵性能特点

仓式气力输送泵的优点是：输送量大；输送距离远；密闭性好；运动部件不与物料接触，因此磨损小；易于自动控制。其缺点是：供料体型大，结构比较复杂，单仓泵不能连续输送。

2.6.2.2　气力提升泵

1. 气力输送泵结构及工作过程

气力提升泵是垂直输送物料的气力输送泵，按照物料出料方位，可分为立式和卧式气力提升泵，其结构如图 2-2-57 所示。物料由装料口 9 喂入泵体 1，高压气体从主风管 4 经喷嘴 2 高速喷入输送管 3，在喷嘴周边形成低压区，周边物料被压入输送管 3。喂料时物料更容易送入输送管 3 内，可以由充气管 5 向充气室 6 充入空气，空气经多孔板出入底部料层使其松动流态化。

2. 气力提升泵性能特点

气力提升泵是高混合比垂直输送粉料设备，设备结构简单，磨损较小，维护方便，操作简单，输送高度高，密闭性好。但是泵体较大较高，供料要求稳定，水分大、黏性物料不适合。

2.6.2.3　螺旋气力输送泵

1. 螺旋输送泵结构及工作过程

螺旋气力输送泵是高压压送式气力输送设备。压缩空气压力为 0.2～0.4MPa，输送距离为200m，螺旋气力输送泵按其结构分为悬臂型和支臂型，分别如图2-2-58和图2-2-59所示，两种型号分别都有双螺旋泵和单螺旋泵两种。

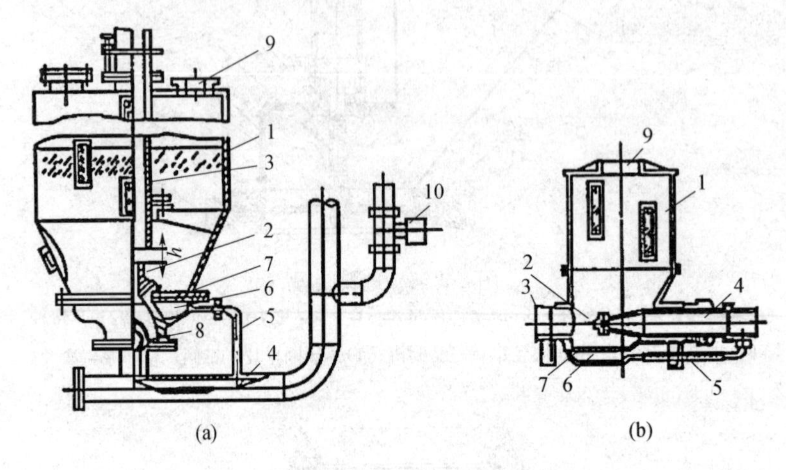

图2-2-57 气力提升泵

(a) 立式气力提升泵；(b) 卧式气力提升泵

1—泵体；2—喷嘴；3—输送管；4—主风管；5—充气管；6—充气室；7—多孔板；8—止逆阀；9—装料口；10—减压阀

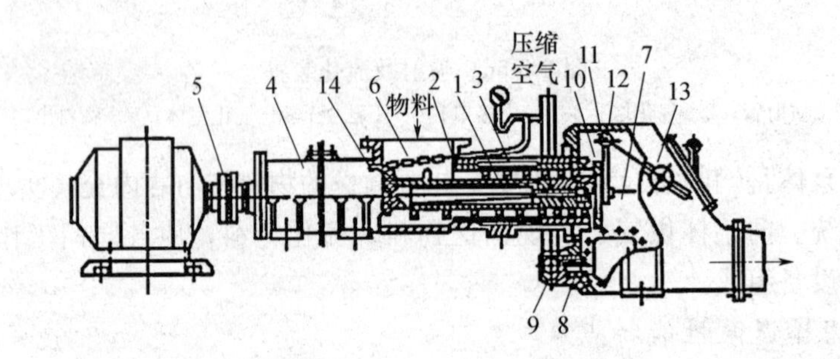

图2-2-58 悬臂式螺旋输送泵

1—螺旋臂；2—变距螺旋；3—套筒；4—轴承箱；5—联轴器；6—入料口；7—混合室；8、9—喷嘴10阀门；11—阀臂；12—转轴；13—重锤；14—气封管

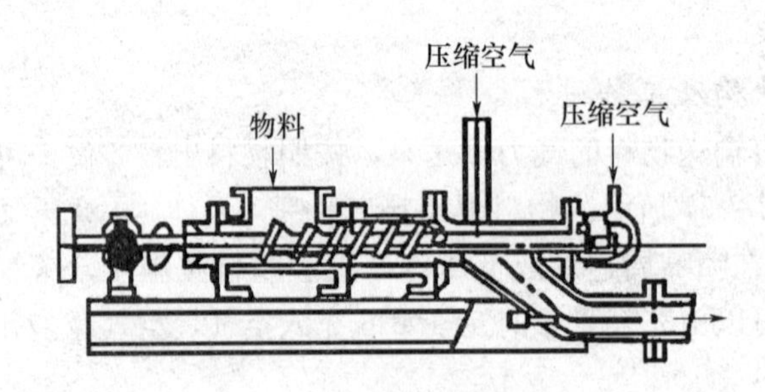

图2-2-59 支臂式螺旋输送泵

悬臂式螺旋输送泵结构如图2-2-58所示。物料喂入螺旋，在变距螺旋2推动下，物料沿着螺旋推开阀门10，进入混合室7，喷嘴8、9喷出高速高压气体，在高压气体吹动下，物料沿着输送管被送走，达到输送物料目的。变距螺旋可以使物料沿着螺旋方向逐步密实，防止气流反吹，阀门也是在物料没有时自动关闭，达到锁风目的。

悬臂式和支臂式的不同点是：悬臂式螺旋泵，螺旋一端有轴承支承，另一端悬置着，螺旋易出现摆动，不够稳定。支臂式两端有轴承，螺旋运行稳定，不会摆动而引起螺旋管套的磨损，料封效果好，取消阀门密封。支臂式螺旋输送泵结构如图 2-2-59 所示。

2. 螺旋气力输送泵性能及特点

螺旋泵与仓式泵相比，优点是：设备质量轻，占据空间小，可装成移动式。不足是：螺旋叶片磨损快，动力消耗较大，且由于泵内气体难密封，不宜作高压长距离输送（一般不大于 700m）。

2.6.2.4　空气输送斜槽

1. 空气输送斜槽结构与原理

空气输送斜槽是利用空气使固体颗粒在流态化状态下沿着斜槽向下流动的输送设备。如果改变孔板气流喷出方向，它还可做水平或向上输送。

空气输送斜槽结构如图 2-2-60 所示。粉料由料库卸料器卸出，经卸料管落入斜槽内。槽体由透气层分为上下两层，如图 2-2-61 所示。鼓风机产生的压缩空气经软接管进入槽体下层，空气经过透气层微孔，使上部物料充气呈流态化。由于斜槽设计成具有 4%～10%的斜度，流化状态的物料又受自身重力作用，像流体一样从槽的高处向低处流动，由卸出口卸出。进入上槽内的空气经过滤器排出，或接排气管送入收尘管路中。空气输送斜槽可以头部和中部出料，可以多方向输送物料。

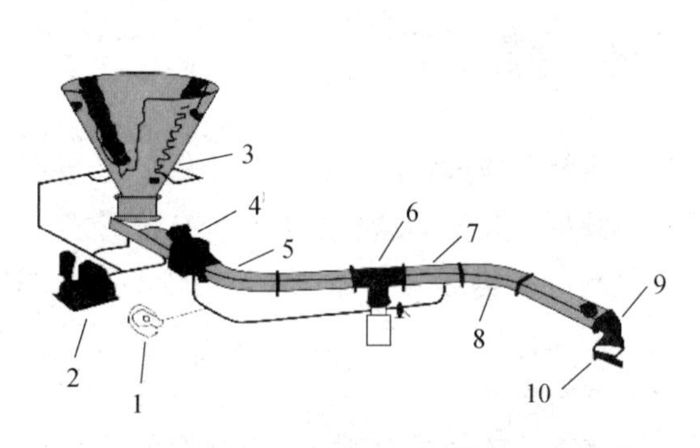

图 2-2-60　空气输送斜槽系统

1、2—风机；3—储料仓；4—流量控制阀；5、8—弯槽；6—侧部阀；7—空气斜槽；9—卸料箱；10—旋转接头

图 2-2-61　空气输送斜槽槽体结构

斜槽槽体一般采用 3mm 左右的普通钢板制造。规格以槽宽 B 表示。国内采用长度 2m 作为标准节长。根据具体工艺布置，不够标准节长倍数的部分，另加非标准节，长度按 250mm 的倍数选取。

2. 空气输送斜槽性能特点

空气输送斜槽可输送粒径 3～6mm 以下的粉状物料，水泥厂主要用来输送非黏结性的粉粒状物料，如生料粉、水泥。输送量可达 2000m^3/h，输送距离一般不超过 100m。

斜槽的优点是：由于设备本身无运动部件，故磨损少，设备简单，易维护检查，动力消耗低，操作安全可靠，改变输送方向容易，适用于多点喂料及卸料。缺点是：对输送物料性能有一定的要求，布置上必须保证有准确的向下倾斜度，距离长，落差大，造成土建困难。

任务小结

本任务介绍了胶带输送机、螺旋输送机、斗式提升机、板式输送机及气体输送系统，仓式泵、螺旋泵、提升泵及空气输送斜槽的构造及工作原理，各种输送设备的使用及维护。

胶带输送机由胶带、支撑装置、驱动装置、改向装置、拉紧装置及其他附属装置等组成。工作时，物料由漏斗通过导料槽加至胶带上，驱动机构带动驱动滚筒回转，驱动滚筒与胶带间的摩擦力带动胶带运行，物料随胶带运行至驱动滚筒处卸出。

斗式提升机是在带或链等挠性牵引构件上，每隔一定间隔安装若干个钢质料斗，连续向上输送物料的机械设备。斗式提升机主要用于垂直或大倾角输送粉状、粒状及小块状、无磨琢或磨琢小的物料的输送。

螺旋输送机（俗称绞刀）的整体结构由头、中间节、尾节及驱动部分等构成。通过螺旋的旋转输送物料，主要适合输送粉状物料的水平输送。

气力输送，利用气流的能量，在密闭管道内沿气流方向输送颗粒状、粉状物料，是流态化技术的一种具体应用。气力输送装置的结构简单，操作方便，可做水平、垂直或倾斜方向的输送。

思考题

1. 胶带输送机由哪几个主要部分组成？简述其工作过程。
2. 倾斜输送物料时如何考虑胶带输送机的倾角？胶带输送机有哪几种布置形式？
3. 斗式提升机由哪几个部分组成？常用的料斗结构形式有哪几种？比较D型、HL型、PL型的特点及适用性的不同。
4. 斗式提升机由哪几种装卸料方法？各有何特点？
5. 简述螺旋输送机的构造及送料过程。螺旋叶片的形式有哪几种？各有何特点？
6. 板式输送机的工作过程是怎么样的？分析其优缺点。板式输送机由哪些类型？各适用于输送哪些物料？
7. 气力输送设备有哪些特点及不足？
8. 简述空气输送斜槽的结构及工作过程。

任务3　喂料及物料计量

知识目标　掌握原料粉磨中的配料站微机控制电子皮带秤系统及常用的恒速电子皮带秤、调速电子皮带秤、电磁振动喂料机、螺旋喂料机、叶轮给料机的结构与工作原理、技术性能及应用、操作、参数调整和维护要点。

能力目标　掌握原料粉磨配料使用的喂料及计量设备的使用及维护。

3.1　概　　述

为保证主机的正常连续运转，要求为各系统配备能够连续运转的喂料及计量设备，为适应不同物料的性质和不同喂料准确性的要求，应合理选择使用不同形式的喂料及计量设备。

1. 作用与要求

喂料及计量设备的主要作用是将要处理的物料按一定数量、均匀准确地喂入主机中。对于某些设备（如生料粉磨和水泥粉磨）还要求按一定比例同时喂入几种物料，要同时满足喂料与计量的作用。

按主机对喂料准确性要求的不同，可分为粗控制和准确控制两类。如破碎机、烘干机等只要求粗控制，窑、磨等系统则要求准确控制。

2. 分类

（1）按计量的准确程度，可分为粗略计量和准确计量两种。

（2）按处理物料的性质不同，可分为块状物料、粒状物料、粉状物料、湿黏性物料的喂料计量设备四种。

3.2　电子皮带秤

3.2.1　恒速电子皮带秤

1. 结构和工作原理

恒速定量电子皮带秤是定量电子皮带秤的一种，其速度恒定，系统中配备喂料机，通过改变喂料机的喂料量来实现定量给料的目的。其主要由喂料机（电磁振动喂料机）、秤体、称重传感器和速度补偿及显示控制器四部分组成如图 2-3-1 所示。

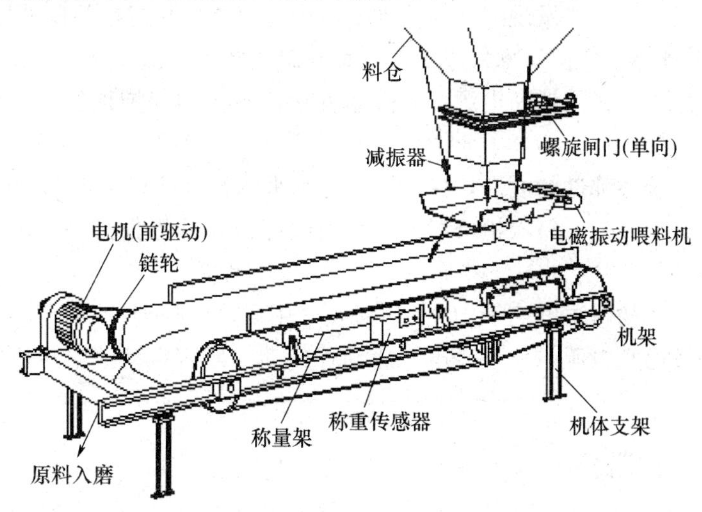

图 2-3-1　恒速定量电子皮带秤构造

当皮带上无料空载时，秤体处于平衡状态，称重传感器的受力为零，因此没有信号传出；有料时，物料重力作用于称重传感器上，使桥路失去平衡，有电位差信号输出，经放大单元放大，转换成电流信号，推动瞬时显示仪，同时，累计流量仪表显示出相应的累计读数。

喂料计量时，根据主机实际要求的喂料量，给定设定值，根据测量值和设定值进行运算，如果产生偏差，控制单元发出指令，使喂料机的下料量做相应的变化，从而改变喂料机的下料量亦即秤的喂料量，趋向和达到设定的目标值，使调节控制系统处于稳态而实现定量喂料。

恒速式电子皮带秤目前在很多中小型水泥厂中仍然用于磨机喂料配料。

2. 操作与维护

（1）操作要点

1）给定下料量。按显示控制器的给定键，输入本次所需下料量（单位：kg）。

2）给定瞬时流量。通过功能键输入卸料时的要求瞬时流量（kg/min），按显示键可显示该值。

3）输入控制周期。控制周期即调节变频器给定的周期（调节 D/A 输出），例如 1s，则对应控制周期值为 1000ms/8ms=125，此值通过功能键置入。

4）完成以上参数设定并确认无误后，方可开机。

① 启动喂料机开始向皮带喂料，此时仪表功能窗口显示值为皮带上物料的净重量（kg）。

② 按显示控制器启动键启动仪表和变频器，仪表同时输出调节量（D/A）和开关量（DO）给变频器和气动阀，启动预给料机，开始给料，单位时间给料量应与给定瞬时流量（kg/min）一致。当单位时间下料量应小于给定瞬时流量时，调节 D/A，通过变频器使预给料机加大给料量。反之，当单位时间下料量应大于给定瞬时流量时，显示控制器控制减少给料量。

③ 此时仪表功能窗口显示值显示本次实际下料量（kg）。

（2）维护要点

1）防止秤体上积灰积料，一般每班需清扫一次。更不能在秤体构件上增加或减少重量。保持秤体原始平衡不受破坏至关重要。

2）生产和检修时，人不得踏上秤体，也不允许重压或较大冲击振动。传感器保证不受过大超载（一般超载不得大于 20%）。

3）严防减速机漏油。如发现漏油应立即采取措施解决，并需重新调整秤的平衡。同样，在更换减速机油或秤体上任何零部件以后亦需重新调整秤体平衡。

4）较长时间停机，必须切断电源，并拧紧称重传感器的保护顶丝，顶起秤架，使称重传感器与压板脱离接触。

5）注意传动系统各部件的润滑，保持运行正常平稳及预给料机正常给料。

6）应定期进行校“0”。每次检修后或较长时间停机再开机都必须重新校“0”。整个系统至少每半年检定调整一次。

7）当计量输送的物料温度高于 100℃时必须采用耐热橡胶带。

8）开机必须按启动电源—仪表通电—启动秤传动—最后启动预给料机的顺序。停机的顺序与此相反进行。

3.2.2 调速电子皮带秤

1. 结构和工作原理

调速定量电子皮带秤也是定量电子皮带秤的一种，但它的速度可调，且秤本身既是喂料机又是计量装置，是机电一体化的自动化计量给料设备。通过调节皮带速度来实现定量喂料，无需另配喂料机。其主要由称重机架（皮带机、称量装置、称重传感器、传动装置、测速传感器等）和电气控制仪表（电气控制仪表与机械秤架上的称重传感器、测速传感器）两部分构成，如图 2-3-2 和图 2-3-3 所示。传动装置为电磁调速异步电动机或变频调速异步电动机，皮带速度一般控制在 0.5m/s 以下，以保证皮带运行平稳、出料均匀稳定以及确保秤的计量精度（±0.5%～±1%）。

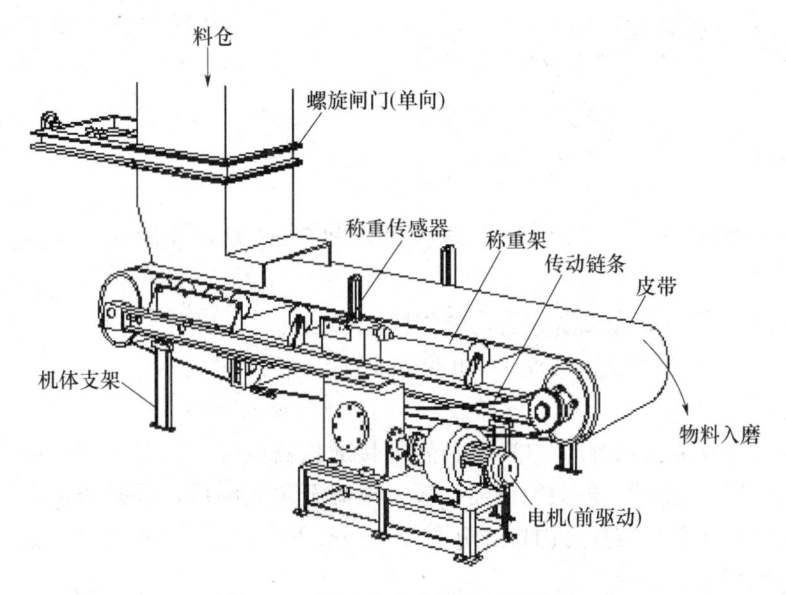

图 2-3-2 调速定量电子皮带秤构造

图 2-3-3 定量电子皮带秤实物

调速电子皮带秤在无物料时，称重传感器受力为零，即秤的皮重等于零，来料时物料的重力传送到称重传感器的受力点，称重传感器测量出物料的重力并转换出与之成正比的电信号，经放大单元放大后与皮带速度相乘，即为物料流量。实际流量信号与给定流量信号相比较，再通过调节器调节皮带速度，实现定量喂料的目的。调速电子皮带秤用于石灰石、钢渣、砂岩、铝矾土等连续输送、动态计量、控制给料。

2. 操作与维护

（1）操作要点

1）开机操作

按“启动”键可以启动系统运行，按“停止”键可以停止系统。启动系统之前，应确认以下几点：

① 调速器的电源开关是否已经打开。

② 调速器的内外给定插针是否插在正确的位置：系统闭环自动调节时，该插针插在“外给定”位置，手动运行时插在“内给定”位置。

③ 零点、系数、给定值等数据是否正确，若不正确，应在启动系统之前修正。

④ 将要输送的物料是否正确，相应料仓内是否有料，秤体上料口开度大小是否适当。

⑤ 磨机、输送机是否正常开动。

2）停机操作

停机与启动状态相反，当磨机、输送机停机时应先停止秤的系统运行，操作顺序为：

① 启动磨机→启动输送设备→启动电子秤。

② 停止电子秤→停止输送设备→停止磨机。

3）电源开关的使用

接通电源时将开关按钮打向“ON”位置即接通仪器电源。仪器长期不用时应关闭此开关，将开关按钮置“OFF”，即关闭仪器电源。电源开关关闭后，经操作输入的数据即由机内后备电池保持，在数日或数月内打开电源开关一般不会丢失下列数据：零点、系数、满量程、给定值、累积量。

短暂地停止系统运行（数小时或数日）可不关闭仪器电源。

4）正常操作的保持

仪器设计有断电数据保持功能，所以即使关闭电源开关，或供电突然停止，基本数据也不会丢失，再次通电后只要直接启动系统，就可以正确运行。所以，在预选功能下输入的数据不需要经常修改和输入，需要经常修改的仅仅是给定量而已。

（2）维护要点

1）秤架部分

① 经常清扫十字簧片、称重传感器、秤架上的灰尘、异物。

② 减速机定期加油。

③ 检查引起转动部分异常噪声和发热的原因，排除隐患。

2）电气部分

① 经常检查各连接电缆及其端子接头是否完好，保持各信号联通正常，防止电机缺相。

② 定期清扫仪表内灰尘。

③ 保持标定用砝码、仪器仪表等完好，精度合格，定期校准秤的系统精度。

④ 检修时检查仪表电路各工作点是否正常，排除故障隐患。

3.3 电磁振动喂料机

3.3.1 电磁振动喂料机构造与工作原理

1. 构造

电磁振动喂料机主要由电磁激振器（连接叉、衔铁、弹簧组、铁芯和壳体）、喂料槽、减振器和控制器组成（图 2-3-4 和图 2-3-5），连接叉和槽体固定在一起，通过它传递激振力给喂料槽；衔铁固定在连接叉上，和铁芯保持一定间隙而形成气隙（一般为 2mm）；弹簧组起储存能量的作用，铁芯用螺栓固定在振动壳体上，铁芯上固定有线圈，当电流通过时就产生磁场，它是产生电磁场的关键部件；壳体主要是用来固定弹簧组和铁芯，也起平衡质量的作用。减振器的作用是把整个喂料机固定在料仓底下，它由隔振弹簧和弹簧座组成，与机体组成一个隔振系统，能减少送料时传给基础或框架的动载荷。

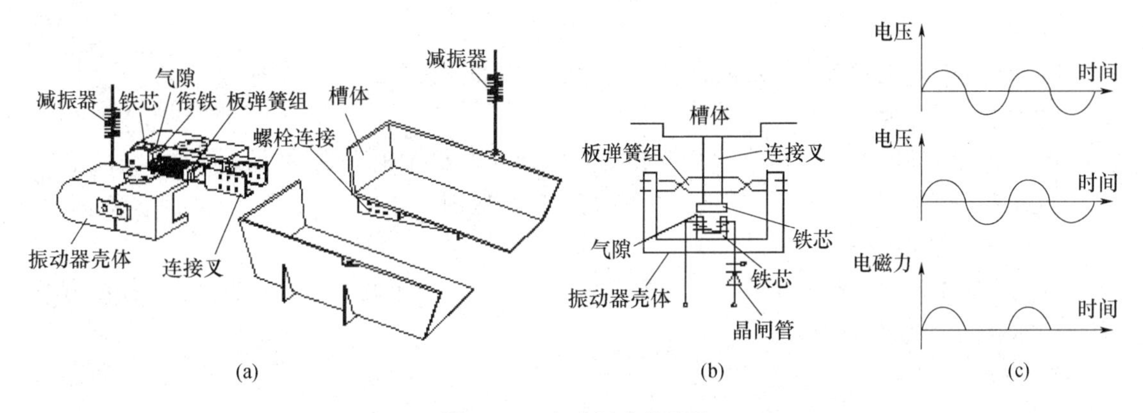

图 2-3-4　电磁振动喂料机

（a）电磁振动喂料机结构图；（b）电磁振动喂料机工作原理图；（c）电压和电磁力变化示意图

图 2-3-5　电磁振动喂料机实物

2. 工作原理

喂料槽承受料仓卸下来的物料，并在电磁振动器的振动下将物料输送出去，电磁激振器产生电磁振动力，使喂料槽作受迫振动。激振器电磁线圈的电流是经过半波整流的，如图 2-3-4 所示。当在正半周有电压加在电磁线圈上时，在衔铁和铁芯之间产生一对大小相等、相互吸引的脉冲电磁力，此时喂料槽向后运动，激振器的弹簧组发生变形，储存了一定的势能；在负半周，线圈没有电流通过，电磁力消失，弹簧组储存的能量被释放，衔铁和铁芯朝相反的方向离开，此时喂料槽向前弹出，槽中物料（块状、颗粒或粗粉）向前跳跃式运动。如此电磁振动喂料机就以交流电源的频率做 3000 次/min 的往复振动，由于槽体的运动频率太快了，所以看不见物料跳跃前进，只见它们在向前流动，送给下一个受料设备。

3.3.2 电磁振动喂料机特点与应用

1. 性能特点

电磁振动喂料机的主要特点：无相对运动部件，无机械摩擦，无润滑点，操作简单。由于物料是跳跃式运动，槽体磨损较小，设备运行费用较低。

适合高温、磨琢性大的及有腐蚀性物料的喂料；适合大块（400～500mm）物料喂料；容易实现密封。

2. 调节方法

电磁振动喂料机调节喂料量的方法有改变激振力和改变激振频率两种。

（1）调节激振力

调节电磁线圈的外加电压来改变激振力的大小，调整振幅来改变喂料量。此法简单可行，而且调节范围宽。因此，在实际生产中得到广泛应用。

（2）改变激振频率

使用变频电源改变激振频率，在激振力幅值不变时，由于调谐指数的变化会使振幅有所变化，达到调节喂料量的目的。

3. 维护要点

（1）经常检查所有螺栓的紧固情况，每天不少于一次。

（2）衔铁与铁芯之间的气隙必须保持平行，两工作面必须保持清洁，防止灰尘或铁磁性粉料进入机壳。

（3）线圈压板不能松动，引出的导线可穿以橡胶套管。

（4）发现振动突然发生变化时，应检查板弹簧是否有断裂现象。

（5）更换槽体中耐磨衬板时，必须按原来的厚度和形状修复，不能随意改变，以免引起调谐值的变化。

3.4 螺旋喂料机

3.4.1 螺旋喂料机构造与工作原理

螺旋喂料机由进料口、出料口、螺旋轴和螺旋体、壳体、传动机构等组成。物料由进料口进入壳体内，被螺旋轴上螺旋体沿壳体推向另一端，经出料口排出。

螺旋喂料机按结构分为单管螺旋和双管螺旋两种，如图 2-3-6 和图 2-3-7 所示。

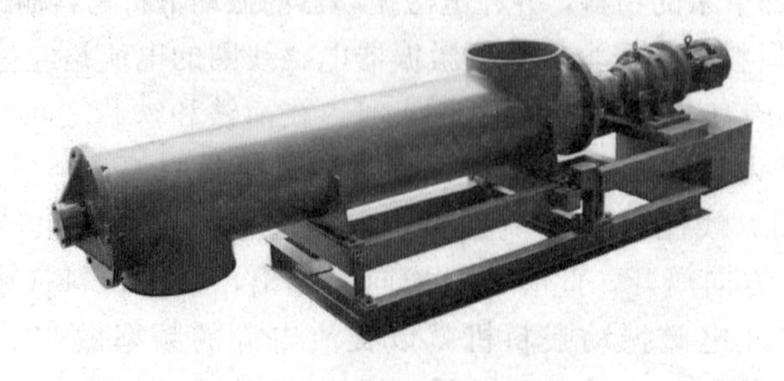

图 2-3-6 单管螺旋喂料机

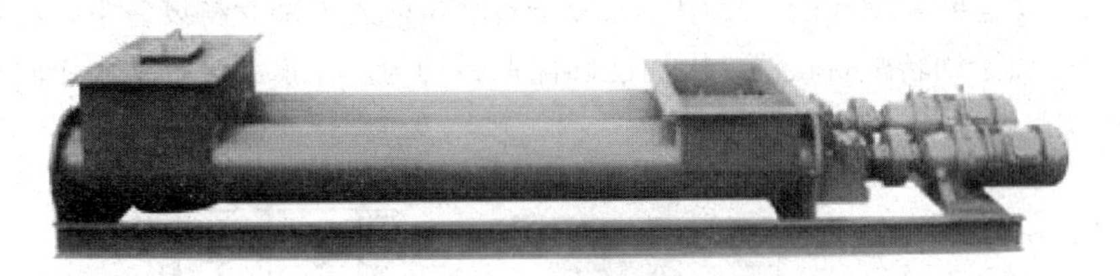

图 2-3-7 双管螺旋喂料机

3.4.2 螺旋喂料机特点与应用

1. 特点

螺旋喂料机主要优点有：

（1）具有很好的密封性，不产生粉尘，环境污染少。

（2）流量稳定，可防止冲料造成的粉料外溢。

（3）通过调节螺旋转速可以改变喂料量。

（4）对物料有粗略计量作用。

主要缺点有：螺旋磨损大，不适应磨琢性大的物料和硬度较大的颗粒状物料的喂料。

2. 应用

螺旋喂料机适用于粉粒状物料的均匀连续喂料。在水泥厂，常用于生料粉、煤粉、水泥等物料的喂料。

长距离喂料时，把螺旋的螺距沿送料方向逐渐加大，防止物料淤堵引起过负荷现象。如果把螺距沿送料方向逐渐变小，物料沿输送方向被压实，可以起到锁风作用。

3.5 叶轮给料机

3.5.1 叶轮给料机构造与工作原理

叶轮给料机常安装在料仓下部，用于粉状物料的喂料。按其结构不同分为刚性叶轮给料机和弹性叶轮给料机两种。

刚性叶轮给料机，叶子与转子铸成一个整体，一般用于密封及均匀喂料要求不高的地方使用，如图 2-3-8 所示。

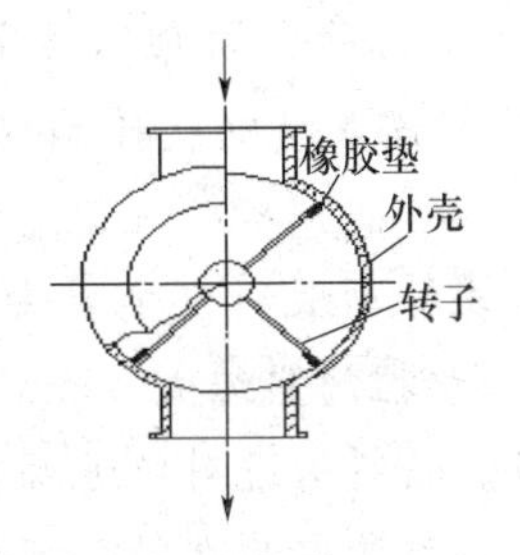

图 2-3-8 刚性叶轮给料机

弹性叶轮给料机由轮子、壳体、叶片组成，其中叶片用弹簧板固定在转子上，转子转动时，物料进入壳体与叶片围成的空腔中，随转子转动，落入下部受料设备中。通常叶轮只能一个方向回转，由于回转密封较好，因而能确保喂料均匀。在水泥厂，常用作回转窑的煤粉喂料，如图 2-3-9 所示。

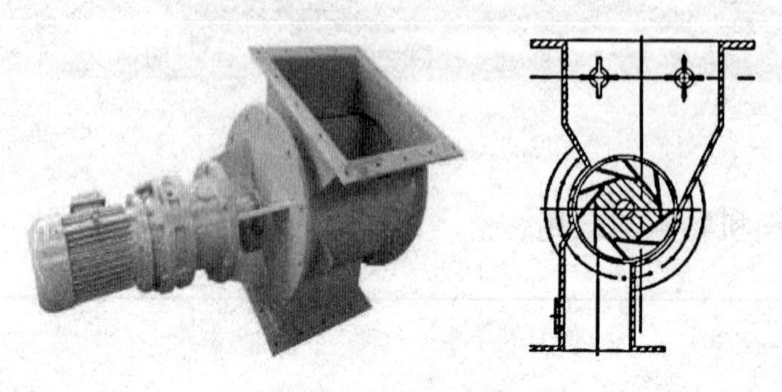

图 2-3-9　弹性叶轮给料机

3.5.2　叶轮给料机特点与应用

叶轮给料机在水泥企业被广泛使用，其主要特点有：

(1) 结构简单紧凑，安装、维护方便。

(2) 具备喂料和锁风双重功能。

(3) 配上调速电机，可以调节叶轮转速，从而达到调整喂料量的目的。

(4) 弹性叶轮给料机的叶片可调，具备更好的密封性，能延长其使用寿命，防止硬质料卡住。

叶轮给料机适用于非黏性粉状和细粒状物料的喂料和锁风，水泥企业常用于气力输送系统喂料和锁风、生料库底和水泥库底的喂料、除尘器的卸料和锁风。

任 务 小 结

本任务介绍了原料粉磨配料时所用的喂料及计量设备的工作原理、性能、应用及维护。计量设备有：恒速定量电子皮带秤的速度恒定，系统中配备喂料机，通过改变喂料机的喂料量，来实现定量给料的目的。主要由喂料机（电磁振动喂料机）、秤体、称重传感器和速度补偿及显示控制器四部分组成。调速定量电子皮带秤速度可调，且秤本身既是喂料机又是计量装置，是机电一体化的自动化计量给料设备。通过调节皮带速度来实现定量喂料，无须另配喂料机。主要由称重机架（皮带机、称量装置、称重传感器、传动装置、测速传感器等）和电气控制仪表（电气控制仪表与机械秤架上的称重传感器、测速传感器）两部分构成。

喂料设备有：电磁振动喂料机主要由电磁激振器（连接叉、衔铁、弹簧组、铁芯和壳体）、喂料槽、减振器和控制器组成。螺旋喂料机由进料口、出料口、螺旋轴和螺旋体、壳体、传动机构等组成。物料由进料口进入壳体内，被螺旋轴上螺旋体沿壳体推向另一端，经出料口排出。叶轮给料机常安装在料仓下部，用于粉状物料的喂料。按其结构不同分为刚性叶轮给料机和弹性叶轮给料机两种。

思　考　题

1. 简述电子皮带秤工作过程。
2. 简述电子皮带秤应用中的注意事项。
3. 简述电磁振动喂料机结构及工作原理。
4. 简述叶轮给料机的应用。

任务4　废气处理

知识目标　掌握除尘在水泥生产过程中的重要性，水泥厂常用的旋风除尘器、袋式除尘器、电除尘器的构造、工作原理、类型、特点、操作维护及影响各种除尘器除尘效率的主要因素，常见故障分析及其处理方法。

能力目标　学会各种除尘器的使用、常见故障分析及处理，能根据生产工艺计算选择除尘设备。

4.1　概　　述

在水泥生产过程中，物料的破碎、输送、均化、烘干、粉磨、煅烧、储存等几乎每道工序都会产生粉尘，一条水泥生产线一般有粉尘排放点50多个。据统计，每生产1t水泥，大约要产生十多立方米的废气，其中含有5.5～10kg的粉尘颗粒，这些粉尘将对人体、工农业生产、企业经济效益带来消极的影响。

1. 除尘目的和意义

(1) 保护工人身体健康

水泥厂的水泥生产是典型的接触粉尘作业，有些过程产生粉尘中含有游离二氧化硅微颗粒，如不有效地加以控制，任其弥散在空气中，则会对工人健康产生危害。矽肺病是由于长期接触含矽粉尘而引起的一种严重的职业病。所以，水泥厂必须重视粉尘飞扬，保护操作工人身体健康。

(2) 减少大气污染

水泥厂如果不采取控制粉尘的有效措施，则车间内粉尘弥漫，劳动条件恶化，加速各种机件的磨损，造成生产设备的使用寿命及运转率缩短，降低控制设备的精度及可靠性，降低甚至破坏电器设备的绝缘性。其次，排放的大量粉尘落到农作物上，会减弱植物的光合作用，使植物正常生长受到影响，特别是在植物开花时期，大量粉尘会引起作物显著减产。

(3) 提高企业经济效益

粉尘如果不回收利用，会增加原料、材料和能量的消耗，提高产品成本，降低企业的经济效益。

2. 国家环保部门对水泥工业粉尘排放要求

国家环境保护总局发布的GB 4915—2013《水泥工业大气污染物排放标准》规定，水泥厂生产设备（设施）排气筒中的颗粒物和气态污染物最高允许排放浓度及单位产品排放量不得超过表2-4-1中规定的限值。

表2-4-1 生产设备（设施）排气筒中的颗粒物和气态污染物最高允许排放浓度及单位产品排放量

生产过程	生产设备	颗粒物		二氧化硫		氮氧化物（以NO_2计）		氟化物（以总氟计）	
		排放浓度（mg/m^3）	单位产品排放量（kg/t）	排放浓度（mg/m^3）	单位产品排放量（kg/t）	排放浓度（mg/m^3）	单位产品排放量（kg/t）	排放浓度（mg/m^3）	单位产品排放量（kg/t）
矿山开采	破碎机及其他通风生产设备	30	—	—	—	—	—	—	—
水泥制造	水泥窑及窑磨一体机*	50	0.15	200	0.60	800	2.40	5	0.015
	烘干机、烘干磨、煤磨及冷却机	50	0.15	—	—	—	—	—	—
	破碎机、磨机、包装机及其他通风生产设备	30	0.024	—	—	—	—	—	—
水泥制品生产	水泥仓及其他通风生产设备	30	—	—	—	—	—	—	—

注：*指烟气中O_2含量10%状态下的排放浓度及单位产品排放量。

3. 除尘效率

除尘效率是指除尘器收下的粉尘量占进入除尘器粉尘量的百分数，通常用η表示，它是评价除尘器性能好坏的重要参数，也是选择除尘器的主要依据。

（1）总除尘效率

除尘器对不同大小尘粒捕集的综合效率，称为除尘器的总除尘效率。

通常总除尘效率可根据除尘器进出口粉尘的质量来计算：

$$\eta=\frac{G_2}{G_1}\times 100\% \tag{2-4-1}$$

式中 η——除尘器的总除尘效率，%；

G_1——进入除尘器气体的含尘量，g/s；

G_2——收集的粉尘量，g/s。

也可用进出除尘器的粉尘量来计算：

$$\eta=\frac{G_{入}-G_{出}}{G_{入}}\times 100\% \tag{2-4-2}$$

式中 η——除尘器的总除尘效率，%；

$G_{入}$——进入除尘器的粉尘量，g/s；

$G_{出}$——排出除尘器的粉尘量，g/s。

由于连续生产中难以直接测定气体的粉尘量，而气体的含尘浓度较易测得，因此，实际生产过程中常用进出除尘器的浓度来计算除尘效率，即：

$$\eta=\frac{C_{入}-C_{出}}{C_{入}}\times100\%=\left(1-\frac{C_{出}}{C_{入}}\right)\times100\% \qquad (2\ 4\text{-}3)$$

式中　η——除尘器的总除尘效率，%；

$C_{入}$——进入除尘器的气体的含尘浓度，g/Nm^3；

$C_{出}$——排出除尘器的气体的含尘浓度，g/Nm^3。

若两台除尘器串联使用（即二级除尘系统），其总除尘效率为：

$$\eta=\eta_1+(1-\eta_1)\eta_2 \qquad (2\text{-}4\text{-}4)$$

式中　η——除尘系统的总除尘效率，%；

η_1——第一级除尘器的除尘效率，%；

η_2——第二级除尘器的除尘效率，%。

（2）分级除尘效率

分级除尘效率是指除尘器对某一粒径范围粉尘的除尘效率。当测出除尘器进出口气流中各种粒径范围的粉尘的质量百分数，可用下式计算除尘器的分级除尘效率：

$$\eta_x=\frac{G_{x1}-(1-\eta)G_{x2}}{G_{x1}}\times100\%=\left[1-(1-\eta)\frac{G_{x2}}{G_{x1}}\right]\times100\% \qquad (2\text{-}4\text{-}5)$$

式中　η_x——除尘器对某一粒经范围粉尘的除尘效率，%；

G_{x1}——除尘器进口气流中某一粒经范围的粉尘的质量百分数，%；

G_{x2}——除尘器出口气流中某一粒经范围的粉尘的质量百分数，%；

η——除尘器的总除尘效率，%。

4.2　旋风除尘器

旋风除尘器是利用含尘气体高速旋转产生的离心力将粉尘从气体中分离出来的除尘设备。它构造简单，容易制造，投资省，尺寸紧凑，没有运动部件，操作可靠，适应高温、高浓度的含尘气体，适合于收集粒径大于10μm的粉尘，一般除尘效率为60%～90%，广泛应用于硅酸盐工业、冶金、矿山及电力等行业。其缺点是流体阻力较大，能耗大，仅限粗颗粒除尘。

4.2.1　旋风除尘器构造与工作原理

1. 构造

旋风除尘器由带有锥形底的外圆筒、进气管、排气管（内圆筒）、集灰斗、排灰阀组成。排气管从外圆筒顶部中央插入，与外圆筒、排灰口中心在同一条直线上，进气管与外圆筒相切连接。图2-4-1为旋风除尘器实物图，图2-4-2为旋风除尘器原理图。

旋风除尘器工作原理

2. 工作原理

含尘气体由进气管以12～20m/s的速度从切向进入外圆筒内，形成旋转运动，由于内外圆筒及顶盖的限制，迫使含尘气体由上向下做离心螺旋运动（称为外旋流）。旋转过程中粉尘颗粒由于惯性离心力作用，大部分被甩向筒壁，失去能量沿壁滑下，经排灰口进入集灰斗中，最后由排灰阀排出。旋转下降的旋流随着圆锥的收缩而向除尘器中心靠拢，当旋转气流进入排气管半径范围附近便开始上升，形成一股自下而上的螺旋线运动气流，称为核心流

（也称内旋流）。最后经过除尘处理的气体（仍含有一定的微粉）经排气管排出。

图 2-4-1　旋风除尘器实物

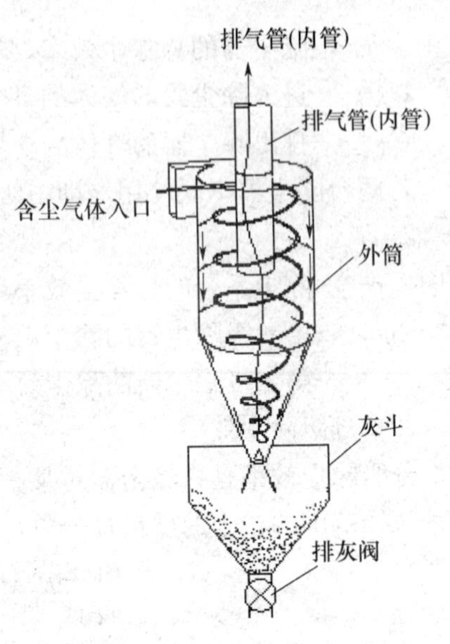

图 2-4-2　旋风除尘器原理图

4.2.2　旋风除尘器性能与应用

1. 类型与特点

旋风除尘器的类型较多，根据出风口的连接方式可分为带出口蜗壳（X 型）和不带出口蜗壳（Y 型）。根据气流在筒内的旋转方向，可分为左旋（N 型）和右旋（S 型）。

根据筒形状不同，旋风除尘器主要有 CLT、CLT/A、CLP、CLK、CLG 型等，其代号所表示的含义如下：

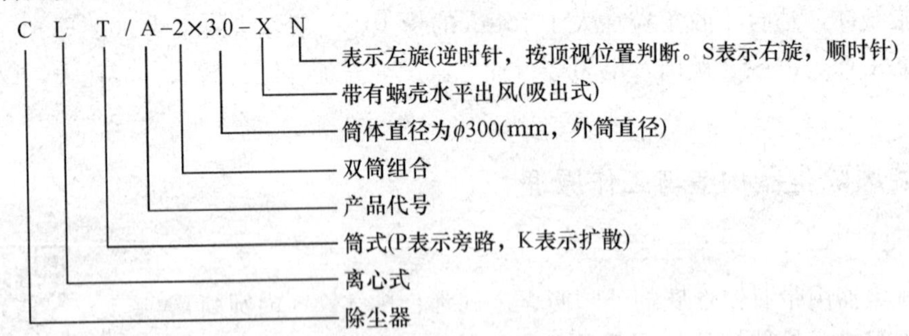

（1）普通切向型（CLT 型）旋风除尘器

CLT 型旋风除尘器又称基本型旋风除尘器。其特点是进气外缘与筒体相切，水平进气，筒体短粗，处理风量大，流体阻力小，但除尘效率低，适用于处理含尘浓度大、颗粒尺寸也大的粗净化，因此已不使用，如图 2-4-3（a）所示。

（2）螺旋型（CLT/A 型）旋风除尘器

CLT/A 型旋风除尘器是 CLT 旋风除尘器的改进型，如图 2-4-3（b）所示。其特点是外形细长，锥体角度小，含尘气体沿切线与水平成 15°角进入，筒体顶盖为 15°螺旋形导向板，这样可以消除引入气体向上流动而形成的上旋涡，减少无用能量的消耗，除尘效率较高。

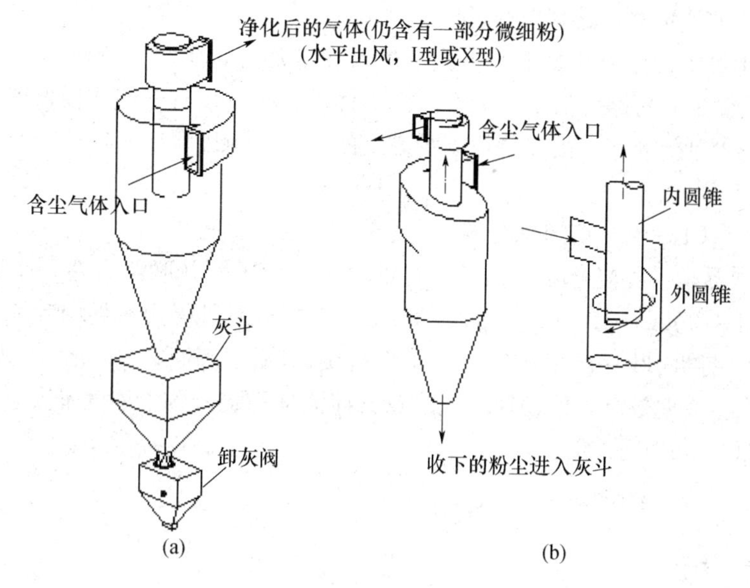

图 2-4-3　CLT、CLT/A 型旋风除尘器

（a）普通型；（b）改进型（CLT/A）

（3）旁路式（CLP 型）旋风除尘器

CLP 型旋风除尘器是在旋风筒体的外侧设计一旁路分离室（低于顶盖一定的距离），将气体进口管做成涡旋型，使气流进入筒体内在环行空间旋转的同时，分成向上向下的两股气流。向上的气流与顶盖相撞后又向下回旋形成涡流，与向下的气流在旋转时发生干扰，使尘粒惯性力降低。一部分发生凝聚，由于惯性离心力作用甩向筒壁的较粗颗粒，随向下旋转的气流落至底部排出；另一部分向上气流带有大量细颗粒粉尘，在顶盖下面形成强烈旋转的粉尘环，让小颗粒发生凝聚，然后由狭缝进入旁路室与主气流分离，避免了部分细粉在旋转至排气口处被内旋流卷走。在旁路室下端的筒壁上开有狭缝，使入旁路室中已将粉尘分离出去的气体由此进入主筒内与下旋的主气流会合，使净化效率提高。这种除尘器有 CLP/A 和 CLP/B 两种结构形式，如图 2-4-4 所示。

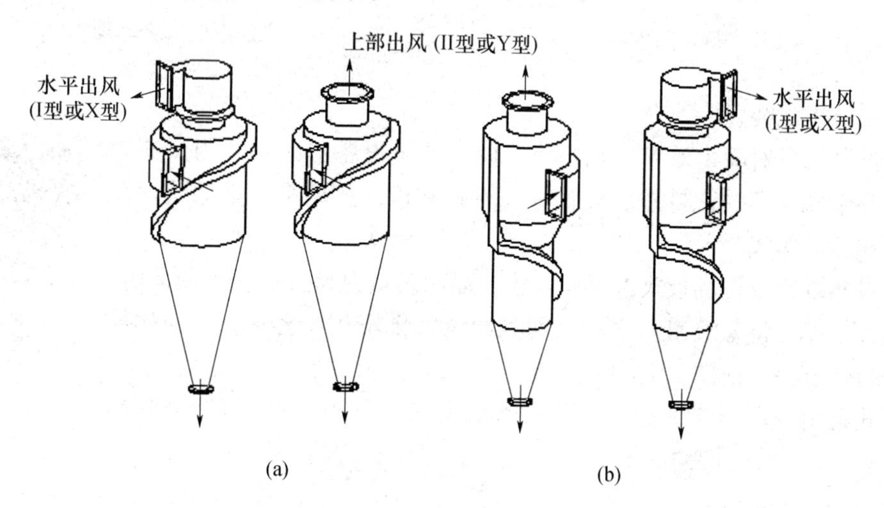

图 2-4-4　CLP 型旁路式旋风除尘器

（a）CLP/A 型；（b）CLP/B 型

（4）扩散式（CLK 型）旋风除尘器

CLK 型除尘器下部的锥体是上小下大，进入除尘器的含尘气体旋转向下扩散，减少了含尘气体自旋风筒中心短路外溢的可能性，倒锥体内部下方设有阻气式反射屏，可防止气流将已经分离的粉尘重新卷起。由于做成了扩散式的倒锥，所以含尘气体旋转对内壁的磨损减轻了，如图 2-4-5 所示。

（5）多管式（CLG 型）旋风除尘器

CLG 型除尘器是一种复合除尘器，它将很多小型旋风筒并联组合在一个壳体内，所用旋风筒的规格为 ϕ50mm、ϕ100mm、ϕ200mm 等。其排气管外缘设有导向叶片，气流由轴向引入，由上向下沿导向叶片产生旋转，使粉尘沿旋风筒内壁沉降，净化后气体由排气管排出。其特点是除尘效率较高，但使用时应注意气体流量稳定，含尘浓度不大于 100g/m^3，否则易堵塞，如图 2-4-6 所示。

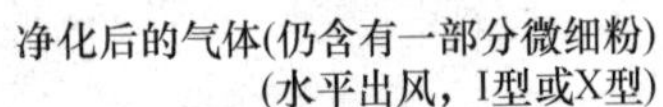

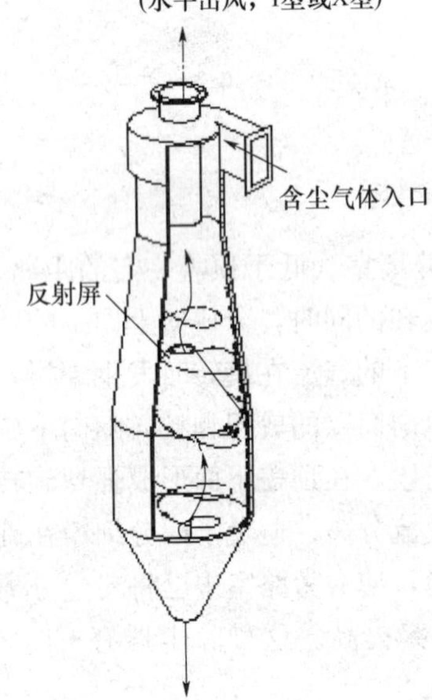

图 2-4-5　CLK 型旋风除尘器

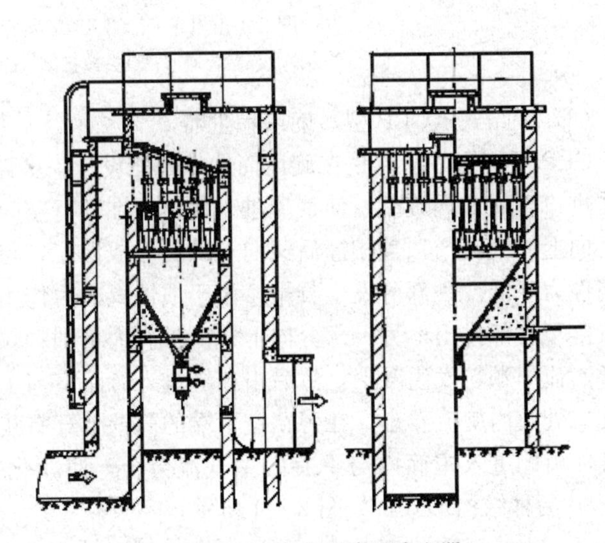

图 2-4-6　CLG 型旋风除尘器

（6）密封排灰装置

单、双翻板阀工作原理

除尘设备漏风对除尘效率影响很大，因此除尘设备必须有密封排灰装置。旋风除尘器常用的密封排灰装置有重力式和机动式两种。重力式又分为翻板式和闪动阀式。

重力式靠重锤压住翻板式锥形阀，当上面积灰重力超过重锤平衡力时，翻板式锥阀动作，将灰放出，之后又回到原位，将排灰口密封。其结构简单，但密封性能差，如图 2-4-7 所示。

机动式是由专用电机减速机带动的卸料装置，如各式叶轮卸料机等，如图 2-4-8 所示。

2. 旋风除尘器的应用

旋风除尘器可以一台（单筒）独立使用，但更多的是双筒组合（并联）和多筒组合（串、并联）在一起使用，能获得较高的除尘效率或处理较大的含尘气体量（如立式磨系统中的料、气分离器），如图 2-4-9 和图 2-4-10 所示。

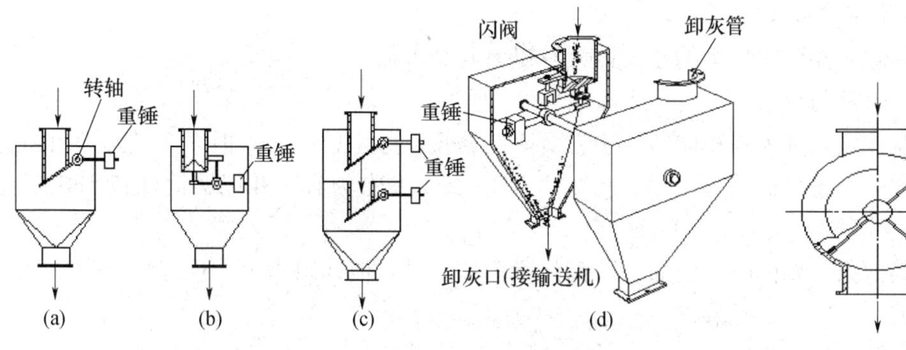

图 2-4-7　重力式密封排灰装置

（a）翻板阀；（b）阀动阀；（c）两级翻板阀；（d）重力式排灰装置闪动阀立体图

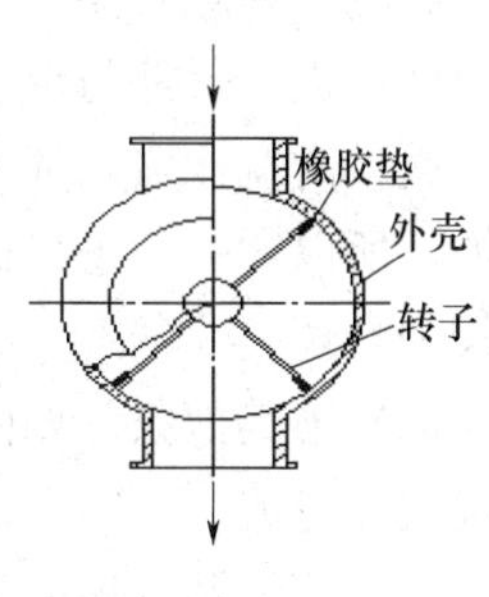

图 2-4-8　机动式密封排灰装置

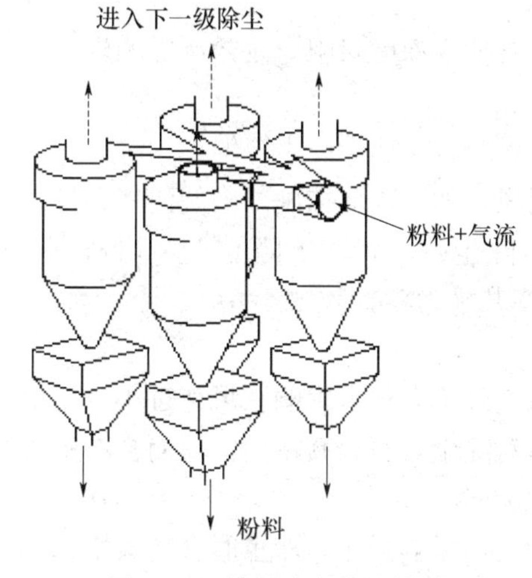

图 2-4-9　旋风除尘器的并联

图 2-4-10　旋风除尘器并联使用

（1）串联使用

当要求净化效率较高，采用一次净化方式不能满足要求时，可考虑两台或三台旋风除尘器串联使用，这种组合方式称为串联旋风除尘器组，它们可以是同类型的，也可以是不同类型的，直径可相同，也可不同，但同类型、同直径旋风除尘器串联使用效果较差。

为了提高高粉尘浓度废气的除尘效率，旋风除尘器也可以与其他除尘设备串联使用，如与袋式除尘器、电除尘器或湿式除尘器串联使用，作为它们的一级粗除尘。

（2）并联使用

当处理含尘气体量较大时，可将若干个小直径旋风除尘器并联使用，这种组合方式称之为并联式旋风除尘器组。

并联使用的旋风除尘器气体处理总量为：

$$Q=nQ_{单} \tag{2-4-6}$$

式中　Q——气体处理总量，m^3/h；

$Q_{单}$——单个旋风除尘器的气体处理量，m^3/h；

n——旋风除尘器的个数。

并联除尘器组的阻力约为单个旋风除尘器的阻力损失的1.1倍。

3. 影响除尘效率的因素

影响旋风除尘器除尘效率的主要因素有以下几个方面：

(1) 进口尺寸与形式

进口高宽比大，气流在径向薄，尘粒沉降路途短，除尘效率高，但气流过薄则阻力显著增加。所以，一般进口截面为矩形，高宽比 $h/b=2/1$ 左右为宜，并以圆筒外包180°蜗壳结构较为合理。

(2) 当其他条件相同时，细而长的筒体除尘效率高，流体阻力大，反之除尘效率低，但处理气体量大。

(3) 筒体及锥体的高度

一般圆筒部分高为筒体直径的0.9～1.5倍，高度大时效率较高；圆锥部分高为筒径的2～3倍。

(4) 排气管形式、尺寸及插入深度

排气管结构形状对阻力及效率影响不大，但其插入深度对阻力及效率影响较大，一般插入深度应与气体入口下缘平齐或稍下一些。

(5) 集灰斗和密封排灰装置

旋风除尘器的排灰口常处于负压状态，易漏风，如不采取措施，内旋流将会带走大量粉尘，显著降低除尘效率。如果排灰口漏风1%，除尘效率将会下降5%～10%；漏风5%，除尘效率将会下降约50%；漏风15%，除尘效率几乎为零。

(6) 气体操作参数

当固体粉尘性质一定时，气体操作参数对除尘效率有很大影响。风速过小，粉尘不能获得必要的离心力，会降低除尘效率；风速过大，对除尘效率提高不大，反而会产生大量无用涡流和乱流，造成阻力剧增，对设备磨损也增大。

气体湿度高，水分可能会凝结在除尘器内壁上，影响操作，严重时会造成堵塞。

含尘浓度的增加，粉尘凝聚机会增加，除尘效率会提高，若含尘浓度太高，会使除尘器发生堵塞现象。

(7) 粉尘性质

在一定条件下，旋风除尘器有一最小分离粒径，大于这一粒径的粉尘，其除尘效率高，小于这一粒径的粉尘，其除尘效率很低。

此外，粉尘的密度、粘结性、磨削性对除尘效率及除尘器的使用也有一定的影响。

4.2.3 旋风除尘器操作与维护

1. 旋风除尘器的操作

(1) 开机前的检查

在开机前主要检查：灰斗有无堵塞、破裂；管道有无堵塞、破裂；各连接部位及清灰装置的密封性等。

(2) 运行中的检查和维护

① 检查管路系统有无漏风（管道破裂、法兰密封不严等）。

② 检查卸料阀运行是否正常，灰斗有无堵塞现象。

③ 检查相关设备（风机、电机等）的温度、声音、振动是否正常。

④ 注意旋风除尘器最易被粉尘磨损的部位的变化情况。

⑤ 注意检查气体温度变化情况，气体温度降低易造成粉尘的粘附、堵塞和腐蚀现象。

⑥ 注意旋风除尘器气体流量和含尘浓度的变化。

⑦ 要经常检查除尘器有无因磨穿而出现漏气现象，并及时采取修补措施。

⑧ 防止气流流入排灰口处。

（3）停机时维护

为了保证旋风除尘器的正常工作和技术性能稳定，在停运时应进行下列检查和修补：

① 消除内筒、外筒和叶片上附着的粉尘，清除烟道和灰斗内堆积的粉尘。

② 修补磨损和腐蚀引起的穿孔，并将修补处打磨光滑。

③ 检查各结合部位的气密性，必要时更换密封圈。

④ 检查、修复隔热保温设施，以保证废气中水汽不致凝结。

⑤ 检查排风锁风装置的动作和气密性，并进行必需的调整。

2. 常见故障分析及排除方法

旋风除尘器在运行中可能会出现壳体及管道磨损、漏风、排灰口堵塞、进出口压差超过正常值等，一旦发现要及时做出处理。表 2-4-2 是常见故障分析及处理方法。

表 2-4-2　旋风除尘器常见故障分析及处理方法

常见故障现象	发生原因	处理方法
壳体磨损	（1）壳体过度弯曲不圆造成局部凸起； （2）内部焊接未磨光滑	（1）矫正，消除凸形； （2）打磨光滑
圆锥体下部和排尘口磨损，排尘不良	（1）倒流入灰斗气体增至临界点； （2）排灰口堵塞或灰斗粉尘装得太满	（1）防止气体漏入灰斗； （2）疏通积存的积灰
排尘口堵塞	（1）大块物料或杂物进入； （2）灰斗内粉尘堆积过多	（1）及时消除； （2）人工或采用机械方法清理排灰口，保持排灰畅通
排气管磨损	排尘口堵塞或灰斗积灰太满	疏通堵塞，减少灰斗的积灰高度
进气和排气管道堵塞	积灰	查看压力变化，定时吹灰处理或利用清灰装置清除积灰
壁面积灰严重	（1）壁表面不光滑； （2）微细尘粒含量过多； （3）气体中水汽冷凝	（1）磨光壁表面； （2）定期导入含粗粒子气体，擦清壁面，定期将大气或压缩空气引进灰斗，使气体从灰斗倒流一段时间，清理壁面； （3）隔热保温或对器壁加热
进出口压差超过正常值	（1）含尘气体状况变化或温度降低； （2）筒体灰尘堆积； （3）内筒被粉尘磨损而穿孔，气体旁路； （4）外筒被粉尘磨损而穿孔，漏风； （5）灰斗下端气密性不良，空气漏入	（1）适当提高含尘气体温度； （2）消除积灰； （3）修补穿孔，加强密封； （4）加强密封

4.3　袋式除尘器

袋式除尘器是过滤式除尘器的一种，随着脉冲喷吹清灰方式以及合成纤维滤料的使用，袋式除尘器得到了飞快发展，目前，大型袋式除尘器每小时处理风量可达几十万立方米，并具有以下优点：

（1）除尘效率高。一般可达99%。

（2）使用范围大。可收集不同性质的粉尘，处理能力可从几百立方米到几十万立方米。

（3）结构简单。

（4）工作稳定，便于维护。

袋式除尘器存在的主要缺点有：

（1）耐高温性差。主要是受滤料的耐高温、耐腐蚀性的局限。

（2）不适宜处理黏结性强及吸湿性强的粉尘。烟气温度不能低于露点，否则会产生结露，导致滤袋堵塞。

（3）处理风量大时，占地面积大。

4.3.1 袋式除尘器构造与过滤原理

1. 袋式除尘器构造

袋式除尘器由滤袋（透气但不透尘粒的纤维织物）、清灰机构（对阻留在滤袋上的粉尘要定时清理）、过滤室（箱体）、进出口风管、集灰斗及卸料器（回转卸料器、翻板阀锁风等）组成，利用过滤方法除尘，如图2-4-11所示。

2. 袋式除尘器过滤原理

当含尘气体通过滤袋时，尘粒阻留在纤维滤袋上，使气体得到净化排除，定期清理滤袋上的积尘，继续截留含尘气体中的粉尘。滤袋能把0.001mm以上的微小颗粒阻留下来，如图2-4-12所示。从图2-4-12中可以把对尘粒的捕集分离分为两个过程：

袋式除尘器
工作原理

（1）滤袋对尘粒的捕集。当含尘气体通过滤袋时，滤料层对尘粒的捕集是多种效应综合作用的结果，这些效应包括：惯性、碰撞、直接截留、扩散、静电、筛滤和重力沉降等。

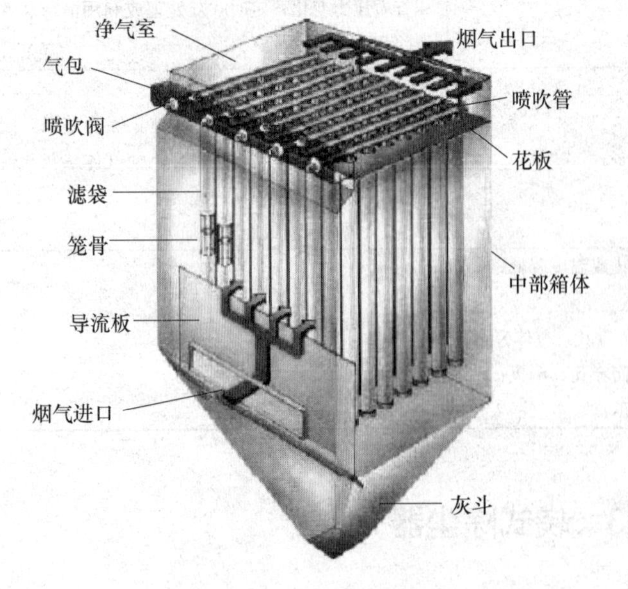

图2-4-11　袋式除尘器构造

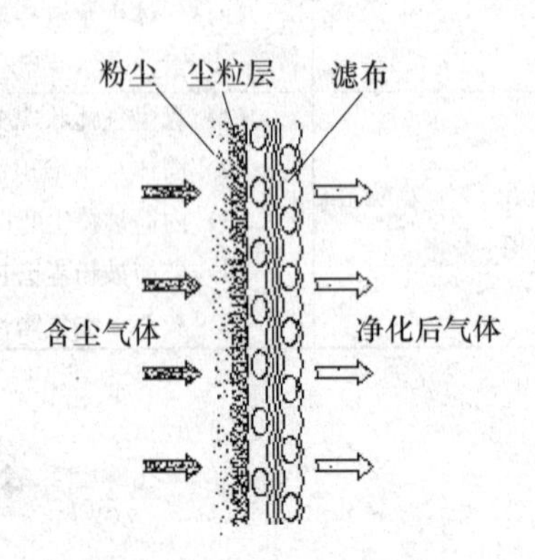

图2-4-12　袋式除尘器过滤原理

（2）粉尘层对尘粒的捕集。过滤操作一段时间后，滤料网孔及其表面截留粉尘形成粉尘层。在清灰后依然残留一定厚度的粉尘，称为粉尘初层。由于粉尘初层中的粉尘粒径通常比纤维小，因此，筛滤、惯性、截留和扩散等作用都有所增强，使除尘效率显著提高。可见，袋式除尘器的高效率，粉尘初层起着比滤料本身更为重要的作用。一般合成纤维的网孔为20～50μm，却能使0.1μm的尘粒达到近100%的除尘效率。

袋式收尘器
工作原理

4.3.2 袋式除尘器性能与应用

1. 袋式除尘器分类

袋式除尘器的形式与种类很多，因此通常根据不同特点进行分类。

（1）按滤袋形状分

1）圆袋：圆袋结构简单，便于清灰。大多数除尘器都采用圆袋，其直径一般为100～300mm，最大不超过600mm，袋长为2～12m。

2）扁袋：其袋的截面形状为长方形的滤袋。

（2）按过滤方式分

按过滤方式分为两种：外滤式和内滤式。对于圆袋，内外过滤方式都可采用；对于扁袋，多采用外滤式。

（3）按风机在除尘系统中的位置分

按风机的位置分为两种：负压式和正压式。负压式为风机设在袋除尘器的后端；正压式为风机设在袋式除尘器前端。

（4）按气体入口位置分

按气体入口位置分为两种：下进风式和上进风式。

（5）按清灰方式分

1）机械振打。利用机械装置使滤袋产生振动而将滤袋上积存的粉尘清除。

2）气流反吹。气流反吹式是用具有一定压力的气流与含尘气体反方向通过滤袋，使附在滤袋上的尘粒脱落。这种清灰方式在整个滤袋上的气流分布比较均匀，但清灰强度小，过滤风速不宜过大，通常都是采用停风清灰。

3）脉冲喷吹。利用脉冲喷吹机构在瞬间内放出压缩空气，诱导数倍的二次空气高速射入滤袋，使滤袋急剧鼓胀，依靠冲击振动和反向气流的作用，使滤袋上的粉尘脱落。这种清灰方式强度大，允许的过滤风速也高。

2. 常见袋式除尘器类型

（1）气环反吹袋式除尘器

含尘气体由进口引入机体后进入滤袋的内部，粉尘被阻留在滤袋内表面上，被净化的气体则透过滤袋，经气体出口排出机体。滤袋清灰是依靠紧套在滤袋外部的反吹装置上下往复运动进行的，在气环箱内侧紧贴滤布处开有一条环形细缝，从细缝中喷射从高压吹风机送来的气流吹掉贴附在滤袋内侧的粉尘，每个滤袋只有一小段在清灰，其余部分照常进行除尘，因此，除尘器是连续工作的。气环反吹式除尘器允许进口含尘气体的浓度可达5～15g/m^3，过滤速度为2m/min，除尘效率在99%以上，如图2-4-13所示。

（2）气箱式脉冲袋式除尘器

脉冲袋式除尘器是借助于压缩空气脉冲喷吹进行清灰的一种高效袋式除尘器，也是目前应用广泛的一种除尘设备。它主要由上箱体、中箱体、下箱及灰斗，储气罐、脉冲阀、龙架、螺旋输送机、卸灰阀、电器控制柜、空压机等组成。主体分隔成若干个箱区，当除尘器滤袋工作一个周期后，清灰控制器就发出信号，第一个箱室的提升阀开始关闭切断过流气体，箱室的脉冲阀开启，以大于 0.4MPa 的压缩空气冲入净气室，清除滤袋上的粉尘；当这个动作完成后，提升阀重新打开，箱体重新进行过滤工作，并逐一按上述程序完成全部清灰动作，如图 2-4-14 所示。

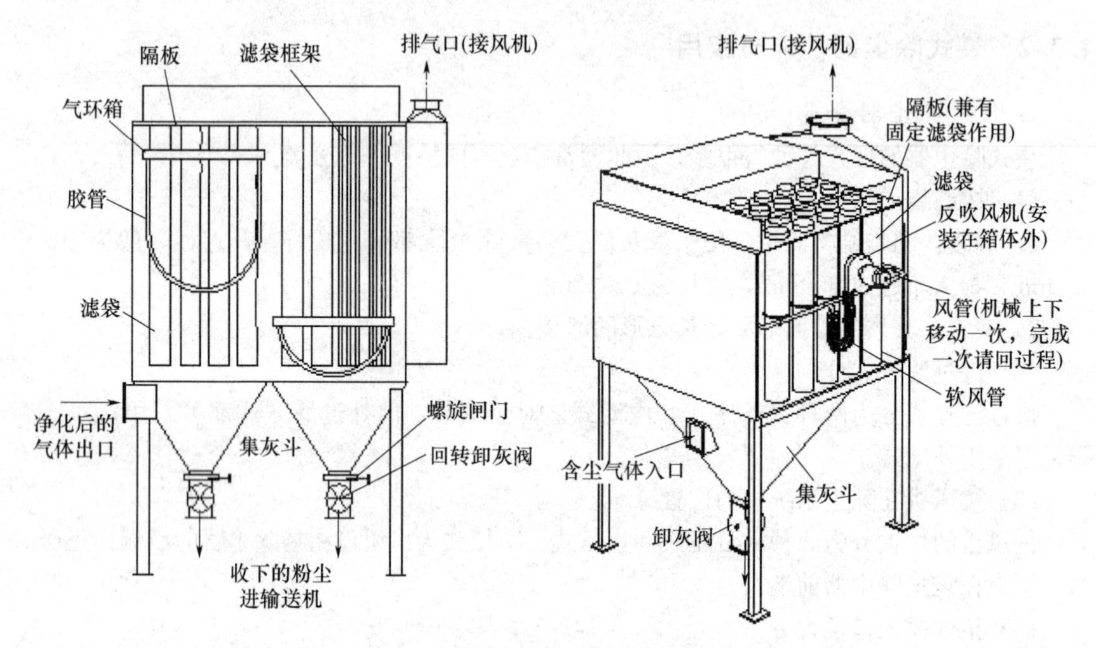

图 2-4-13　气环反吹式袋式除尘器

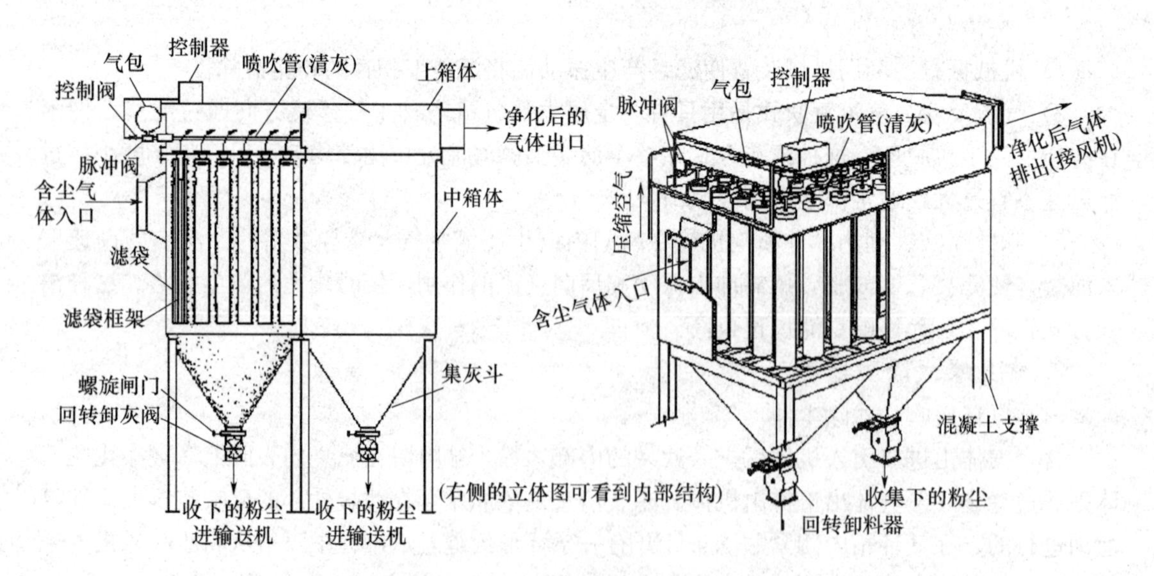

图 2-4-14　气箱式脉冲袋式除尘器

3. 袋式除尘器的应用

为了保证袋式除尘系统的正常运转，选用袋式除尘器应注意下列事项：

(1) 根据要处理的风量及合理的风速，计算过滤面积。风速（每秒钟单位面积上通过的气体量）一般为：纺织布料取 1m/s，毡类滤料取 2m/s。

（2）根据粉尘的性质合理选择滤袋的滤料。

（3）袋式除尘器入口气体的温度应尽可能低一些，但要在露点 15℃以上。

4. 影响袋式除尘器除尘效率的因素

（1）气体的含尘量及过滤风速

气体的过滤风速一般为 0.5～3m/min，它会随着粉尘浓度的高低而不同。当过滤风速一定时，粉尘浓度增大，使单位时间沉降在滤袋上的粉尘增多，过滤阻力就会增大。如果粉尘浓度一定，过滤风速大，单位时间内沉降在滤布上的粉尘量也会增大，造成阻力增大。这一方面加重滤袋负担，缩短滤袋寿命，降低除尘效率，另一方面系统阻力增加，离心风机风量将减小，影响整个系统的正常工作。

（2）清灰周期

滤袋上的粉尘积聚多了需要定时清除，否则会造成系统的阻力增大，风机的排风量减小，清灰时清除效果也会受到影响。脉冲袋式除尘器清灰周期一般为 30～60s。

（3）气体温度、湿度

如果气体中含大量的水汽，或者是气体温度降至露点或接近露点，水分就很容易在滤袋上凝结，使粉尘黏结在滤袋上不易脱落，网眼被堵塞，使除尘无法继续进行。因此，必要时要对气体管道及除尘器壳体进行保温，尽量减少漏风，要控制气体温度高于露点 15℃以上。

4.3.3 袋式除尘器操作与维护

1. 操作与维护

（1）运转前的检查

① 安全防护装置是否齐全、完整，如有问题则一定要向有关人员报告。

② 地角螺栓是否有松动，如有要拧紧。

③ 清除除尘器和灰斗下的螺旋输送机内外杂物、积灰。

④ 查看各润滑部位的润滑油或润滑脂加足了没有，一定要加足。

⑤ 各种阀门、仪表是否都在自己的位置上，动作是否灵敏可靠。如有问题则必须调整好。

（2）开停机操作

袋式除尘器一般都与主机连锁在一个系统中，所以要随主机按顺序自动启动。如需在岗位开车，经检查各项指标符合规定后，得到通知，按下列顺序开机：

① 启动灰斗下的螺旋输送机和卸灰阀电机。

② 启动清灰装置电机（振打清灰、脉冲清灰、气环反吹清灰）。

③ 启动排风机或鼓风机电机。

停机随主机自动按先后顺序与开机是相反的，但要注意的是滤袋不能残留粉尘，要等排风机或鼓风机停转 5～10min 后再停止清灰装置的运行，这样滤袋基本就“抖落”干净了。

（3）运行过程应检查的项目

① 检查卸灰阀是否正常运行，集灰斗是否堵塞。

② 检查风门开关是否正常。

③ 检查管路系统有无堵塞、漏风，密封是否严密等。

④ 检查相关设备的温度、声音、振动、油量是否正常。

⑤ 观察出口粉尘浓度是否正常。

2. 常见故障分析及处理

袋式除尘器在运行中如果发现各联结螺栓松动、断裂，灰斗堵塞、滤袋破损较严重或者掉袋等必须及时处理，轴承或减速机温度超过 75℃需采取降温措施。表 2-4-3 是袋式除尘器的常见故障及处理保养措施。

表 2-4-3 袋式除尘器的常见故障及处理保养措施

常见故障现象	发生原因	处理方法
排气含尘量超标	（1）滤袋使用时间过长； （2）滤袋有破损现象； （3）处理风量大或含尘量大	（1）定期更换滤袋； （2）更换破损的滤袋； （3）控制风量及含尘量
粉尘积压在灰斗里	（1）粉尘水分大，凝结成块； （2）输送设备工作不正常	（1）停机清灰；控制粉尘水分，袋除尘器壳体保温； （2）保证输送物料畅通
运行阻力小	（1）有许多滤袋损坏； （2）测压装置不灵	（1）停机更换滤袋； （2）更换或修理测压装置
运行阻力异常上升	（1）换向阀门或反吹阀门动作不良及漏风量大； （2）反吹风量调节阀门发生故障及调节不良； （3）换向阀门与反吹阀门的计时不准确； （4）反吹管道被粉尘堵塞； （5）换向阀密封不良； （6）粉尘温度大，发生堵塞或清灰不良； （7）气缸用压缩空气压力降低 （8）灰斗内积存大量积灰； （9）风量过大； （10）滤袋堵塞； （11）因漏水使滤袋潮湿	（1）调整换向阀门动作、减少漏风量； （2）排除故障、重新调整； （3）调整计时时间； （4）调整疏通； （5）修复或更换； （6）控制粉尘湿度、清理、疏通； （7）检查、提高压缩空气压力； （8）清扫积灰 （9）减少风量； （10）检查原因、清理堵塞； （11）修补堵漏
滤袋堵塞	（1）处理气体水分含量高； （2）滤袋使用时间过长； （3）滤袋因过滤风速过高或含尘量过大引起堵塞； （4）反吹振打失败	（1）控制气体湿度； （2）定期更换滤袋； （3）适当调整风量和含尘量； （4）检查反吹风压力，反吹时间及振打是否正常
滤袋破损	（1）清灰周期过短或过长； （2）滤袋张力不足或过于松弛； （3）滤袋安装不良； （4）滤袋老化或因热硬化或烧毁； （5）泄漏粉尘； （6）滤速过高； （7）相邻滤袋间摩擦；与箱体摩擦；粉尘的腐蚀使滤袋下部滤料变薄；相邻滤袋破坏	（1）加长或缩短时间； （2）重新调整紧张； （3）检查、调整、固定； （4）查明原因，清理积灰、降温； （5）查明具体原因并消除； （6）研究原因、更换滤料材质； （7）调整滤袋间隙、张力及结构；修补已破损滤袋或更换

续表

常见故障现象	发生原因	处理方法
脉冲阀不动作	（1）电源断电或清灰控制器失灵； （2）脉冲阀内有杂物或膜片损坏； （3）电磁阀线圈烧坏或接线损坏	（1）恢复供电，修理清灰控制器； （2）拆开清理或更换膜片； （3）检查维修电磁阀电路
提升阀不工作	（1）电磁阀故障； （2）气缸内密封圈损坏	（1）检查电磁阀，恢复或更换； （2）更换密封圈

4.4　电除尘器

电除尘器是利用静电吸引微细尘粒从而使气体净化达到除尘目的的装置。适合处理大烟气量及高温气体，一般用于回转窑窑尾废气和原料磨的粉尘处理，二者可共用一台大的电除尘器；窑头冷却机的粉尘由另一台电除尘器处理。其优点表现在以下几个方面：

（1）除尘效率高。理论上除尘效率可达 99.99%。

（2）处理废气量大。目前最大的单机台时处理废气量可达 $2.2\times10^6m^3$。

（3）适用于高温废气。电除尘器处理的废气温度一般可达 305～400℃。

（4）收集的粉尘颗粒范围大。从大颗粒到 0.1μm 以下的粉尘颗粒都有较高的除尘效率。

（5）运行费用低。运行阻力小，一般为 200～300Pa，可减少运行费用。

（6）自动化程度高。可以远距离操作。

电除尘器缺点如下：

（1）一次性投资高，钢材消耗量大。

（2）对粉尘较敏感，特别是粉尘的比电阻。通常对比电阻为 $10^4\sim10^{11}\Omega cm$ 的粉尘除尘效率较高。

（3）不适宜处理含尘浓度大的气体。

（4）对电除尘器的安装、运行要求较严格，否则会降低除尘效率。

4.4.1　电除尘器构造与工作原理

1. 电除尘器构造

电除尘器主要由电晕极、沉淀极（也叫集尘极）、振打装置、气体均布装置、电除尘的壳体、保温箱、排灰装置和高压整流机组组成，电晕极和集尘极是主要工作部件，如图 2-4-15 所示。

电除尘器工作原理

2. 电除尘器工作原理

电除尘器电源的负极又叫阴极、放电极、电晕极，电源的正极（接地）又叫阳极、集尘极、沉淀极，由阴极和阳极形成一个非均匀电场。当电压升高到一定数值时，在阴极附近的电场强度迫使气体发生碰撞电离，形成大量正负离子。由于在电晕极附近的阳离子趋向电晕极的路程极短，速度低，碰上粉尘的机会很少，因此，绝大部分粉尘与路程长的负离子相撞而带上负电，飞向集尘极，电荷被中和后沉集在集尘极上，只有极少数粉尘沉积于电晕极，定期振打集尘极及电晕极，使两级吸附的粉尘落入集灰斗

电收尘器工作原理

中，通过卸灰装置卸至输送机械运走，如图 2-4-16 所示。

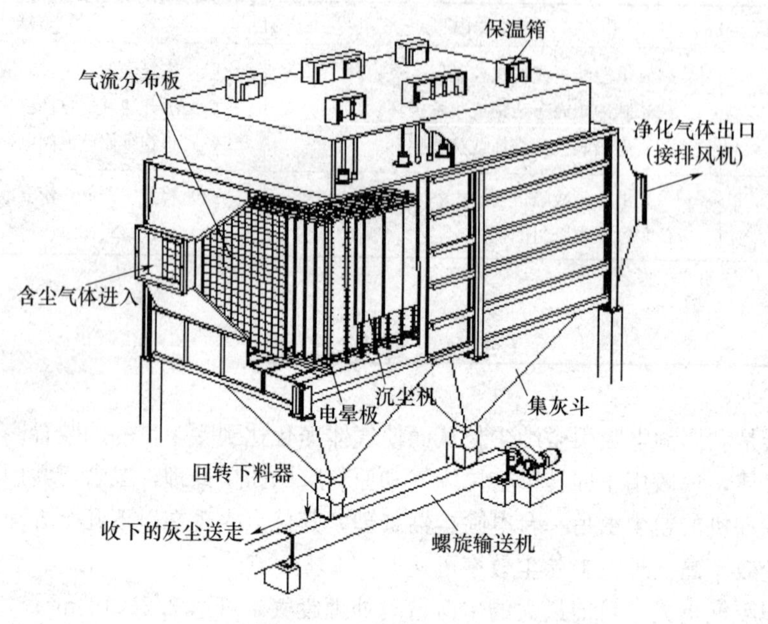

图 2-4-15　电除尘器结构

3. 主要工作部件

(1) 电晕极

电晕极是电除尘的放电极，主要包括电晕线、框架、悬吊杆、绝缘套管、清灰振打装置和重锤等。电晕线采用金属丝（$\phi2\sim\phi3$mm 的镍铬、不锈钢、铜线、铝线）或并联金属组，断面的形状有圆形、十字形、星形和芒刺形等，用悬架螺杆吊在除尘器顶板上，并使用瓷瓶或石英套管将悬架与顶板良好绝缘。

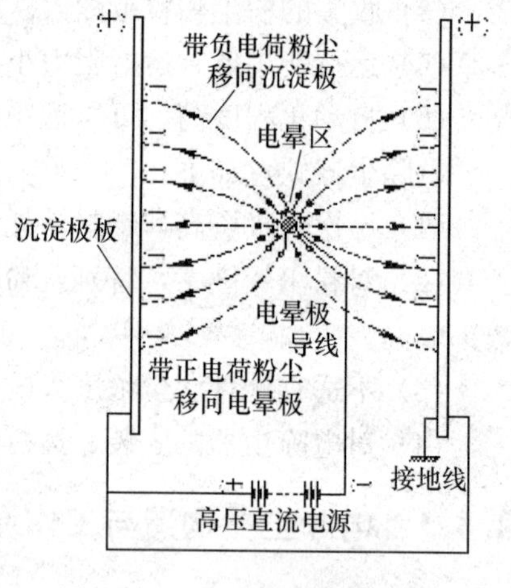

图 2-4-16　电除尘器工作原理

(2) 沉淀极

沉淀极也是集尘极，吸收含尘气体中带有负电荷的粉尘颗粒，有板式和管式两种。板式最为广泛，将若干块长条形极板安装在一个悬挂架上组成一排，一个除尘器内安装若干排极板，相邻两排极板间的中心距一般为 250～350mm，电晕极安装在两极板之间。板式集尘极一般有平板形、网形、Z 形、CS 形、波形、槽形等。

管式沉淀极为圆形或六角形，内径一般为 200～300mm，管长 3～4m；大一点的直径可达 700mm，管长 6～7m 中间安装电晕极。

(3) 振打装置

用于清除沉淀极板上的积尘，多采用反转锤头振打清灰方式，根据电极排数，每个电场装设一套或两套采用装有时间继电器控制的锤击振打装置。电晕极振打装置采用与沉淀极类似的振打装置，但结构设计不同。除锤头振打清灰外，还有弹簧—凸轮振打、电磁脉冲振打清灰方式，如图 2-4-17 所示。

(4) 气体均布装置

气体均布装置主要由气体导流板和气体均布器组成。在电除尘器的各个工作横断面上，

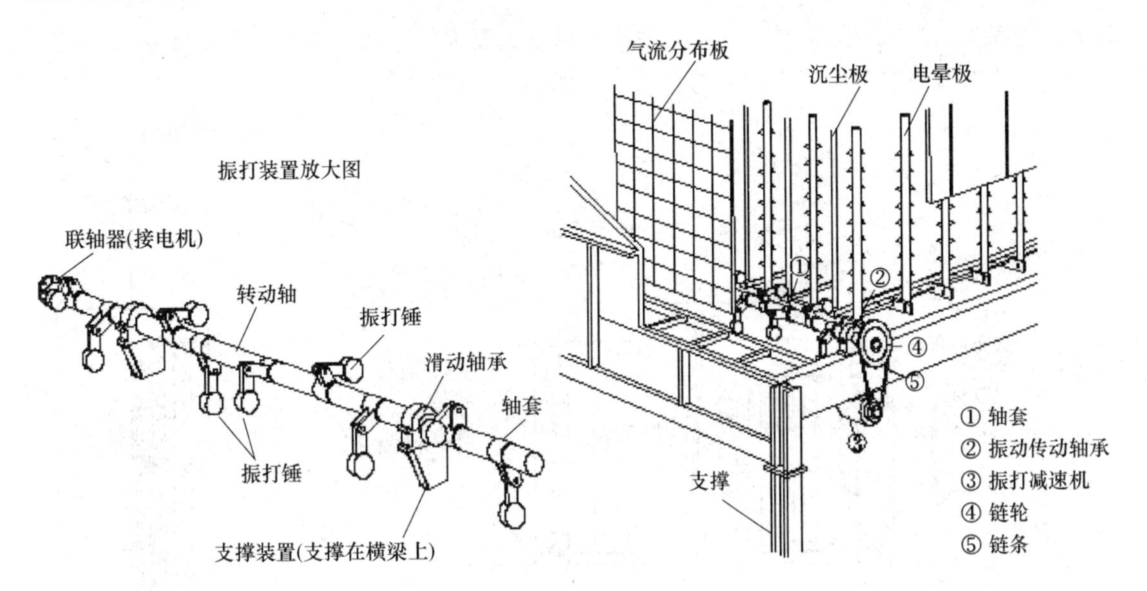

图 2-4-17　电除尘器主要部件

气体流速应力求均匀。如果气体流速相差大，则在流速高的部位，粉尘在电场中停留时间短，有些粉尘还来不及收下，就被气流带走，而且当粉尘从极板上振落时，二次飞扬的粉尘被气流带走的可能性也增大，这都会造成除尘效率下降，因此，使气流均匀分布对提高除尘器效率有重要意义。

（5）壳体

电除尘器的壳体有钢结构、钢筋混凝土结构及砖结构几种，水泥厂使用的电除尘器壳体一般为钢结构。壳体的下部为灰斗，中部为除尘电场，上部安装石英套管、绝缘瓷件和振打机构，侧面设有入孔门。壳体要注意防止漏风，并设有保温设施。

（6）保温箱

当绝缘套管周围温度过低时，其表面会产生冷凝水。影响电除尘器正常工作，保温箱内的温度应高于除尘器内烟气露点温度 20～30℃，保温箱内装有加热器、恒温控制器。保温箱安装在电除尘器的顶部，如图 2-4-15 所示。

（7）排灰装置

电除尘器常用的排灰装置有闪动阀、叶轮下料器（又叫回转阀）和双级重锤阀。排灰装置装在灰斗的下端，如图 2-4-15 所示。

4.4.2　电除尘器的性能与应用

1. 类型与特点

电除尘器可以根据不同的特点，分为不同的类型。

（1）根据气体流动方式分为卧式和立式两种。

含尘气体由水平方向通过电场的称为卧式电除尘器，根据需要可分成几室。优点是可按粉尘性质和净化要求增加电场数目，同时可按气体处理量增加除尘室数目，这样既可保证效率，又可适应不同处理量的要求。卧式电除尘器一般采用负压操作，使风机寿命延长，节省动力，高度也不大，安装维修比较方便，但占地较大。

含尘气体由下部垂直向上经过电场的称为立式电除尘器，优点是占地面积小。但由于气流方向与粉尘自然沉降方向相反，除尘效率较低；高度大，安装与维修不便。且常采用正压操作，风机布置在电除尘器之前，磨损较快，如图 2-4-18 所示。

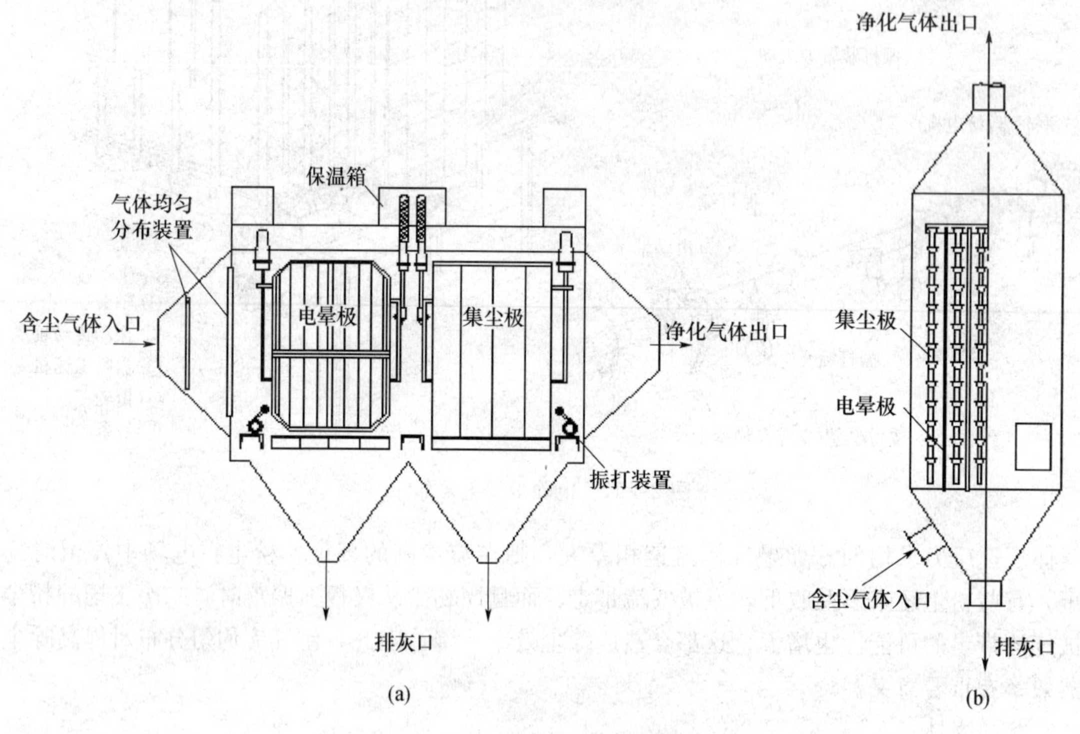

图 2-4-18　卧式电除尘器与立式电除尘器

(a) 卧式电除尘器；(b) 立式电除尘器

(2) 根据集尘极形状可分为管式和板式两种。

集尘极为圆管，电晕极置于圆管中心，而圆管内壁为收尘表面的除尘器称为管式电除尘器，特点是处理能力小。

集尘极为板状，平行设置，电晕极设置其中间的除尘器称为板式除尘器。大型电除尘器一般为此类型。

此外，还可根据集尘极和电晕极在除尘器内的配置位置分为单区和双区式。

2. 电除尘器的应用

电除尘器通常是把市电（220V 或 380V）通过一套自动调压设备＋整流变压器＋硅整流组件，为除尘的极板送去直流高压电，产生电晕现象，静电吸引粉尘，达到静电除尘的效果。

电除尘器的一次电流、一次电压一般都是指整流变压器的一次侧的交流电流和交流电压，是市电通过调压设备（一般是可控硅调压设备）后，送至变压器一次侧的电流、电压值，是随现场工况可调、可变化的值。

二次电流、二次电压是整流变压器＋硅整流组件输出的直流高压电流、电压值，一般为 1A、30kV 左右（具体数据看设备及现场情况）。

电除尘器的主体结构是钢结构，全部由型钢焊接而成，外表面覆盖蒙皮（薄钢板）和保温材料。在集灰斗的出口处需安装锁风装置，这样可防止已收下的粉尘再次悬浮飞扬起来。

3. 影响电除尘器除尘效率的主要因素

（1）粉尘的比电阻

粉尘的比电阻是指每平方厘米（cm^2）面积上高度为1cm的粉料柱，沿其高度方向测得的电阻值，单位为Ω·cm。粉尘比电阻是影响电除尘器除尘效率的一个很重要的因素，电除尘器对粉尘的比电阻有严格的要求。当比电阻在10^4～10^{11}Ω·cm时，除尘效果最好。当比电阻低于10^4Ω·cm时，粉尘导电性良好，荷电粒子与集尘极接触时立即放出电荷，同时获得与集尘极相同的电荷，受到集尘极排斥而又脱离集尘极，返回到气流中，形成粉尘的二次飞扬，此时，粉尘难以捕集，除尘效率下降，甚至难以工作。当粉尘比电阻在10^{11}Ω·cm以上时，沉淀在集尘极上的粉尘颗粒放电过程进行很慢，电荷很难中和，因此在粉尘层间形成很大的电压梯度，以致发生局部放电，出现反电晕现象，在集尘极和物料层中形成大量阳离子，中和了迎面而来的阴离子，使电能消耗增加，净化操作恶化，除尘效率下降，甚至无法操作。

当粉尘的比电阻不在合适的范围内时，应进行调节。粉尘的比电阻与温度、湿度和粉尘粒子的成分等因素有关，因此，可采用调节含尘气体的温度和湿度的方法将比电阻调节至要求的范围内。调节的措施根据粉尘的具体情况而定。对低阻型粉尘，应采取减少电离室的风速、增加百叶窗等措施；对高阻型粉尘，可在含尘气体内加入适量的氨、水蒸气或CO_2等。在水泥生产中一般在电除尘器前增设增湿塔来调节粉尘的比电阻。

（2）除尘系统温度

由于窑、磨、烘干机等设备排放出的含尘气体中均含有一定量的水分，气体的温度就不能低到气体的露点，否则会产生结露现象。由于结露，粉尘粘附在集尘极和电晕极上，当粘附的粉尘量达到一定程度时，就会阻止电晕极产生电晕，从而使除尘效率下降，电除尘器不能正常工作，严重时使除尘器完全失去作用。很多水泥企业电除尘器在冬季的使用效果降低，主要原因就是由于冬季气温低使气体产生结露造成的。另外，由于结露会造成除尘器的电极系统及壳体和集灰斗产生腐蚀，当气体中含有SO_3等腐蚀性物质时，腐蚀程度会更严重，从而缩短使用寿命。经验证明，进入电除尘器的气体温度应高于露点约50℃。

（3）除尘系统的密封

电除尘器通常为负压操作，因此在使用中必须注意密封，减少漏风以保证其工作性能。外部空气的进入会带来以下三个不利的后果：

①降低除尘器内气体的温度，有可能产生结露，尤其是在气温低的冬季。

②增大电场风速，使含尘气体在电场中的停留时间缩短，粉尘颗粒有可能来不及沉降到集尘极板上就被气流带出电场，从而降低除尘效率。同时，由于风速增大，使已沉降的粉尘再次被扬入气流中，造成除尘器的操作条件恶化。

③如果是集灰斗和排灰口处漏风，则漏入的空气直接将已沉降下的粉尘吹起，扬入气流中，造成严重的二次扬尘，导致除尘效率降低。

除尘器一般漏风率应控制在2%～3%，应将除尘器本体及进风管道及时进行焊补。漏风较严重地方通常有出料口、检修孔、观察孔、振打机构的穿过处、绝缘子安装处等，在使用时应特别注意这些地方的密封。

（4）粉尘浓度

不同含尘浓度的气体应采用不同的除尘方法，一般情况下，电除尘器进口允许粉尘浓度以不超过 40～50g/Nm^3 为宜。由于电除尘器正常工作时，电晕电流基本上是气体离子的运动所致，当含尘量过高，则大部分空间离子电荷给了尘粒，而尘粒移动速度远低于离子移动速度，电荷活动大大降低，使除尘器形成电晕封闭，电流下降，因而效率也下降。但电晕极若采用芒刺线，则处理气体的含尘浓度可以提高到 80～100g/Nm^3。

(5) 处理风量

处理风量大于电除尘器设计允许的范围时，除尘效率降低的原因主要是由于气流流速增大，减少了粉尘微粒与电离的气体相结合的机会，加大了粉尘微粒被高速气流带走的数量，同时也加大了已沉聚下来的粉尘再度被高速气流扬起带走的数量，即加大了二次扬尘。一般认为，气体流速取 0.6～1.3m/s 为宜，对规格大的电除尘器可以取上限值，因为气体在电除尘器内停留的时间长些，反之则可取较小的值。

(6) 清灰方式

电除尘器普遍采用的清灰方式是安装定时振打清灰装置。由于锤击振打装置、弹簧凸轮振打装置和电磁振打装置都存在着共同的不足，电除尘器在使用一段时间以后，由于极板表面积灰增厚，极线积灰，导致除尘效率降低。

目前，一种先进的电除尘器清灰方式，即采用声波技术清灰，已开始得到应用，这种清灰方式能经济、简单、有效地提高除尘效率。其工作原理是：声波清灰系统由声波发生器、储气包、减压阀、压力表、空气过滤器、油雾器、电磁阀、时间控制器和气路、电路等组成。压缩空气通过进气口进入气室内，当气室压力达到一定程度时，金属膜片向上移，形成一环形缝隙，空气由此通过喇叭管冲出，完成一次脉冲。这一过程重复进行。声波发生器产生具有一定能量的声波。由于声波的声强和频率是按清灰要求设计的，所以声波达到电除尘器的极板线后，转化为机械能，抵消气流中粉尘的表面粘附力，阻止粉尘相互之间结合成一层硬壳。同时，声波还能使已结块的粉尘层松散，使粉尘较易从极板上脱落下来，达到声波清除极板、极线积灰的目的。如果能满足声波清灰系统所要求的条件，就能获得非常满意的清灰效果。

此外，在操作上应保持电压充足，生产中经常发生由于电压不足而致使除尘效率下降。有时由于安装不正确或使用、检修不善，使某些局部电极距离较小形成短路，电压不能加足，也会引起除尘效率下降。

综上所述，要提高电除尘器的工作效率，必须充分了解和掌握电除尘器的工作性能，对所处理的含尘气体及粉尘的特性要有比较全面的了解，使其符合要求，以最大限度地提高除尘效率，发挥电除尘器应有的作用。

4.4.3 电除尘器的操作与维护

1. 操作及维护

(1) 开机前的准备工作

① 检查壳体内、保温箱内是否有杂物，各检修门要关闭。

② 检查振打、排灰、锁风装置的传动机构是否灵活，各润滑点有足够的润滑油。

③ 将进、出气体口阀门打开。

④ 外壳和高压变压器的正极必须良好接地，高压电缆头和高压硅整流器是否漏油。

⑤ 开机前 4h 接通保温箱内的管状加热器，对绝缘套进行加热。

（2）启动操作

① 检查准备完毕后，启动下部的锁风电机和排灰电机。

② 启动电晕极、集尘极、气流分布板、振打装置及灰斗斗壁上的振动电机。

③ 接通防爆阀门内的电加热装置。

④ 启动一氧化碳检测装置。

⑤ 打开烟道闸板，启动工艺系统排风机，让烟气通过收尘器。

⑥ 启动高压硅整流器，向电场送电。

（3）运行操作

①对各电机的负荷必须仔细观察，不得超过额定值。

② 做好运行记录：每个电场高压供电装置低压端的电流、电压值，高压端的电流、电压值；振打程序的选择；各振打机构、排灰机构及输灰机构的运行情况；故障及处理情况。

③至少每 4h 检查一次各振打装置和排灰传动机构的运行情况。

④ 要经常观察，定期排灰，保持下灰畅通。

⑤在高压运行时，操作人员不得打开电除尘器入孔口。

⑥为了防止高压供电装置操作过电压，不能在高压运行时拉闸。

（4）停机操作

①将高压控制柜上的“输出电流选择键”逐一复位后，再按下“关机”按钮（紧急停机时可直接按“关机”按钮），再关断空气开关。

②停止工艺系统排风机。

③继续开动各振打机构和排灰输灰装置 30min，使机内积灰及时排出再停机。

（5）维护与保养

电除尘器在运行时要随时注意查看仪表所显示的数据及其变化情况，观察风机、通风管道、连接件的密封情况，做到精心保养，及时处理常见故障，对于极板变形或位移，极间距调整，绝缘由于结露或积灰而泄漏，电晕线断线或短路，放电框架振打过强或振打失灵，分布孔板被堵，排灰装置严重漏风等，要配合专业检修人员维修处理。

1）日常维护保养

① 防止除尘器腐蚀。在操作时要特别注意废气的温度与气压，尽量使排气温度高于露点 50℃，气体的绝对压力越低，则气体的露点也就越低。

② 一些比较特殊的场合（如煤磨），要在电除尘器的上部设有防爆阀，它是利用弹簧来压住阀门，当内部气体燃烧时，气体膨胀而使压力增大，此时阀门便会被打开。

③ 电除尘器的内部还设有一些温度、O_2、CO 等侦测装置以及惰性气体喷射系统。在中控室中要随时注意系统的 O_2、CO 及温度、风压值，警报信息及防堵指示等。现场人员巡查到电除尘器时，要注意电除尘器料柜下料点的负压，观察卸灰阀、粉尘输送设备、机壳的温度是否正常。

④ 防止除尘器的顶部、凹型排水槽堵塞，避免加剧机壳的锈蚀。在电除尘器的顶部，也要注意观察各个人孔、防爆孔、法兰等接缝处有没有漏气。

2）机体的保养

① 每周对保温箱进行一次清扫，在清扫过程中需同时检查电晕极支撑绝缘子及石英套管是否有破损等现象，如果有破损，则应及时更换。

② 每周检查一次各振打装置及卸灰输灰装置的减速机油位，并适当补充润滑油。

③ 减速机第一次加油运转一周后更换新油，并将内部油污冲净，以后每 6 个月更换一次润滑油。

④ 每周清扫一次电晕极振打转动瓷联轴，在清扫过程中需同时检查是否有破坏等现象，如果有破坏，则应及时更换。

⑤ 每年检查一次壳体、检查门等处与地线的连接情况，必须保证其电阻值小于 4Ω。

⑥ 根据集尘极的积灰情况，选择适宜的振打程序。

⑦ 6 个月检查一次电除尘器保温层，如发现破损，应及时修理。

⑧ 每年测定一次进出口处烟气量、含尘浓度和压力降，从而分析电除尘器性能的变化。

3）电气部分的维护

① 高压控制柜和高压发生器均不允许开路运行。

② 及时清扫所有绝缘件上的积灰和控制柜内部积灰，检查接触器开关、继电器线圈、触头的动作是否可靠，保持设备的清洁干燥。

③ 每年测量一次高压发生器和控制柜的接地电阻≤2Ω。

④ 每年更换一次高压发生器的干燥剂。

⑤ 每年一次进行变压器油耐压试验，其击穿电压不低于交流有效值 40kV/2.5mA。

2. 常见故障分析及处理方法

电除尘器的结构复杂，故障点也较多，需针对具体故障进行仔细分析，做出相应处理，如表 2-4-4 所示。

表 2-4-4 电除尘器的常见故障现象、原因及处理方法

故障现象	分析故障原因	处理故障方法
指示灯不亮	①接触不良； ②电源内部有短路	①改善接触； ②排除短路点
按“自检按钮”，二次电流表无读数，一次电压表及二次电压表读数大于额定值的 70%	回路中有开路	找到开路位置，排除
按“自检按钮”，二次电流表有读数，一次电压表及二次电压表无读数	回路中有短路	找到短路点，排除
二次电压接近于零或者二次电压升至较低便发生闪路	①石英套管或支柱绝缘子，或绝缘瓷轴破损； ②两极间距离局部变小； ③有杂物挂在除尘极或电晕极上； ④电晕极振打装置绝缘瓷轴受潮； ⑤高压硅堆损坏； ⑥高压烧阻有击穿	①更换破坏件； ②调整极间距； ③清除杂物； ④擦抹石英套管或支柱绝缘子，提高保温箱内温度； ⑤减少漏风，擦抹绝缘瓷轴； ⑥换硅堆； ⑦送回制造厂修理

续表

故障现象	分析故障原因	处理故障方法
二次电压正常，二次电流显著降低	①集尘极积灰过多； ②集尘极或电晕极的振打未开或失灵； ③电晕极肥大放电不良； ④烟气中粉尘浓度过大，出现电晕闭塞	①清除积灰； ②检查并修复振打装置； ③分析肥大原因，采取必要措施； ④降低粉尘浓度
过电压跳闸	①外部连线有松动或断开； ②电网输入的电压太高； ③工况变化，电场呈高阻状态	①接好松动或断开的线； ②适当减少输出电压； ③适当减少输出电流
二次电压不稳定，二次电压表急剧摆动	①电晕线折断，其残留段受风吹摆动； ②电晕极支柱绝缘子对地产生沿面放电	①剪去残留段； ②处理放电部位
一、二次电压、电流均正常但除尘效率显著降低	①气流分布板孔眼被堵； ②灰斗的阻流板脱落，气流发生短路； ③靠出口处的排灰装置严重漏风	①检查气流分布板的振打装置是否失灵； ②检查阻流板，并做适当处理
二次电压表一定值后不再增大，反而下降	①变压器套管损坏； ②高压绕组软击穿	①换变压器套管； ②送回制造厂修理
排灰装置卡死或保险跳闸	机内有杂物掉入排灰装置	停机修理
电晕极线松弛	①由于电晕极线过长，电晕极部分各表面温度不均； ②各电晕极线松紧程度不同； ③电除尘器启动、停车频繁	①将电晕线长度改短； ②电晕线松弛后可用漆包线缚紧； ③用板线工具，将松弛的电晕线在电晕框的同一平面内板弯以保持松紧程度一致
电晕线断裂	①由于振打作用产生间隙，使电晕线及框架结构的挂钩和挂环的连接处产生弧光放电，而将勾与环连接处烧断； ②由于电晕线松弛，在振打时产生摆动，引起电弧放电、烧断电晕线； ③漏进空气引起冷凝，造成腐蚀； ④振打力过大，使极线疲劳	①将挂钩和挂环连接处点焊固定； ②缩短电晕线的长度，电晕两端改用螺栓连接紧固； ③堵漏； ④降低振打力以保持适中
电晕封闭	①进口含尘浓度过高； ②未及时清扫电晕极积灰	①控制入口处含尘浓度； ②振打、吹扫电晕极上的积灰
反电晕	①粉尘比电阻高于规定值； ②未及时清扫沉淀极板上的积灰	①预先对烟气进行比电阻调理，可采用烟气增湿方法使粉尘比电阻降到 $5\times10^{11}\Omega\cdot cm$ 以下； ②清扫集尘极板积灰
沉淀极板断裂	①由于漏风或开、停时电场内部结露，废气中的 SO_2 造成极板腐蚀； ②风速高、风量大使极板粉尘磨损	①极板改用耐腐蚀材料；或通热风入电场，在开停前后使场内温度保持在露点以下20～30℃； ②调整操作参数或进口阀门开度

续表

故障现象	分析故障原因	处理故障方法
电场内产生爆炸	①由于生产操作不正常或煤质变劣时，造成煤粉燃烧不完全，致使大量CO气体和煤粉进入电场中； ②未燃烧完全的煤被捕集在电极上，在电晕作用下进行不完全燃烧产生CO气体大量积聚在电除尘器上部死区内	①CO分析仪的探头应设于电场顶部CO的积聚区内； ②加强操作，控制废气中的CO含量； ③安装可靠的防爆阀，以保证爆炸时的卸荷作用
振打传动电机烧毁	①冷态时，转轴各轴承的中心线不同心，轴变形或轴链轮平面与电机链轮平面不重合，导致转矩增大； ②热态时，因温度作用，转动轴位置发生变化；或因温度不均匀，各轴承中心线不在一直线上，造成阻力矩急剧上升	①调整各同心度； ②放大轴承间隙； ③每根轴上进行一点轴向固定； ④进行多次调整； ⑤电机加过载保护； ⑥注意气流分布的均匀性，以保证温度的均匀
二次工作电流过大，二次整流电压升不高，接近零伏	①沉淀极和电晕极之间短路； ②石英套管内壁冷凝结露造成高压对地短路； ③电晕极振打用的绝缘瓷瓶或钢化玻璃破损，造成对地短路； ④高压部分绝缘不良，高压电缆或电缆终端盒对地击穿短路； ⑤灰斗内积灰过多，以致接触电晕极框架； ⑥电晕线折断、留下的短头侧向偏出，靠近沉淀极板	①清除造成短路的杂物或断脱的电晕线； ②将石英套管内壁擦拭干净，延长电加热器的加热时间，以保证套管内有足够的温度； ③检修更换损坏的钢化玻璃或瓷瓶以及损坏的电缆； ④清除灰斗内积灰； ⑤检查断线处，去掉残余的断线
二次工作电流正常或偏大，整流，升压到较低的数值就产生火花击穿	①沉淀极和电晕极之间的距离局部变小； ②有杂物落在或挂在沉淀极板或电晕极上； ③保温箱或绝缘室温度不够，石英套管内壁受潮漏电； ④由于电场出现压力，烟气从石英套管向外排出，使套管或高压支柱瓷瓶受潮积灰以及油污、弄脏，造成漏电； ⑤电缆击穿或漏电	①检查调整极间距； ②清除杂物； ③清除原因，擦拭套管内壁，提高石英套管温度； ④擦拭干净，并采取改进措施，防止烟气从石英套管向外排出； ⑤检修并更换电缆
二次电压正常而二次电流很小，毫安数比正常大大降低	①沉淀极或电晕极上积灰过多 ②振打装置未开或部分振打机构失灵； ③电晕极肥大造成放电不良； ④烟气中含尘浓度过大，出现电晕封闭	①清除积灰，检查振打装置； ②检查修好振打装置； ③检查原因，采取改进措施； ④降低烟气中含尘浓度，降低风速或提高工作电压

续表

故障现象	分析故障原因	处理故障方法
整流电压和一次电流正常，二次电流的毫安表无读数	①整流输出端 FS-1-0.5 避雷器或放电间隙击穿损坏； ②毫安表并联的电容器损坏造成短路； ③变压器至毫安表连接导线在某处接地； ④毫安表本身指针卡住	①查出原因，排除故障； ②更换电容器； ③检查排除故障； ④检查修复毫安表
二次电流不稳定，毫安表指针或周期性摆动或不规则摆动，或剧烈摆动	①电晕线折断、残留线段在电晕框架上摇晃； ②电晕框架振打过于强烈，造成摆动； ③电晕极或沉淀极发生变形或附着的粉尘使极间变小引起闪路； ④通过电场的烟气，物理性质急剧变化（如工艺暂时变化，造成烟气温度、湿度的变化）； ⑤电极间隔不齐或电极严重弯曲以致由局部火花过渡到闪路状态； ⑥石英套管或高压绝缘子对地产生沿面放电或高压电缆对地击穿	①清除残留断线或更换新线； ②适当减少振打力； ③调直电晕框或极板，清除极板上的积灰； ④针对工艺方面的问题解决； ⑤彻底调整或修复； ⑥检查处理生产放电的故障点
石英套管击穿破裂	①套管制造质量不好，壁厚不均或内壁不圆，安装后受力不均； ②套管内部积灰； ③套管内壁冷凝结露； ④绝缘瓷瓶、连杆、拉杆及悬吊杆的位置不正确，使受力不均； ⑤石英套管与底座之间无衬垫或衬垫太硬、太薄； ⑥提升机构下落位置不正确	①检查套管的制造质量对不合格者予以更换； ②清除积灰； ③提高套管温度； ④调整位置； ⑤垫以 15mm 厚的耐热橡胶板； ⑥调整提升机构的专用调整螺钉，使其下落位置符合要求

任务小结

本任务介绍了除尘的目的及意义、各种除尘设备的构造及工作原理、使用及常见故障分析及处理。旋风除尘器工作原理，含尘气体由进气管以 12～20m/s 的速度从切向进入外圆筒内，形成旋转运动，由于内外圆筒及顶盖的限制，迫使含尘气体由上向下离心螺旋运动（称为外旋流），旋转过程中粉尘颗粒由于惯性离心力作用，大部分被甩向筒壁，失去能量沿壁滑下，经排灰口进入集灰斗中，最后由排灰阀排出。类型有螺旋筒型（CLT/A）、旁路型（CJP）、扩散型（CLK）及多管型（CLG）。

袋式除尘器由滤袋（透气但不透尘粒的纤维织物）、清灰机构（对阻留在滤袋上的粉尘要定时清理）、过滤室（箱体）、进出口风管、集灰斗及卸料器（回转卸料器、翻板阀锁风等）组成，利用过滤方法除尘。

电除尘器主要由电晕极、沉淀极（也称集尘极）、振打装置、气体均布装置、电除尘的壳体、保温箱、排灰装置和高压整流机组组成，电晕极和集尘极是主要工作部件。当电压升高到一定数值时，在阴极附近的电场强度迫使气体发生碰撞电离，形成大量正负离子。由于在电晕极附近的阳离子趋向电晕极的路程极短，速度低，碰上粉尘的机会很少，因此，绝大部分粉尘与路程长的负离子相撞而带上负电，飞向集尘极，电荷被中和后沉集在集尘极上，只有极少数粉尘沉积于电晕极，定期振打集尘极及电晕极，使两极吸附的粉尘落入集灰斗中，通过卸灰装置卸至输送机械运走。

思　考　题

1. 除尘的目的和意义有哪些？
2. 什么是除尘效率？什么是分级除尘效率？如何计算？
3. 简述旋风除尘器的工作原理。
4. 旋风除尘器的型式有哪些？各有何特点？
5. 简述袋式除尘器的构造及除尘原理。
6. 气箱式脉冲袋式除尘器的主要结构有哪些？
7. 影响袋式除尘器收尘效率的因素有哪些？
8. 简述电除尘器的工作原理。
9. 电晕极和集尘极各有什么作用？
10. 什么是粉尘的比电阻？它对除尘效率有何影响？
11. 系统温度和粉尘浓度对除尘效率会产生怎样的影响？

任务5　立　式　磨

知识目标　了解水泥厂立式生料磨系统中控操作员的岗位职责；掌握立式生料粉磨系统的生产工艺流程、主机设备结构与工作原理。

能力目标　能够利用中控室仿真系统模拟进行组启动与组停车以及生产参数的调节；能够利用中控室生产故障模拟系统对常见故障进行及时判断、准确分析和正确处理。

5.1　概　　述

立式磨又称为辊式磨，是近几年来生料粉磨的主要设备，它是利用2～4个磨辊紧贴在磨盘上，做中速旋转把物料磨细。同时利用液压的作用对物料进行滚压，由于磨盘和磨辊之间存在着速度差，在滚压的同时进行研磨。磨细的物料由气流带入磨机上部的选粉设备进行分级，细粉随气流通过分离器排除磨机，粗粉回到磨辊与磨盘之间重新粉磨。

立式磨的发展经历了80多年的漫长时期，最初被应用于煤粉制备系统，自20世纪70年代，立式磨又被应用在水泥生料粉磨系统中。目前采用较多的立式磨型式有：德国伯力鸠斯公司的RM型，皮特斯公司的E型，莱歇公司和美国富勒公司、日本宇部公司的LM型，德国法埃尔公司和美国爱立斯公司的MPS型，丹麦史密斯公司的Atox型和英国拔伯葛公司的R型。各种立式磨结构形式各有不同，但均以料床粉磨为原理，都具有集原料破碎、烘干、粉磨、选粉、输送于一体的多功能、高效率粉磨等特点。以5000t/d水泥生产线为例，其原料立式磨的主要性能如表2-5-1所示。

表2-5-1　立磨主要性能

设备名称	性能
立式磨	生产能力：（磨损前）450t/h；（磨损后）450t/h。 入磨粒度：<100mm。入磨水分：<6%。成品水分：<0.5%。 成品细度：80μm筛，筛余10%。磨盘转速：23.1r/min。磨辊数量：3个。 磨辊直径：ϕ2800。磨盘直径：ϕ5000mm
主减速机	许用功率：4000kW。输入转速：995r/min。输出转速：23.1r/min
主电机	YRKK900-6　1P44　额定功率：4000kW。额定转速：995r/min 电压：10000V
辅助传动减速电机	功率：7.5kW，380V。输入转速：1480r/min。输出转速：6.9r/min
主减速机润滑站	冷却水量：$76m^3/h$。水压：3～6bar
低压油泵电机（齿轮泵）	功率：37kW。转速：1475r/min
环路油泵电机（齿轮泵）	功率：5.5kW。转速：725r/min
高压油泵电机（径向活塞泵）	功率：5.5kW。转速：1450r/min
油加热器	功率：27kW
磨辊液压装置	液压缸：工作压力：200bar。安全压力：315bar。 蓄能器：工作压力：200bar。 过滤油泵（星形柱塞泵）：流量：15L/min；压力：200bar。 油泵电机：功率：7.5kW；转速：1450r/min。 电磁阀：功率：0.12kW，220V
XYZ-25G主电机稀油站	供油压力。0.4MPa。公称流量：25L/min。油箱容积：$0.63m^3$。 过滤面积：$0.13m^2$。换热面积：$3m^2$。冷却水用量：$1.35m^3/h$。 油泵电机（Y90S-4-V1）：功率：1.1kW。 电加热器：功率：6kW，220V
密封风机	风量：$2700Nm^3/h$。风压：85mbar 电机：功率：15kW　IP55。转速：3000r/min

5.2　立式磨构造与工作原理

5.2.1　立式磨构造

立式磨根据磨辊形式的不同，有很多不同的形式。国内使用最多的是MPS和Atox型立式磨。

立式磨主要由磨体、磨盘、磨辊、加压装置、分离器、传动系统和密封等组成，如图2-5-1所示。

磨辊和磨盘是立式磨的主要部件。磨辊主要由辊套、辊芯、轴、轴承及辊子支架等组成，每台设备根据规格大小可设置 2～4 个磨辊。磨辊的主要作用是对物料进行碾压粉碎。主要形式有胎形辊、圆柱形辊及锥形辊等，图 2-5-2 为锥形磨辊。

磨盘由减速器壳体支承，并固定在减速器的立轴上，由减速器带动磨盘转动。磨盘主要由盘座、衬板、挡环等组成。主要形式有平形磨盘和带沟槽形磨盘，图 2-5-3 为平形磨盘。

分离器是保证产品细度的重要部件，由传动系统、转子、导风叶、壳体、粗粉落料锥斗、出风口等组成。一般分为静态、动态和高效组合式分离器三大类。

图 2-5-1　立式磨构造

(1) 静态分离器

工作原理类似于旋风筒，不同的是含尘气流经过内外锥壳之间的通道上升，并通过圆周均布的导风叶切向折入内分离室，边回转，边再次折进内筒。结构简单，无可动部件，不易出故障。但调整不灵活，分离效率不高。

(2) 动态分离器

这是一个高速旋转的笼子，含尘气体穿过笼子时，细颗粒由空气摩擦带入，粗颗粒直接被叶片碰撞拦下，转子的速度可以根据要求来调节，转速高时，出料细度就越细，与离心式选粉机的分级原理是一样的。它有较高的分级精度，细度控制也很方便。

(3) 高效组合式分离器

它将动态分离器（旋转笼子）和静态分离器（导风叶）结合在一起，即圆柱形的笼子作为转子，在它的四周均布了导风叶片，使气流上下均匀地进入分离区，粗细粉分离清晰，分离效率高。不过这种分离器的阻力较大，因此叶片的磨损也大，如图 2-5-4 所示。

立式磨构造

加压装置是提供碾磨压力的部件，由高压油站、液压缸、拉杆、蓄能器等组成，能向磨辊施加足够的压力使物料粉碎，加压装置也可以是弹簧。

传动装置由电动机、减速机等组成。减速机既要起到减速、传递功率、带动磨盘转动的作用，又要承受磨盘、物料的重力以及碾磨压力。

图 2-5-2　锥形磨辊

图 2-5-3　平形磨盘

图 2-5-4　组合式分离器

5.2.2　立式磨工作原理

立式磨
工作原理

立式磨是根据料床粉磨的原理，通过相对运动的磨辊、磨盘碾磨装置来粉磨物料的机械。其主要结构包括磨盘、磨辊、加压装置、传动装置、选粉机等。物料在经过磨机的过程中完成了粉磨、烘干、选粉三个功能。具体的工作过程是这样的：电动机通过减速机带动磨盘转动，物料下料后进入磨内堆积在磨盘中间，磨盘转动产生的离心力使其移向磨盘周边，进入磨辊和磨盘间的辊道内。磨辊在液压装置和加压机构的作用下，向辊道内的物料施加压力。物料在辊道内碾压后，向磨盘边缘移动，直至从磨盘边缘的挡料圈上溢出。与此同时，来自窑系统的热气流对物料进行悬浮烘干，并将磨碎后的物料带至磨机上部的分离器中进行分选。

5.2.3　立式磨主要参数

立式磨的主要工艺参数有转速、辊压、风量、风速、生产能力、功率等。

1. 磨盘转速

立式磨磨盘的转速决定于磨盘直径。其近似计算式为：

$$n=C\frac{1}{\sqrt{D}} \tag{2-5-1}$$

式中　n——磨盘转速，r/min；

D——磨盘外径，m；

C——修正系数。

不同形式立式磨的转速与磨盘直径的关系如表 2-5-2 所示。

表 2-5-2　转速与盘径的关系

立式磨名称	n 与 D 的关系	相当于球磨的%	立式磨名称	n 与 D 的关系	相当于球磨的%
LM	$n=58.5D^{-0.5}$	182.8	MPS	$n=51.0D^{-0.5}$	159.4
ATOX	$n=56.0D^{-0.5}$	175.0	球磨	$n=32.0D^{-0.5}$	100.0
RM	$n=24.0D^{-0.5}$	168.5			

2. 磨辊压力

立式磨的磨辊压力增加，成品粒度变小，但压力达到某一临界值后，粒度不再变化。该临界值决定于物料的性质和喂料粒度。立式磨是通过多级粉碎，循环粉磨，达到要求粒度的，因此其实际使用压力并未达到临界值，一般为 10～35MPa。理论上物料所受真实辊压很难计算，所以可以用相对辊压来表示。

相对辊压一般用下式计算：

$$P_1=\frac{F}{\pi}D_R B \tag{2-5-2}$$

式中　P_1——磨辊面积压力，kN/m^2；

F——每个磨辊所受的总压力，kN；

D_R——磨辊平均直径，m；

B——磨辊宽度，m。

3. 立式磨通风

按照立式磨系统物料外循环量的大小，可将立式磨分为风扫式、半风扫式和机械提升式。风扫式磨无外循环装置，物料靠通过磨机的气体提升到立式磨上部的选粉机进行选粉，用风量大，内循环量也大；半风扫式有一定的粗料进行外循环，用风量要小一些；机械提升式主要指用作预粉磨的立式磨，因其内部不带选粉机，出磨物料全靠机械装置送到外部选粉机选粉，仅有少量风即可。对前两种立式磨的通风量可按照粉磨室的截面风速来计算。

$$Q=3600vS \tag{2-5-3}$$

式中 Q——立式磨通风量，m^3/h；

S——粉磨腔的截面积，m^2；

v——截面风速，生料取 3～6m/s。

立式磨风量还可以通过出口含尘浓度及其他方法进行计算。表 2-5-3 列出了根据磨机风量、产量和盘径计算出的立式磨出口含尘浓度和截面风速。

表 2-5-3 立式磨出口含尘浓度和截面风速

磨机规格	产量（t/h）	风量（m^3/h）	c（g/m^3）	v（m/s）	备注
Atox50	351	593114	592	8.4	生料
Atox37.5	174	302965	575	7.6	生料
MPS3450	152.8		350～500		生料
TRM25	80	127000	630	7.2	生料

注：上述风量指磨机出口处的工况风量。

4. 生产能力

立式磨的生产能力与从磨辊下通过的物料层厚度、磨辊碾压物料的速度和磨辊宽度成正比，与物料在磨内的循环次数成反比。

$$Q=3600\frac{1}{K}\gamma vbhZ \tag{2-5-4}$$

式中 Q——立式磨生产能力，t/h；

K——物料在磨内的循环次数；

γ——物料在磨盘上的堆积容积密度，t/m^3；

v——磨辊（外侧）圆周速度，m/s；

b——磨辊宽度，m；

h——料层厚度，m。

z——磨辊个数。

由于式（2-5-4）中的 $v=\frac{\pi Dn}{60}$，则该式可改写为：

$$Q=60\frac{1}{K}\pi yDnbhZ \tag{2-5-5}$$

式中 D——磨盘有效直径，m；

n——磨盘转速，r/min。

立式磨的生产能力还与物料的易磨性、物料水分、辊压力等有关，实际生产能力波动较大。

5. 功率

立式磨的功率与磨辊对料层的辊压力、磨盘转速和磨辊个数成正比。

实际上立式磨功率的确定，需要根据原料的功耗试验和磨耗试验的结果确定。按功耗值计算装机功率，即：

$$N=KD^{2.5} \tag{2-5-6}$$

式中 N——立式磨的功率，kW；

K——储备系数；

D——磨盘外径，m。

不同型式的立式磨正常配备功率的计算式如表 2-5-4 所示。

表 2-5-4　不同型式的立式磨功率与磨盘外径的关系

立式磨型式	配备功率计算式
LM	$N=87.8D^{2.5}$
ATOX	$N=63.9D^{2.5}$
RM	$N=42.2D^{2.5}$（$D<51$），$N=49.0D^{2.5}$（$D>54$），
MPS	$N=64.5D^{2.5}$（$D_m<3150$），$N=52.7D^{2.5}$（$D_m>3450$）

注：D_m 为辊道平均直径。

6. 仿真系统立式磨系统重点参数

本书依托的 5000t/d 水泥熟料生产线中生料制备立式磨系统重点参数如表 2-5-5 所示。

表 2-5-5　立式磨系统重点参数

所属设备	重点参数	参数范围
立式磨	磨机电流	342.18A（336～352A）
	磨辊压力	13MPa（最大 14MPa）
	磨机振动值	横向 2.64mm（2.6～2.85mm） 纵向 2.93mm（2.7～3.1mm）
	磨机入口温度、压力	210.8℃（195～220℃），－700Pa
	磨机出口温度、压力	91.2℃（85～95℃），－9127.3Pa
	磨机进出口压差	－8427.4Pa（－7800～9500Pa）
	磨机进口热风阀开度	95%
	磨机进口冷风阀开度	10%
	选粉机转速	60r/min（正常 50～80r/min，最大 120r/min）
磨尾排风机	排风机电流	299A
	风机入口阀门开度	90%
	循环风阀门开度	80%
其他	总料量设定	370t/h（340～400t/h）

5.2.4　立式磨特点

（1）粉磨效率高、能耗低；

（2）烘干能力大；

(3) 入磨物料的粒度可以放宽；

(4) 细度调节方便；

(5) 噪声小，扬尘少；

(6) 不适合用于粉磨磨蚀性大的物料。

5.3 立式磨控制要点

5.3.1 磨机负荷调节回路

立式磨操作应保持一定的料层厚度，以减小磨机震动。料层厚度与风量、磨辊压力、原料本身（如含水量）等因素都有关系。在通风量较为恒定的情况下，进、出磨管路上的压差反映了料层的厚度，通过检测进出磨管路上的压力差值来检测磨盘上的料层厚度，调节喂料量。当压差上升时，喂料量应减少；反之，则增加喂料量。

1. 入磨风管负压调节

它主要是通过调节立式磨循环风阀门来达到稳定入磨风管负压的目的。当入口负压下降时，则增加循环风量；反之，则减少循环风。通常循环风按排风量的30%设定。另外，当出磨生料水分偏高时，也应适当减少循环风，多用热风。

2. 入磨风温控制

入磨气体由两部分组成：来自窑尾增湿塔和磨系统的循环风。入磨风温通过调节冷风阀门开度来控制，以保证烘干磨内物料用。

3. 出磨气体温度调节

通过控制入磨热风阀门和冷风阀门的大小。当磨机出口温度达150℃时报警，并向磨内自动喷水降温，同时要控制喷水量的大小。为了保证喷水的雾化，在喷水量较少时，应关闭部分喷嘴，保证有足够的水压。正常控制出磨气体温度为95℃。

5.3.2 生料质量控制

生料质量包括：生料成分、细度、水分。

(1) 成分。生料去均化前，由自动取样器取样，经分析，将数据输入计算机，自动调整各种原料的配合比例，确保生料成分趋于一致和稳定。

(2) 细度。生料细度主要与入磨风量、选粉机转速有关。通常根据产品细度要求调节选粉机转速、磨内拉风等变量，确保出磨生料细度在要求的范围内。当入磨风量恒定时，选粉机转速决定生料细度。转速快，生料细度细，反之，生料细度粗。生料细度控制在0.08mm方孔筛，筛余小于12%；当选粉机转速恒定时，入磨风量决定生料细度，磨内通风量大，生料粗。

(3) 水分。生料水分大小的控制主要是调整热风量。热风用量少，生料水分高，反之水分低。操作中主要以出磨风温来控制，正常水分时，出立式磨的气体温度为95℃。当出磨气体温度下降时，生料水分提高，反之，水分降低。生料水分控制值小于或等于0.5%。

5.3.3 立式磨系统操作

立式磨系统的操作主要是风量（热风、冷风、循环风）与喂料量的配合。如果风、料配合适当，立式磨就运转平稳，同时生料的产量和质量都会提高。

1. 稳定入磨气体温度

入磨气体温度的大小反映了入磨冷、热风比例的大小。入磨风温高，可加强热风对物料的烘干能力，在入料量、入料水分不变时，使出磨风温偏高，反之，出磨风温偏低。通常通过调节入磨冷风量控制入磨风温。

2. 稳定立式磨出口风温

立式磨出口气体温度的大小反映了磨内的烘干能力即喂料量的多少、入磨热风温度和热风量等问题。立式磨出口气体温度过低，对磨内物料的烘干能力不足，出磨产品水分大，易使收尘系统冷凝；温度过高，会影响系统排风机和窑尾收尘器的安全运行。通常根据出磨风温及时调节喂料量或调节入磨风温和风量，使出磨风温稳定，确保立式磨出口风温为90～95℃。

3. 稳定立式磨进出口压差

立式磨进出口压差主要反映了磨内物料量的多少和磨内通风量的大小情况。立式磨进出口压差过大，表明磨内喂料量过大或磨内通风量过大。通常靠调节入磨喂料量或磨尾排风机入口阀门开度来稳定出入口压差。

4. 稳定磨内料床厚度

磨内料床的薄厚反映了入磨物料量、入磨物料的性质与磨机辊压、磨内风速的匹配情况。磨内料床过薄，易引起磨机振动；磨内料床过厚，磨内粉磨效率过低，影响磨机产量。通常根据入磨物料粒度、易磨性、喂料量，选择适当的辊压和磨内风速，以稳定磨内压实后的料床厚度不宜小于40～50mm。

磨内料床的薄厚，在入磨物料量和入磨物料物理性能一定的情况下，取决于磨机的辊压和磨内风速。当入磨物料粒度、易磨性、喂料量和磨内风速不变时，辊压增大，磨盘内产生的细粉量增多，料层变薄；反之，盘内料变粗，选粉后的返回料多，料床变厚。当入磨物料粒度、易磨性、喂料量和磨内辊压不变时，磨内风速增大，增加磨内循环，料床增厚；也有可能料被过多扫出磨外，料床过薄。但在正常喂料的情况下，磨内风速不可能过大。磨内风速降低，会使吐渣量增多，料床渐薄，严重时引起磨机振动。通常情况下，磨内料流大，辊压和风速适当增大，反之，辊压和风速适当减小，以稳定料床厚度，实现磨机平稳运行。

任务小结

在本任务的学习过程中，学习了生产硅酸盐水泥熟料的水泥企业生料粉磨立式磨系统的生产工艺流程、主机设备技术参数；学习了立式磨系统的操作要领；对重点参数的调节做了详细介绍。本任务学完之后，要求学员掌握立式磨粉磨技术的原理，能够正确理解主机设备重点参数调节的意义。

思考题

1. 简述立式磨的工作原理。
2. 简述立式磨主要的调节参数。

任务6　生料制备（立式磨）系统操作

知识目标　了解立式磨操作职责；掌握水泥配料计算常用的两种方法；熟练使用 Excel 进行快速配料计算；熟悉立式磨系统常见故障及解决方式。

能力目标　熟练掌握窑系统冷态时立式磨的启动操作；熟练掌握窑系统正常运行状态下立式磨停车操作；掌握立式磨系统重要控制及反馈参数。

6.1　生料制备（立式磨）系统操作员岗位职责

（1）遵守劳动纪律、厂规厂纪，工作积极主动，听从领导的调动与指挥，保质保量完成生料制备任务。

（2）认真交接班，把本班运转和操作的情况以及存在的问题以文字形式交给下班，做到交班详细，接班明确。

（3）及时准确地填写运转和操作记录，按时填写工艺参数记录表，对开停车时间和原因要填写清楚。

（4）坚持合理操作，运转中注意每个参数的变化，并及时调整，在保证安全运转的前提下，力争优质高产。

（5）严格执行操作规程及作业指导书，保证和现场的联系畅通，减少无负荷运转，保持负压操作，降低消耗，保持环境卫生。

（6）负责记录表、记录纸、质量通知单的保管，避免丢失。

6.2　生料制备（立式磨）系统工艺流程

6.2.1　生料制备系统工艺流程

立式磨生料制备物料流程如图 2-6-1 所示。三种或四种原料从原料库经过电子皮带秤按比例配送至皮带输送机上，经过喂料装置进入立式磨，原料在立式磨内进行碾压粉磨。热气由底部进入立式磨，在立式磨内部，气流吹动磨碎的原料至选粉机，粗粉返回磨盘重新粉磨，合格的细粉随气流进入旋风筒。在旋风筒内，气料分离，收集之后经过传送设备送入到生料库。部分细小的原料随气流排出，经过收尘器收集后，通过传送设备回收至生料库。

生料制备立式磨系统工艺流程

6.2.2　立式磨系统正常运行操作要点

1. 立式磨系统操作要点

（1）稳定的料床。适合的料层厚度、稳定的料层是立式磨料床粉磨的基础，是其正常运

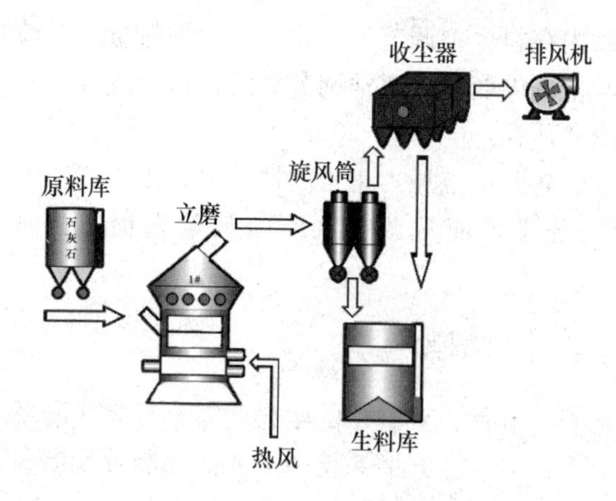

图 2-6-1　立式磨生料制备物料流程

转的关键。料层太厚，粉磨效率降低；而料层太薄将引起剧烈振动。料层厚度受各操作参数的影响。如辊压加大，产生的细粉多，料层太薄；辊压变小，产生的细粉少，相应的返回料多，料层变厚。再如，磨内风速提高，内部循环增强，料层增厚；降低风速，内部循环减弱，料层变薄。一般立式磨经磨辊压实后的料床厚度为 40～50mm。

（2）适宜的辊压。立式磨是借助于对料床高压粉碎来进行粉磨的，压力增加则产量增加，但达到某一临界值后不再变化。辊压要与产量、能耗相适应。辊压大小取决于物料性质、粒度以及喂料量。

（3）合理的风速。立式磨系统主要靠气流带动物料循环，合理的风速可以形成较好的内部循环，使盘上料层适当、稳定，有利于提高粉磨效率。在生产过程中，当风环面积确定时，风速由风量决定，合理的风量应和喂料量相联系，如喂料量大，则风量大；相反，喂料量小，则风量小。

（4）适宜的温度。立式磨是烘干兼粉磨系统，出磨气体温度是衡量烘干作业是否正常进行的综合指标。如果温度太低，烘干能力不足，成品水分大，粉磨效率及选粉效率低，可能造成收尘系统冷凝；温度太高，表明烟气降温增湿不够，会影响收尘效果。一般控制出磨气体温度为 85～95℃。

2. 立式磨系统正常运行控制

（1）根据原料水分含量及易磨性，正确调整喂料量及热风风门，控制喂料量与系统用风量的平衡；加大喂料量的幅度可根据磨机振动、出口温度、磨机压差及吐渣量等因素决定，在增加 喂料量的同时，调节各风门开度，保证磨机出口温度。

（2）减少磨机振动，力求运行平衡，应注意以下几点：①喂料平衡，每次加减幅度要小，防止磨机断料或来料不均匀，如喂料已发生断料，应立即按故障停机。②通风平稳，每次风机风门调整幅度要小。

（3）严格控制磨机出入口的温度。磨机出口温度一般控制在 85～95℃范围内，可通过调整喂料量、热风风门和冷风风门控制；升温要求平缓，冷态升温烘烤 60min，热态需要 30min。

（4）控制磨机压差。磨机的压差主要由磨机的喂料量、通风量、磨机的出口温度决定，在压差变化时先看喂料是否稳定，再看磨机入口温度变化。

入磨负压过低，磨内通风阻力大，通风量小，磨内存料多；若入磨负压过大，磨内通风阻力小，通风量较大，磨内存料少。调节负压时，入磨物料量、各检测点压力、选粉机转速正常时，入磨负压在正常范围内变化，通常调节磨内存料量或根据磨内存料量调节系统排风机入口阀门开度，使入磨负压在－600～－500Pa。

立式磨磨内通风一定、各监测点压力正常的情况下，出入口压差过大，表明磨内喂料量过大。调节立式磨进出口压差，通常调节入磨喂料量来稳定出入口压差，使之稳定在8～9.5kPa。

6.2.3 立式磨系统主要控制参数

为保证立式磨正常运行，并使得到合格的生料，需要对立式磨系统中的温度、压力、喂料量等重要参数进行控制和配合，立式磨系统中重要的控制及反馈参数如表2-6-1所示。

表2-6-1 立式磨正常运行控制及反馈参数

序号	参数名称	正常值	范围	单位
1	立式磨入口温度	210	195～220	℃
2	入磨气体压力	－700	—	Pa
3	出磨气体温度	～91	85～95	℃
4	出磨气体压力	－9127	—	Pa
5	立式磨主电机电流	342	336～352	A
6	磨机进出口压差	－8427	－7800～－9500	Pa
7	立式磨振动	横向2.64 纵向2.93	2.6～2.85 2.7～3.1	mm
8	磨机排风机出口温度	～91	85～95	℃
9	旋风收尘器出口温度	～91	85～95	℃
10	原料喂料量	370	340～400	t/h
11	循环风机风阀	90		%
12	循环风机主电机电流	299	—	A
13	循环风阀开度	80	—	%
14	立式磨选粉机转速	60	50～80	r/min
15	研磨压力	13	最大14	MPa
16	高温风机至立式磨风阀	90	—	%
17	立式磨入口热风阀开度	95	—	%
18	立式磨冷风阀开度	10	—	%

6.2.4 立式磨参数调节与检测的关系

立式磨生料系统的检测参数反映了其运行状态，可通过调节参数来实现对检测参数的控制。立式磨调节引起的参数变化如表2-6-2所示。

表 2-6-2　立式磨参数调节与检测的关系

检测参数	调节参数							
	喂料量增加	气体流量增加	进口温度增加	选粉机转速增加	磨机压差增加	辊压增加	挡料环高度增加	喂料粒度增加
气体流量	↓	↑	↓	—	↓	—	—	—
磨机能力	↑	↑	—	↓	↑	↑	↑	↓
磨机压差	↑	↑	↓	↑	↑	↑	↑	↑
产品细度	↓	↓	—	↑	↑	↑	↓	↓
内部循环负荷	↑	↓	—	↑	↑	↓	↑	↓
排渣	↑	↓	—	↑	↑	↓	↑	↑
辊压	↑	↓	↓	↑	↑	↑	↓	↑
选粉机电流	↑	↑	↓	↑	↑	↓	↑	↑
出磨温度	↓	↑	↑	—	↓	—	—	↓
进口压力	↓	↑	—	↑	—	—	↑	↓
出口压力	↑	↑	—	↑	↑	↓	↑	↑
磨机电流	↑	↓	—	↑	↑	↑	↑	↑
磨机风机电流	↑	↑	↓	—	↑	↑	↑	↑

注：↑表示上升，↓表示下降。

6.3　生料制备（立式磨）系统操作

6.3.1　立式磨启动前准备

1. 流程准备

生料制备环节的启动首先是详细查看物料详细流程、气流详细流程和热源。物料在粉磨过程中虽然有气固分离的装置，但是仍有部分细小粉末不能被分离开，因此物料流程中存在主要流程和次要流程，分叉点就是发挥气固分离功能的旋风筒，如图 2-6-2 所示。

（1）主要：1 原料库→2 电子皮带秤→3 带式输送机→4 三通喂料阀→5 立式磨→6 旋风筒→7 星型卸料阀→8 空气输送斜槽→9 斗式提升机→10 生料均化库。

（2）次要：1 原料库→2 电子皮带秤→3 带式输送机→4 三通喂料阀→5 立式磨→6 旋风筒→11 原料磨风机风量调节阀→12 原料磨循环风机→13 窑尾袋收尘→14 链式输送机→15 电液动阀→16 斗式提升机→17 生料均化库。

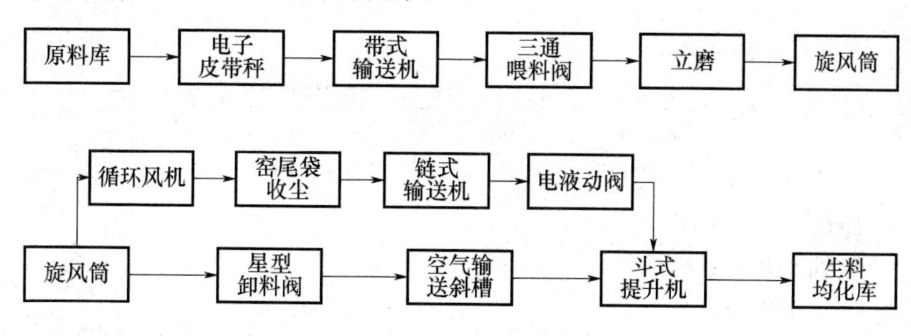

图 2-6-2　生料粉磨（立式磨）物料流程

气流在粉磨过程中起到烘干、运输、回收热量等作用，需要详细了解气流的走向。如图2-6-3所示，热气从预热器或是热风炉而来，经过热风调节阀门和冷风调节阀进入立式磨，在立式磨中与生料发生热交换，物料被烘干。降温的气流携带磨细的粉末经过选粉机出立式磨，进入旋风筒。旋风筒内进行气固分离，物料进行收集，气流从旋风筒上部流出。经过循环风机，布袋收尘和窑尾风机，由烟囱排出。

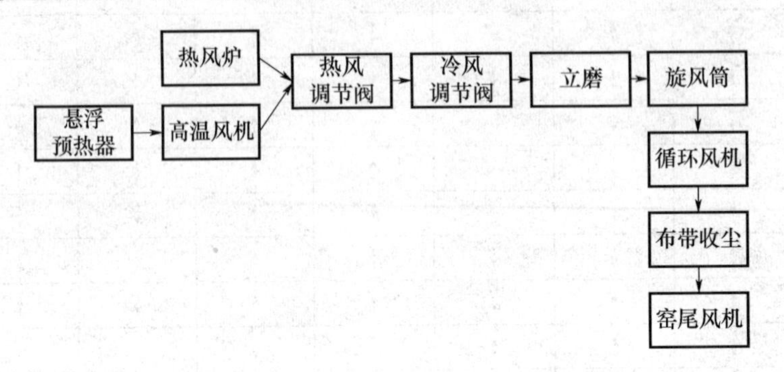

图 2-6-3　生料粉磨（立式磨）气流流程

2. 配料准备

配料计算

根据化验室分析，使用Excel进行配料计算，根据计算配比调节立式磨，生产合格生料。例如：已知原料与煤灰化学成分（表2-6-3）和原煤工业分析数据（表2-6-4），熟料的率值要求为：KH＝0.90±0.02，SM＝2.6±0.1，IM＝1.7±0.1，单位熟料的热耗为3053 kJ/（kg熟料）。

表 2-6-3　原料与煤灰化学成分分析表　（%）

名称	烧失量	SiO_2	Al_2O_3	Fe_2O_3	CaO
石灰石	42.86	1.68	0.60	0.39	51.62
砂岩	2.72	89.59	2.82	1.67	1.77
粉煤灰	3.70	47.57	28.14	8.95	4.18
铁矿石	2.65	49.96	5.51	32.51	2.56
煤灰	—	52.55	28.78	6.30	6.49

表 2-6-4　原煤工业分析表　（%）

收到基水分 M^y	收到基挥发分 V^y	收到基灰分 A^y	收到基固定碳 FC^y	收到基低热值 Q^y（kJ/kg）
1.7	28.00	26.10	44.20	22998

解：（1）计算煤灰掺入量。

$$G_A=\frac{qA^yS}{Q^y\times100}=\frac{3053\times26.10\%\times100}{22998\times100}=3.46\% \quad (2\text{-}6\text{-}1)$$

式中　G_A——煤灰掺入量；

q——单位熟料热耗；

A^y——收到基灰分；

S——煤灰沉降率；

Q^y——收到基低热值。

（2）由熟料率值计算化学成分，设$\sum w = 97.5\%$。

$$w(Fe_2O_3) = \frac{\sum w}{(2.8KH+1)(IM+1)SM+2.65IM+1.35} \tag{6-2-2}$$

$$w(Al_2O_3) = IM \times w(Fe_2O_3) \tag{6-2-3}$$

$$w(SiO_2) = SM \times [w(Al_2O_3) + w(Fe_2O_3)] \tag{6-2-4}$$

$$w(CaO) = \sum w - [w(SiO_2) + w(Al_2O_3) + w(Fe_2O_3)] \tag{6-2-5}$$

按照公式在 Excel 计算氧化物的组成如图 2-6-4 所示，设置单元格格式为百分数即可显示为百分比。

D3　　f_x　=B6/((2.8*B3+1)*(B5+1)*B4+2.65*B5+1.35)

A	B	C	D	E
递减法计算初步配料比				
条件	数值	化学组成	数值	备注
KH	0.9	Fe2O3	3.19%	$w(Fe2O3)=\frac{\Sigma w}{(2.8KH+1)(IM+1)SM+2.65IM+1.35}$
SM	2.6	Al2O3	5.42%	w(Al2O3) = IM * w(Fe2O3)
IM	1.7	SiO2	22.39%	w(SiO2) = SM * [w(Al2O3) + w(Fe2O3)]
Σ	97.50%	CaO	66.49%	w(CaO) = Σw − [w(SiO2) + w(Al2O3) + w(Fe2O3)]

图 2-6-4　使用 Excel 由率值换算氧化物组成

根据表 2-6-3 的化学分析，计算初步配料比，如图 2-6-5 所示，使用单元格填充的方法按顺序计算其他氧化物含量，具体操作过程为：先按照公式计算第一个单元格的值，然后选中单元格，鼠标移动至单元格右下角，出现“+”标记，进行拉伸填充，完整结果如表 2-6-5 所示。

B17　　f_x　=3.46*C13/100

	A	B	C	D	E	F
7						
8	名称	烧失量	SiO2	Al2O3	Fe2O3	CaO
9	石灰石	42.86	1.68	0.6	0.39	51.62
10	砂岩	2.72	89.59	2.82	1.67	1.77
11	粉煤灰	3.70	47.57	28.14	8.95	4.18
12	铁矿石	2.65	49.96	5.51	32.51	2.56
13	煤灰	—	52.55	28.78	6.30	6.49
14						
15	计算步骤	SiO2	Al2O3	Fe2O3	CaO	其他
16	100 kg熟料组成	22.39	5.42	3.19	66.49	2.50
17	−3.46 kg 煤灰	1.82				

图 2-6-5　使用 Excel 初步配料计算示意图

表 2-6-5 使用 Excel 初步配料计算详表

计算步骤	SiO_2	Al_2O_3	Fe_2O_3	CaO	备注
100kg 熟料组成	22.39	5.42	3.19	66.49	
−3.46kg 煤灰	1.82	1.00	0.22	0.22	
差值	20.57	4.43	2.97	66.27	
−128kg 石灰石	2.15	0.77	0.50	66.07	128.38=66.27/51.62%
差值	18.42	3.66	2.47	0.20	
−20kg 砂岩	17.92	0.56	0.33	0.35	20.57=18.42/89.59%
差值	0.51	3.10	2.14	−0.16	
−11kg 粉煤灰	5.23	3.10	0.98	0.46	11.00=3.10/28.14%
差值	−4.73	0.00	1.15	−0.62	
+ 5kg 砂岩	4.48	0.14	0.08	0.09	−5.28=−4.73/89.59%
和值	−0.25	0.14	1.24	−0.53	
−3.8kg 铁粉	1.90	0.21	1.24	0.10	3.81=1.24/32.51%
差值	−2.15	−0.07	0.00	−0.63	
+2.4kg 砂岩	2.15	0.07	0.04	0.04	−2.39=−2.15/89.59%
和值	0.00	0.00	0.04	−0.58	
+1.13kg 石灰石	0.02	0.01	0.00	0.58	−1.13=-0.58/51.62%
和值	0.02	0.01	0.05	0.00	

根据计算列出每种原料的用量以及百分比如表 2-6-6 所示。

表 2-6-6 初步配料

原料	石灰石	砂岩	粉煤灰	铁矿石
100kg 熟料用量	126.87	12.60	11.00	3.80
百分比	85.85%	2.94%	6.95%	4.26%

验证按照递减法计算的初步配料是否满足率值要求，计算表格如表 2-6-7～表 2-6-9 所示。

表 2-6-7 原料化学组成及初步比例

名称	烧失量	SiO_2	Al_2O_3	Fe_2O_3	CaO	100kg 熟料用量	原始比例
石灰石	42.86	1.68	0.6	0.39	51.62	126.87	85.85%
砂岩	2.72	89.59	2.82	1.67	1.77	12.60	2.94%
粉煤灰	3.70	47.57	28.14	8.95	4.18	11.00	6.95%
铁矿石	2.65	49.96	5.51	32.51	2.56	3.80	4.26%
煤灰	—	52.55	28.78	6.30	6.49		

表 2-6-8　灼烧生料化学成分

名称	烧失量	SiO_2	Al_2O_3	Fe_2O_3	CaO
石灰石	35.25	1.38	0.49	0.32	42.45
砂岩	0.22	7.32	0.23	0.14	0.14
粉煤灰	0.26	3.39	2.01	0.64	0.30
铁矿石	0.07	1.23	0.14	0.80	0.06
生料	35.80	13.32	2.87	1.90	42.96
灼烧生料	—	21.82%	4.70%	3.11%	70.37%

表 2-6-9　熟料化学成分

名称	烧失量	SiO_2	Al_2O_3	Fe_2O_3	CaO	占熟料比例
灼烧生料	—	21.82	4.70	3.11	70.37	96.54%
煤灰	—	52.55	28.78	6.30	6.49	3.46%
熟料		22.89	5.53	3.22	68.16	

根据表 2-6-9 计算率值分别为：KH=0.90，SM=2.62，IM=1.72，满足要求不需要调整。可以按此配料进行生料制备。

6.3.2　立式磨启停

1. 软件启动

首先启动 MPS 仿真平台，待软件打开出现图 2-6-6 所示界面，正常情况出现一行红色错误警告，如有其他错误警告请联系教师。

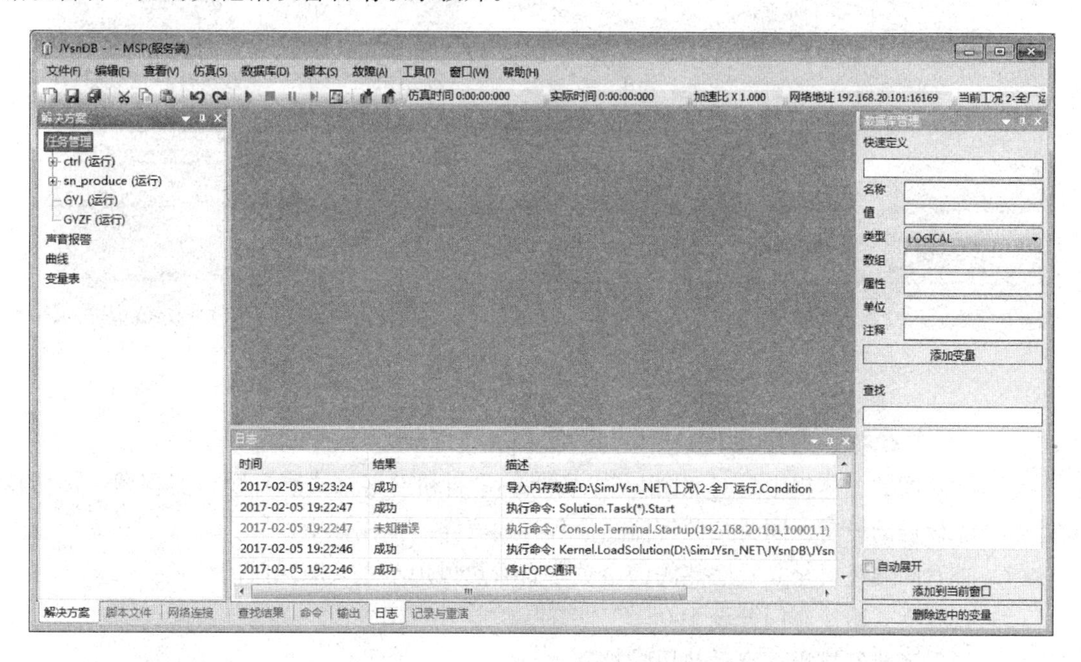

图 2-6-6　水泥中央控制操作启动

在仿真平台界面菜单栏中点击“仿真”按钮，选择“工况”选项，继续点击“选择工况”，如图 2-6-7 所示，在新的对话框中选择“全厂冷态”的工况。

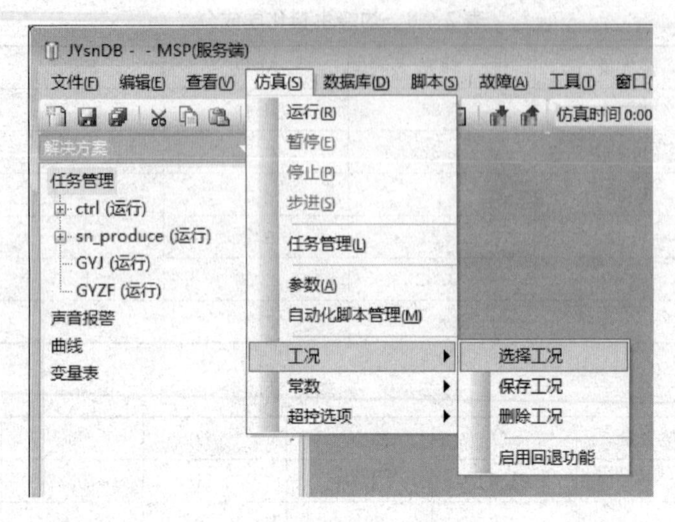

图 2-6-7 工况选择

选择好工况之后，点击红色按钮开始运行仿真平台，数据在后台进行运算，然后启动 DCS 画面，进行练习。

打开“DCS 界面”，根据需要选择要进入的系统界面，本章节讲解原料粉磨中的立式磨，在界面中选择“原料粉磨”，再选择“生料立式磨”，如图 2-6-8 所示。

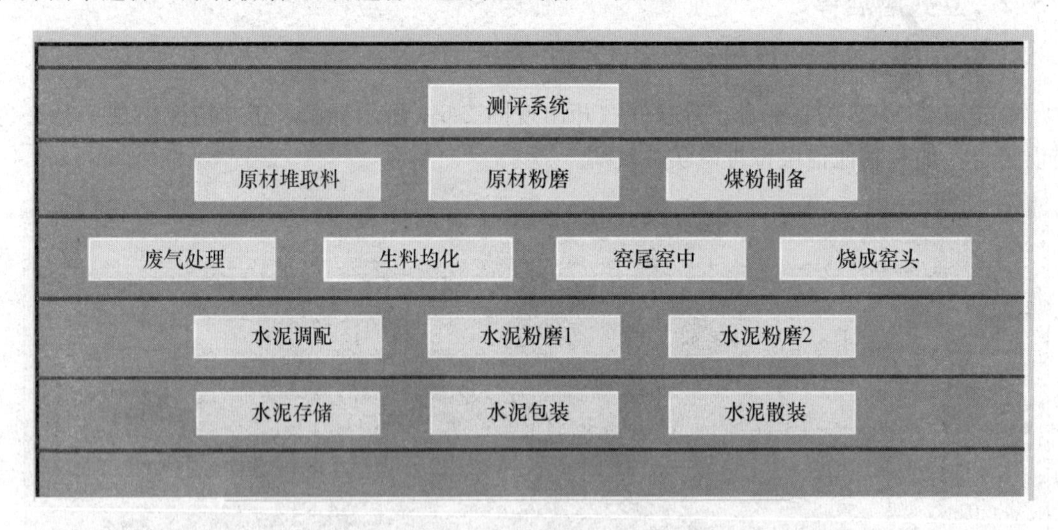

图 2-6-8 粉磨界面选择

2. 全冷态启动立式磨操作

启动立式磨的总体规则是对照图 2-6-2 所示的生料粉磨（立式磨）物料流程图，按照物料运输逆流程启动设备，同时按照气流逆流程导通气路。操作如下：

（1）查看高温风机至立式磨热阀门全关，查看热风炉至立式磨热阀门全关。

（2）打开立式磨冷阀门开至 100。

（3）为保证热气排出，启动热风炉烟囱。

（4）启动热风炉，热风炉组点击组启动。

（5）查看流程图，最后一个是生料均化库，启动生料均化库的运输。点击生料运输组，在连锁的状态下进行组启动。此时均化库、斗式提升机、空气输送斜槽均按照程序进行启动，相应指示灯变色。

（6）对照流程图，空气输送斜槽前面是星型卸料阀，启动星型卸料阀。点击生料输送组，在解锁状态下单独启动。注意，由于机械设备进行动作需要一定时间，因此启动星型卸料阀后，需要一段时间指示灯变色，不要在星型卸料阀指示灯变色之前连续点击。

（7）对照流程图，旋风筒为节点，有两路分支，从此开始启动另一路分支。打开窑尾袋收尘组，在连锁状态下组启动，此时电液动闸、链式输送机、窑尾袋收尘依次打开。

（8）窑尾袋收尘上游设备是循环风机，当启动循环风机后就有气流的流动，此时要确保气流能够顺利流动，因而需要使循环风机之后的气路进行开启。查看图 2-6-3 生料粉磨（立式磨）气流流程，最下游设备为窑尾风机，按顺序启动。

（9）确认窑尾风机的挡板阀处于关闭状态。点击窑尾排风机组，进行组启动。

按照气流逆流程（蓝线）查看气路，窑尾烟囱、窑尾风机已开启。继续逆气流方向查看，开启窑尾排风机挡板阀 50。继续逆气流方向查看，布袋收尘已开启，（红线）再开启布袋收尘热阀门 50。

（10）由于窑没有开启，因此增湿塔一侧的气流全部为关闭状态，不用开启。继续按照气流逆流程方向查看，为循环风机。点击循环风机组，进行组启动。

（11）继续按照气流逆流程方向，启动循环风机组的上游设备，循环风机挡板阀开启 50。继续打开循环风气路，设置循环风量阀门至 50，此时旋风筒为节点的下游设备初步启动完毕。

（12）查看气流流程，旋风筒上游设备立式磨，在气流上立式磨没有开关状态，气流的通过依靠冷阀门和热阀门来控制，因此需要进一步打通气路。启动冷阀门至 100，继续启动入磨热阀门至 50，热风炉出口热风 50。此时从热风炉到窑尾烟囱的气流通路已启动完毕。热气不再需要从放风烟囱排出，关闭热风炉放风烟囱。

（13）使磨机出口温度升高至～90℃，按 10 为单位，逐步减小进入立式磨的冷阀门。进口温度变化快，出口温度变化慢，出口温度小于入口温度，调节冷阀门至 10，入口温度约 75℃，因此继续加热风，以 5 为单位，增大立式磨入口热阀门。调至 80，立式磨入口温度为 90℃，由于没有物料，出口温度会接近 90℃。观察立式磨出口温度，升温至 75℃，开始黄闪警报，表示比正常工作温度低，由于本操作为开机启动，并非磨机正常运行状态，因此黄闪警报属于正常。

（14）磨机温度升至正常水平，继续查看物料流程，旋风筒上游设备为立式磨，在磨机启动组中，连锁状态启动立式磨，并给选粉机一个小转速（10 转）。

（15）启动物料外循环组，单独启动三通喂料阀，使物料流向立式磨。

（16）打开原料配料组，按照例题设定，调节配料比例，石灰石 85.85％，砂岩 2.94％，粉煤灰 6.95％，铁矿石 4.26％，如图 2-6-9 所示。

（17）各原料的比例设定之后，原料由计算机自动控制进料，接下来启动喂料设备。点击喂料组，在连锁状态下组启动。

至此，立式磨的所有设备都已启动，接下来需要调整主要参数到正常水平。在调整参数过程中需要注意以下两点：

1）避免对一个参数一次调节过大。当参数调节过大时，会造成设备的温度、压力、功率等剧烈波动，甚至损坏。如喂料量过大，吸热增加，出磨温度快速降低，烘干效果变差。喂料量增加过大还会导致压力不匹配，粉磨压力不足，排渣增多，甚至立式磨跳动过大，发出报警并跳停。

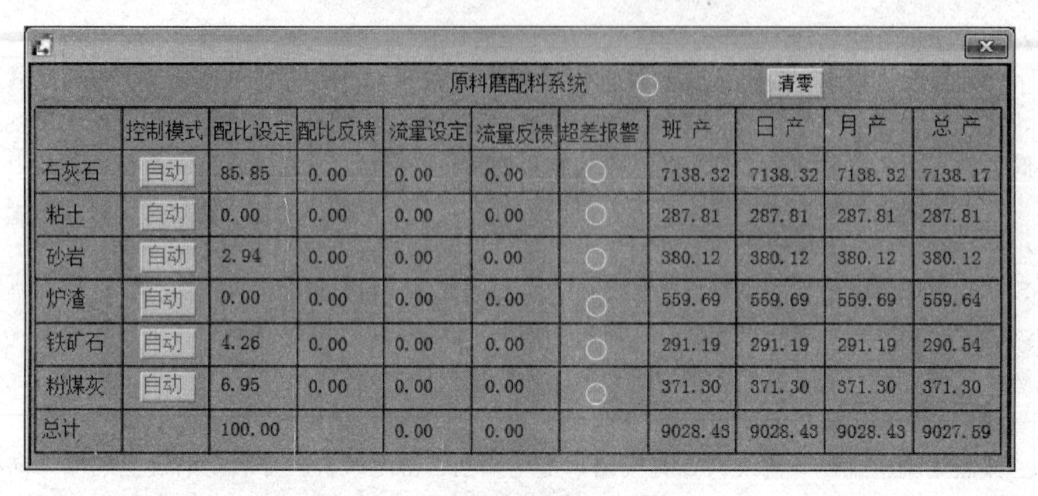

原料磨配料系统　清零

	控制模式	配比设定	配比反馈	流量设定	流量反馈	超差报警	班产	日产	月产	总产
石灰石	自动	85.85	0.00	0.00	0.00		7138.32	7138.32	7138.32	7138.17
粘土	自动	0.00	0.00	0.00	0.00		287.81	287.81	287.81	287.81
砂岩	自动	2.94	0.00	0.00	0.00		380.12	380.12	380.12	380.12
炉渣	自动	0.00	0.00	0.00	0.00		559.69	559.69	559.69	559.64
铁矿石	自动	4.26	0.00	0.00	0.00		291.19	291.19	291.19	290.54
粉煤灰	自动	6.95	0.00	0.00	0.00		371.30	371.30	371.30	371.30
总计		100.00		0.00	0.00		9028.43	9028.43	9028.43	9027.59

图 2-6-9　配料设定

2）对参数的调节需要通盘考虑。设备之间存在相互配合、相互影响的关系，在调节过程中需要调整受影响的设备。如调整喂料量之前首先调节立式磨入口热风，然后调节喂料量，再调节辊压，使各个部分相互配合。

（18）设定喂料量 100t，待观察到磨机电流明显增加，落下磨辊（注意不要连续点击）。初步设定辊压 2MPa，不宜过大。由于立式磨是烘干兼粉磨设备，因此继续调节参数时需要统筹喂料量、烘干温度以及辊压。烘干温度以立式磨出口温度为参考，正常值为 85～95℃。调整顺序为磨机入口阀门调整温度，调整喂料量，调整辊压。

（19）喂料之后物料烘干吸热，立式磨出口温度降低。按照调整顺序，首先调整磨机热风阀门至 83（调整量不要过大），观察立式磨出口温度为 92～93℃，以便磨内的烘干顺利，并保证继续喂料时温度降低不致过大。

（20）继续增加喂料量至 370t，增加辊压至 13MPa。按照 18 和 19 步反复调节，增加喂料量至正常水平，具体调整至可参考表 2-6-10。调节规律如下：

1）增加热风炉出口阀门或入磨热风阀门 2%～3%；

2）立式磨入口温度上升；

3）立式磨出口温度上升，至 92～94℃；

4）增加喂料量，喂料量小于 200t/h 时增量为 20，喂料量大于 200t/h 增量为 30t；

5）喂料量增加，吸热增加，立式磨出口温度降低；

6）增加辊压，每次增加不超过 1MPa；

7）立式磨出口温度进一步降低，不低于 87℃；

8）适当调整窑尾排风机阀门、袋收尘风机阀门、循环风机阀门和循环风量；

9）回到第一步继续调节温度。

表 2-6-10　立式磨启动参数调整

顺序	热风炉出口阀门（%）	入磨热风阀门（%）	喂料量（t/h）	辊压（MPa）	其他（%）
1	50	83	30	3	
2	50	87	30	3	增大窑尾风机阀门 60，袋收尘阀门 60，循环风机阀门 60

续表

顺序	热风炉出口阀门（%）	入磨热风阀门（%）	喂料量（t/h）	辊压（MPa）	其他（%）
3	50	87	50	4	增加选粉机转速 20
4	50	90	50	4	立式磨入口热风阀调节量不大，接下来调节热风炉出口阀门
5	52	90	70	5	
6	54	90	100	6	增大窑尾风机阀门 70，袋收尘阀门 70，循环风机阀门 70 增大热风炉出口阀门风阀至 58，提升温度
7	58	90	120	7	
8	60	90	150	8	增大窑尾风机阀门 75，袋收尘阀门 75，循环风机阀门 75，增加选粉机转速 30
9	62	90	150	8	风量变化使得磨内温度降低，提升热风炉风阀，增加温度
10	64	90	180	8	
11	68	90	210	9	
12	70	90	210	9	增大窑尾风机阀门 80，袋收尘阀门 80，循环风机阀门 80，增加选粉机转速 40
13	72	90	240	10	
14	76	90	270	10	
15	80	90	300	11	
16	84	90	300	11	增大窑尾风机阀门 85，袋收尘阀门 85，循环风机阀门 85，增加选粉机转速 50
17	85	90	330	12	
18	89	90	330	12	增加循环风量 60
19	90	90	330	12	增大窑尾风机阀门 90，袋收尘阀门 90，循环风机阀门 90，增加选粉机转速 60
20	90	90	350	12	
21	90	95	350	13	增加循环风量 70

至此立式磨启动完成，在启动过程中时刻需要注意立式磨系统中的重要参数，调整的原则是少量多次，循序渐进，通盘调整。

3. 窑系统运行启动立式磨

当窑系统正常运行的情况下，悬浮预热器排出的热气温度高，可以用作立式磨的干燥。气流如图 2-6-3 所示，从图中看出，唯一的差别就是烘干使用的热气的来源，因此将上一节中调节热风炉的热气换成悬浮预热器排出的热气即可，启动顺序和上一节的顺序相同。

全冷态启动立式磨

4. 立式磨停车

在仿真平台界面菜单栏中点击“仿真”按钮，选择“工况”选项，继续点击“选择工况”，在新的对话框中选择“全厂运行”的工况。

关停立式磨首先是将喂料量调至0，再按照物料运输流程关停设备。喂料量减少的过程中注意辊压、立式磨出口温度等重要参数的配合。调节规律如下：

（1）减少热风炉出口阀门或入磨热阀门2%～4%。

（2）立式磨入口温度下降。

（3）立式磨出口温度上下降，至86～88℃。

（4）减少喂料量，喂料量小于200t/h时减少20，喂料量大于200t/h时，每次减少30。

（5）喂料量减少，吸热减少，立式磨出口温度升高。

（6）适当减少辊压，每次减少不超过1MPa。

（7）立式磨出口温度进一步升高，不超过94℃。

（8）适当调整窑尾排风机阀门、袋收尘风机阀门、循环风机阀门和循环风量。

（9）回到第一步继续调节温度。

具体过程按下列步骤进行：

（1）减少立式磨系统热阀门（均化库下方）至85，立式磨入口热风调至91，此时立式磨出口温度降低至88℃。

（2）减少喂料量至340t/h，喂料量减少导致吸热减少，立式磨出口温度上升。

（3）减少立式磨系统热阀门（均化库下方）至80，立式磨入口热风调至85，此时立式磨出口温度降低至87℃。

（4）减少喂料量至310t/h，喂料量减少导致吸热减少，立式磨出口温度上升，减少辊压至12MPa，如此反复调节，具体调节值可参考表2-6-11。

表2-6-11 立式磨停车参数调整

顺序	立式磨系统阀门（%）	立式磨入口热阀门（%）	喂料量（t/h）	辊压（MPa）	其他（%）
1	80	85	310	12	
2	80	81	280	11	
3	80	77	250	10	减少循环风至60
4	80	73	220	9	
5	80	70	190	8	注意查看窑头喂煤量
6	60	67	170	8	减少选粉机转速至50 减少循环风机阀门至80
7	60	64	150	8	
8	60	62	130	7	
9	50	61	110	7	减少选粉机转速至40 减少循环风至10
10	50	58	90	6	
11	40	56	60	6	由于入磨热风减少，热风流过增湿塔和袋收尘，为防止袋收尘过热，增加增湿塔喷水至45Hz

续表

顺序	立式磨系统阀门（%）	立式磨入口热阀门（%）	喂料量（t/h）	辊压（MPa）	其他（%）
12	40	52	40	5	减少循环风至30 注意查看窑头喂煤量
13	40	48	20	3	选粉机转速调至20
14	40	46	0	0	选粉机转速调至0 三通喂料阀调关 抬辊 减少循环风至0

按照上述过程调节量基本调节完毕，喂料量已调至0t/h，磨机压力为0MPa，然后剩下开关量，按照物料流程顺序关闭。

（5）首先对照图2-6-2关闭喂料组，在连锁状态下组停车。

（6）喂料组之后为物料外循环，待带式输送机的电流稳定不变，说明输送机上已无物料，待物料外循环提升机电流不变，在连锁状态下组停车物料外循环。

（7）物料外循环之后为立式磨，待立式磨主电机电流稳定不变，在连锁状态下组停车，关停立式磨。

（8）增大入磨冷风阀，关停入磨热风阀和磨系统热风阀，待立式磨温度下降至室温，关闭入磨冷风。

（9）按照物料流程，出立式磨为循环风机阀门，将阀门调至0，然后点击循环风机组，在连锁状态下组停车，关闭循环风机。

（10）单独关闭星型卸料阀。

（11）若使用热风炉，则按顺序关闭袋收尘阀门、窑尾风机阀门和窑尾风机，关闭生料输送组。至此生料立式磨系统关闭。

立式磨停车操作

在立式磨启动中需要注意的是风机与阀门的启停。在水泥煅烧系统中有两类风机：一类是循环风机和窑尾风机，利用叶片旋转进行吹风；一类是在均化库的罗茨风机，利用容积变化进行吹风。前者需要关闭阀门启动，以减小启动负载，后者需要开启阀门启动，以保证使用安全。无论哪一类，风机和风阀的启动规律如下，启动时按照物料或气流的逆流程顺序，先遇到先启动，后遇到后启动。关闭时相反，按照气流或物料流程，先遇到先关闭，后遇到后关闭。查看流程图2-6-3，旋风筒后是循环风机，启动时按气流逆流程，在循环风机阀门关闭情况下启动循环风机，然后开启循环风机阀门，关闭时相反。

将工况保存，用以练习窑系统工作状态下的立式磨启动。

6.4　生料制备（立式磨）系统常见故障、处理及练习

6.4.1　立式磨系统常见故障与处理

1. 磨机设备异常

（1）现象：立式磨出现剧烈振动。

原因分析：

① 有硬异物进入，使磨内发生突发性振动，应严格执行除铁程序。

② 落料点不当。落料点偏在一边，可能引起磨机周期性振动。

③ 喂料粒度变化。粒度过粗、过细，且频繁变化，造成磨辊振动。

④ 喂料不均匀。喂料时多时少，水分时大时小，使得磨辊配风难以适应，磨辊产生振动。

⑤ 料层太薄。料干、粒细引起抛料形不成料层，缓冲太小引起剧烈振动。

⑥ 料层逐渐变薄。风料不平衡，通风量小，吐渣增多而循环料少；料压不平衡，料大压力小，粉磨效率下降，吐渣增多而循环料少，这些均造成料层慢慢变薄而引起振动。

⑦ 液压系统刚性太强。

处理方法：停车并及时剔除异物；改进喂料点，将料从磨盘中心喂入；适当控制喂料粒度；调整喂料并尽量使喂料均匀；改进物料流动阻力；适当调节工艺参数；适当降低蓄能器充气压力。

（2）现象：生料立式磨跳停。

原因分析：磨机振动太大，达到6 mm/s，综合控制柜报警，密封风机跳停或压力太低，电收尘器卸灰系统跳停，磨机出口温度太高，磨机主电机绕组温度超过120℃或磨机主电机轴承温度超过70℃。

处理方法：增加密封风机压力，降低磨机出口温度或磨机主电机的温度。

2. 磨机压力异常

（1）现象：磨机压差急剧上升，选粉机转速过高；磨机出口温度突然急剧上升。

原因分析：振动高报；密封风机跳闸或压力低报；液压站的油温高报或低报；主排风风机跳停，选粉机跳闸；液压泵、润滑泵或减速机主电机润滑油泵跳闸；磨机口温度高报；磨主电机绕组温度高报；减速机轴承温度高报；主电机轴承温度高报；研磨压力低报或高报；粗渣料外循环跳闸；磨辊润滑油温度高报。

处理方法：现场检查密封风机及管道，并清洗过滤网；加大冷却水量；更换加热器；现场检查，对症排除；调节热风风门、循环风机风门及磨机喷水量；检查绕组及稀油站运行情况；更换密封，消除漏油；清理堵塞；减料或使磨机停车；加强冷却或换油。

（2）现象：磨机入口压力增大报警。

原因分析：磨机进风量减少。

处理方法：减少原料喂料总量；增加系统排风阀开度，减小循环风阀门开度；增加主排风机进口阀开度。

（3）现象：磨机进出口压差大。

原因分析：循环风量减少。

处理方法：增加循环风阀门开度。

（4）现象：立式磨进出口压差指示值高，现场有排渣溢出。

原因分析：喂料量过多，工作压力过低，分离器转速过高，物料水分大等。

处理方法：减少喂料量，加压，降低分离器转速，控制好入磨物料水分。

（5）现象：立式磨进出口压差指示值低。

原因分析：喂料量小，工作压力过高，分离器转速过低，物料水分小等。

处理方法：增加喂料，减少工作压力，提高分离器转速，适当降低出磨温度等。

6.4.2　立式磨系统常见故障练习

1. 工况练习 1——生料细度过细

生料磨得越细，比表面积越大，颗粒之间的接触越好，易烧性越好，但是生料过细显著降低磨机产量，增加耗电。由于选粉机转速过高，使得细粉排不出，滞留在磨中，立式磨耗电增加，磨机主电流持续升高。随着时间增加，料层厚度变化，造成粉磨振动增大。此外，立式磨内物料持续增多，导致传热效果降低，立式磨出口温度持续降低，烘干效果下降。

练习：调整生料细度过细工况，观察立式磨电机主电流、立式磨振动和立式磨出口温度变化，以及处理不及时导致的调停。观察选粉机转速高。

处理方法：除低选粉机转速。

2. 工况练习 2——生料细度过粗

生料过粗，比表面积越小，颗粒之间的接触越差，易烧性越差，矿物中的 f-CaO 含量增加。

处理方法：增加选粉机转速（选粉机转速增加 20 r/min，生料细度筛余降低 2.0%）。

3. 工况练习 3——生料水分超标

生料水分超标是由于粉磨系统烘干能力不足造成的，操作系统内显示温度过低。磨机系统温度控制是为了保证良好的烘干及粉磨作业，保证生料成品水分达到规定要求。出磨气温低导致烘干效果不好，并引起收尘器结露。但是温度高会影响设备安全运行，降低热效率。

磨机出口温度过低，主要是由立式磨输入热量和输出热量两部分原因，热风过少、冷风过多导致输入热量少，出口温度过低；喂料量过高、辊压过高导致吸热多、传热快；循环风机风阀过小，立式磨出风不顺，导致低温风排不出，高温风无法进入立式磨。

生料水分超标

练习：调整立式磨出口温度低工况，立式磨出口温度较正常情况低，观察喂料量正常，辊压正常；观察入磨热风和冷风风阀正常；观察选粉机转速正常，循环风机风阀过小。

处理方法：增大循环风机风阀。

出口温度过高

练习：调整立式磨生料水分超标工况，观察到立式磨出口温度过低，观察喂料量和辊压正常，入磨热风正常，入磨冷风过大；选粉机转速正常，循环风机风阀正常。

处理方法：逐渐减小入磨冷风风阀。

4. 工况练习 4——立式磨综合问题

首先看到的是立式磨出口高温报警，需要将温度降低，减少供热，增大吸热。立式磨启动调节规律，增大喂料量可以增大吸热，因此，首先减少入磨热风至 92，减少热量输入。之后增大吸热，适当提高喂料量至 340t。增加传热面积会增加传热速度，增大辊压至 11MPa，使物料粉磨更充分，提高传热面积。配合选粉机转速，提高到 60 转。立式磨出口温度有所降低，待磨机电流稳定，增加辊压至 12MPa。高温报警解除，调系统至正常运行水平，调节立式磨入口热风阀至 93，提高喂料量至 370t/h，提高辊压至 13MPa，立式磨出口温度降低，增加立式磨入口热风阀至 95，全系统调整至正常。

立式磨综合问题

任务小结

本任务介绍了立式磨系统：物料经喂料装置进入立式磨，原料在立式磨内进行碾压粉磨。热气由底部进入立式磨，在立式磨内部，气流吹动磨碎的原料至选粉机，粗粉返回磨盘重新粉磨，合格的细粉随气流进入旋风筒。在旋风筒内，气料分离，收集之后经过传送设备送入到生料库。部分细小的原料随气流排出，经过收尘器收集后，通过传送设备回收至生料库。

立式磨系统操作要点：稳定的料床、适宜的辊压、合理的风速、适宜的温度；立式磨系统正常运转及稳定的工艺参数；重点介绍了立式磨生料制备系统在全厂冷态条件下及窑运转条件下的启动步骤，以及窑运转条件下的停车步骤。

思考题

1. 简述使用热风炉时立式磨的冷启。
2. 简述在窑系统正常运行时立式磨的停车。

项目三　水泥制成

任务1　水泥制成工艺流程

知识目标　了解水泥制成系统可采用的工艺流程，掌握各种流程的物料和气流的流动关系。

能力目标　能够根据物料和气流的流动关系正确地进行中控操作。

随着新型干法水泥生产技术的发展，水泥粉磨工艺和装备技术呈现了设备大型化及工艺新型化的特点，各种新型设备的组合，优势互补，使水泥粉磨效率大幅度提升。水泥粉磨可采用的工艺流程很多，本任务中只介绍四种：普通球磨机系统、立式磨系统、带辊压机粉磨系统、辊压机终粉磨系统。

1.1　普通球磨机系统工艺流程

普通球磨机工艺流程如图3-1-1所示。水泥粉磨系统可采用开路和闭路粉磨系统，由于闭路粉磨系统生产效率高，产品细度容易调节控制，所以大多采用闭路粉磨系统，也称为圈流粉磨系统。对熟料产量5000t/d的新型干法水泥生产线而言，一般配备两套圈流粉磨系

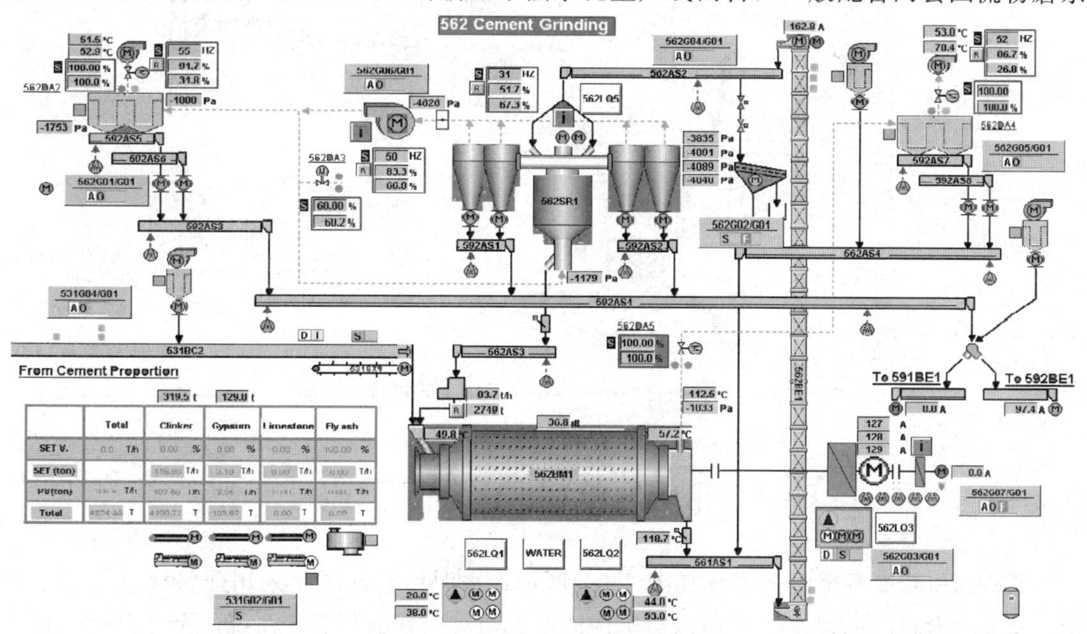

图3-1-1　普通球磨机工艺流程

统，每套系统的生产能力约为150t/h，粉磨的细度约为350m²/kg。混合料经粉磨后，由出磨提升机及空气输送斜槽送入高效选粉机分选，不合格粗粉被选出后返回磨头，与新喂入的混合料一起进磨再次粉磨。合格的水泥成品被选粉机气流带入高效旋风分离器分离。废气经循环风机排出后，大部分送回选粉机作为选粉空气，一部分经袋式收尘器净化后，通过风机抽出排入大气。

水泥磨内的通风设单独的通风除尘系统。磨机收尘器收下的粉尘送入出磨提升机与出磨物料一起进入选粉机分选。选粉机及袋式收尘器收集到的合格水泥用空气输送斜槽和斗式提升机运至水泥库。入水泥库的提升机能力为300t/h，可满足两套水泥磨的物料同时输送。

1.2 立式磨粉磨系统工艺流程

立式磨粉磨系统工艺流程如图3-1-2所示。采用立式磨进行烘干粉磨的优势是能耗降低、烘干能力强。物料研磨是在旋转的磨盘和磨辊之间的空隙内进行。磨机喂料进入磨盘中央，借助离心力和摩擦力向磨盘边缘移动。磨辊与液压缸相连，为物料的研磨提供粉磨压力。

磨盘衬板和磨辊衬板（衬套）由耐磨高铬铸件制成。碾磨后的颗粒离开磨盘由气流带入动态高效选粉机，该选粉机与磨机一体，产品颗粒随气流离开磨机，返回的颗粒随新鲜喂料回到磨盘做进一步粉磨。气流从磨机下部进入磨机。空气通过磨盘边缘附近的喷嘴环并将物料向上携带进入选粉机。通过磨机的气流由循环风机导入。粉磨后的物料在通过高效选粉机的笼型转子之后离开磨机，选粉机与磨机成为一体。粉磨好的水泥产品由收尘器收集下来并送入水泥储库，常用的收尘设备有旋风收尘器和布袋收尘器。

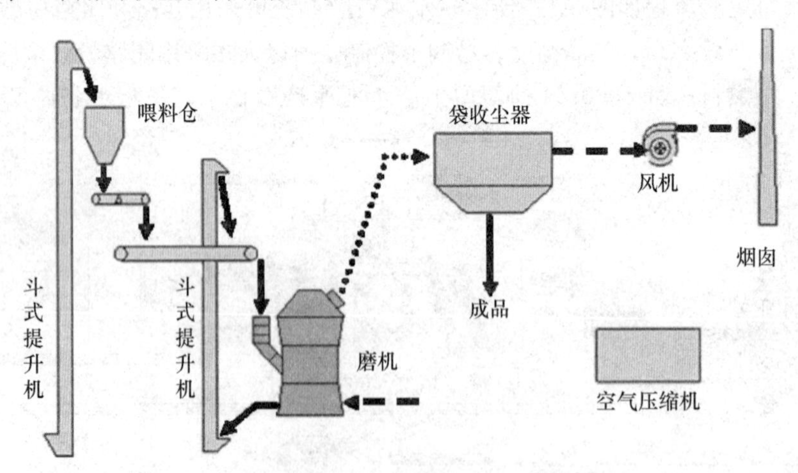

图3-1-2 立式磨粉磨系统工艺流程

1.3 带辊压机粉磨系统工艺流程

常辊压机粉磨系统工艺流程如图3-1-3所示。水泥粉磨系统是采用配料秤进行集中配料，首先一台辊压机和一台V型选粉机构成一套相对独立的预破碎系统，再配以经过高效筛分技术改造的管磨机构成挤压联合粉磨系统（共两套）。

经过集中配料配好的物料和出辊压机经挤压后的物料通过皮带机输送至提升机后，再通过皮带机（在该皮带机上安装永磁除铁器去除各种磁性金属调整后）进入V型选粉机，入稳流称重仓，接着喂入辊压机。混合后的物料由提升机输送入V型选粉机进行分级，其中粒径大于3mm的粗粉经溜管送至稳流称重仓后入辊压机继续挤压，而粒径小于3mm的细粉（即V型选粉机的成品）则由气流送入袋式收尘器收集，收集后的细粉进入水泥磨进行粉磨。出磨水泥经重锤翻板锁气卸灰阀送入空气输送斜槽，经提升机、空气输送斜槽送到高效水平涡流选粉机进行选粉，选粉后的粗粉经过空气输送斜槽进入水泥磨重新粉磨，细粉由气流送入袋式收尘器收集后通过空气斜槽、斗式提升机进入水泥库。水泥磨尾含尘气体由气箱脉冲袋式收尘器收集处理后，其细粉喂入提升机，处理后的气体排入大气。

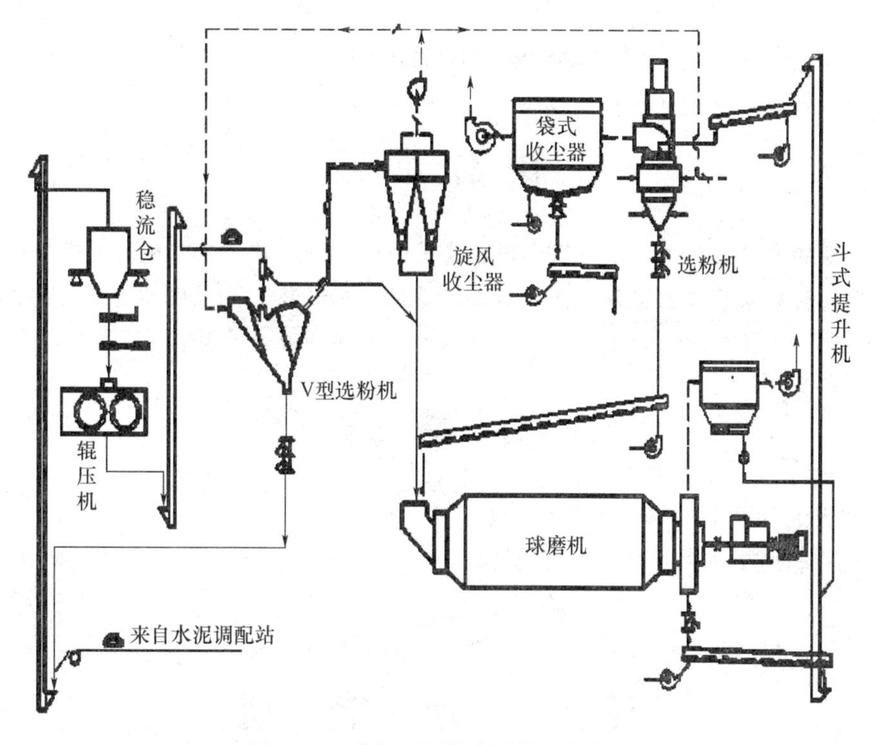

图3-1-3 带辊压机粉磨系统工艺流程

1.4 辊压机终粉磨系统工艺流程

辊压机终粉磨系统工艺流程如图3-1-4所示。经过集中配料配好的物料和出辊压机经挤压后的物料通过皮带机输送至提升机后，再通过皮带机（在该皮带机上安装永磁除铁器去除各种磁性金属后 ）进入V型选粉机，入稳流称重仓，接着喂入辊压机。混合后的物料由提升机输送入V型选粉机进行分级，其中粗粉经溜管送至稳流称重仓后入辊压机继续挤压，而细粉（即V型选粉机的成品）则由气流送入选粉机选粉，其选出的粗粉送至稳流称重仓入辊压机继续挤压，细粉至收尘器收集后为成品。

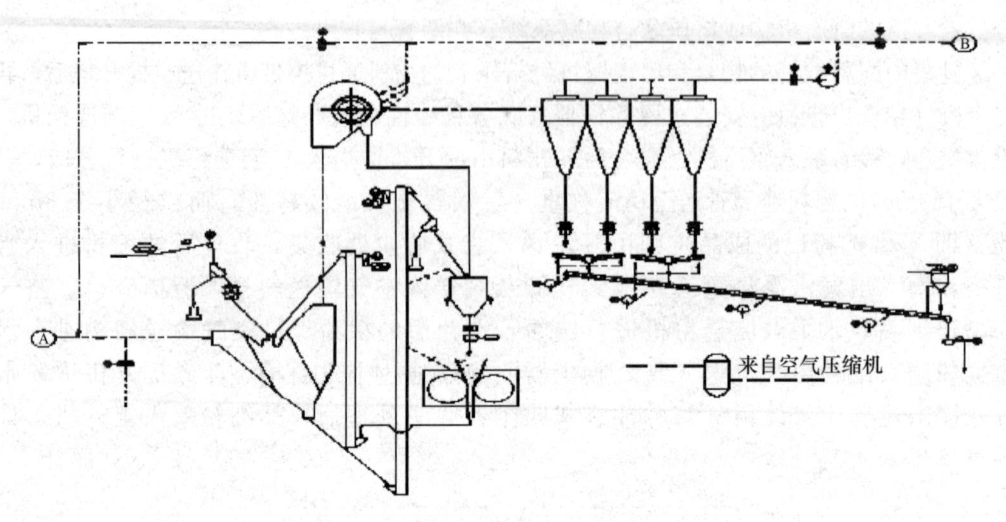

图 3-1-4　辊压机终粉磨系统工艺流程

任务小结

在本任务的学习过程中，学习了水泥粉磨系统的生产工艺流程（包括普通球磨机工艺流程、带辊压机粉磨系统工艺流程、立式磨粉磨系统工艺流程、辊压机终粉磨系统工艺流程）；要求学员熟练掌握各个流程的主要设备以及物料和气体的流动关系。

思考题

1. 简述普通球磨机水泥粉磨工艺流程。
2. 简述带辊压机水泥粉磨系统工艺流程。

任务2　球　磨　机

知识目标　掌握球磨机的分类及其主要部件；掌握球磨的工作原理；熟悉研磨体的级配、磨损和补充；熟悉影响球磨机质量和产量的因素。

能力目标　熟悉球磨机的结构、各主要部件的功能；熟悉球磨机的控制要点。

2.1　球磨机构造与工作原理

球磨机是水泥生产中进行粉磨的主要设备之一，无论是生料，还是水泥，或是煤粉，都需要经过粉磨工序，球磨机因操作简便、适应性强、能连续生产等特点，在新型干法水泥生产中，目前仍然应用较为广泛。

优点：①结构简单，运转率高，可负压操作，密封性良好，维护管理简单，操作可靠。

②对物料的适应性强，能连续生产，且生产能力较大；③粉碎比大，产品细度、颗粒级配易于调节，颗粒形貌近似球形，有利于水泥的水化、硬化；④可干法作业，也可湿法作业，还可烘干和粉磨同时进行。粉磨的同时对物料有混合、搅拌、均化作用。

缺点：①粉磨效率低，电能有效利用率低，电耗高，大部分能量被碰撞发热、噪声所消耗，真正用于粉磨做功的能量很少；②设备重，占地面积大，一次性投入大，噪声大。

球磨机的主体是一个回转的筒体，其两端用环形端盖半封闭，端盖与筒体可以焊接也可以螺栓连接。端盖的圆心开孔，在开孔处用螺栓或焊接的方式和中空轴相连。两端的中空轴既是进料、出料的通道，也是磨机和物料的支撑点。中心传动的球磨机一端中空轴还要传递动力，承受扭矩。为了减小中空轴支撑的弯矩，减小筒体应力，大型磨机支撑点选在筒体上，由滑履轴承支撑。

筒体的内部由隔仓板把筒体分隔成若干个仓，除烘干仓和卸料仓外，不同的仓里装入适量的钢球、钢段或钢棒等作为研磨体用于冲击和研磨物料，磨机进料端的那一仓称为粗磨仓，出磨的那一仓称为细磨仓。粗磨仓的物料大多数为块状且粒径较大，因此粗磨仓装配有3～4种不同球径的研磨体，研磨体平均尺寸较大，以适应块状物料，在该仓的物料首先要受到冲击和研磨的共同作用而粉碎，把物料粉碎成小颗粒物料和粉状，然后通过隔仓板的篦孔进入下一仓继续粉磨。通常磨机的粗磨仓长度较短，研磨体的平均尺寸较大，以冲击作用为主；细磨仓长度较长，研磨体的平均尺寸较小，以研磨作用为主。

为了保护球磨机内壁免受研磨体及物料的直接磨损和撞击，筒体内壁、端盖装有衬板，磨内衬板还起到调节钢球运动状态的作用。中空轴内壁进料、出料螺旋套筒也能使中空轴免受磨损，有的螺旋上还使用对应形式的衬板。

2.1.1　球磨机分类

球磨机按其结构及特性不同，一般按以下方式分类。

① 按筒体长度与其直径比值大小分为短磨、中长磨和长磨，长径比在3左右的称为中长磨，长径比大于4的称为长磨；

② 按球磨机卸料方式分为中卸磨和尾卸磨；

③ 按传动方式分为中心传动与边缘传动；

④ 按生产方式分为水泥磨、生料磨与煤磨；

⑤ 按粉磨方式分为开流和圈流；

⑥ 按大的结构方式分为普通磨和滑履磨。

球磨机的规格常用筒体的内径和长度来表示，如ϕ3.8m×7.5m，ϕ3.8m是筒体的内径，7.5m是筒体两端的距离，不含中空轴。ϕ5.6×11+4.4中卸烘干球磨机，表示带烘干仓、中部卸料的球磨机，磨机筒体直径为5.6m，烘干仓长度为4.4m，粉磨仓总长度为11m。水泥磨处理的物料是熟料、石膏及混合材，因为熟料出窑时是不含水分的，因此和生料磨相比，其结构基本相同，但水泥磨不需设烘干仓，因而也没有热气流的进气口，在磨内增加了喷水装置，以降低磨内温度。此外，水泥磨出料都采用尾卸的方式，在卸料处装有一道卸料篦板和提升叶片。下面是几种典型的水泥粉磨球磨机。

（1）边缘传动水泥磨

图3-2-1是边缘传动的水泥磨。传动系统由套在筒体上的大齿圈和传动齿轮轴、减速机、电机组成。磨内分为粗磨仓和细磨仓，由隔仓板彼此分开。熟料、石膏、混合材从磨头

(远离传动的那一端，人们习惯称之为磨头) 喂入，依次经过粗磨仓和细磨仓，由于刚喂入的物料粒径还较大，因此粗磨仓以冲击粉碎为主，研磨为辅；物料经过粗磨仓的粗碎后通过隔仓板进入细磨仓，以研磨为主。粉磨后的物料由磨尾（靠近传动的那一端，通常称为磨尾）卸出。被提升到上部的选粉机去筛选，细度合格的就是水泥，较粗的物料再返回球磨机继续粉磨，形成闭路循环。

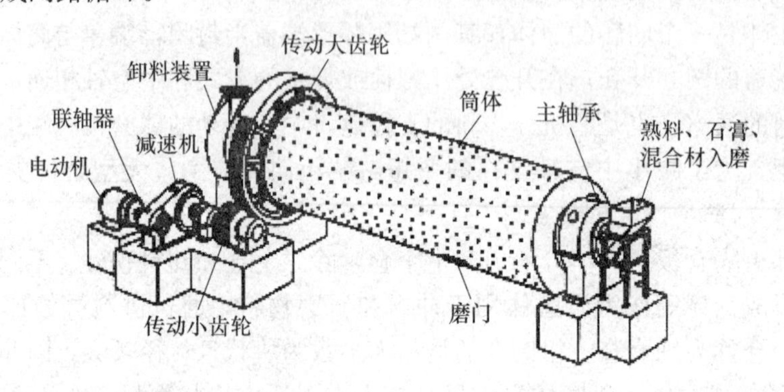

图 3-2-1　边缘传动水泥磨

(2) 中心传动水泥磨

图 3-2-2 是中心传动水泥磨。它的传动方式与上述不同，减速机的输出轴与细磨仓的中空轴是相连的，省略了传动大齿轮。与生料磨不同的是去掉了烘干仓，磨内设 2～4 个粉磨仓，第一、二仓采用阶梯衬板，两者之间用双层隔仓板分开，第二、第三和第三、第四仓之间采用单层隔仓板，安装小波纹无螺栓衬板，被磨物料从远离传动的那一端喂入，从靠近传动的那一端卸出。为降低水泥粉磨时的磨内温度，在磨尾装有喷水管（有的水泥磨各仓均设有喷水管及喷头）。

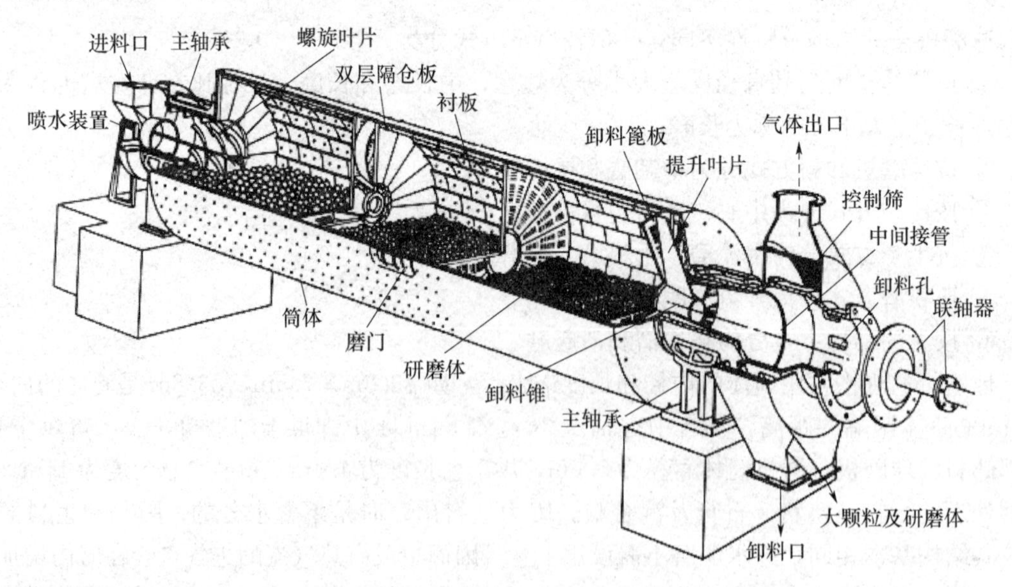

图 3-2-2　中心传动水泥磨

(3) 中心传动双滑履水泥磨

上述两种典型的水泥球磨机都是靠筒体两端的主轴承支撑运转的，而图 3-2-3 所示的中心传动双滑履水泥磨是靠滚圈、托瓦支承。磨机的支撑点选在磨机筒体上，可以降低筒体的弯曲应力，从而降低筒体钢板的厚度，减轻了设备重量，节约成本，节能降耗，这种结构更适合长径比大的球磨机。针对粉磨水泥使磨内产生高温，这种磨机可以充分利用其两端的进、出口的最大截面积来通风散热，同时降低了气流出口风速，避免了较大颗粒的水泥被气流带走。双滑履支承已成为大型球磨机的主流。

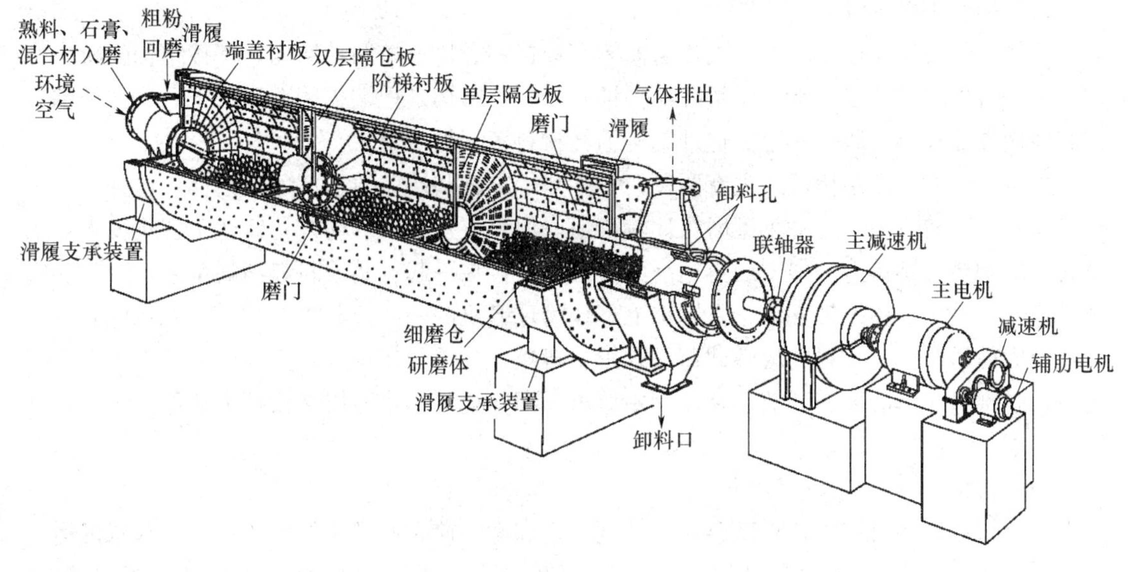

图 3-2-3 中心传动双滑履水泥磨

在生料制备系统用到的球磨机有边缘传动中卸烘干磨、中心传动中卸烘干磨、中心传动主轴承单滑履中卸烘干磨等。它们只在筒体结构、传动、支撑部分和卸料方式上有所差别，与上述内容有相似的地方，在此不再赘述。

2.1.2 球磨机构造

由于其规格、生产方法、用途、卸料方式、支承方式和传动方式的不同，球磨机的构造分为多种类型，但其主要构造大体上是相同的。

(1) 筒体

球磨机的筒体是球磨机主要工作部件之一，是由若干块钢板卷制焊接而成，是一个空心圆筒，两端用端盖与中空轴对中连接。筒体工作时除承受研磨体的静载荷外，还受到研磨体的冲击，且筒体是回转的，所以筒体上产生的是交变应力。因此，它必须具有足够的强度和刚度。这就要求制造筒体的金属材料的强度高、塑性好，具有较好的机械性能和工艺性能，才能保证磨机筒体的安全运行。近来设计的大型磨机的筒体是用 16Mn 钢制造的，其弹性强度极限比 Q235 高约 50%，耐蚀能力比 Q235 高 50%，冲击韧性（尤其低温时）比 Q235 高得多。而且 16Mn 还具有良好的切削加工性、可焊性、耐磨性和耐疲劳性。

筒体上每个仓都应开设一个磨门（又称人孔），磨门的作用是镶换衬板、隔仓板，装填或倒出研磨体，停磨检查磨机仓内情况等。筒体上的人孔应开在各仓的中部位置，这样在调整隔仓板位置时有较大的空间，同时也便于装卸研磨体。开设磨门会降低筒体的强度，所以磨门不能开得过大（只要能满足零部件和操作人员进出即可），且磨门周围要焊接加强钢板。

磨机运转时与长期停止时，筒体的长度是不一样的。这是由于筒体温度不同引起热胀冷缩所致。因此，在设计、安装与维护时都必须考虑到筒体的这一热胀冷缩特点。一般磨机的卸料端靠近传动装置，为保证齿轮的正常啮合，在卸料端是不允许有任何轴向窜动的，故都是在进料端有适应轴向热变形的结构。目前广泛采用的结构是在中空轴的轴肩与轴承边缘之间预留一定的间隙。

（2）端盖和中空轴

筒体两端设端盖，呈环形。端盖与筒体有焊接和螺栓连接两种结构。焊接结构的特点是用料少，机件轻，制造简单，质量容易保证。另一种结构是把端盖铸造、加工后，再把端盖与筒体用螺栓连接组装在一起。这种结构消耗材料多，加工量大。

中空轴和端盖的结构形式也有两种。一种是中空轴和端盖铸造成一个整体，这种形式结构简单，安装较方便，对中小型磨机比较合适。但对直径较大的筒体，铸造工艺难度大，端盖和中空轴要分别铸造，加工后再用高强度螺栓连接在一起，其原材料消耗量大，加工和安装工作量比较多。中空轴支承于主轴承上，作为球磨机的一个极其重要的零件，承受着整个磨体及磨内研磨体、物料的运转载荷，既承受弯矩，又承受扭矩，在交变应力的作用下连续运行，是磨机本体的薄弱环节。在使用中要求长期安全可靠，所以在设计中应作为不更换零件来考虑。

（3）衬板

在筒体运转的过程中，将研磨体提升到一定高度，使它们产生符合粉磨工艺要求的运动轨迹，冲击和研磨物料。与此同时，筒体内壁和磨头都会造成严重的磨损，衬板就是用来保护磨体内壁和磨头的内衬，它可以减少研磨体和物料对磨体内壁的直接冲击或磨损。将衬板的表面做成不同的形状，还可以起到调节研磨体运动状态的作用，即帮助研磨体提升到理想的高度，增加冲击力，改善粉磨效果，提高粉磨效率。生产中通常按其表面形状来划分。

1）衬板种类（图 3-2-4）

①平衬板

表面平整或者是铸有花纹的衬板都属平衬板，研磨体的提升依赖衬板与研磨体之间的静摩擦力。在筒体回转时，平衬板对研磨体的提升高度有限，下滑明显，研磨作用较强。所以平衬板一般适用于以细磨为主的球磨机筒体（细磨仓）。

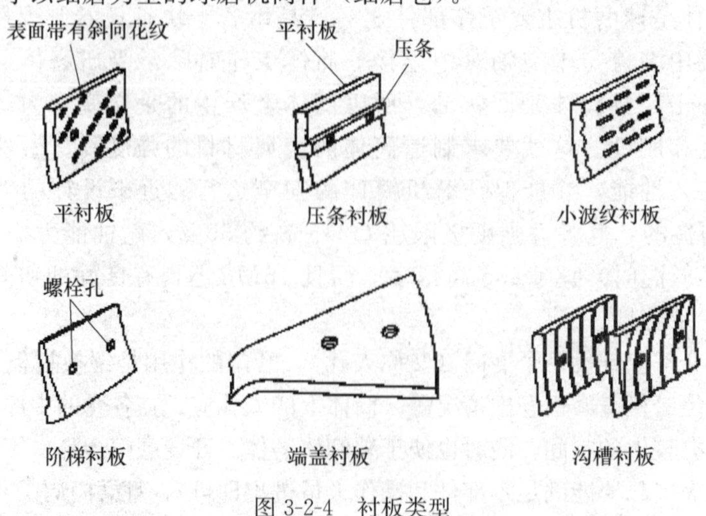

图 3-2-4　衬板类型

②压条衬板

压条衬板由平衬板和压条组成。压条比衬板高，压条上有螺栓，通过压条将衬板固定。

压条侧面对研磨体的推力及平衬板对研磨体的摩擦力使研磨体升得较高，从而具有较大的冲动能量，所以压条衬板适用于以粗磨为主的球磨机筒体（粗磨仓）。它的缺点就是带球高度不均匀，压条前侧面的研磨体被带得很高，而远离压条的研磨体类似在平衬板那样出现局部滑动。当球磨机转速较高时，压条前侧的研磨体带得过高，抛落到对面衬板上，不但粉碎作用小，而且加速了衬板与研磨体的磨损，因此对转速较高的球磨机不宜安装压条衬板。

③小波纹衬板

其波峰和节距较小，属于无螺栓衬板，适用于细磨仓和煤磨。

④阶梯衬板

阶梯衬板表面呈楔形，有一个斜面，安装时薄端处于磨机转向的前方，安装后形成许多阶梯，减缓了研磨体的提升倾角，并增加了提升高度，而且同一层研磨体提升的高度均匀一致，防止研磨体之间的滑动与磨损。但是它的研磨物料有死角而且损失量和噪声也比较大。阶梯衬板多适用于粗磨机及多仓磨机的粉碎仓。

⑤端盖衬板

装在磨头端盖或筒体端盖上，保护端盖不受磨损。

⑥沟槽衬板

沟槽衬板的工作面上铸出圆弧形沟槽，安装后形成环形沟槽，研磨面积大，其带球能力强，粉磨效率较高；沟槽衬板特别是在粉磨表面积要求高的物料时，更能显示它的优越性，适用于多仓磨的第一仓和第二仓。固定方式可以是螺栓固定，也可以是无螺栓固定。

⑦分级衬板

分级衬板是指钢球在磨机轴向能起到分级作用的衬板的总称。衬板断面形状、在磨内的铺设及其排列形式如图 3-2-5 所示。磨机粉磨作业的理想状态应该是大颗粒的物料用大直径的研磨体去粉碎和冲击，即在磨机的进料方向配以大直径的研磨体。随着物料往出料方向运动，粒径逐渐减小，研磨体也应顺次减小。但如果磨机安装同种衬板，由于物料高度和粒径逐渐减小，会使大规格的研磨体往出料方向窜动，小规格的研磨体却往进料端集聚。而分级衬板能自动地将研磨体由大到小分布，与物料的平均粒径由大到小的分布规律相适应。

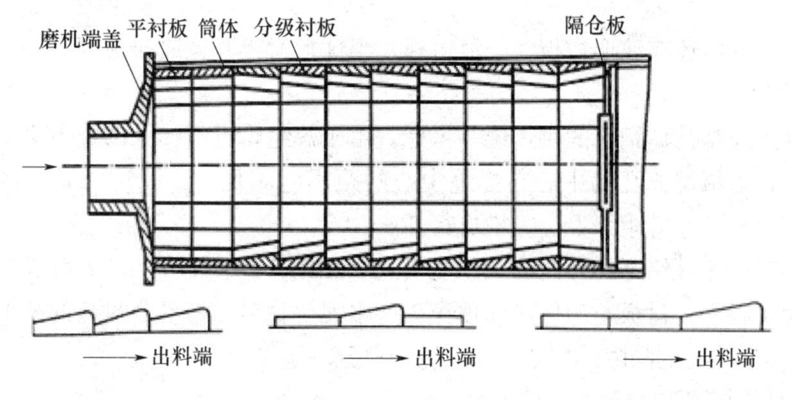

图 3-2-5　分级衬板在仓内的铺设及其排列形式

目前，对分级衬板能使研磨体合理分级的机理解释不尽相同，选其中之一介绍如下：分级衬板在磨机轴向切面呈斜面，高端在磨尾，低端朝向磨头。处于分级衬板斜面上的钢球，在轴向切面上的重力可分解为两个分力，其一垂直于斜面而被斜面支撑，其二是侧向力，平行于斜面而指向坡底。在力的作用下，钢球随筒体做标准的局部圆周运行，但是当钢球进入抛落点时，在分级衬板的作用下，钢球将按螺旋线的形式向磨头方向运行。这样，所有被分级衬板接触的钢球纷纷涌向磨头方向，受磨内空间及钢球间的摩擦力的制约，从而使磨内钢球形成一个头高尾低略倾斜的堆积面。由于大球惯性比小球大，因此堆积中大球更有利于占据想要占据的点，小球让位于大球，从而实现了钢球从大到小的排布。

使用分级衬板可去掉隔仓板，将两仓或三仓合并为一仓，增大了磨内的粉碎容积，减少了通风阻力，可以提高粉磨效率。

⑧角螺旋衬板

角螺旋衬板由平衬板、圆角衬板、金属衬板支架和弹性底板组合而成，如图 3-2-6 所示。在磨内安装后，使磨机的有效断面呈圆角正方形。相邻两圈衬板的方圆角互相错开一个角度，四个圆角分别构成断续的螺旋线，纵观全仓沿轴向为一个圆角方形的四头断续内螺旋。与安装其他衬板的研磨体在磨内的运动状态不同，角螺旋衬板使研磨体在磨内的循环次数增加，脱离角和降落区域得以改变，成片下落去冲击物料，加强了研磨体和物料之间的冲击效果，提高了粉磨效率。

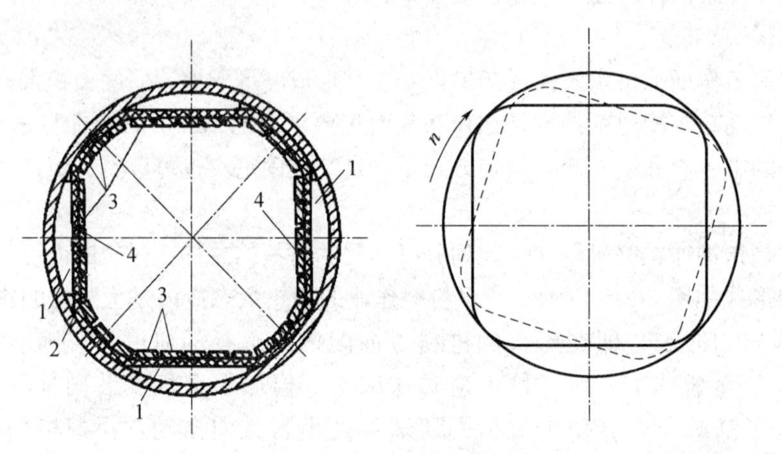

图 3-2-6　角螺旋衬板示意图

1—支架；2—筒体；3—衬板；4—弹性底板

除上述衬板外，还有波形衬板、凸棱衬板、半球形衬板和橡胶衬板等。

2）衬板排列

衬板的排列应与筒体钢板的拼焊统一考虑。由于焊缝附近有较大的应力集中于凸起，不便于衬板固定，衬板螺栓孔的中心与焊缝中心的距离应满足 $S\geqslant 2.5d$（d 为螺栓孔直径）；螺栓孔应根据衬板尺寸等距开设、纵横成行。

衬板排列时应相互错开，环向缝隙不能贯通，如图 3-2-7 所示，防止物料或球对筒体内壁的冲刷。为了找平，衬板与筒体之间填充一些水泥等材料。考虑到衬板的整形误差，衬板之间应留有 5mm 左右的间隙。

3）衬板安装与固定

①螺栓固定法。在固定衬板时，螺栓应加双螺母或防松垫圈，以防磨机在运转时因研磨

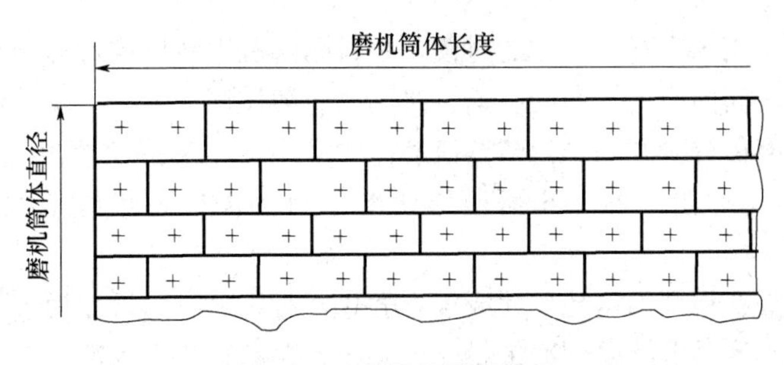

图 3-2-7　衬板的排列方式

体冲击造成螺栓松动，如图 3-2-8（a）所示。

②镶砌法。磨机的细磨仓固定平衬板或小波纹衬板时可以用镶砌法。镶砌时，衬板与筒体之间加一层水泥砂浆，将衬板相互交错地镶砌在筒体内。安装时由于没有衬板螺栓，而靠“拱”的作用将衬板固定在筒体上，因此安装中要慎重，注意衬板脱落的危险。安装顺序要从磨门开始，先把磨门转到最低位置，在筒体内壁上涂一层水泥砂浆，然后将衬板沿环向一块紧挨一块地放在水泥砂浆上并敲实，让多余的水泥砂浆被挤出，等全仓下半周都砌完后，用顶杠将衬板固定住，然后缓慢转动磨机，使之与水平线成 45°，再砌 45°区域的衬板，按这种方法直至把全部衬板砌完为止，如图 3-2-8（b）所示。

③如阶梯衬板、分级衬板等带有方向性，在安装时要注意磨机旋转的方向和物料前进的方向，一定不能装反。安装阶梯衬板时，让薄端向着磨机回转的方向，如图 3-2-8（c）所示。安装分级衬板时，高端在磨尾，低端朝向磨头，如图 3-2-5 所示。

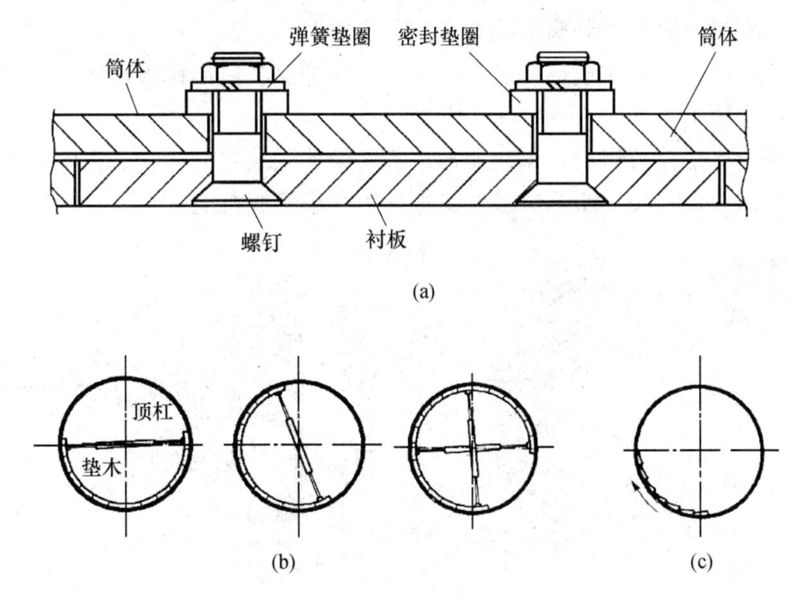

图 3-2-8　衬板的安装与固定示意图

（a）衬板的螺栓固定法；（b）无螺栓镶砌法；（c）阶梯衬板的安装

（4）隔仓板

1）隔仓板作用

主要作用是将研磨体分隔开，防止大颗粒物料窜向出料端，造成浪费，并控制磨内物料流速，有助于工作效率的提高。隔仓板还能控制和改善磨机的通风，可起到统一产量和质量、稳定磨机正常生产的作用。

①分隔研磨体。当球磨机在工作的时候，物料向磨机出料口进行移动。研磨体在开始时是以冲击作用为主，而向磨尾方向则逐渐过渡到以研磨作用为主。而隔仓板的作用就是根据各仓的情况，把研磨体分割开来。使各仓研磨体的平均尺寸保持由粗磨仓向细磨仓逐步缩小，以适应大研磨体冲击大料，小研磨体研磨小料的需要，较好地发挥研磨体的粉磨作用。

②筛析物料。隔仓板利用篦孔尺寸或排列方式，对物料有筛析作用，可把较大颗粒的物料阻留于粗磨仓内，使其继续受到冲击粉碎。防止大颗粒物料进入冲击力较弱的区域。

③控制物料流速。隔仓板的篦缝宽度、长度、面积、开缝最低位置及篦缝排列方式，对磨内物料填充程度、物料和气流在磨内的流速及球料比有较大影响。隔仓板的排料结构和篦孔宽度、篦孔形状的联合作用，保证不阻塞和合理的流速，使物料在磨内有合适的停留时间。

④有利于磨内通风。作为生料磨，需要通入大量热风以烘干物料；作为水泥磨，需要通过通风来散去热量以降低磨内温度。通风的另一个目的是及时移出粉磨细的物料，避免过粉磨现象。隔仓板能起到调节通风的作用，如果隔仓板有效断面太小，压力降上升，能耗将会增加。

2）隔仓板类型

①单层隔仓板。单层隔仓板通风阻力小，占磨机容积小，基本上是溢流式排料，料面层以下的细料通过时阻力较大，料流速度慢，前仓的填充率要高于后仓，已磨至小于篦孔的物料，在新喂入物料的推动下，穿过篦缝进入下一仓。单层隔仓板一般多用在双仓短磨及球磨机的后几仓中，有弓形隔仓板和扇形隔仓板两种形式。

扇形隔仓板一般由若干块扇形篦板组成。中心板把这些扇形篦板连成一个整体，大端用螺栓固定在磨机筒体上，如图 3-2-9（a）所示。

弓形隔仓板由弓形篦板组成，每块弓形板都用螺栓固装在筒体上，在中心的两侧用盖板以螺栓加固，如图 3-2-9（b）所示，弓形篦板常用在小型磨机上。

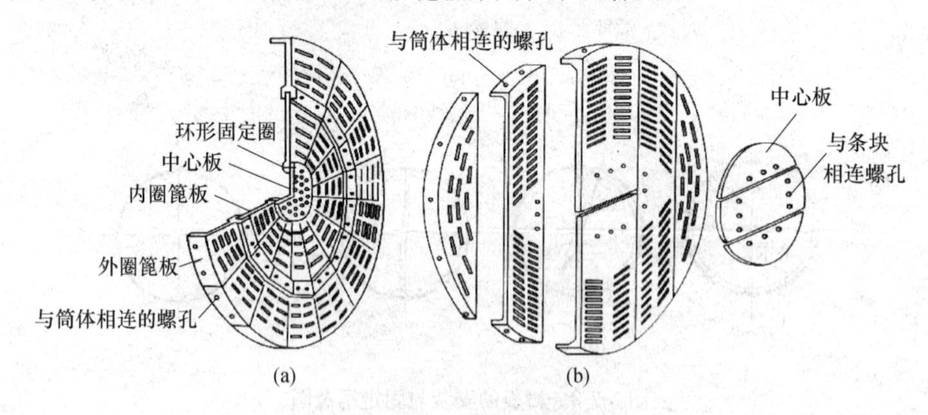

图 3-2-9　单层隔仓板

（a）扇形篦板组成；（b）弓形篦板组成

②双层隔仓板。一般由前篦板和后盲板组成，中间设有提升扬料装置。物料通过篦板，进入双层隔仓板中间，由扬料板将物料提到中心圆锥体内，随磨机回转进入下一仓，如图 2-3-10 所示。双层隔仓板有强制物料流过的功能，即通过的物料是不受相邻两仓物料水平面的限制，甚至前仓的物料面比后仓物料面尚低的情况下仍可通过物料。因此，它适合安装在

干法磨的第一仓。但双层隔仓板减少了磨机的有效容积，在其两侧的存料都很少，在此区域粉碎效率低，同时也加剧了隔仓板的磨损，较单层隔仓板构造复杂，通风阻力较大，双层隔仓板的篦板也有扇形和弓形两种，有的双层隔仓板兼具选粉的功能。

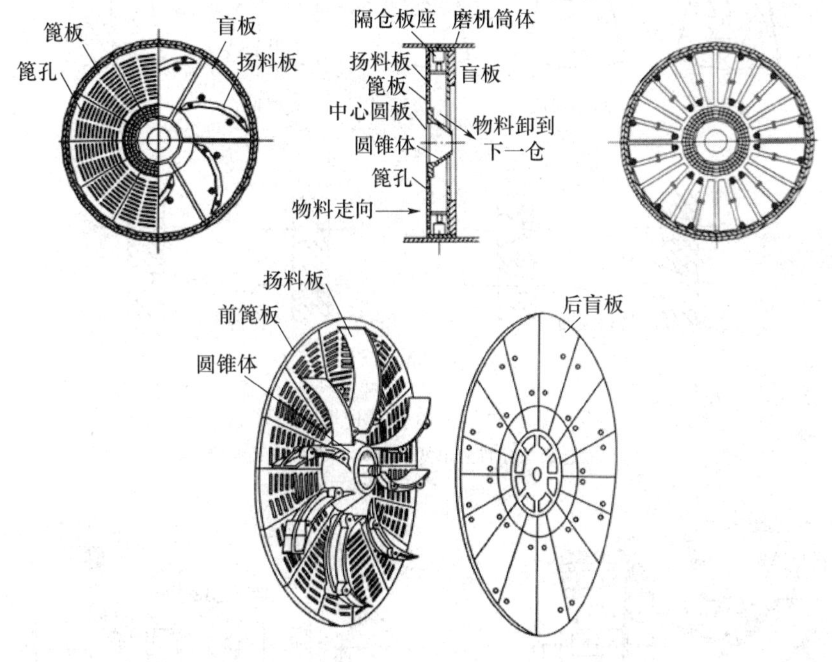

图 3-2-10　双层隔仓板

3）隔仓板篦孔

隔仓板的篦孔能让物料通过，但不准研磨体窜仓，篦孔的形状和排列是有一定要求的，为了便于顺利排料，防止篦孔堵塞，从断面上来看，一定要让篦孔的小端对着进料端，大端朝向出料端，安装时注意方向。

①排列。主要可分为同心圆状和放射状，也有介于两者之间的其他排列形式，如图 3-2-11（a)所示。同心圆状排列的篦孔平行于研磨体和物料的运动路线，物料容易通过，但也易返回，不易堵塞；放射状与其相反，物料不容易通过，但也不易返回。

②形状。新型干法水泥磨的篦孔形状如图 3-2-11（b）所示，间距为 40mm 和 50mm（篦板厚度有 40mm、50mm 两种）。隔仓板上所有篦孔的总面积与隔仓板总面积之比的百分数称为通孔率，干法磨机的通孔率不小于 7%～9%。若要调小通孔率可以先堵外圈篦孔。

（5）进料装置

进料装置的作用是将待粉磨的物料顺利地送入磨内。进料装置主要有以下两种。

1）溜管进料。物料经溜管进入磨机中空轴颈内的锥形套筒内，再沿旋转着的套筒内壁滑入磨中，如图 3-2-12（a）所示。由于物料靠自溜作用向前移动，所以溜管必须有足够的倾斜角，才能确保物料的畅通。此种结构简单，但喂料量较小，适用于中空轴颈较大而长度较短的情况。

2）螺旋进料。物料由进料口进入装料接管，并由隔板带起溜入套筒中，被螺旋叶片推入磨内，在加料溜子和接管之间，装有毛毡密封圈，防止漏料，如图 3-2-12（b）所示。这种进料方式的进料量较大，产量较高。不足之处在于结构要求复杂，钢板焊接件很容易磨

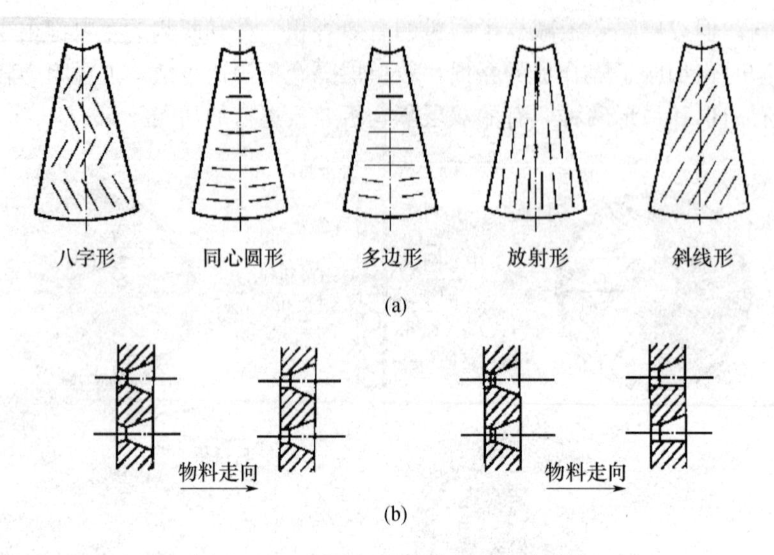

图 3-2-11　隔仓板篦孔排列形式及形状

（a）隔仓板篦孔排列形式；（b）隔仓板篦孔形状

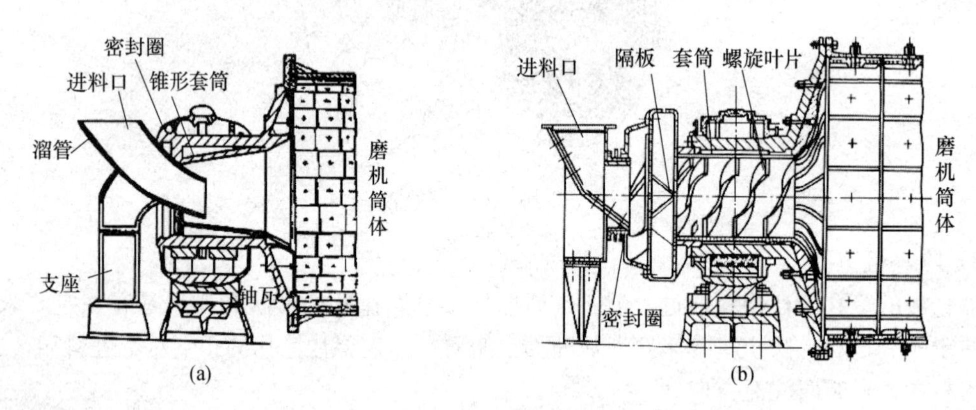

图 3-2-12　球磨机进料装置示意图

（a）溜管进料方式；（b）螺旋进料方式

损，适合于中空轴直径较小的球磨机。

（6）卸料装置

球磨机的卸料方式有尾卸式（物料从磨头喂入，尾端卸出）和中卸式（物料从两端喂入，中部卸出）两种。

1）边缘传动球磨机的尾部卸料装置如图 3-2-13（a）所示。将通过卸料篦板后的物料由提升叶片提升到螺旋叶片上，再由回转的螺旋叶片把物料输送至卸料出口，经控制筛溜入卸料漏斗中。磨内排出的含尘气体经排风管进入收尘系统。

2）中心传动球磨机的尾部卸料装置如图 3-2-13（b）所示。物料由卸料篦板排出后，经提升板沿卸料锥外壁送到空心轴内的卸料锥形套内，再经椭圆形孔进入控制筛，过筛物料从罩子底部的卸料口卸出，罩子顶部装有和收尘系统相通的管道。

3）生料制备系统的中卸烘干磨机（无论是边缘传动，还是中心传动）的卸料装置在磨体的粗磨仓与细磨仓之间专门设有一个卸料仓，与粗磨仓和细磨仓隔开，在卸料仓出口处的筒体上有椭圆形卸料孔，筒体外设密封罩，罩底部为卸料斗，顶部与收尘系统相通，如图 3-2-13（c）所示。

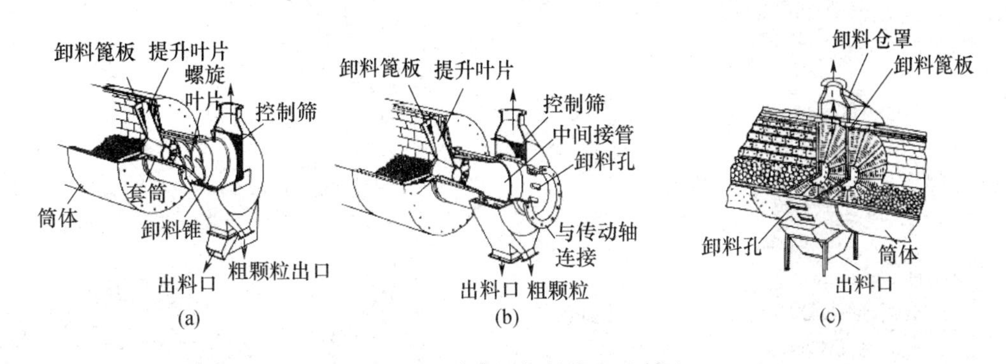

图 3-2-13　球磨机卸料装置示意图

（a）边缘传动球磨机卸料装置；（b）中心转动球磨机卸料装置；（c）中卸磨的卸料装置

出料装置最主要的零部件就是出料控制筛，目的是为了将混杂在出磨物料中的碎球、碎段、金属块及其他大颗粒等分离出来。控制筛上设有机械振打装置，用于清理筛孔的堵塞。控制筛用耐磨损性能高的薄钢板冲孔制作，长孔的方向沿控制筛周向开设，使物料的运动方向与控制筛一致，通过筛孔容易，筛分效率更高。

中卸磨和风扫磨不设控制筛，近些年由于圈流系统除铁装置的配置，有些尾卸磨机也取消了控制筛的使用。

（7）支撑装置

大型磨机的重量非常大，支撑装置除了承受磨体本身、研磨体和物料的全部重量外，还要承受运转时研磨体和物料的冲击和振动。磨机支撑主要是滑动轴承支承，分为滑履轴承和主轴承两种，组成了双滑履支承式、主轴承支承式和混合支承式三种形式。混合支承就是在球磨机的两个支承装置中，一端采用滑履轴承，另一端采用主轴承。

1）滑履支承

滑履支承在磨机筒体长度相同的情况下，缩短了支承中心距，极大地改善了筒体的受力状况，减低了筒体的最大应力，筒体结构更加简单，筒体钢板厚度可以适当减少，从而减轻了筒体重量，降低了磨机的制造成本。

由于滑履轴承支承结构的优点很多，因此得到很快的发展，尽管中小型球磨机还是采用主轴承支承方式，但在大中型球磨机上，滑履轴承已取代主轴承成为新的支承方式，如图 3-2-14 所示。

滑履轴承主要由底座、凸凹球体、托瓦、滑履罩、密封装置、润滑管路和测温装置等组成，其结构较主轴承略显复杂。

凸凹球体主要是为了保证滑履轴承托瓦的自位调心作用，它们可以使托瓦在任意方向上灵活转动，弥补滑环和托瓦在加工和安装过程中产生的偏差，使之与滑环始终保持在最适合的接触状态。履瓦坐在凸球体上，两者之间用圆柱销定位，凸球体又置于凹球体之中，而凹球体又放在滑履底座上，两者之间也用圆柱销定位，如图 3-2-14 所示。

托瓦采用铸钢结构，内部留有通冷却水的空腔，与滑环接触的一面浇注一层轴承合金，保护滑环外圆表面不受损伤。轴承合金采用锡锑轴承合金，即所谓的巴氏合金，轴承合金的厚度通常在 10～15mm 之间，过厚则会减少轴承合金的刚度，过薄则有损伤滑环的危险。

滑履罩由钢板焊接结构组成一个密闭空间，罩子上部设有排气孔，释放滑履轴承罩内部的高温空气。密封装置多采用毛毡密封或唇形密封的形式。

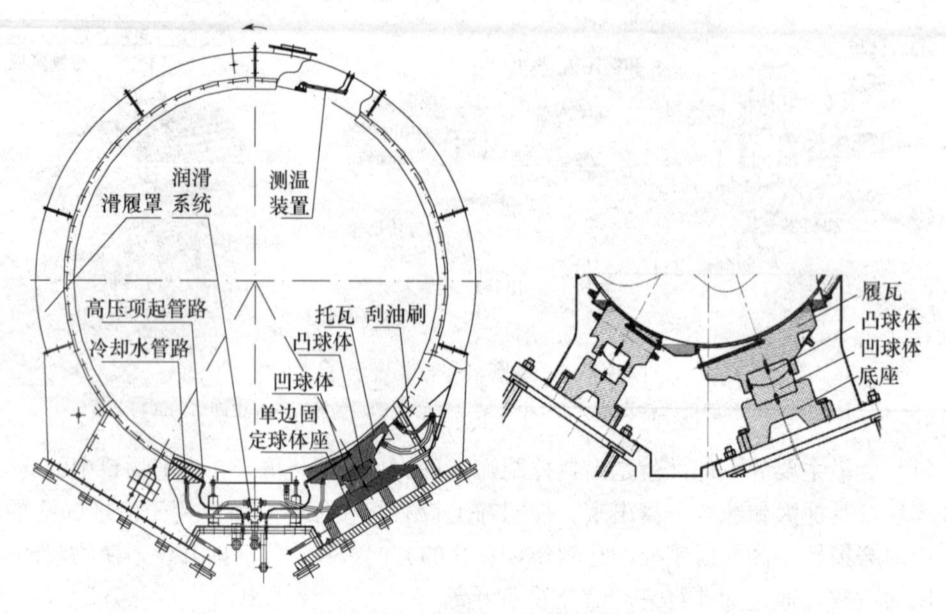

图 3-2-14　滑履支承装置示意图

滑履管路可以为滑环与托瓦之间的滑动摩擦部位提供高压润滑油和低压润滑油。滑履轴承润滑采用高压稀油站润滑的方式。高压油浮升磨体，低压油强制循环润滑。这种方式工作可靠，润滑效果良好，同时又可以对滑履轴承进行良好的冷却。

为了防止润滑状态的改变，冷却水系统发生故障等造成滑履轴承托瓦大面积或局部温升过大导致烧瓦，在托瓦上装配有测温装置用于探测轴瓦温度，也有采用测温瓦用以探测滑环工作表面温度的结构形式，测温装置采用 Pt100 铂热电阻。由于采用滑环与筒体焊接在一起的结构形式，滑履轴承温度通常要比主轴承高出 10～15℃，有的磨机在筒体和衬板之间布置一层橡胶石棉板隔热垫，以减少磨内热风和高温物料热传导的影响。

2）主轴承支承

中小型磨机分别在磨体两端中空轴处设有主轴承以支承磨机。图 3-2-15 为磨机的主轴承结构图。轴承合金球面瓦支承在凹球面的轴承座上，轴承座经螺栓固定在轴承底座上，有的磨机在磨头进料端的主轴承座置于轴承底座的几根钢辊子上，可使轴瓦和轴承座一起随磨机筒体热胀冷缩而相应往复移动，避免中空轴颈擦伤轴瓦。为了使轴瓦不被旋转的中空轴从轴承座内托出，在排气管附近的出水口处用两根螺栓和一块压条顶住。轴承上盖用螺栓固定在轴承座上。在轴承端面用螺栓固定的密封圈、毛毡圈和中空轴紧贴，防止漏油和进灰。固定在中空轴颈、下部浸于油中的油圈在随中空轴一起回转时将油带起，然后由刮油器将油刮下，使之经油槽流到轴颈上起到润滑作用。通过轴承盖上的检查孔可查看到轴承的工作情况。为防止长期停止运转的磨机在启动时空心轴颈和轴承合金之间因油膜过薄引起边界摩擦，甚至是干摩擦，导致转矩猛增和擦伤轴瓦，有的磨机主轴承带有静压润滑，在开磨之前启动高压润滑油站的高压油泵，将一定量的高压油打入轴瓦的油囊中。该高压润滑油从油囊向四周间隙扩散开，形成一层稳定的静压油膜，托起空心轴使之与轴瓦表面脱离。此时启动磨机，摩擦产生的启动转矩比一般动压润滑时低 40％左右。冷却水由进水管进入轴承空腔内冷却润滑油，并将腔内残留的空气由排气管排出，经橡胶管进入球面瓦内冷却轴承合金，再经排气管一侧的出水口排出。

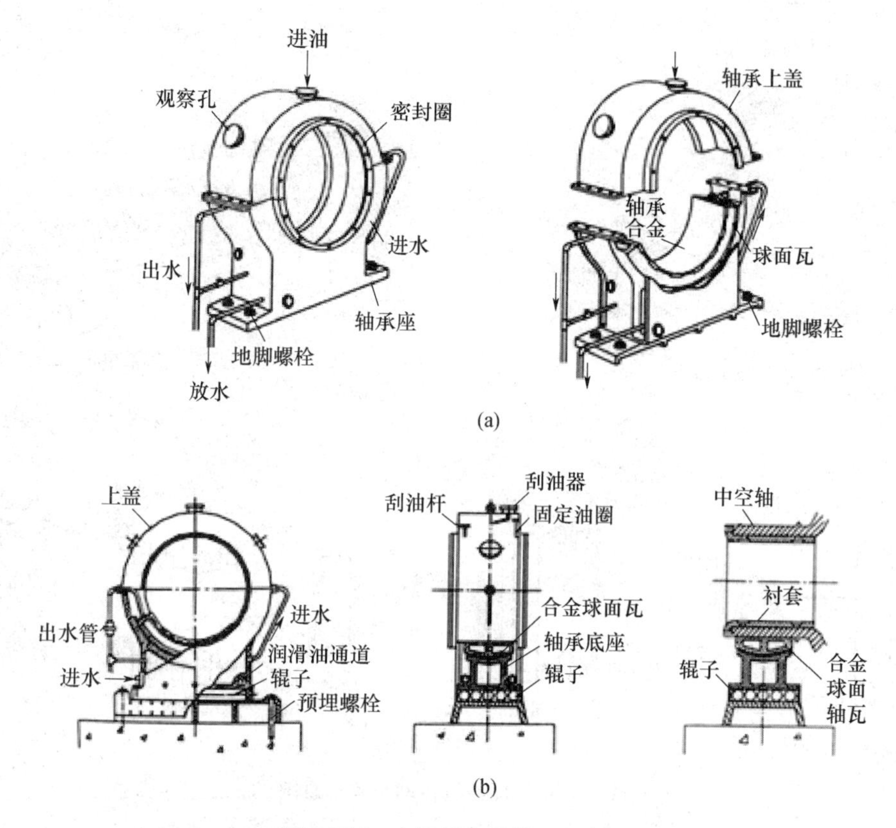

图 3-2-15　主轴承支承装置示意图

(a) 装在磨尾卸料端的主轴承；(b) 装在磨头进料端的主轴承

(8) 传动装置

传动装置是将电动机的驱动动力通过传动轴、减速机传递到球磨机上使之运转的装置，球磨机的传动装置常用的主要有中心传动和边缘传动两种形式，边缘传动又有单边单传动 [图 3-2-16 (a)]、双边单传动 [图 3-2-16 (e)] 等形式。中心传动也有单传动和双传动之分。

1) 边缘传动由传动齿轮轴上的小齿轮与固定在筒体尾部的大齿轮啮合，带动磨机转动。辅助传动装置一般用于装机功率大于或等于 500kW 的球磨机上，其转速一般不超过 0.2r/min，主要是为了满足磨机启动、检修和加倒球操作的需要，如图 3-2-16 (a) 所示。边缘传动可分为低速电机传动、高速电机（带减速机）传动。

边缘传动具有布置紧凑、占地面积小、加工精度要求低、加工制造容易、价格低廉的优点。但是传动效率较低，大齿轮大且体型重，维护工作量较大，运转故障率比中心传动高，广泛应用于中小型球磨机上。

风扫生料磨和煤磨由于有大的热风进出口，只能使用边缘传动。

2) 中心传动以电机通过减速机直接驱动磨机转动，减速机输出轴和磨机中心线在同一条直线上，中心传动分为单传动、双传动、设有辅助传动电机的传动，如图 3-2-16 (b)、(c)、(d) 所示。

中心传动具有传动效率高、维护工作量小、安全可靠的优点，但是由于传动速比大，减速机的尺寸很大，制造精度要求高，多用于大型磨机。

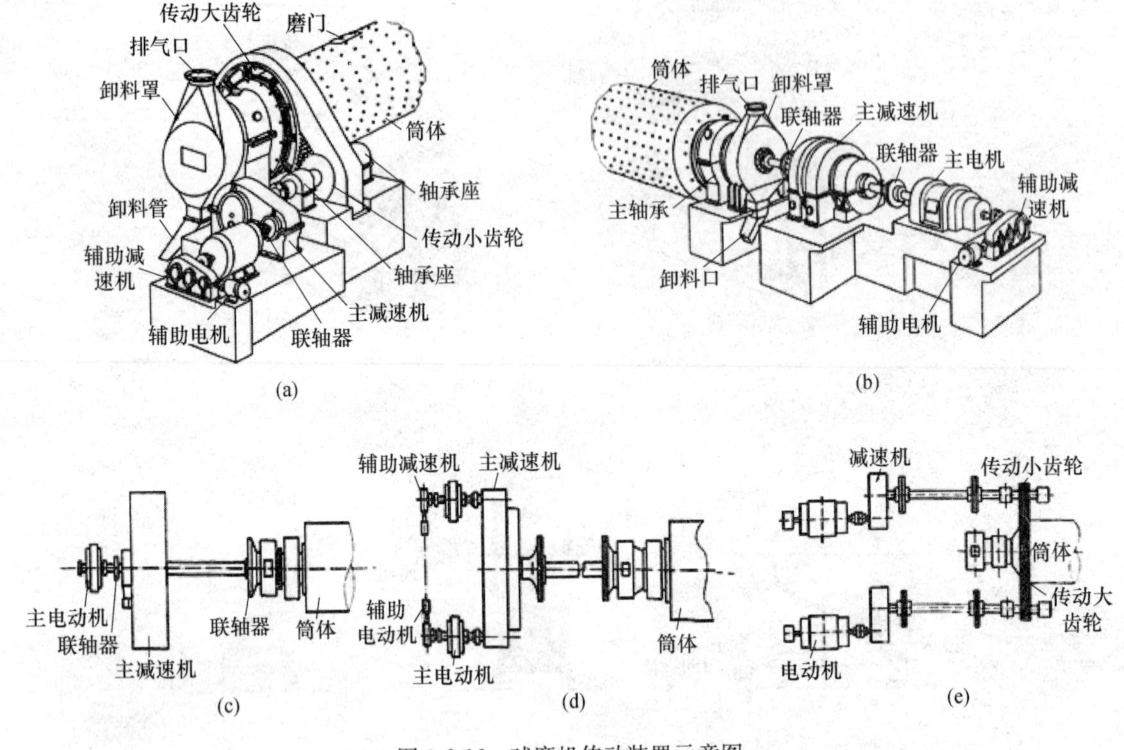

图 3-2-16 球磨机传动装置示意图

(a) 磨机边缘传动（单边单传动）；(b) 磨机中心传动（设辅助电机）；

(c) 磨机中心单传动；(d) 磨机中心双传动；(e) 磨机边缘双边单传动

2.1.3 球磨机工作原理

球磨机粉磨物料的主要工作部分发生在水平低速回转的筒体上，当筒体被传动装置带动回转时，研磨体由于惯性离心力的作用，贴附在磨机筒体内壁的衬板上与之一起回转，被带到一定高度积蓄能量，当重力超过离心力时，沿抛物线跌落释放动能，研磨体对筒体内物料进行冲击和碾碎。同时，研磨体在回转的磨机内除有上述运动状态外，还会产生滑动和滚动，致使研磨体、衬板和被磨物料之间发生研磨作用而使物料磨细。物料在受到冲击破碎和研磨作用的同时，由于磨头不断地强制喂料，而物料又随着筒体一起回转运动，形成物料向前挤压；再借进料端和出料端的物料本身料面高度差，加上磨尾不断抽风，尽管磨体水平放置，物料也能不断地向出料端移动，最终由磨尾或磨中间的卸料口卸出，完成粉磨作业。

球磨机
工作原理

2.2 研 磨 体

研磨体的任务就是把喂入磨内的块状物料击碎并磨成细粉。刚进入磨内的物料颗粒尺寸较大，最终要磨成 0.08mm 以下的细粉。研磨体对刚喂入的大块物料以猛烈的冲击为主，研磨为辅，将其捣碎。这期间也免不了研磨体之间的相互碰撞，因此会发出强烈的声音，这主要来自粗磨仓。随着物料粒径的减小，将往下一仓流动，研磨体转向以研磨为主，声音逐渐减弱，磨细后送出磨外，不同种类和规格的研磨体用在不同的磨仓中。

2.2.1　研磨体种类及运动状态

物料在磨机内被磨成细粉，是研磨体的冲击和研磨作用的结果，因此研磨体的形状、大小、装填量和级配是球磨机的重要工作参数。

（1）研磨体种类

1）钢球。钢球是球磨机中使用最广泛的一种研磨体，在粉磨过程中与物料发生点接触，对物料的冲击力大，主要用于双仓开路磨的第一仓（进料端，也是粗磨仓）、双仓闭路磨的两个仓（粗、细磨仓），管磨机的第一仓、第二仓。钢球的直径在 ϕ15～ϕ125mm 之间，根据粉磨工艺要求，粗磨仓一般选用 ϕ50～ϕ110mm、细磨仓选用 ϕ20～ϕ50mm 中的各种规格的钢球。

2）钢段。磨机的细磨仓中，对物料主要是研磨，钢（铁）段可以取代钢球，它的外形为短圆柱形或截圆锥形，与物料发生线接触，研磨作用强，但冲击力小，用于细磨仓是比较合适的。常用的规格有 ϕ15mm×20mm、ϕ18mm×22mm、ϕ20mm×25mm、ϕ25mm×30mm 等。小型球磨细磨仓的钢段直径小至 ϕ12mm 以下。

3）钢棒。钢棒是湿法磨常用的一种研磨体，直径为 ϕ40～ϕ90mm，棒长要比磨仓的长度短 50～100mm。例如 ϕ2.4mm×13mm 湿法棒球磨，第一仓的有效长度为 2.75m，使用棒的规格为 ϕ60mm×2565mm、ϕ65mm×2565mm 和 ϕ70mm×2565mm。

不论是哪一种类的研磨体，对它的材质都有很高的要求：要具有较高的耐磨性和耐冲击性，其材质的好坏影响到粉磨效率，要求材质坚硬、耐磨又不易破裂。国外普遍采用合金耐磨球，如高铬铸铁是一种含铬量高的合金白口铸铁，其特点是耐磨、耐热、耐腐蚀，并具有相当的韧性；低铬铸铁含有铬元素较少，韧性较高，铬铸铁差，但有良好的耐磨性，用作小球、钢段及细磨仓的衬板是适宜的。

（2）研磨体材质选择

1）硬度。研磨体的硬度越大就越耐磨，但被磨物料硬度不高时，对研磨体要求也不必过高，只要能适应粉磨要求即可。硬度最好不超过 HB＝500（相当于 HRC50），超过此值时，耐磨性提高幅度较小，水泥磨的钢球硬度易取 HRC45～55。高铬铸铁球、高铬锻钢球、中锰铸铁球、马氏体球墨铸铁球都能满足要求。

2）韧性。要保证研磨体在对物料反复冲击下不致碎裂，就要有足够的韧性。同一球径的钢球在大磨机内冲击功比在小磨机的冲击功大，故大磨机所用钢球韧性要大。

（3）研磨体运动状态

磨机在正常运转时，研磨体的运动状态对粉磨作用有很大影响。有被磨机带到较高处的，使用动能冲击物料；有不能被磨机带到高处的，就和物料一起下滑，滚动和滑动对物料进行研磨，而研磨体的运动状态又与磨机转速、磨内料量及研磨体的质量有很大关系。筒体的转速决定着研磨体产生惯性离心力的大小，当筒体具有不同的转速时，研磨体的运动状态便会出现如图 3-2-17 所示的三种运动状态。

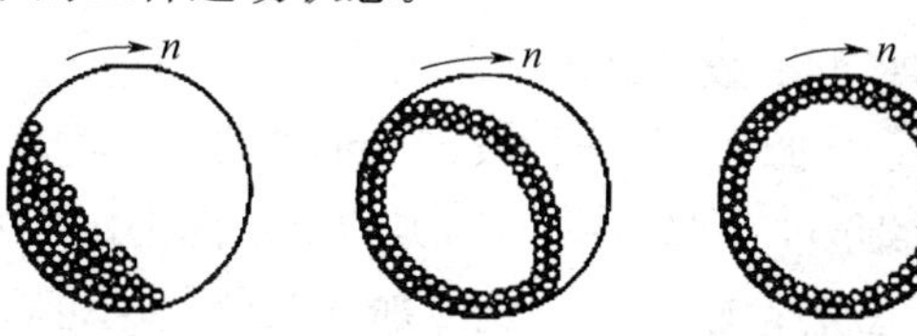

图 3-2-17　磨机转速不同时的研磨体运动状态

（a）磨机转速过低；（b）磨机转速适中；（c）磨机转速过高

球磨机内研磨体运动轨迹

当磨机转速过低时，不能将研磨体带到较高高度，研磨体和物料随即因重力作用产生下滑，所有研磨体顺旋转方向沿同心圆的轨迹升高至一定角度，然后一层层地泻落下来，呈倾泻运动状态，这样不断地反复循环。该状态下，钢球对物料的冲击作用很小，几乎只起到研磨作用，因而粉磨效果不佳，生产能力降低。

当磨机转速过高时，由于惯性离心力大于研磨体自身的重力，研磨体和物料贴附在筒体内壁上，随筒体一起旋转不降落，呈圆周运动状态。由于研磨体、物料、筒体内壁以及相互之间不再有相对运动，因此对物料起不到任何冲击和研磨作用，在实际粉磨作业中已无意义。

当磨机转速适中时，研磨体随筒体上升到较高的高度，将离开圆形轨道而沿抛物线轨迹落下，呈抛落运动状态，此时研磨体对物料有较大的冲击作用，但也有部分研磨作用，粉磨效果较好。

在球磨机筒体中，研磨体装填数量越少，筒体转速越高，则研磨体的滚动和滑动也越小，由此引起对物料的研磨作用也就越小；当研磨体装填的数量很多时，分布在靠近筒体横断面中心部分的研磨体，不足以形成抛射运动，而产生较多的滚动和滑动，致使物料受到研磨作用而磨细。所以，在粉磨粒径较大或较硬的物料时，研磨体的平均尺寸要大些，装填数量可少些，从而保证研磨体具有足够的抛射降落高度，加强冲击破碎作用，反之，在粉磨较小或较易磨的物料时，研磨体平均尺寸可以小些，但装填数量应多些，这样会加强研磨作用。

在实际生产中，为了有效地利用研磨体能量，通常将磨机分为2～4个仓，用隔仓板隔开，进料端突出冲击作用，卸料端突出研磨作用。

2.2.2 研磨体级配

（1）研磨体级配意义

钢球直径的大小及其质量的配合称为研磨体的级配。其级配的优劣直接影响磨机的产质量和研磨体的消耗。级配的依据是物料的物理化学性质、磨机的构造以及产品的细度要求等因素确定。物料在粉磨过程中，开始粒径较大，需用较大直径的钢球冲击破碎。随着粒径变小，需用小钢球粉磨物料，以增加对物料的研磨能力。选用钢球的规格与被磨物料的粒径有一定的关系。物料粒径越大，钢球的平均直径也应该越大。由此可见，磨内完全用大直径和完全用小直径的研磨体都不合适，必须保证既有一定的冲击能力，又有一定的研磨能力，才能达到优质、高产、低消耗的目的。

当然由于生产条件的差异以及操作条件的波动，任何一台磨机的配球都需要进行长期的操作实践，通过不断地摸索、调整才能得出更为理想的配球。

（2）研磨体级配原则

根据生产经验、研磨体级配一般遵循以下原则。

1）根据入磨物料的粒径、硬度、易磨性及产品细度要求来配合。当入磨物料粒径较小、易磨性较好、产品细度要求细时，就需加强对物料的研磨作用，装入研磨体直径应小些；反之，当入磨物料粒径较大，易磨性较差时，就应加强对物料的冲击作用，研磨体的球径应较大。

2）大型磨机和小型磨机、生料磨和水泥磨的钢球级配应有区别。由于小型磨机筒体短，因而物料在磨内停留的时间也短，所以在入磨物料的粒径、硬度相同的情况下，为延长物料在磨内的停留时间，其平均球径应较大型磨机小（但不等于不用大球）。在磨机规格和入磨物料粒径、易磨性相同的情况下，由于生料细度较粗，加之黏土和铁粉的粒径小，所以生料磨应加强破碎作用，在破碎仓应减小研磨作用。

3）磨内只用大钢球，则钢球之间的空隙率大。物料流速快，出磨物料粗。为了控制物料流速，满足细度要求，经常大小球配合使用，减小钢球的空隙率，使物料流速减慢，延长物料在磨内的停留时间。

4）各仓研磨体级配，一般大球和小球都应少，而中间规格的球应多，即所谓“两头小、中间大”。如果物料的粒径较大、硬度大，则可适当增加大球，而减少小球。

5）单仓球磨应全部装钢球，不装钢段；双仓球磨的头仓用钢球，后仓用钢段；三仓以上的磨机一般是前两仓装钢球，其他装钢段。为了提高粉磨效率，一般不允许球和段混合使用。

6）闭路磨机由于有回料入磨，钢球的冲击力由于“缓冲作用”会减弱，因此钢的平均球径应大些。

7）由于衬板的选择使带球能力不足，冲击力减小，应适当增加大球。

8）研磨体的总装载量不应超过设计允许的装载量。

（3）研磨体级配方法

研磨体的级配是针对球磨机而言的，主要内容包括：各磨仓研磨体的类型、配合级数、球径（最大值、最小值、平均值）的大小、不同规格的球（棒、钢段）所占有的比例及装载量。级配确定后，需进行生产检验，并结合实际情况进行合理的调整。研磨体级配的方法很多，实际生产中应根据原材料的特性、生产条件及操作条件，不断摸索才能得出理想方案。下面介绍一种配球方法。

1）求出入磨物料平均粒径和最大粒径

取有代表性的试样，用孔径为 30mm、19mm、13mm、10mm 和 5mm 的套筛作熟料或石灰石及其他大颗粒物料的筛析；用孔径为 5mm、4mm、2mm、1mm、0.5mm 和 0.25mm 的套筛作矿渣、铁粉或其他小颗粒物料的筛析。称量并计算出各粒径级别的质量分数，以通过量为纵坐标，以筛孔孔径为横坐标，把各物料以各号筛所做的筛析结果标在坐标纸上，如图 3-2-18 所示。通过所标各点作筛孔孔径（mm）与被测物料通过量的关系曲线。曲线上与 80%（质量比）物料通过量相对应的筛孔孔径即为该物料的平均粒径 D_{80}，与 95%（质量比）物料通过量相对应的筛孔孔径即为该物料的最大粒径 D_{95}。入磨物料的综合平均粒径等于各入磨物料的粒径 D_{80} 与各物料在入磨物料中所占有比例乘积之和，入磨物料的综合最大粒径等于各入磨物料的粒径 D_{95} 与各物料在入磨物料中所占比例乘积之和。

2）确定最大球径和要求的平均球径

最大球径必须满足大块物料的冲击粉碎需要，没有足够的大球难于粉碎最大的料块，不仅降低产量，而且严重时在磨内形成粒块积聚，增加堵塞篦孔的机会，恶化正常操作条件。但是选择最大球径时应注意不能选用超过需要的过大钢球。因为球径过大会使个数减少，降低冲击次数，并且增大球间的空隙率，使流速过快，降低粉碎效率。此外还会增加磨机衬板的磨损量，对衬板螺栓固定起不良的作用。最大球径的选择与入磨物料的粒径、硬度、细度等因素有关，可按下式计算：

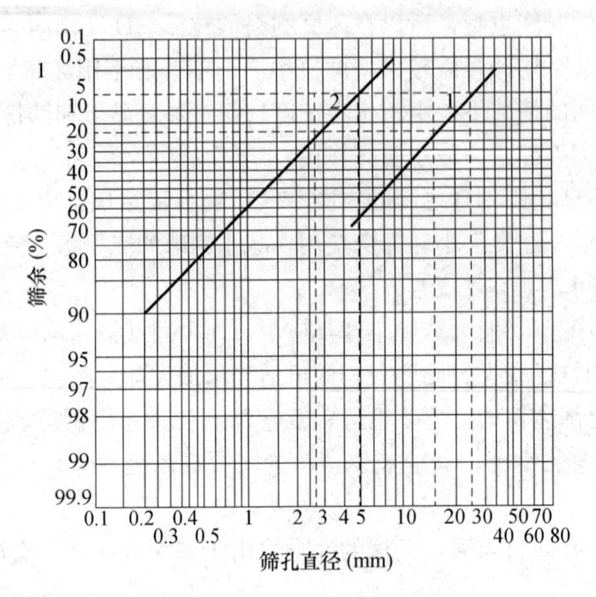

图 3-2-18　计算粒径用的坐标图

1—熟料粒度分布；2—矿渣料度分布

$$D_{max}=28\sqrt[3]{D_{95}} \text{ 或 } D_{max}=28\sqrt[3]{D_{95}}\times\frac{f}{\sqrt{K_m}} \tag{3-2-1}$$

要求的平均球径可按下式计算：

$$D_{av}=28\sqrt[3]{D_{80}} \text{ 或 } D_{av}=28\sqrt[3]{D_{80}}\times\frac{f}{\sqrt{K_m}} \tag{3-2-2}$$

式中　D_{max}——最大级钢球的直径，mm；

D_{av}——一仓要求的钢球平均直径，mm；

D_{95}——入磨物料的最大粒径，即 95％物料通过的筛孔孔径，mm；

D_{80}——入磨物料的平均粒径，即 80％物料通过的筛孔孔径，mm；

K_m——入磨物料的相对易磨性系统，可由表 3-2-1 查取；

f——单位容积物料通过量影响系数，根据每小时的单位容积通过量 K 由表 3-2-2 查取。

其中：

$$K=\frac{Q+QL}{V} \tag{3-2-3}$$

式中　Q——磨机生产能力，t/h；

L——磨机循环负荷,％；

V——磨机有效容积，m^3；

表 3-2-1　易磨性系数值 K_m

物料名称	易磨性系数	物料名称	易磨性系数
硬质石灰石	1.27	软质石灰石	1.7
中硬质石灰石	1.5		

表 3-2-2　单位容积物料通过量 K 与 f 值的关系

K [t/ (m³·h)]	1	2	3	4	5	6	7	8	9	10	11	12	13	14	15
f	1.01	1.02	1.03	1.04	1.05	1.06	1.07	1.08	1.09	1.10	1.11	1.12	1.13	1.14	1.15

3）钢球级配选择

将计算出的 D_{max}（并参考级配原则）圆整成规格直径，依次递减选择 4～5 级钢球，每一级的比例可按“各种规格钢球质量分数等于物料相应各粒径级别质量分数（参考计算粒径用的坐标图）”的原则确定。

对已配的混合球可用重量法计算出平均球径，计算式如下：

$$D_{平}=\frac{d_1G_1+d_2G_2+\cdots+d_nG_n}{G_1+G_2+\cdots+G_n} \tag{3-2-4}$$

式中　$D_{平}$——钢球平均球径，mm；

d_1，d_2，…——各种规格钢球直径，mm；

G_1，G_2，…——直径为 d_1，d_2，…时对应的钢球质量，t。

重量法计算后的平均球径与要求的平均球径比较，调整钢球级配。如小则加大大球的比例，如大则加大小球的比例。

（4）研磨体级配方案制定

制定研磨体的级配方案通常从第一仓开始（即粗磨仓）。对多仓磨机而言，一仓的钢球级配尤为重要，按照一般交叉级配的原则，亦即上一仓的最小球径决定下一仓的最大球径，以此类推，一仓实际主导其他各仓的级配。目前，球磨机一仓有代表性的级配方法有两种，一种是应用最普通的多级配法，另一种是近年来开始采用的二级级配法。

1）二级配球法

二级配球法只选用两种直径相差较大的钢球进行级配。大球直径取决于入磨物料的粒径（以物料中占比例较大的物料的粒径来表示），采用公式可计算出要求的最大钢球直径。小球的直径取决于大球间空隙的大小。根据有关资料介绍，小球直径应为大球直径的 13%～33%，一般小球占大球重量的 3%～5%，而且原则上应保证小球的掺入量不应影响大球的填充率。

2）多级配球法

多级配球法是一种传统的配球方法，通常选用 3～5 种不同规格的钢球进行级配，其具体的级配步骤如下：

①钢球的最大球径 D_{max} 根据入磨物料的最大粒径 d_{95} 来确定，一般按公式 $D_{max}=28\sqrt[3]{D_{95}}$ 计算，或用 $D_{max}=28\sqrt[3]{D_{95}}\times\frac{f}{\sqrt{K_m}}$ 计算，钢球的平均球径也按上述公式计算。

②确定钢球的级数，即采用几种规格的钢球进行级配，若入磨物料的粒径变化大，则宜选多种规格级配，反之，可少选几种，钢球的级配数可参考表 3-2-2 所示的数进行选择。

表 3-2-3　钢球级配数选用表

粉磨方式	双仓磨级配数		三仓磨级配数		
	第一仓	第二仓	第一仓	第二仓	第三仓
闭路	4～5（球）	2～3（段）	4～5（球）	3～4（球）	1～2（段）
开路	4～5（球）	3～4（球）	4～5（球）	3～4（球）	3～4（球）

注：当入磨物料的粒径大、硬度高、产品控制指标要求细时，第一仓的级配数易取大值，必要时还可再加上一级配球。

③按照研磨体“中间大，两头小”的配比原则及物料粒径分布特征，设定出每种规格的钢球的组成比例。

④计算配球后混合钢球的平均球径，并与原先用公式确定的钢球的平均球径相比较，若两者偏差较大，则需要重新设定各种钢球的组成比例，重新配球，直至两者偏差较小为止。

(5) 研磨体合理级配判断

1) 根据产品产量和细度判断

在入磨物料粒径、水分正常的情况下，若磨机产量高而持续，产品细度合格且稳定，说明研磨体装载量适当，级配方案合理。如果磨机产量正常，而产品细度太粗，表明物料流速太快，粉碎能力过强，研磨能力不足，此时取出一仓大球，增加二仓研磨体；若磨机产量低，细度过细，应增加一仓大球；若磨机产量低，细度又粗，表明研磨体不够，应补加研磨体。

2) 根据仓内料面高度及现象判断

在磨机正常喂料情况下，同时停止磨机的喂料和运转，观察各仓的料面高度。一般认为，双仓磨一仓料面漏出半个或少半个球，二仓料面刚好盖住研磨体面，或比研磨体面高10～20mm，则研磨体装载量和级配适当。若一仓钢球露出料面太多，说明该仓球量过多，或球径太大；反之，则是装球量太少，或球径太小；若两仓研磨体上都盖有很厚的料层，则两仓研磨体量都太少。

3) 根据磨内物料筛析曲线判断

在磨机正常喂料的情况下，同时将喂料设备和磨机停下来，分别打开各仓磨门，进入磨内。从磨头开始沿磨机轴线方向每隔0.5～1m的筒体横截面上作为一个取样断面。隔仓板两侧处的物料是必设的取样断面。在每个取样断面的不同部位，如中心、贴筒体壁处等，设4～5个取样点，将每一取样断面上不同取样点的试样混合成一个平均试样，作为一个编号，装入编好号码的试样袋。对每一个编号的试样称量出相同的质量（50～100g），分别用标准筛进行筛析，测定出细度，如用筛余量（%）表示，记录在筛析记录纸上。将筛余量作为纵坐标，筒体全长作为横坐标，把各取样断面细度值标注在坐标纸上，将各点用折线连接起来，形成一条曲线，即为筛析曲线，如图3-2-19所示。

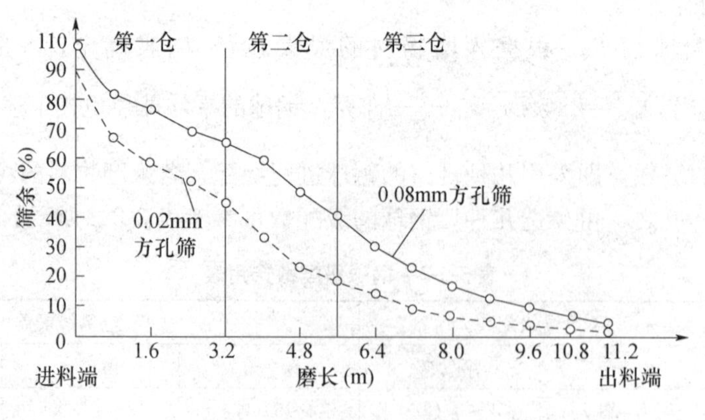

图3-2-19 球磨机筛析曲线

若在第一仓进料端约1m长的范围内，曲线的斜度很大，以后逐渐平缓，距尾仓卸料端有0.4～0.5m的线段趋于水平，且产品筛余值符合控制要求，说明研磨体级配合理；若一仓入料端曲线的斜度不大，以后也较平缓，说明该仓研磨体平均球径太小；若某仓中有较长的水平段，说明该仓内研磨体的作业状况不良，应调整研磨体的级配，或进行清仓，剔除研磨体碎屑；若隔仓板前试样的纵坐标比隔仓板后的高很多，可能是隔仓板篦孔堵塞；若隔仓板前、后两试样的纵坐标相同，可能是隔仓板篦孔过大。

4）根据磨音判断

现代化水泥厂的磨机都配备了电耳，可以准确记录磨机工作时的声音频率的变化。正常喂料时，若粗磨仓为“哗哗”声，夹杂着轻微钢球冲击衬板声，细磨仓为“沙沙”声，表明研磨体级配合理，粉磨情况正常；如果一仓钢球冲击声音特别洪亮，说明平均球径大，存料量过少；反之，声音发闷，说明平均球径小且装载量不足。二仓正常声音为轻微“哗哗”、“唰唰”声。

5）根据磨机运转电流判断

在设备、喂料量和电压正常，且磨内物料水分含量也正常时，若磨机的运转电流低，表明研磨体装载量少，若运转电流高，表明研磨体装载量多。

除以上几种判断方法以外，对闭路磨机还要通过技术测定、计算粉磨及选粉的各项参数值，分析判断磨内钢球级配是否合理。

2.2.3　研磨体磨损及补充

在粉磨过程中，由于研磨体之间、研磨体与物料、研磨体与衬板的冲击和摩擦作用，研磨体被磨耗，装载量减少，研磨体级配会发生变化，如不及时补充，就会降低产量和质量。所以磨机运转一段时间后，应向磨机内补充一定重量的研磨体，补充的依据和方法有以下几种。

（1）按单位产品的研磨体消耗量补充

每次重新更换研磨体时将各仓研磨体的装载量以及每隔一段时间向磨内补充的研磨体总量记录下来，做好统计工作。根据这段时间的总产量，求得单位产品研磨体消耗量。

生产中球、段需分别统计多次统计测算，找出规律，由此制订出每月或每个生产周期的研磨体补充量，在日常生产中可按此计划补充研磨介质。

（2）按磨机实际运转时间补充

根据统计得出磨机单位运转时间的研磨体消耗量，以它和实际运转时间的乘积进行补充。

（3）按磨机主电机电流表读数的降低值补充

以最初配球后，磨机投入运转时主电机电流表的读数为基准值，磨机运转一段时间后，电流表读数下降，磨机产量下降，酌情补充一些研磨体，使电流表的读数恢复到基准读数。每次补充的研磨体量和电流表读数的上升值均应详细记录。经多次记录后，通过整理，即可求得该磨机在结构、机械传动和电机性能等因素均不变的情况下，每增减1t研磨体的主电机电流读数的升降值。以此作为补充依据，确定应补充的研磨体量。若电流下降，产量未减，主要补段；若产量下降，且产品中粗粒增多，则主要补球，适当补段。

（4）按填充率的变化补充

磨机操作过程中研磨体磨损会使磨内球面降低，填充率和装载量则变小，这时可停止喂料20min左右，将磨内物料卸出后停磨，进入磨内测量有关参数并计算出研磨体实际填充率，然后根据其与要求的填充率之间的差值，计算需要补充研磨体的量。

补球周期一般以仓内研磨体的磨损量不超过装载量的5%～8%为原则。

2.3 影响球磨机产质量的因素和提升途径

2.3.1 影响球磨机产质量的因素

影响粉磨过程的因素是多方面的，有些内容已经阐述，这里主要介绍影响粉磨操作的因素。

(1) 磨机各仓长度

磨内的隔仓板把磨机合理地分为几个仓室，使研磨体分仓级配。一个磨机应该分几个仓和一个仓应该多长，主要视磨机的规格和产品的细度要求而定。磨机的仓数多，能根据各仓物料的情况合理确定研磨体的级配和平均球径。但仓数多，隔仓板增多，将减少磨机有效容积，通风阻力也会增加，并影响磨机的产量。若仓数少，有效容积高，但研磨体级配不能适应磨内物料变化的要求。磨机的仓数一般根据磨机的长度 L 和直径 D 之比来确定，即 $L/D<2.0$，单仓；$L/D=2.0\sim3.0$，双仓；$L/D>3.0$，三仓或四仓。

各仓长度比例不合理，将造成粗磨与细磨能力不平衡，出现产品细度过粗或过细的现象。根据实际生产资料统计，球磨机各仓的长度比例如表 3-2-4 所示。在实际生产中，可根据情况对各仓长度做适当调整。

表 3-2-4 球磨机各仓的长度比例

仓数	仓别		
	第一仓	第二仓	第三仓
双仓磨（%）	30～40	60～70	
三仓磨（%）	25～30	25～30	45～50

(2) 入磨物料粒径

入磨物料粒径是影响磨机产量的主要因素之一。入磨物料粒径小，可减小钢球的平均球径，在装载量相同的情况下，钢球的个数增加，钢球的总表面积增加，增加了钢球的粉磨能力，提高了产量。

(3) 物料易磨性

物料的易磨性与其物理性质和化学成分有关。当粉磨条件不变而入磨物料易磨性变差时，磨机的产量将随之降低。一般来说，天然原料的易磨性是不易改变的。然而对于水泥熟料，可通过调整其配方，并改善煅烧和冷却条件来提高其易磨性。

(4) 入磨物料温度

由于研磨体对物料的不断冲击和研磨，产生了大量的热量，使物料细粉容易黏附在研磨体和衬板上。入磨物料温度越高，细粉黏附现象会越严重。

磨内温度升高后，还可能使轴承温度也随之升高；磨体由于热应力的作用，会引起衬板变形、螺栓断裂。由于轴承发热，润滑作用降低，有可能造成合金轴瓦熔化而发生设备事故。

(5) 入磨物料水分

对干法生产的磨机，当物料含水量大时，磨内的细粉会黏附在研磨体和衬板上，形成“缓冲垫层”，同时还会堵塞隔仓板，阻碍物料流通，使粉磨效率大大降低，还能引起“饱磨”现象。

对于烘干兼粉磨系统，若入磨物料水分超过了磨机的烘干能力，会使生料水分超过要求，从而影响生料的输送和均化。

（6）粉磨产品细度

粉磨产品细度增加，会使磨机粉磨效率降低，电耗增大，成本上升。从优质、高产、低消耗的全面要求来看，在保证质量与经济合理的前提下，生料和水泥细度都有一个合理的控制指标。

（7）选粉效率与循环负荷率

选粉效率是指选粉后的成品中所含的通过规定孔径筛网的细粉量与入选粉机物料（也就是出磨物料）中通过规定孔径筛网的细粉量之比。循环负荷率是粗粉回磨量与细粉产量之比。选粉机本身不起粉磨作用，只能及时把粗细粉分离出来，有助于粉磨效率的提高。所以并不是选粉效率越高，磨机的产量就越高。

循环负荷在合理范围内增加，磨机的物料通过量增加，循环次数增加，流速加快，缓冲作用减弱，过粉磨现象减少，意味着粉磨效率的提高。然而，若循环负荷太高，磨内的球料比过小，导致物料缓冲作用增强，粉磨效率反而下降。所以循环负荷必须保持在一个合适的范围内。通常为了提高粉磨效率，应该提高选粉效率，使回磨粗粉中仅少量夹带微细颗粒，防止出现过粉磨现象和缓冲现象。

（8）球料比和物料流速

磨仓内研磨体的质量与物料的质量之比称为球料比，可大致反映仓内研磨体的装载量和级配是否与磨机的结构和粉磨操作相适应。球料比太小，则磨内存料量太多，易产生缓冲作用与过粉磨现象，降低粉磨效率；球料比过大，会增加研磨体间及研磨体对衬板的冲击，粉磨效率降低，还会增加金属磨耗。通常，中、小型开路球磨的球料比以 6.0 为宜。也可通过突然停磨观察磨内料面高低进行判断。如中、小型两仓开路磨，第一仓钢球应露出料面半个球左右，二仓物料应刚盖过球段面。在生产中如发现球料比不适当，可通过调整研磨体级配、装载量或选择合理的隔仓板通孔面积和篦孔大小等来调整。

磨内物料流速是保证产品细度、影响产量和各种消耗的重要因素。磨内物料流速过快，容易跑粗；流速太慢，又会产生过粉磨现象。因此应根据磨机特点、物料性质和细度要求，控制适宜的物料流速。磨内物料流速可以通过隔仓板篦孔形状、通过面积、篦孔大小、研磨体级配及装载量来调节控制。

（9）磨内通风

加强通风可将磨内微粉及时排出，减少过粉磨现象，提高粉磨效率，能及时排出磨内水蒸气，减少细粉黏附现象，防止糊球和篦孔堵塞；还可以降低磨内物料温度，有利于磨机操作和水泥质量的提高。此外，能消除磨头冒灰，改善环境卫生，减少设备磨损。

（10）助磨剂

助磨剂是粉磨过程中添加的一种提高粉磨效率的外加剂。它能消除研磨体和衬板表面细粉物料的黏附及颗粒聚集成团的现象，强化研磨作用，减少过粉磨现象，从而可以提高粉磨效率。助磨剂的加入不应对水泥的物理性能带来不利影响，添加助磨剂后，磨内物料流速会加快，因而需要适当调整研磨体级配和球料比。

2.3.2 提高球磨机产质量的途径

(1) 增加预粉碎设备

球磨机是一种能量利用率较低的粉磨设备，尤其是研磨体以粉碎为主的头仓。用能量利用率较高的其他粉碎设备来代替球磨机头仓的工作，对磨机的优质节能高产是非常有效的。辊压机、立式磨、棒磨机也都可以作为预粉碎设备，效果都很好。例如，选用打散分级机与辊压机组成预粉碎闭路流程，打散分级机可以将辊压机的漏料和粒径不合格的粗料选出，待其返回辊压机喂料仓后，既解决了辊压机的边缘效应（漏料）的负面影响，又缓解了辊压机过饱和喂料的需求。

(2) 严格控制入磨物料水分

在球磨机干法生产，特别是生料粉磨过程中，入磨物料的水分大小对磨机产量和操作有很大影响。首先，物料水分过大，使喂料时间有所延长，从而影响喂料的均匀性，不利于磨机的正常操作。其次，入磨物料水分过大，磨内的高温使水分受热蒸发，与细粉一起黏附在研磨体和衬板上，形成一个缓冲垫层，严重时还会结成相当结实的磨内物料圈，阻碍物料流通，降低研磨效率，往往导致球磨机循环负荷巨增，出现“饱磨”现象，而使磨机无法正常操作。因此，严格控制入磨物料的水分，可以达到节能、高产的目的。

(3) 加强磨内通风

磨内通风对球磨机产质量都有明显影响，通风好，不仅可将细粉及时排出磨机，以免形成过粉磨，减少细粉形成物料垫而造成的缓冲作用，增强研磨体对物料的冲击和研磨作用，从而改善粉磨条件，提高粉磨效率，而且还可以带走粉磨热量，降低磨内温度，减少糊球和堵塞篦孔的现象，改善生产环境，从而提高磨机产量，降低电耗。

(4) 适当加快磨机转速

适当提高转速对直径较小的磨机比较有效，因为这些磨机直径小，钢球的冲击力不强，加快转速后可强化磨机的粉碎能力（加快转速就是增加了磨内每个研磨介质的冲击次数，使磨内研磨介质之间、研磨介质与衬板之间的摩擦、研磨作用加强）。

(5) 选择圈流粉磨与高效选粉机

圈流粉磨工艺是球磨机优质、节能高产的重要途径。利用选粉机将粉磨后的合格细粉分选出来，不合格的粗粉返回磨机重新粉磨，从而提高球磨机的粉磨效率。

(6) 制定合理的控制指标

粉磨产品越细，磨机产量越低，反之则越高。应根据本厂入磨物料性质、粉磨产品细度要求，粉磨流程综合平衡产量、质量、消耗之间的关系，制定合理的粉磨产品细度控制指标。

(7) 添加助磨剂

有些助磨剂会影响粉磨效果，因为常用助磨剂大多是表面活性较强的有机物质，在物料粉磨过程中，能够吸附在物料表面，加速物料粉碎中的裂纹扩展，减少细粉之间的相互粘结，提高粉磨效率，有利于球磨机的节能高产。国家标准规定：在水泥生产过程中允许加入助磨剂，但掺加量不得超过1%。

此外，合理调整研磨体级配和填充率，合理补充研磨体，也是提高球磨机产质量的重要因素。

2.4　球磨机启停操作和控制要点

2.4.1　球磨机启停操作

1. 球磨机启动操作

球磨机启动前应仔细检查确认以下项目：各连接螺栓拧紧、衬板及隔仓板紧固；各齿轮的啮合情况良好；进、出料装置安装符合要求；各密封部位密封良好；主轴承、滑履轴承油量充足，油品正确；各润滑油站工作压力正常、辅助传动离合操作灵活可靠；连锁保护装置工作正确无误；各仪表正常准确。

对于空负荷磨机，磨机的启动可以只启动磨机的辅助设备（如润滑装置等），在工作正常后即可启动磨机主电动机；对于空负荷系统联动试车、负荷试车和正式生产，磨机的启动除启动磨机的辅助设备如润滑装置等外，必须按照系统分组逆流程启动系统设备。对任何类型的粉磨流程，主要都是由喂料系统、球磨机、选粉机系统、成品输送系统、收尘系统和润滑系统等组成。逆流程启动：润滑冷却系统→收尘系统→成品输送系统→选粉机系统→出磨提升设备→球磨机→喂料系统。

2. 球磨机正常停磨操作

顺序与上述启动顺序相反，即顺流程停机，每组设备之间应间隔一段时间，以便使系统各设备排空物料。

喂料系统→球磨机→出磨提升设备统→选粉机系统→成品输送系统→收尘系统→润滑冷却系统。

3. 球磨机故障紧急停车操作

只有在发生下述异常情况，将危及人身和设备安全时才允许采用这种操作方法。紧急停磨的同时，磨机喂料输送系统设备自动停止，磨机支承装置润滑装置的高压泵立即启动。如果故障在短时间内可以排除，可以不停系统其余设备，等故障排除后重新启动磨机主电动机和喂料输送系统设备；如果故障在短时间内无法排除，系统其余设备顺流程停机。这种设备超负荷或出现严重缺陷，以致造成磨机不能继续运转的情况通常有以下几种。

（1）磨机的电动机运转负荷超过额定电流值；选粉机和提升机等辅助设备的电动机运转负荷超过额定电流值。

（2）磨机和主减速机轴承温度超过停机温度时（如磨机轴承温度超过80℃时）；各电动机的温度超过规定值。

（3）润滑装置出现故障，不能正常供油时；冷却水压因陡然下降而不通。

（4）磨机衬板、隔仓板螺栓折断脱落。

（5）磨音异常时，包括内部零件脱落。

（6）主电动机、主减速出现异常振动、噪声，地脚螺栓松动；轴承盖螺栓严重松动。

（7）边缘传动的磨机大、小齿轮啮合声音不正常，特别是发生较大振动时。

（8）各喂料仓的配合原料出现一种或一种以上断料而不能及时供应。磨机出磨物料输送系统设备及后面系统设备出现故障，不能正常生产时。

（9）收尘设备发生故障而停止通风收尘；各辅助设备的输送设备发生故障。

在紧急停磨后，首先停止喂料，然后根据实际情况停止系统设备，处理故障。处理好磨机不能继续运转的情况后才能恢复生产。处理完紧急情况，再次启动时需注意，由于系统在紧急情况下停车，各设备内积存物料，因此再次启动时，不能像正常情况那样立即喂料，要在设备内物料粉磨和输送完后，再开始喂料。此外，整个粉磨系统的安全防护罩及其他安全设施要保证完好，供水及供油系统的密封、室内照明等应尽量完善。

4. 停磨后的操作

磨机停止后，必须立即启动磨机滑履轴承和主轴承润滑的高压供油系统设备。在磨机筒体冷却收缩过程中，使磨体浮升，保证轴承不会被拉伤。

因为磨机停止运转后，轴颈和瓦面之间的润滑油膜逐渐减薄，直至产生半干摩擦甚至干摩擦。因此，接触面摩擦力也随着停磨时间的延长而增大，由于筒体收缩而产生的轴向拉力也就越来越大，在没有油膜的情况下产生滑动的过程中容易将瓦面拉伤，这种轴向拉力对支撑轴承的地脚螺栓也是极不利的，这种滑动是持续产生的，直至筒体完全冷却。

停磨机主传动后，如果润滑设备没有故障，应立即启动磨机辅助传动慢转磨机翻磨，防止磨机筒体变形。磨机翻转间隔时间如表 3-2-5 所示。

表 3-2-5　磨机翻转间隔时间表

序号	间隔时间（min）	磨机操作	序号	间隔时间（min）	磨机操作
1		停车	6	30	翻转 180°
2	10	翻转 180°	7	60	翻转 180°
3	10	翻转 180°	8	60	翻转 180°
4	20	翻转 180°	9	60	翻转 180°
5	20	翻转 180°			翻转 180°

5. 长期停磨后的操作

冬季停磨时间较长时，待磨机筒体完全冷却至环境温度时，可停掉冷却水，用压缩空气将所有通冷却水的机件内的剩余水吹净，循环水也可不停，但需注意防冻。对于长期停留磨，必须将磨内研磨体倒出，防止磨机筒体变形。定期用辅助传动装置翻磨。

6. 对水泥粉磨工艺的操作要求

水泥粉磨对入磨物料物理性能、出磨物料的品质是有要求的，只有实现良好的设备状况和操作条件才能实现优质、高产及较低的电耗、磨耗等，具体要求如下：

(1) 刚刚出窑的熟料温度还仍然很高，物料温度超过 80℃不允许入磨，最好冷却到 50℃以下再去粉磨。而且入磨熟料、混合材和石膏除了符合化学成分和配比要求以外，还要求粒径不得大于 30mm，混合材水分不大于 2%。

(2) 入磨物料喂料计量控制系统无论设在库底还是设在磨头仓下，均由计算机控制，其配料精度应在±1%以下。

(3) 找到合理的配球方案科学分仓，使冲击和研磨能力保持平衡。根据研磨体的磨损情况定期补球、清仓

(4) 衬板掉角、磨损要及时更换，隔仓板、出料篦板的篦孔堵塞时清除，磨损过大要更换。防止研磨体窜仓。

(5) 闭路粉磨系统要控制好选粉机粗粉回料量与产量的比例，其循环负荷率控制在 80%～250%，选粉效率控制在 50%～80%，这样能更好地发挥磨机和选粉机的作用。

(6) 调节好粉磨系统的排风量。风量的大小是按磨机内有效断面风速来确定的，开路磨

为 0.5～0.9m/s，闭路磨为 0.3～0.7m/s。排风量由排风机阀门开启度的大小来控制。

（7）粉磨水泥时，由于研磨体对物料的冲击、研磨研磨体之间及研磨体与衬板和隔仓板的碰撞、研磨会产生一定的热量，使磨内温度上升，因此，需采用磨身淋水或磨内喷入雾状水来降低磨内温度，使出磨水泥温度控制在 120℃以下。

（8）磨机系统要每年进行一次技术标定，对磨机操作参数、作业状况和技术指标进行全面的测定和分析，以改进设备状况和操作方法，确定最佳配置和操作方案。

2.4.2　球磨机控制要点

（1）粉磨操作控制依据和参数

1）入磨物料种类及其配合比例；入磨物料的粒径、硬度、水分、温度、堆积密度及其化学成分。

2）磨机的计划产量；产品的细度、水分、化学成分要求。

3）磨机的喂料量、磨音、闭路磨机的回料量及循环负荷率；磨机进出口负压值、压差。

4）磨机电流、出磨提升机电流，选粉机电流、转速。

5）磨机进风、磨尾排气管的温度、磨机轴承的温度；电机的温度、减速机的温度、选粉机主轴温度；磨尾卸出物料的温度。

6）工艺管理规程控制和操作规程的控制指标。

（2）磨机喂料情况判断与控制

在磨机启动时，喂料量应该是由小到大逐渐增加。若喂料不当，会发生满磨堵塞。在磨机启动后把它的负荷值用计算机按一定模型运算处理，向喂料调节器送出喂料量的目标值，使之逐步增加喂料量，到磨机进入正常状态为止。磨机在正常运转时，要尽量做到喂料均匀。但影响磨机操作的因素非常多，所以还要根据各种情况的变化及时调整喂料量。

1）根据磨音调整喂料量

对于一般正常操作的磨机，粗磨仓的磨音清晰、洪亮，没有钢球直接冲击衬板的“嗒嗒”声，而是清脆的“哗哗”声，并夹有轻微的冲击声；而细磨仓的磨音则是“沙沙”的钢段摩擦声。料少时，声音大；料多时，声音弱。若磨音过于清脆，说明磨内物料少，研磨体相互撞击，这时应适当增加喂料量；若粗磨仓磨音发闷，听不到撞击声，说明磨内物料过多，在研磨体之间形成了缓冲垫层，冲击力减弱，或者是物料粒径变大而未及时调整，也可能是物料水分大，排料不畅所致。操作者应根据磨音的变化，适当减少或增加喂料量，使粉磨作业恢复正常。操作人员可用“电耳”监听磨音，再根据磨音显示的参数变化，随产品指标的变动而调整喂料量。也可以把监听到的磨音经放大器使电信号放大后送到控制部分，自动调节喂料机的喂料量，实现喂料量的自动控制。

2）根据水泥磨计划产量和细度要求

在确保水泥细度和比面积的前提下，要提高产量，需加大各物料总量的喂料量。磨机运行时要经常查看物料的粒径以及料仓压力等变化，并根据其变化情况及时调整喂料量。当发现入磨物料的粒径增大、易磨性变差时，应减少物料的喂入量，否则容易糊磨；反之，可适当增大喂料量。

3）配比控制

根据三氧化硫（SO_3）波动范围的变化量来控制配比。若 SO_3 值增加，表明入磨石膏多，熟料、混合材相对少一些，过高的 SO_3 会导致混凝土膨胀，对硬化水泥石结构产生破坏作用。这时应减少石膏的喂入量，反之就要增加石膏的喂入量。一般化验室对出磨水泥每隔1h取样一次测定SO_3的含量，并及时将测定结果反馈给磨机操作系统，以便对入磨的各种物料配比及时做出调整。

各种混合材的掺加量也是要根据化验室的测定数据进行设定、调整的。通常，矿渣和沸腾炉渣采用测定水泥中酸不溶物法确定其加入量，磨机操作员根据给定指标来调节库底电子皮带秤，改变混合材的喂料量。

4）根据出磨水泥细度调整喂料量

有时入磨物料的粒径、易磨性等都未发生变化，而产品变粗，可能冲击、研磨能力下降，在还未达到补充研磨体时，需减少喂料量。若出磨物料细度变细，说明喂料量太少，应适当增加，还有提高产量的可能。当出磨物料细度符合所控制的指标，而产品细度不符合要求时，就应及时调整选粉机。

此外，磨机电流及磨尾提升机电流变化除可以反映设备运行情况外，也可以作为磨内物料粉磨是否正常的判断依据。如当磨机主电流下降，磨尾提升机电流也下降时，说明喂料量过少或磨机隔仓板、出板篦板堵塞，饱磨等，此时再结合磨音、磨内压力、出磨气体温度等参数加以分析判断，就可以找出问题，正确予以解决。喂料量过多或不足时的参数变化如表3-2-6所示。

表3-2-6　喂料量过多或不足时的参数变化

喂料量过多	喂料量不足
产量较高，细度粗	产量较低，细度细
磨音低沉，电耳记录值下降	磨音清脆响亮，有电耳监控的磨机则电耳
提升机功率（电流）上升，粗粉回料量增加	记录值上升
磨机出口负压增加，粗磨仓压差增加	提升机电流下降，选粉机回料量减少
出磨气体温度降低	磨机出口负下降，粗磨仓压下降
满磨时磨机主电机电流下降	出磨气体温度上升

5）磨机喂料操作应注意的问题

①按质量要求控制入磨物料量的多少。

②严按控制各种物料的配合比率，尽量做到均匀喂料，不准单一物料入磨，每小时要抽查1～2次喂料量，做到心中有数。

③经常观察喂料机电流值的变化量，勤听磨音，掌握入磨物料情况。

④根据操作情况及时调整喂料量，防止磨内物料忽空忽满，出磨物料忽粗忽细。

⑤注意观察各种物料料流，尽量做到稳定。

⑥要稳定磨音，防止磨音过高或过低，严格控制出磨水泥质量。

（3）磨内球料比和物料流速控制

球料比即磨内研磨体量与瞬时存料量之比，可大致反映仓内研磨体的装载量和级配是否与磨机的结构和粉磨操作相适应。控制好合适的球料比和适当的磨内物料流速，是保持磨机粉磨效率高的重要条件。球料比太小，则仓内的研磨体量过少，相对存料量过多，以致仓内缓冲作用大，粉磨效率低；球料比太大，表明存料量太少，研磨体间及研磨体与衬板间的无用功过剩，不仅产量低，而且单位电耗和金属磨耗高，机械故障也多。只有合适的球料比，才能使研磨体的冲击研磨作用充分发挥，粉磨效率才高。

根据生产经验，开路磨适当的球料比为：两仓磨，第一仓4～6，第二仓7～8；三仓磨，第一仓4～5，第二仓5～6，第三仓7～8；四仓磨，第一仓4～5，第二仓5～6，第三仓6～7，第四仓7～8。闭路磨由于是循环粉磨，所以各仓的球料比均比开路磨小些。

(4) 水泥磨降温方法

水泥在粉磨过程中由于研磨体、物料、衬板之间的冲击、碰撞、研磨而产生高温，如果入磨熟料温度过高，出磨水泥的温度超过允许值时就必须加以控制，否则会导致如下不良后果。

石膏脱水，水泥加水拌和后的假凝，影响水泥的施工性能。

易使水泥因静电吸引而聚结，严重的会黏附到研磨体和衬板上，产生包球，降低粉磨效率及磨机产量。

出磨物料进入选粉机的物料温度增高，选粉机的内壁及风叶等处的黏附加大，物料颗粒间的静电引力更强，影响到撒料后的物料分散性，直接降低选粉效率，加大粉磨系统循环负荷率，降低水泥磨台时产量。

高温对磨机本身也不利。如使轴承温度升高、润滑作用降低，还会使筒体产生一定的热应力，引起衬板螺栓折断；有时磨机甚至不能连续运行，从而危及设备安全。

为此，要对水泥磨进行冷却。

1) 磨内通风冷却

物料在磨机内的粉磨过程中要产生大量的热量，使粉磨物料的温度超过100℃。如果入磨的熟料温度过高，则水泥的温度就会更高，经常会达到140～160℃，有时在特殊情况下可达到200℃。磨内温度过高会带来一系列不良后果，所以必须降低磨内的温度。

对闭路磨而言，采用加强磨机内通风的冷却方法降低出磨水泥温度比较适用，而开路磨就受到一定限制，因为开路磨的磨内风速不宜超过1m/s，否则会降低粉磨产品的细度。

为使水泥出磨温度保持在120℃，当入磨物料温度为100℃时，计算出的需用风量为2100m^3/min，此时磨内的风速为3.5m/s。这样，风机电耗超过了3kWh/t水泥。入磨物料温度更高时，所需的冷风量就更大。实际上，不可能使这么大的风量通过磨机。采用风冷的方法的耗能很大，所以不宜单独使用。

这种通风冷却方法的特点是：需要增大收尘设备，使动力消耗增大，投资和维修工作量增加；效果不如磨内喷水。因此，这种方法现已不作为主要方法。

2) 磨外淋水冷却

为了降低水泥磨内部的温度，可采用磨外淋水冷却的方法。就是在磨机筒体的外上方，距筒体不定的距离装设一根轴向水管，沿水管的下母线钻一排一定孔径的淋水孔，孔径一般为3～5mm即可。在淋水管的端部装一个阀门并与水源管相接。当打开阀门时，水就喷淋在磨机的筒体上。

这种冷却方法适用于较小的球磨机，可使出磨的水泥温度降低10～30℃，但对于大型磨机，效果就不太明显。这种冷却方法的缺点一是会腐蚀磨机筒体，缩短使用寿命；二是筒体表面结垢，降低散热作用；三是冷却水消耗大，不经济；四是水流遍地，污染环境。因此，这也不是一种好的方法，特别是对大型磨机而言，冷却效果更差。近年来新设计的水泥磨已不采用此法。

3) 水泥磨内喷水

为降低水泥磨内高温，在磨内第一仓和第二仓均设喷水管，喷入少量的雾状水，在磨内高温下很快被汽化，安装在磨机系统除尘器后的排风机随时将其抽出，降低了磨内温度，确保石膏不至于脱水而造成水泥加水拌和后出现假凝或急凝。但喷水量不能过大，因为过大会使物料黏附在研磨体或隔仓板篦孔上，通风阻力增加，物料流通不畅。磨内喷水量的多少由磨机出口气体温度来控制。当出磨气体温度达到某一设定值时，采用手动或自动控制系统先在第二仓喷水，若温度继续上升，第一仓也开始喷水。喷水装置的开或停的设置，各厂由操作人员设定后自动控制，一般磨内最大喷水量控制在入磨新料量的3.5%以下，使出磨水泥温度控制在95～130℃即可。

采用磨内喷水，磨内通风量可大大降低，可以在低得多的风速下获得必要的冷却，从而降低风机电耗，而且使用较小的收尘设备就够用。

4）采用磨内喷水应注意的问题

①加强磨内通风。喷入磨内的小水滴受热后就要蒸发，此时会吸收大量的热变成水蒸气。这种温度较高的水蒸气必须从磨内迅速排出，才能起到降温的良好目的。

②加强通风管道的保温。磨内水冷却产生了大量的水蒸气，它们随磨机通风排出磨外，进入除尘器里。由于温度降低会冷凝成水球，称为“结露”，会降低旋风或袋式除尘器的效率。特别是袋式除尘器，若露球沾满滤袋，就不能过滤了。所以出磨气体管道和收尘器均需保温，防止水蒸汽冷凝。

③喷水量不能过大。喷水量过大会使物料黏附在研磨体或隔仓板篦孔上，使研磨体的冲击研磨作用减弱，磨内通风阻力增加，物料流通不畅。

生产矿渣硅酸盐水泥、复合硅酸盐水泥、火山灰硅酸盐水泥等时，不宜采用磨内喷水。

2.5 球磨机常见故障与处理

(1) 包球

发生包球的现象是磨音低沉，出磨产生水汽，物料较潮湿，研磨体表面粘上一层细粉，磨机粉磨能力减弱，以致造成磨尾排出大量粗颗粒物料。

产生包球的原因及处理办法如下：

1）若因入磨物料水分太大，使细粉黏附在研磨体的表面，则应加强对物料的烘干，改用干料或临时加入少量干煤或干矿渣，使之逐渐消除包球。

2）若因通风不良，磨内水汽不能及时排出，导致磨内物料过湿而包球，应及时清扫风管，改善通风。

3）在粉磨水泥时，入磨物料水分不大，入磨熟料温度高，磨内未采取冷却措施，通风又不良，使磨内温度过高，引起研磨体静电吸附现象加剧而导致包球。此时，如果减少喂料，可能会使磨内温度更高。解决办法是降低熟料温度和加强磨内通风，也可以向磨内喷入少量的雾状水。

包球和饱磨的表面现象都是磨音发闷，仪表显示电流下降，磨机产量大减。但二者又不完全相同：饱磨时出磨物料比较潮湿，除尘器易结露；包球时出磨物料和气体温度较高，磨尾出料端冒水蒸气，产品中有薄片状物料，同时磨机出口轴瓦温度很高。

(2) 隔仓板篦孔堵塞

篦孔堵塞会引起磨内物料流速减慢，容易造成饱磨。造成篦孔堵塞的原因主要是：潮湿物料黏结于篦孔中，或有碎铁杂物等堵塞在篦孔中。

（3）篦孔过大或过小

篦孔过小甚至堵塞时，一般前仓声音发闷，而后仓声音很响。篦孔过大，磨内物料流速快，会使后仓负荷增大，使细度难以控制。

（4）研磨体串仓

研磨体串仓的原因有：隔仓板固定不良，篦板脱落；篦孔磨大篦板没有及时更换；研磨体磨损直径小于篦孔。

研磨体串仓后磨内声音混杂，产量降低。出现这种情况必须立即停磨处理，更换篦板或临时焊补，维持到检修或定检时再行处理。

（5）衬板松动或掉落

球磨机运转时，出现有规则的敲打声音，且音响很大，在磨音趋势线图上有明显的峰值，筒体衬板螺栓处冒灰。原因是部分衬板螺栓没有拧紧，在球磨机旋转时，衬板敲击球磨机筒体。根据声音判断球磨机衬板部位，找出松动螺栓，进行坚固。如果发现衬板掉落，立即停磨进行处理，并检查是否有砸坏的地方。

（6）出料篦板破损

表现在出磨斜槽上较大的钢球排出，斗式提升机功率上升。出现这种情况应立即停磨进行检查更换。

（7）产品细度过粗或过细

造成出磨产品过粗或过细的原因有：

1）选粉机原因。由于选粉机调整不当引起出磨产品细度过粗或过细，应根据所使用的选粉机采取相应的调整。

2）系统通风量的影响。系统通风量大，粉磨系统物料流速快，使产品细度变粗；系统通风量小，粉磨系统物料流速慢，使产品细度变细。

3）磨机喂料量的影响。磨机喂料量大，产品细度变粗；磨机喂料量小，产品细度变细。

（8）磨机电流增大

磨机装球量过多、喂料量过大、出料篦板堵塞、磨内风速较低、主轴承润滑不好、齿轮过度磨损、传动轴瓦水平不一致或联轴器偏斜等，都可以导致磨机电流明显增大，要根据压差、磨音、提升机电流、循环负荷量、主轴承温度等分析判断，采取相应的措施，如减球、减喂料量、增加供油量、清除碎球，降低物料水分、加强通风等方法进行处理。

（9）磨机主轴瓦、减速机轴承温度高

此时应检查供油系统，看供油压力、温度是否正常，若不正常，进行调整；检查润滑油中是否有水或其他杂质；检查冷却水系统是否运转正常。

任务小结

球磨机是水泥生产中应用非常广泛的一种粉磨设备，球磨机的主要部件包括筒体、端盖、衬板、隔仓板、传动装置、支承装置、进出料装置等。球磨机运转时靠研磨体对物料的冲击和研磨作用使物料得到粉磨。要求掌握球磨机的分类、工作原理、结构和性能。

掌握磨机的开、停机操作和注意事项，急紧停车方法、停车后如何处理，正常操作及常见故障分析处理。水泥磨正常启动是逆物料流程方向，正常停车是顺物料流程方向。水泥运转过程中要注意磨音、球料比、物料流速的控制。物料在磨机内的粉磨过程要产生大量的热量，所以水泥磨运转过程中要进行降温操作。球磨机在运行过程中会出现不同故障，要求操作人员能及时地判断、分析和处理，以使磨机能够安全稳定地运转。

思 考 题

1. 球磨机主要有哪些部件？各部件起什么作用？
2. 球磨机的工作原理是什么？
3. 分析研磨体运转时的运动状态。
4. 研磨体有哪些种类？研磨体的作用是什么？
5. 什么是研磨体的级配？级配的原则有哪些？
6. 研磨体合理级配的判断方法有哪些？补球的依据是什么？
7. 入磨物料的温度高低对粉磨效率有何影响？
8. 粉磨效率和循环负荷率对粉磨效率有何影响？
9. 磨机主电流增大的原因有哪些？如何处理？

任务3　辊压机及相关设备

知识目标　掌握辊压机、打散分级机和V型选粉机的结构和工作原理。

能力目标　理解和掌握辊压机及相关设备的启、停及操作控制要点；掌握辊压机及相关设备的日常检修与维护、常见故障及排除办法，能够将上述内容很好地运用在实际生产当中。

3.1 辊 压 机

3.1.1　辊压机工作原理

辊压机由两个大小相同、相向转动的辊子组成，其中一个辊子固定在机架上，称为固定辊。另一个辊子在机架导轨内做往复移动，由四只油缸驱动辊子对物料进行挤压，称为活动辊。为了减少两辊子侧面漏料，两侧装有侧挡板。脆性物料由输送设备送入装有称重传感器的称重仓，通过气动闸门控制物料的进出，接着进入辊压机的喂料装置，进入两辊轴之间，由于辊子转动和施加的高压，物料被压成密实的料饼，从辊隙中落下，经料斗，由输送设备到下道工序，对料饼做进一步的打散、选粉或粉磨。

辊压机采用双辊对物料层加外力，高压条件使物料层间的颗粒与颗粒之间互相施力，形成粒间破碎或料层破碎。辊压机对物料施加的是纯压力，将物料层压实，使其主要部分破碎、断裂，产生裂缝或劈开。因此，形成料层的前提条件是双辊之间一定要有一层密集的物料，这就要求辊压机强制喂料，物料必须充满辊缝形成料柱，并且喂料的粒度应小于两辊之间的

辊压机工作原理

辊隙。通常要求其入料粒度在 80mm 以下，产品为手搓易碎的扁平料片。辊压机工作原理和实物图如图 3-3-1 和图 3-3-2 所示。

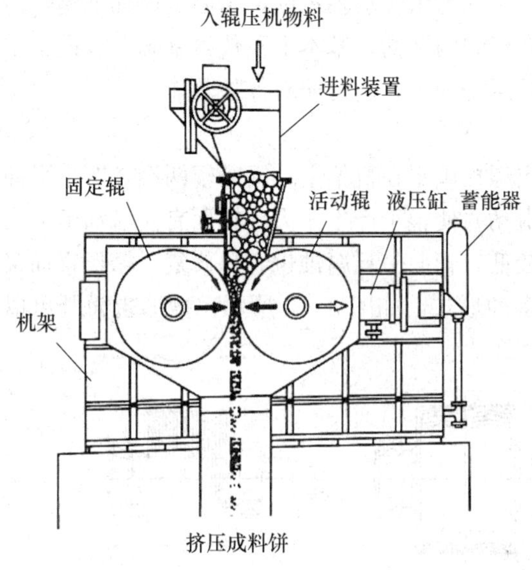

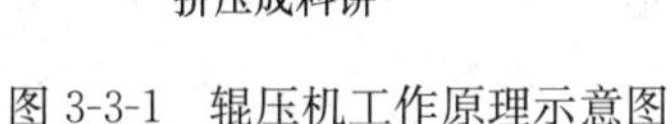

图 3-3-1　辊压机工作原理示意图

图 3-3-2　辊压机使用实物图

经辊压机破碎的物料，由于其颗粒内部产生强大的应力，并有大量裂纹，从而改善了物料的易磨性；经打散或球磨机进一步粉磨时，其电耗大大降低。

3.1.2　辊压机结构

该设备由辊轴、辊轴支承、机架、喂料装置、传动系统、液压系统、润滑系统、检测装置、辊罩等组成，如图 3-3-3 所示。

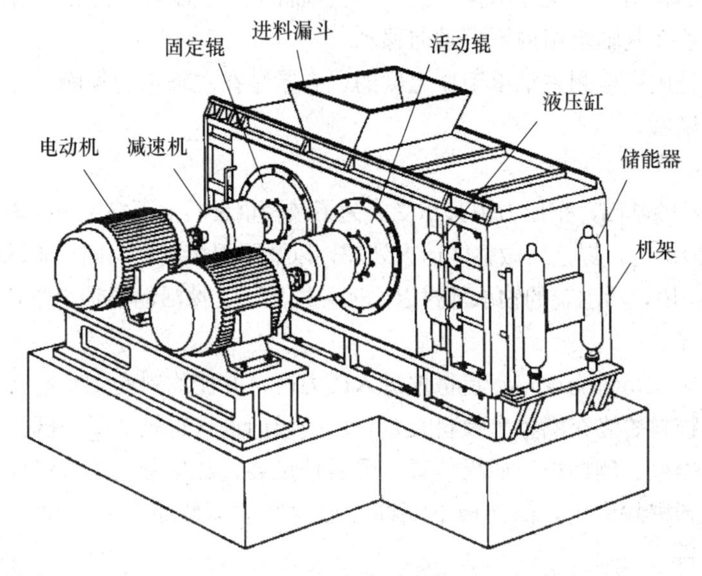

图 3-3-3　辊压机结构示意图

两个装有辊轴支承的辊轴安装在机架内腔的平面上，喂料装置安装在机架上，液压系统、润滑系统安装在机架旁，主电机通过万向节带动减速机运转。

在两套轴系中，有一套是固定不动的，即为固定辊轴系，另一套在主机架内腔导轨上做水平往复移动，即为活动轴系。两辊间对物料形成的高压是由液压缸产生的力通过轴承座及轴承传给辊轴，而当无物料通过时，液压缸产生的力由移动轴承座传给固定辊轴承座，传给机架，不管有、无物料通过，挤压粉碎力均在机架内平衡，基本上不传给基础。该设备中的液压缸与储能器组成液压弹簧，保持一定的挤压粉碎力，同时兼有保护功能。

（1）挤压辊

挤压辊分为固定辊和活动辊。固定辊是用螺栓固定在机架上；活动辊两端经四个平油缸对辊施加液压力，使辊子的轴承座在机体上滑动并使辊子产生压力。辊面有光滑和槽形表面两种，光滑辊面在制造和维修方面的成本都较低，辊面一旦腐蚀也容易修复。槽形辊面又可分为环状波纹、人字形波纹、锯齿形波纹等多种形式，如图 3-3-4 所示。槽形辊面既可以提高对物料的挤压效率，同时也可延长其使用寿命。

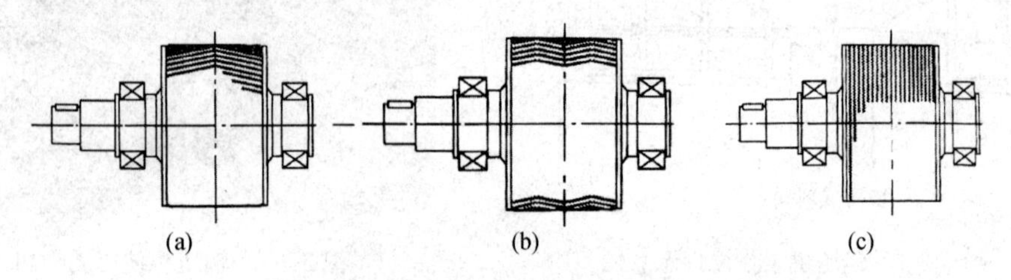

图 3-3-4　辊压机的槽形辊面形状

（a）人字形波纹辊面；（b）锯齿形波纹辊面；（c）环状波纹辊面

（2）主轴轴系

该部件由辊轴、轴承、活动轴承座、固定轴承座以及内外轴承端盖、端面热电阻等组成。

活动轴承座下部装有导向键，控制轴承座水平移动的方向。

磨辊轴支承在重型双列自动调心辊子轴承上（也有的辊压机其挤压辊轴采用多列圆柱滚子轴承与推力轴承相结合的支撑结构），一个挤压辊的两个轴承分别装入用优质合金钢铸成的轴承箱内，轴承在其轴承箱内不可轴向移动。

端面热电阻是用来检测主轴承工作温度的，它紧贴在主轴承的外圈，保证连续检测、报警、控制主轴承温度。

（3）机架

机架是辊压机的基础，挤压力由其承受。为了减轻重量，上下横梁及左右立柱采用钢板焊接成工字型及箱型结构，焊接后做整体退火处理，以消除焊接应力。固定辊的轴承与底架端部之间有橡皮缓冲作用，活动辊的轴承部衬以聚四氟乙烯，支撑活动辊轴承座处铆有光滑镍板。

（4）喂料装置

喂料装置是保证物料能均匀、定量地进入压力区，并使物料受到良好挤压的一个重要装置，在工作中，物料始终充满整个喂料装置，由其导向进入辊轴的压力区。

喂料装置由挡板、侧挡板、插板装置、喂料校偏装置和顶紧装置等组成。

挡板主要起到密封作用，侧挡板下端即在压力区的部位装有耐磨块，这样可以减少磨损、提高挤压效果。

插板装置是用以控制物料饼的厚度，进而达到控制处理量的作用。

顶紧装置是用以控制侧挡板与辊轴端面的间隙。调节螺杆可以调节对侧挡板的顶紧力，便于侧挡板在正常工作时，保证与辊轴端面有适当间隙，以减少辊轴端面漏料。

喂料校偏装置可以控制喂料的分布，使物料均匀进入，避免两侧辊缝长时间超差。

（5）传动系统

主电机是整个辊压机的动力源，既要满足活动辊的水平传动，又要保持两辊平行。常用的辊压机传动系统有两种，一种是双传动，另一种是单传动。

双传动采用两台交流异步电机驱动，传动系统采用行星齿轮减速机悬挂传动装置，充分利用行星减速机速比大、体积小和重量轻的特点，通过伸缩套将行星减速机的输出轴刚性地固定在辊轴上，并且减速机可以随辊轴做水平移动。主电机与行星减速机之间采用万向节连接，该十字万向传动轴具有传动效率高、传递扭矩大、节点倾角大、传动平稳、润滑条件好等特点，为了防止传动系统过载，特装有安全联轴器。

单传动只是由固定辊传输动力，活动辊的运动通过齿系由固定辊传递，达到完全同步的目的。单传动辊压机电耗低，故障率低。

（6）液压系统

辊压机所需的强大压力都是由液压系统提供，它的性能直接影响到挤压粉碎物料的质量和设备的安全性。

液压系统主要由液压缸、液压站、蓄能器等相关阀体元件组成。

采用四个液压缸，两端各设两个，上下相邻，由一个液压站供给，分两个系统驱动，当物料性能不均匀时辊缝偏移，可以使其尽快恢复到与固定辊轴保持平行的状态。为了保持液压稳定和辊压机的安全运转，在每个驱动系统中设置两个蓄能器，一大一小。

（7）检测系统

检测系统用于检测与控制各运行参数及设备状态，分布在其他的系统和部件中。由检测元件测出实际运行数据，通过计算机实现各系统间的联锁与安全保护。

1）两辊轴间的辊隙检测。辊隙检测采用两只感应式位移传感器，分别放置在移动辊的两轴承座上，通过该传感器可以随时反映出两辊轴的辊隙，亦可反映出物料饼的厚度，当两轴承座水平移动不均匀时，也可反映出偏差大小。当两轴承座中任意一个退至设定的值，而且超时不复位时，即发生报警，并联锁停主电机，保证设备安全。

2）主轴和减速机温度检测。主轴承温度检测用端面热电阻，端面热电阻紧贴在轴承的外圈；减速机油温检测用热电阻，热电阻安装在减速机高速端螺塞上。热电阻随时反映所在装置上的润滑油温度，当工作温度达到设定的最大值时，即发出报警，通知操作人员。

3）液压系统压力检测。液压系统压力检测采用压力传感器，该传感器将压力变为电信号传至主控板，实时根据辊缝大小调整压力。

4）润滑系统工作检测。润滑系统是保障主轴承润滑和密封的装置，各润滑点由集中润滑泵通过分油器按比例定时加润滑油脂。润滑系统检测由 PLC 控制，压力检测采用压力传感器，超过设定的压力就会报警。

3.2　打散分级机

打散分级机是与辊压机配套使用的新型料饼打散分级设备，如图 3-3-5 所示。从辊压机卸出来物料已经挤压成料饼，打散机集料饼打散与颗粒分级于一体，与辊压机闭路，形成独立的挤压打散回路。由于辊压机在挤压物料时具有选择性粉碎的倾向，所以在经挤压后产生的料饼中仍有少量未挤压好的物料，加之辊压机固有的磨辊边缘漏料的弊端和因开停机产生的未被充分挤压的大颗粒物料将对承担下一阶段粉磨工艺的球磨工艺系统产生不利影响，制约系统产量的进一步提高。打散分级机介于挤压粉磨工艺系统后，与辊压机构成的挤压打散配置可以消除上述不利因素，将未经有效挤压、粒度和易磨性未得到明显改善的物料返回辊压机重新挤压，这样可以将更多的粗粉移至磨外由高效率的挤压打散回路承担，使入磨物料的粒度和易磨性获得显著改善。

打散机
工作原理

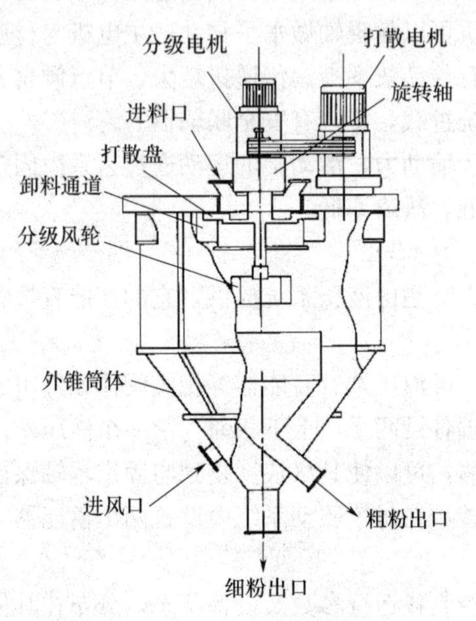

图 3-3-5　打散分级机结构图

3.2.1　打散分级机结构和工作原理

打散分级机主要由回转部件、顶部盖板及机架、内外筒体、传动系统、润滑系统、冷却及检测系统等组成。主轴（旋转轴）通过轴套固定在外筒体的顶部盖板上，并有外加驱动力驱动旋转。主轴吊挂起分级风轮，中空轴吊挂打散盘，在打散盘和风轮之间通过外筒体固定有挡料板，打散盘四周有反击板固定在筒体上，来自辊压机的料饼从进料口喂入，粗粉通过内筒体从粗粉卸料口排出，细粉通过外筒体从细粉卸料口排出。其打散方式采用离心冲击粉碎的原理，经辊压机挤压后的物料呈较密实的饼状，连续均匀地喂入打散机内，落在带有锤形凸棱衬板的打散盘上，主轴带动打散盘高速旋转，使得落在打散盘上的料饼在衬板锤形凸棱部分的作用下得以加速并脱离打散盘，料饼沿打散盘切线方向高速甩出后撞击到反击衬板上后被粉碎。经过打散粉碎后的物料在挡料锥的导向作用下通过挡料锥外围的环形通道进入风轮周向分布的风力分选区内。物料分级应用的是惯性原理和空气动力学原理，粗颗粒物料由于其运动惯性大，在通过风力分选区的沉降过程中，运动状态改变较小而落入内锥筒体被收集，由粗粉卸料口卸出返回，同配料系统的新鲜物料一起进入辊压机上方的称重仓。细粉由于其运动惯性小，在通过风力分选区的沉降过程中，运动状态改变较大而产生较大的偏移，落入内锥筒体与外锥筒体之间被收集，由细粉卸料口卸出送入球磨机继续粉磨或入选粉机直接分选出成品。

3.2.2　主要部件

（1）回转部分

回转部分主要由主轴、中空轴、打散盘、风轮、轴承、轴承座、密封圈等组成，由中空轴带动打散盘回转，产生动力来打散挤压过的物料，主轴承带动风轮旋转产生强大有力的风力场用来分选打散过的物料。打散盘上安装有锤形凸棱衬板，在衬板严重磨损后需要换新的衬板。风轮在易磨损部分堆焊有耐磨材料以提高风轮的使用寿命。随着使用期的加长及密封圈的磨损，润滑油的溢漏是难免的，所以在该系统中还设有加油口，通过润滑系统自动加油或手动加油，以使各轴承在良好的润滑状态下运转。系统中还设有轴承温度检测口，用于安装端面热电阻，保证连续检测温度并报警。

(2) 传动部分

传动部分由主电机、调速电机、大小皮带轮、联轴器、传动皮带等组成，采用双传动方式，主电机通过一级皮带减速带动中空轴旋转，调速电机通过联轴器直接驱动主轴旋转，具有结构简单、体积小、安装制作方便的优点。双传动系统满足打散物料和分级物料需消耗不同能量和不同转速的要求，调速电机可简捷灵活地调节风轮的转速，从而实现分级不同粒径物料的要求，同时也是可以有效地调节进球磨机和回挤压机的物料量，对生产系统的平衡控制具有重要意义。

3.3　V型选粉机

V型选粉机是根据新型干法水泥粉磨工艺要求和适应国际发展趋势而开发研制的新一代节能型、无动力的选粉机，完全靠重力打散、靠风力分选的静态选粉机。主要用于辊压机的料饼打散，具有打散、分选、烘干等功能，与打散分级机有类似的功能。其上部两边分别有进风口和出风口，进料口设在进风口上部，粗粉出口位于底部，内部设置了两排固定的、呈梯状排列的、相互成一定角度的撒料导流板，其结构和实物图如图3-3-6和图3-3-7所示。它结构简单，无回转部件，无动力、易操作、维修量小、维修费用低，使用可靠性高，出粉细度可以通过调节风速来控制，同时消除了辊压机入料偏斜的问题，如果通入适当的热风，还可以起到烘干的作用。

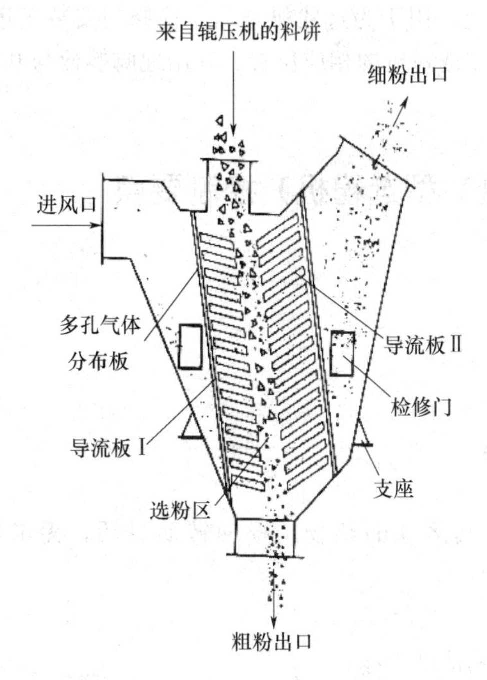

图3-3-6　V型选粉机结构图

图3-3-7　V型选粉机实物图

3.3.1 构造及工作原理

V型选粉机主要由撒料导流板、进风管、出风管、调节阀、检修门、支座等组成。来自辊压机粉碎后的料饼由上部进料口喂入选粉机内形成料幕，均匀地分散并通过进风导流板进入分选区域，料饼在导流板间逐级下落过程中，与分选区内的各层导流板产生激烈的碰撞，料饼与料饼之间也产生相互碰撞，达到打散料块、充分暴露细粉和延长料幕在选粉区停留时间的效果。来自循环风机的气流从进风口穿过均匀散下的物料，再通过出风导流板携带细颗粒从上部出风管排出，送入除尘器进行料、气分离，气体经除尘器风机送回V型选粉机内，细颗粒喂入到球磨机内继续粉磨。粗料沿导流板下落，由选粉机下部的出料口排出，并返回辊压机重新粉碎。

V型选粉机是利用高度落差使料饼在下落过程中撞击打散，利用气流方向和速度的改变达到分选的目的，细度和产量的调节可以通过改变风速来控制。V型选粉机系统必须采用低压大循环操作方式，否则料饼无法打散，更无法选出料饼中挤压好的细粉。

3.3.2 主要部件

（1）导流板

导流板分两种，磨损较大的导流板I采用耐磨钢板制作，而磨损较小的导流板II则采用耐磨浇注料制作。为保证均匀进风，在进风侧导流板之前还设置了多孔气体分布板，其自下而上依次悬挂于圆钢上。在壳体内侧及中间隔板的两侧，均安装了耐磨衬板。

（2）进出风管

进风管为钢板焊接件，由螺栓与本体连接；出风管为钢板焊接件，考虑到含尘气流对壳体的冲刷，出风管内浇注了耐磨浇注料。

（3）调节阀、检修门、支座

调节阀为手动闸板阀，安装在本体的下壳体上，用于为选粉机补风。检修门安装于进、出风管上，供安装、检修时使用。支座现场焊接在选粉机的相应位置，并用地脚螺栓与基础连接牢固，支撑整个选粉机。

3.4 辊压机及打散分级机（V型选粉机）控制要点

3.4.1 辊压机开、停机操作

（1）开机操作

启动前需具备的条件和检查项目如下：

①所有地脚螺栓及连接螺栓均已按要求拧紧；

②冷却循环水系统工作正常；

③活动辊水平移动自如，无任何可能妨碍其运动的杂物；辊轴转动灵活，无卡擦现象；

④主电机及控制柜联锁可靠；

⑤液压油箱内液压油量合适，泵站油脂过滤网清洗干净；

⑥蓄能器充气压力合适；

⑦位移传感器反应、检测灵敏，指示满足启动要求；

⑧温度指示正确，压力传感器及二次显仪表正常检测；

⑨减速机内已加入工作用油，且油标指示到位。

（2）开机顺序

①启动出料系统各设备，由后往前启动辊压机；

②启动进料系统中除铁器和金属控测器；

③打开主机电源及控制柜，检查确认各仪表工作正常；

④打开冷却水系统；

⑤启动集中润滑系统；

⑥启动减速机润滑系统；

⑦启动主电动机；

⑧开启进料系统各设备；

⑨开启液压油泵电机并加压，使系统压力达到设定数值；

⑩开启称重仓中的气动闸门；

⑪观察称量仓的料位显示，调节进料插板使料饼达到适当厚度。

（3）停机顺序

①关闭进料系统各设备，直至停止新料供应；

②关闭除铁器及金属探测器；

③关闭称重仓中的气动闸门；

④关闭液压油泵电机；

⑤关闭主电动机；

⑥关闭减速机润滑系统；

⑦关闭集中润滑系统；

⑧关闭冷却水系统；

⑨关闭控制柜；

⑩关闭所有出料系统设备；

⑪关闭油站。

（4）停机后采取的措施

短暂停机后的开机运行，应按正常开机方式启动运行。

跳停后的辊压机辊间可能残留有物料，辊间残留物料会导致辊压机的主电机不能正常启动，跳停后重新开机前，应手动盘减速机高速轴端，直至辊间残留物料全部排出，方可重新开机运行。

预计长时间停车，操作时按如下要求进行，使称重仓中的物料挤压完毕；卸掉液压系统压力；将各润滑点加好充足的润滑油脂，防止设备零部件生锈或有杂物进入设备密封腔内；降低蓄能器的充气压力。

在经过较长停机时间后开机运行时，应对辊压机进行各项检查，满足加载运行条件后方可运行。若辊压机的稳流仓没有物料时，可直接进料后开启辊压机。若辊压机的稳流仓中有物料时，由于长期存放可能会引起物料的板结导致下料不畅，因此应在开机前敲打稳流仓及下料溜子使物料松散以利于下料。若开机过程中辊压机由于下料不畅导致辊间隙变化异常，辊压机跳停，应将仓中物料排空后重新送入物料方可开启辊压机。

3.4.2 辊压机操作控制

水泥粉磨系统的产能能否得到有效发挥、能耗能否得到有效控制，辊压机系统的调整控制起到决定性的作用。辊压机的作用是要求物料在辊压机两辊间实现层压粉碎后形成高粉碎和内部布满微裂纹的料饼，能否形成料饼、料饼比例及质量是辊压机控制的关键。辊压机的控制从稳流仓料位、控制回料量等方面入手调节辊压机的运行，确保辊压机系统运行平衡。可调节的参数主要有挤压粉碎力（压力）、稳流仓仓位、辊缝、料饼厚度（辊缝尺寸）、产品的产质量和辊压机电机电流等参数。

（1）液压系统控制

辊压机液压系统向磨辊提供高压用于挤压物料。正确的力传递过程应该是：液压缸→活动辊→料饼→固定辊→固定辊轴承座，最后液压缸的作用力在机架上得到平衡。因此辊压机运行状态不仅取决于液压系统的压力，更重要的是作用于物料上的压力大小。操作时可以从以下两个方面观察确认。

1）辊压机活动辊脱离中间架挡块做规则的水平往复移动，标志着液压压力完全通过物料传递。

2）两台主电动机电流大于空载电流，在额定电流范围内做小幅度的摆动，标志着辊压机对物料输入了粉碎所需的能量。

一般来说，物料的强度高、粒度较大，液压压力就要高。如果压力过低，料饼成品含量会少，会导致辊压机系统台产降低。若压力高，能耗就高，辊面磨损快，液压系统寿命下降。当然，物料的特性有可能发生变化，在平常的运行当中，可以从料饼中找出完整的物料颗粒来判断液压系统压力选择是否恰当。

（2）辊压间隙控制

磨辊间隙是影响料饼外形、数目以及辊压机功率能否得到发挥的主要参数。辊间隙过小，物料呈粉状，无法形成料饼，辊压机功率低，物料间未产生微裂纹，只是简单地预破碎，没有真正发挥辊压机的节能功效；辊间隙过大，料饼密实性差，内部微裂纹少，而且轻易造成冲料，辊压机的运行效果得不到保证。各厂可根据实际情况反复摸索调整，使其功效得到充分发挥。

（3）料饼厚度控制

调整料饼厚度就是调整辊压机的处理量，也就是对辊缝的控制，而调整时必须使用辊压机进料装置的调节插板，才能有效调整。在实际操作中，为了保证料饼的厚度，应该预设合适的辊缝，根据实际的料饼厚度，调节辊压机辊隙。在喂料粒度不变的情况下，调节电动推杆使滑动闸板下部开口增大，辊压机辊隙增大，料饼变厚，反之变薄。在滑动闸板下部开口不变的情况下，喂料粒度大，辊压机辊隙增大，料饼变厚，反之变薄。由于辊压机以料层粉碎的方式对物料进行挤压，具有选择性粉碎的特征（强度高的则不易被粉碎，这种现象随着料饼的增厚愈加明显），因而当追求料饼中成品含量时，料饼厚度不宜过大。

但是，由于物料在被挤压成料饼的过程中，本身就是处于两辊之间的缓冲物体，增大了料饼厚度，也就增厚了缓冲层，可以减小辊压机传动系统的冲击负荷，使辊压机运行相对平稳。因此在满足工艺要求的前提下，应适当加大料饼厚度，尤其是当所喂料的粒度较大时，要增大选粉机粗粉的回料量，以提高入辊压机物料密实度，可以降低设备的负荷波动，有利于设备安全运转。相反，若辊缝过小，料饼太薄，缺乏弹性会使设备振动加大。

（4）小料仓重控制

为保证喂料的连续性和均匀性，辊压机上方的称重小仓的作用是很重要的。设置小仓的目的是通过小仓保持一定的料位，形成稳定的料柱压力，使小仓下料口与辊压机进料口之间的垂直溜子始终保持充满状态，物料以料柱形式进入辊压机。小仓物料重量由荷重传感器检测，不同特性物料（如易磨性等）和辊压机的运行状况，其合理的仓重是不一样的，需经过反复实践，才能确定最佳仓重控制范围。

（5）料饼回料量控制

在辊压机与球磨机所构成的水泥粉磨系统中，辊压机的能量利用率高，它的物料喂入量大于球磨机的产量，因而既要保持球磨机处于良好的运行状态，又要使辊压机能连续运转，辊压机就必须有加料量可调节的料饼回料回路。一般来讲，当新入料颗粒分布一定时，辊压机在没有回料时的最佳运行状态所输出的物料量并非为系统所需的料量。为使系统料流平衡，同时又能使辊压机处于良好的运行状态，可以通过调整料饼回料来调整辊压机入料粒度分布，改变辊压机运行状态，达到与整个系统相适应的程度。

辊压机物料循环量是很大的，合理的物料循环可改善辊压机的料流结构，让回料充填原始物料的空隙，使之密实，增加物料入辊压机的压力，从而满足辊压机的工作要求，改善挤压效果，减小对辊压机的振动。

当入料粒度偏大，冲击负荷大，辊压机活动辊水平移动幅度大时，增加料饼回料量，同时加大料饼厚度。若主电机电流偏高，则可适当降低液压压力，就可使辊压机运行平稳。物料适当的循环挤压次数，有助于降低单位产量的系统电耗。但循环的次数受到未挤压物料颗粒组成、辊压机液压系统反传动系统弹性的限制，不可能循环过多，料饼的循环必须根据不同工艺和具体情况加以控制。

（6）入辊压机物料水分

水分偏高的物料被挤压后形成的料饼较密实坚硬，后级打散分级机或V型选粉机时不易打散，大量未经打散的料饼在通过风力分级区后以粗料的形式被收集返回称重仓，回料明显偏多。应将湿物料入机之前先晾晒，蒸发掉更多的水分。

3.4.3　辊压机运行中的调整

（1）喂料波动大

原因分析：原料喂料皮带秤进口堵料；配料仓内物料起拱。

处理方法：清堵；消除物料起拱。

（2）稳流仓仓重上涨

原因分析：喂料过多；系统风机（循环风机）开度过小，回料量太多。

处理方法：降低喂料量；增加系统风机（循环风机）开度，降低回料量。

（3）稳流仓仓重下降

原因分析：喂料过少；系统风机（循环风机）开度过大。

处理方法：增加喂料量；减小风阀开关。

（4）辊缝过大，循环提升机电流增大

原因分析：进料装置开度过大。

处理方法：适当减小辊压机进料装置开度，使辊缝减小，通过量减小。

（5）辊缝过小

原因分析：进料装置开度过小；侧挡板磨损；滚压磨损。

处理方法：适当增加辊压机进料装置开度；更换挡侧板；停机后进行辊面维护。

（6）辊缝长期偏斜

原因分析：进料不均；侧挡板磨损；液压阀件出现泄漏。

处理方法：检查辊压机进料溜子及稳流仓是否局部一侧堵塞，清理；更换挡侧板；清洗或更换液压阀件。

（7）辊缝变化频繁

原因分析：下料不畅；辊面局部损伤。

处理方法：检查辊压机进料溜子及稳流仓是否堵塞；停机检查辊面，若局部损伤，进行修复。

（8）辊压机轴承温度过高

原因分析：干油加注量不够；冷却水不够；润滑管路堵塞。

处理方法：若轴承声响大，可增大干油加注量；将冷却水阀门开大；若不是4个轴承温度都高，清洗轴承润滑管路。

（9）辊压机压力变化剧烈

原因：辊压机蓄能器气压下降。

处理方法：停机对蓄能器检查和补充氮气。

（10）循环物料量过大

原因分析：选粉系统通风量太低。

处理方法：调节循环风机转速，增加系统通风量。

（11）成品细度过细

原因分析：选粉机电动机转速太高；选粉系统气体流向太小。

处理方法：降低选粉机电动机的转速；增加选粉系统通风量。

（12）成品细度过粗

原因分析：选粉机电动机转速太低；选粉机驱动装置有故障；选粉机叶片损坏；选粉系统气体流量太大。

处理方法：提高选粉机电动机的转速；检查选粉机驱动装置；检查选粉机叶片；降低选粉机系统通风量。

（13）主减速机温度过高

原因分析：主减速机润滑系统有故障。

处理方法：检查润滑油是否有水或者其他介质；检查润滑系统油压、油温是否正常；检查润滑系统冷却水给、排是否正常。

3.4.4 打散分级机操作要点

因打散分级机结构简单，在日常运行中操作也较为容易。

（1）开机前准备

1）对所有的螺栓进行检查，是否紧固，有无松动。

2）盘动主轴和中空轴，是否能灵活运转，有无异常现象。

3）按规定加注润滑油，使用规定要求的润滑油脂。

(2) 各系统单独试运转

1) 润滑系统首先启动，观察润滑系统能否正常供油，润滑系统单独启动5min。

2) 启动主电机带动中空轴转动，观察其运转情况及振动情况，要求运转平稳，无异常振动和噪声，要求顺时针运转。运转0.5h停机。

3) 单独启动调速电机带动主轴及风轮转动，转速由0逐渐上调，观察其运转及振动情况，在某一转速时，振动可能增大，这有可能是设备共振点，越过这一转速运转情况就会平稳。注意：不可在共振点上长期运转，否则会损坏设备，空转时转速应小于600r/min，要求运转平稳，无异常振动和噪声，要求与主电机同向转动，运转0.5h后停机。

(3) 各系统联动空载试车

各系统经单独运转认为合格后，方可进行联动试车，联动试车满足以下启动顺序，首先启动润滑系统，其次启动主电机，第三启动调速电机，在额定转速下连续运转不小于4h，并应满足下列要求：

1) 润滑系统每小时启动3～5min，观察大皮带轮下方，如有润滑油溢出，则可停止加油。注意：在以后正常生产中，每8h加油3～5min即可。

2) 调速电机应以0r/min开始调起，最高转速一般不超过800r/min。

3) 设备运转平稳，无异常振动和噪声。

4) 各轴承运行温度不得超过70℃，开启冷却装置。

5) 各润滑点的润滑情况良好。

6) 所有监视、检测及控制系统，均应灵敏准确。

7) 观察、检测并记录电流温度振动等参数。

(4) 带料试运转

空载联动试车合格后，方能进行带料试运转，带料试运转的时间不得低于8h，除满足空载联动试车的各项要求外，还应满足以下要求。

1) 各轴承运行温度不得超过80℃，并应开启冷却装置。

2) 各连接部位和密封部位的性能良好，不得有漏风、漏灰现象。

3) 电机电流正常。

(5) 正常运转及运行参数调整

带料试运转满足要求后方可投入生产，正常运转时各运行参数及调整如下：

1) 每隔8h，开启润滑系统，时间为3～5min，检查润滑是否正常。

2) 通过调节调速电机的转速，可以改变细粉产量。增加转速，细粉产量增加，细度相对变粗；减小转速，细粉产量减少，细度相对变细。通过调节内筒挡板高度也可调节细粉产量。降低内筒挡板高度，细粉产量增加；升高内筒挡板高度，细粉产量减少。

3.4.5 V型选粉机操作要点

(1) V型选粉机试运转

V型选粉机安装完毕并经检验合格后，方可以按工艺系统试运转计划配合粉磨系统内相关设备进行试运转。系统试运转期间选粉机主要需满足下列要求：各连接部位和密封部位密封良好，绝不允许有漏风、漏灰现象；V型选粉机内的衬板安装牢固，不得有剥离、脱落现象；导流板等耐磨损件保持完好，不得有变形现象。在试运转期间，一旦发现不正常情况，系统内各设备应立即按工艺系统停车顺序停车，并进行处理。

(2) V 型选粉机启动和停车操作

选粉机经配合系统试运转并鉴定合格后，可以正式投入生产，生产操作人员应掌握选粉机的主要结构、性能及操作要点。选粉机喂料、半成品输送和进风的启动顺序如下：

1）开启选粉机进风循环风机（注意风机调节板应逐渐开大）。

2）开启选粉机半成品的输送设备。

3）开启选粉机喂料输送设备。

停车顺序和以上启动顺序相反。整个粉磨系统的启动和停车顺序，按工艺及系统内各设备的要求进行。

(3) V 型选粉机运行中的控制调节

1）风量调节。通过调节选粉机进风循环风机的风量，可调节半成品细度，风量越小则半成品细度越细，风量越大则半成品细度越粗。需要注意的是，改变风量的同时也会影响选粉效率及半成品产量。风量可以通过风机的流量调节阀或风机变频电机调节。风机流量调节阀开度越大，通过选粉机的风量就越大，带料就越粗，带料量越大。

2）导流板调节。通过改变选粉机出风管一侧的导流板数量，可调节半成品细度，导流板可自上而下一块块从壳体中抽出，抽取时应注意保证每层导流板的数量相同。每层导流板数量越多则半成品细度越细，越少则半成品细度越粗。

3.5 辊压机、打散分级机（V 型选粉机）常见故障处理

1. 辊压机跳停

引起辊压机跳停的因素很多，最常见的有压差、电流差、辊缝差、温度超限及机械磨损、电器、仪表等故障。压差、电流差、辊缝差引起的跳停其实不是独立的，是相互有关联的。其他如除设备及仪表方面有问题以外，物料下料不畅、物料下料偏料、人磨物料颗粒粗、细粉多、含水量大、金属的进人等都有可能引起这几种形式的跳停。因此要保证设备的正常运行，首先要保证设备的完好率。要经常检查进料装置是否灵敏，侧挡板、辊面及侧面、轴承是否已经磨损；减速机、液压系统、电器仪表工作是否正常等，若出现问题，要按辊压机设备维护保养管理规程给予排除。

除此之外，还要把好入磨物料质量关，严格控制物料的粒度、水分以及金属的进入。温度超限及机械磨损、电器、仪表等故障引起辊压机跳停相对来说是比较单一的，处理起来也是较容易的。特别是在每次刚开磨时，最容易引起设备振动和跳停。因此，无论何种情况造成设备停止再启动开车前，一定要先检查保证辊压机两辊间无物料堆积，禁止带料启动。由于此时细料（粉料）过多，应加大循环风机用风量，待设备运行正常后，再正常投料运行。此外，还要定期清理称重仓，将富集在循环系统里面的铁渣、游离二氧化硅等清除。

2. 辊压机磨损

辊压机主要容易磨损的地方有辊压机的辊面、辊子的端面和侧挡板。

(1) 辊面磨损

辊面磨损分正常磨损和非正常磨损。非正常磨损与现场的使用、操作有着紧密关系，其主要因素有：

1）在运转过程中没有保证辊压机的饱和喂料。

2）除铁器和金属探测仪不能正常使用，有硬质金属进入辊压机内部。

3）没有定期清理、外排称重仓的富集在循环系统里面的铁渣、游离二氧化硅等物料，加快了对辊面的磨损。

4）辊面产生剥落后，没有及时补焊，因而对基体造成了损害。

5）进料粒度不符合规定要求。

6）大量使用了易磨性太差的物料。

7）进入辊压机的物料温度不能太高，这个问题辊压机用在磨生料时还好解决，但若是磨水泥，就要特别注意，否则会发生辊子和轴套相对位移的设备重大事故。

（2）侧挡板和辊子端面的磨损

侧挡板和辊子端面的不正常磨损是相关联的，侧挡板和辊子端面之间的间隙调得太大或太小都会加剧两者的磨损，因此两者之间的间隙要调整得当，端面磨损只能做定期补焊。辊压机的侧挡板为易损件，当侧挡板磨损后，部分物料就会不经辊压机而直接进入斗式提升机，造成提升机电流高、辊压机主电动机电流高。遇停机时就要对其进行检查、更换。

3. 主电机控制系统电流过大

（1）两辊轴间有较大的铁块或其他异物，处理方法如下：

1）卸掉油压系统高压，使用千斤顶将活动辊系退回来，检查确认是否有异物存在。

2）若因铁块进入而造成电流过大，应仔细检查铁块混入原因，并检查除铁器的工作性能。

（2）进料系统调节插板调得过高，调节插板端部过度磨损、断裂致使料饼厚度过厚，造成过负荷，处理方法如下：

1）检查调节插板位置，重新调整好插板，并固定好。

2）拆卸检修调节插板。

（3）主传动系统零部件损坏，传动阻力加大，查找方法如下：

1）检查传动系统各零部件工作温度，确定损坏的零部件。

2）根据停车前设备发出的异常声音，确定损坏的零部件。

3）将各部分拆开，分别用手盘动，确定损坏部位。

（4）出料设备发生故障，物料堵塞住辊压机出料口，造成驱动阻力增大，解决方法如下：

1）清除出料设备故障。

2）清理被堵塞的出料口。

（5）主电机的主回路或控制回路出现短路，接触不良或元件损坏，造成过电流。

1）检查主回路的接线情况及导线发热情况。

2）检查元件工作情况及发热情况。

3）检查控制回路的各主要元器件工作点。

4）更换损坏的元器件和导线，重新调整控制回路主要元器件工作点。

4. 主传动系统工作异常

传动系统工作异常，只有两种原因，一是机械故障，二是润滑故障。只要平常加强设备维护与保养，一般都不会出现问题。现举例分析其故障及处理方法。

（1）行星减速机运转出现异常

1）减速机内齿轮齿面过度磨损或折断，应拆卸减速机更换齿轮。

2）减速机内轴承损坏，更换新轴承。

3）润滑油过少或变质，更换补充润滑油。

4）润滑系统出油阻力大，应清洗滤油滤芯。

（2）主轴承运转声音异常或轴承温度过高

1）主轴承过度磨损或滚柱断裂，更换主轴承。

2）集中润滑系统供油不正常，检查润滑系统

3）轴承内部进入异物，清洗轴承，更换密封圈。

4）物料温度过高，应控制入料温度。

5）冷却水系统压力降低或流量不足，检查冷却系统管路。

5. 安全销故障

为保证电机的安全运转和防止辊面的损坏，一般在电机和减速机之间安装一种机械式安全销。电机和减速机之间的联轴节由安全的凸形块和凹形块连接，当辊压机内进入铁器或大块坚硬物料时，从辊子传递给减速机、电机的扭矩将会急剧上升，安全销内的凹形块和凸形块间的作用力和反作用力也随之增大。当凸形块受到的反作用力大于碟形弹簧设定的弹力时，安全销就会向后运动，直至脱离凹块，使主电机空转。监测定辊转动的速度监测器马上报警，使整个辊压机系统跳停。安全销损坏或碟形弹簧失效，会造成安全销频繁脱出，系统跳停。

6. 油缸漏油

油缸漏油分为内泄漏和外泄漏。内泄漏是指油缸内密封圈破损或油路中的脏物在油缸下部沉积，并随缸内活塞来回移动摩擦，导致油缸内壁产生沟槽所致。若是这样，应立即对缸壁进行补镀，再机加工处理。外泄漏是指活塞杆与端盖结合处的泄漏，由活塞杆的来回移动不能与端盖内孔保持很好的同心度所致，使活塞杆和端盖磨损造成漏油。解决的方法是在活塞杆外壁补镀一层后，再进行外圆磨加工。

油缸的上表面及活塞杆的下表面部位都是易磨损处，对它们的处理均采用镀层后再机加工。

7. 液压系统故障

液压系统中的部件如蓄能器、安全阀、卸压阀等出现故障或损坏都会造成辊压机振动、跳停。处理办法是调节改变蓄能器预充压力，以增强辊压机适应大块物料的能力；修理或更换安全阀、卸压阀，使辊压机恢复正常运行。

（1）液压系统压力打不上去或打上去后很短时间又降下来，造成油泵频繁工作。

1）阀门未关到位或未开到位，应重新检查。

2）系统中有外泄漏，停机修复。

3）油缸密封圈过度磨损造成内泄漏，此时更换过度磨损的零部件。

（2）液压系统发生振动。

1）液压系统工作压力和蓄能器压力相接近，造成蓄能器频繁启闭，产生振动。

2）液压系统与基础发生共振，液压系统应更换安装位置。

8. 机体运行时振动大

运行时辊压机机体振动，有时伴有强烈的撞击声，主要与入料粒度过粗或过细、料压不稳或连续性差、挤压力偏高等有关。处理办法是：若进料粒度过细，应减少回料量以增大入料平均粒径，反之增大回料量以填充大颗粒间的空隙。同时保持配料的连续性和料仓料层的稳定。

9. 打散分级机故障处理及维护

打散分级机在使用一段时间以后，在其操作参数未变的情况下，发现系统细粉的产量降低，回料增多，原生产系统平衡被破坏，或打散分级机成品粒度状况明显异常，有较多粒度较粗的物料以成品物料的形式进入球磨系统，使球磨机小规格的研磨体难以适应这样的物料粒度，造成磨机产量的明显下降。打散分级机在日常的使用过程中，维护量较小，造成其故障的主要原因有两个方面，一是易损件的磨损，二是料流是否通畅。

（1）打散盘衬板磨损

打散盘衬板的锤形凸棱部分磨损后会影响对物料的加速效果，物料在盘面上打滑，离心力不足，物料脱离打散盘后撞击反击板力度偏弱，粉碎效果差，部分未被打散的料饼以粗料形式返回称重仓。建议停机维修，更换打散盘衬板。

（2）内锥筒体破损

内筒体的锥体部分过度磨损后，经分级后收集在内锥筒体的不合格粗物料会在通过卸料管返回辊压机之前，从内锥筒体破损处泻出混入收集细料的外锥筒体进入球磨机，造成入磨物料粒度偏粗，粉磨效率降低，产量下降。这时要停机补焊内锥板或更换内锥板。

（3）风轮磨损

打散分级机的风轮在使用一段时间后由于含尘气流的冲刷，磨损是不可避免的，所以在使用过程中应定期检查，一般半个月检查一次，在磨损部位，特别是叶片与顶板的焊缝如有磨损应及时补焊，以延长风轮的使用周期，经长期使用后风轮无法修复，则应及时更换，以防风轮脱落损坏设备。

（4）电机传动皮带打滑

因传动皮带松动打滑会造成打散盘转速降低，影响对物料的加速效果，离心力不足，物料脱离打盘后撞击反击板力度不够，也会导致如上述粉碎效果差的结果。此时需停机维修，张紧皮带。

（5）风轮驱动电机与转子连接失效

传递动力的联轴尼龙销断裂，风轮失去动力，打散分级机失去分级功能，未经打散后的物料在风力分级区自由沉降，大量合格物料无法在分级区进入成品区而落入收集粗粉的内锥筒体，造成回料偏多。此时要停机修复，更换联轴尼龙销。

（6）环形通道堵塞

各类不易通过的杂物在打散分级机打散盘下方的环形通道内堵塞，影响了打散分级机的物料过能力，同时也会造成系统回料偏多。建议停机清理造成堵塞的杂物，疏通环形通道，并严格禁绝上述杂物进入打散分级机。

（7）内锥筒体物料淤积

打散分级机内锥筒体物料因排料不畅造成的物料淤积会导致不合格粗料从内锥筒体的导风叶片处溢出混入收集细料的外锥筒体与成品一起进入球磨机，也会造成入磨物料粒度偏粗，严重影响球磨机的效率和产量。此时要疏通粗料卸料管，并保持粗料排料管的畅通。

10. V 型选粉机检修及日常维护

（1）日常维护

通常状况下，选粉机是不需要维护的。为了安全操作，要进行定期或不定期的检查。主要检查如下几个方面：

1）选粉机喂料要注意沿喂料口宽度方向尽量均匀喂下，形成均匀料幕。

2）使用中要注意各联接处的密封，若有漏风漏灰，应立即处理。

3）选粉机及系统各风管、管道应定期清灰，防止粉尘堆积。

4）选粉机及系统各风管联接处要防止雨水进入，以免粉尘结块。

5）经常注意选粉机进出风的压力点压力值。

（2）检修

选粉机的检修在停机数分钟待机内物料沉降后，才能打开检修门，检修时绝对禁止系统随意开启。一般检修可由检修门进入选粉机进行作业，导流板可抽出壳体外检修；选粉机大修时，可将出风管及支座拆除后进行作业。另外，为了重新安装方便，检修中应对拆卸的部位视情况做相互配合的标记。

检修的主要内容如下：

1）壳体内浇注的内衬、出风管及检修门内浇注的内衬磨损情况，是否有严重剥离、脱落等现象。

2）导流板的磨损或变形情况。

3）衬板的磨损情况，是否有变形等现象，尤其是支承导流板的衬板，如果磨损严重，会导致导流板松动甚至掉落，应经常检查。

4）各连接螺栓、螺母是否松动或损坏。

5）清除壳体、管道内部的黏着粉尘。

6）各联接处的密封情况。

（3）V型选粉机日常检修维护时应注意事项

1）选粉机内所有维护检修必须在非运行状态下进行，系统驱动装置必须受保护防止突然通电。

2）在选粉机内做检修和维护时必须系好安全带。

3）选粉机的周围环境应保持整洁，避免过多的物料积累造成人员伤害。

4）在焊接期间，粉尘和所有的易燃易爆物应当清除焊接现场，避免意外伤害。

5）更换导流叶、打散格和耐磨板时要用手拉葫芦吊起更换物件，便于安装和确保安全。

任务小结

本任务介绍了辊压机及相关设备（包括打散分级机、V型选粉机）的构造和工作原理；辊压机及相关设备的控制要点，维护与检修、故障分析处理等内容。

辊压机由两个大小相同、相向转动的辊子组成，其中一个辊子固定在机架上，称为固定辊。物料经辊压机的喂料装置，进入两辊轴之间，在高压条件使物料层间的颗粒与颗粒之间互相施力，使物料的主要部分破碎、断裂，产生裂缝或劈开，被压成密实的料饼，从辊隙中落下，由于其颗粒内部产生强大的应力，并有大量裂纹，从而改善了物料的易磨性。料饼经料斗，由输送设备到下道工序，对料饼做进一步的打散、选粉或粉磨。

打散分级机是与辊压机配套使用的料饼打散分级设备。从辊压机卸出来物料已经挤压成料饼，打散机集料饼打散与颗粒分级于一体，与辊压机闭路，形成独立的挤压打散回路。经辊压机挤压后的物料呈较密实的饼状，连续均匀地喂入打散机内，落在带有锤形凸棱衬板的打散盘上，主轴带动打散盘高速旋转，使得落在打散盘上的料饼在衬板锤形凸棱部分的作用下得以加速并脱离打散盘，料饼沿打散盘切线方向高速甩出后撞击到反击衬板上后被粉碎。经过打散粉碎后的物料在挡料锥的导向作用下通过挡料锥外围的环形通道进入风轮周向分布的风力分选区内。粗颗粒物料由于其运动惯性大，在通过风力分选区的沉降过程中，运动状态改变较小而落入内锥筒体被收集，由粗粉卸料口卸出返回，同配料系统的新鲜物粒一起进入辊压机上方的称重仓。细粉由于其运动惯性小，在通过风力分选区的沉降过程中，运动状态改变较大而产生较大的偏移，落入内锥筒体与外锥筒体之间被收集，由细粉卸料口卸出送入球磨机继续粉磨或入选粉机直接分选出成品。

V型选粉机是无动力的选粉机，完全靠重力打散、靠风力分选的静态选粉机，主要用于辊压机的料饼打散，具有打散、分选、烘干等功能，与打散分级机有类似的功能。来自辊压机粉碎后的料饼由上部进料口喂入选粉机内形成料幕，均匀地分散并通过进风导流板进入分选区域，料饼在导流板间逐级下落过程中，与分选区内的各层导流板产生激烈的碰撞，料饼与料饼之间也产生相互碰撞，达到打散料块、充分暴露细粉和延长料幕在选粉区停留时间的效果。来自循环风机的气流从进风口穿过均匀散下的物料，再通过出风导流板携带细颗粒从上部出风管排出，送入除尘器进行料、气分离，气体经除尘器风机送回V型选粉机内，细颗粒喂入到球磨机内继续粉磨。粗料沿导流板下落由选粉机下部的出料口排出，并返回辊压机重新粉碎。

当辊压机及相关设备安装完毕试车或大修后，须进行单机试车、联运试车，对所有设备需进行全面检查，确认没有问题才能投入生产。通常来讲设备的正常启动是逆物料流程方向，正常停车顺序是顺物料方向。辊压机在正常生产时要从液压系统、辊间隙、料饼厚度及回料量、小料仓料位等方面加以控制，确保辊压机喂料均匀，运行平稳，使各参数在正常范围内，出料产品符合要求。

打散分级机可以通过调节调速电机的转速，改变细粉产量，增加转速，细粉产量增加，细度相对变粗，减小转速，细粉产量减少，细度相对变细；通过调节内筒挡板高度也可调节细粉产量，降低内筒挡板高度，细粉产量增加，升高内筒挡板高度，细粉产量减少。

V型选粉机运行中通过调节选粉机进风循环风机的风量，可调节半成品细度，风量越小则半成品细度越细，越大则半成品细度越粗。通过改变选粉机出风管一侧的导流板数量，每层导流板数量越多则半成品细度越细，越少则半成品细度越粗。

设备在运行过程中会出现不同的故障，要求操作人员能及时准确地判断故障的原因，并加以分析处理，以使设备能够安全稳定地运转。

思　考　题

1. 简述辊压机的构造及工作原理。
2. 从哪几方面对辊压机进行操作控制?
3. 辊压机在运行过程中会出现哪些不正常现象?
4. 简述V型选粉机的构造及工作原理。
5. V型选粉机正常运行时从哪些方面对其进行操作控制?
6. 简述打散分级机的构造及工作原理。
7. 打散分级机的异常现象有哪些? 产生这些现象的原因是什么?

任务4　分级设备

知识目标　能正确表述粗粉分离器、离心式选粉机、旋风式选粉机以及O-Sepa选粉机的基本结构和工作原理。

能力目标　能够调节粗粉分离器、离心式选粉机、旋风式选粉机以及O-Sepa选粉机产品的细度，能够对以上各类选粉机进行操作和维护。

分级是指利用粉粒状物料颗粒特性（如粒径、形状、密度、化学成分、颜色、放射性、磁性、静电性等）的差别将其进行分离操作的过程。在硅酸盐工业，分级是指将粉粒状物料按其颗粒粒径的大小不同分成若干粒级的过程，又称粒度分级。

在闭路粉碎系统中，分级设备的作用是及时将合格的细粉分离出来，避免在粉碎机内产生过粉碎现象，减小细粉的衬垫作用，提高粉碎效率和能量利用率。同时还可以控制产品的粒度分布，按照产品的要求不同，把细粉、粗粉或中间部分作为产品。在硅酸盐工业中，一般是细粉为产品。

4.1　粗粉分离器

4.1.1　粗粉分离器构造与原理

粗粉分离器是一种通过式风力分级机，也称为通过式选粉机，为空气一次通过的外部循环式分级设备。如图3-4-1所示，分离器的主体部分是由外锥体2和内锥体3组成，外锥体上有顶盖，下接粗粉出料管5和进气管1，内锥体下方悬装着反射锥4，外锥体盖下和内锥体上边缘之间装有导向叶片6，外锥体顶盖中央装有排气管7。图3-4-2为粗粉分离器设备原件。

粗粉分离器是利用颗粒在垂直上升及旋转运动的气流中，由于重力及惯性的作用而沉降分离的设备。粉粒状物料随气流以15～20m/s的速度，由下而上从进气管1进入内外锥体之间的空间。首先碰到反射锥4，气流中的较大颗粒，由于惯性作用被挡落到外锥体下部，由粗粉出料5排出。两锥体之间上升的气流，因上升通道截面积的扩大，流速降低到4～6m/s。因此，又有部分粗颗粒受重力作用而沉降下来，沿外锥体2内壁由粗粉出料管排出。气流在环形通道中上升至顶部后，经由导向叶片6进入内锥体3中。由于方向突变，部分粗颗粒再次被分离并下落。同时，气流通过与径向成一定角度的导向叶片6后，向下做旋转运动，较小的粗颗粒由于惯性离心力的作用下甩向内锥体内壁，沿内壁落下，最后也进入粗粉出料管。细粉则随气流从中心排气管7被抽出，进入收尘器将细粉收集下来。

粗粉分离器存在两个分离区：一是在内外锥体之间的分离区，颗粒主要在重力作用下沉降；二是在内锥体的分离区，颗粒在惯性离心力的作用下沉降。它们沉降下来的颗粒均为粗粉，由粗粉出料管排出。

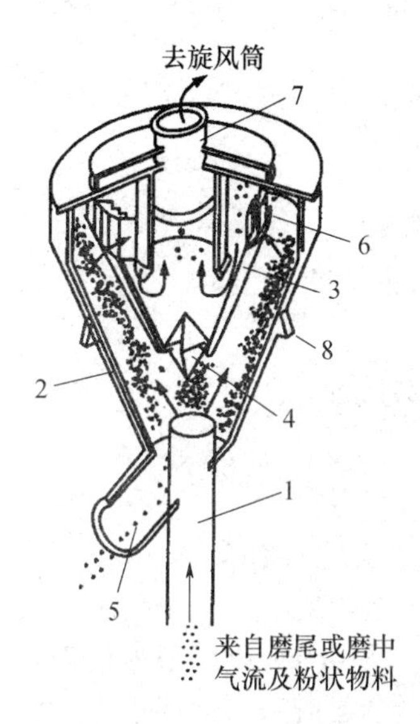

图 3-4-1　粗粉分离器构造

1—进气管；2—外锥体；3—内锥体；4—反射锥；
5—粗粉出料管；6—导向叶片；7—中心排气管；8—基座

图 3-4-2　粗粉分离器设备原件

4.1.2　粗粉分离器性能与应用

粗粉分离器的优点是结构简单，操作方便，没有运动部件，不易损坏。其缺点是必须与风机、除尘器配合使用，此外反射锥处的壳体易被磨损。粗粉分离器适用于粗分离过程。

粗粉分离器的规格以外壳筒顶部直径来表示，其规格和性能如表 3-4-1 所示。

表 3-4-1　粗粉分离器规格和性能

规格（mm）	ϕ800	ϕ1200	ϕ1600	ϕ1800	ϕ1900	ϕ2200	ϕ2500	ϕ3400
处理风量（m^3/h）	2500	5000～5600	9000～10000	12000	12700～14300	15500～17100	24000	41000～45600
调节叶片开度（°）	65	60	60	60	60	60	60	60
设备质量（kg）	170	470	661	1172	1200	2020	1722	3243

4.1.3　粗粉分离器操作与维护

（1）细度调节方法

1）改变气流速度。气流速度低，选出来的细粉就细；反之，选出来的细粉就粗。在日常操作中，需要结合粉碎系统的循环风量进行调整，所以，一般不宜经常变动。

2）改变导向叶片角度。导向叶片与径向间的夹角愈大，内锥体里气流旋转速度愈大，加速颗粒离心沉降，产品愈细；反之，夹角愈小，产品愈粗。在操作中，转动调节轮便可改变导向叶片的角度。

3）改变反射棱锥位置。适当升降反射棱锥的位置，也能改变产品的粗细，但不常用。

（2）维护要点

虽然粗粉分离器是结构简单、操作容易的分级设备，但由于它处在风扫磨或闭路循环磨的系统中，影响着粉磨操作和系统设备的安全运转。因此，在日常操作中应加强检查及维护，尤其是风扫磨系统中粗粉分离器，更应严格检查，防止事故发生。检查与维护要点如下：

1）检查导向叶片、手轮，使其调节灵活。

2）检查出料、进料阀门，使其动作灵活。

3）检查管道的连接法兰处是否严密，保证无漏风现象。

4）检查各监测点的温度、压力等仪表，保证正常灵敏度。

4.2 离心式选粉机

4.2.1 离心式选粉机构造与原理

（1）构造

离心式选粉机是第一代风力分级机，以特蒂文特（Sturtevant）型为代表，过去曾经被广泛应用于工业生产中。普通离心式选粉机结构如图 3-4-3 所示，主要由壳体、立轴等部分组成。

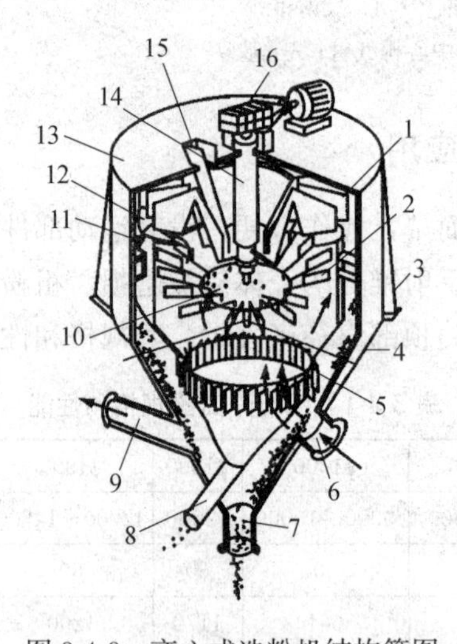

图 3-4-3 离心式选粉机结构简图

1—主风叶；2—辅助风叶；3—支撑件；4—外壳体；5—回风叶；
6—热气进口；7—细粉出口；8—粗粉出口；9—排气口；10—撒料盘；
11—内壳体；12—挡风板；13—顶盖；14—主轴；15—加料管；16—传动装置

1）壳体

由内壳体 11 和外壳体 4 通过支架套装在一起，内外壳体的下部是粗粉出口 8 和细粉出口 7，外壳体的上部装有顶盖 13，顶盖的中部设有加料管 15。选粉机外壳有四个铸铁底座，用螺栓与设备基础相连接。

2）立轴

立轴上装有撒料盘 10、辅助风叶（小风叶）2、主风叶（大风叶）1，它们共同构成一个转子。由电动机通过三角皮带，带动齿轮箱内的一对圆锥齿轮使立轴回转。在内壳顶部的环形通道上，装有一圈可以调节的挡风板 12。内锥体中部装有一圈可以调节进风角度和空隙的回风叶 5，它是内外壳气流的循环通道。

3）主风叶

主风叶又称大风叶，它的主要作用是产生循环风。由于循环风量决定着选粉室内上升气流的速度，因此，主风叶片数或规格的变动，将使产品的细度发生变化。

主风叶的规格和安装数目应根据磨机能力、产品品种以及选粉机产品细度要求等来确定。磨机生产能力大、循环负荷率高时，需要有较大的循环风量。相反，磨机能力较小，循环负荷率不高时，不需要很大的循环风量。选粉机的循环风即循环气流，在很大程度上决定选粉能力和物料的分离粒径。

离心式选粉机的循环风量可以通过主风叶片数的增减来改变；在一定范围内适当提高选粉机的转速，可使循环风量增大。

4）辅助风叶

辅助风叶又称小风叶，随立轴一起回转时，产生旋转气流，加速颗粒的离心沉降，对粗细物料的分离起着很重要的作用，能够有效地控制产品细度。

辅助风叶安装在风叶盘上的均匀性和对称性，对产品细度的控制有很大的影响。安装时注意要对称、间隔均匀。辅助风叶安装得越多，物料颗粒在气流中通过的阻力也就越大。辅助风叶的片数与选粉机选出产品的细度存在着明显的线性关系，水泥比表面积与辅助风叶的片数成正比。

5）撒料盘

撒料盘的转动使物料向四周分散。物料离开撒料盘后，受离心力作用向内筒壁飞去，形成了一层物料伞幕，循环风从回风叶上升时，冲洗这个物料伞幕，使粗细物料开始分离开来，如图 3-4-4、图 3-4-5 所示。物料分散的程度对粗细物料的分离效果有很大影响。而撒料盘的回转速度直接影响物料分散程度。物料撒出速度过高时，会增加细物料碰撞内筒壁的机会，影响选粉效率降低。反之，撒出速度过低时，会使粗细物料粘在一起，不易分离，同样会降低选粉效率。

此外，选粉机的喂料量也影响撒料盘撒出料幕的分散程度。撒料盘直径与转速不变时，增加选粉机的喂料量，撒出料幕厚度增加，分离效果就差。因此，选粉机的喂料量增加时，应适当提高撒料盘的回转速度。反之，则应适当降低撒料盘的回转速度。

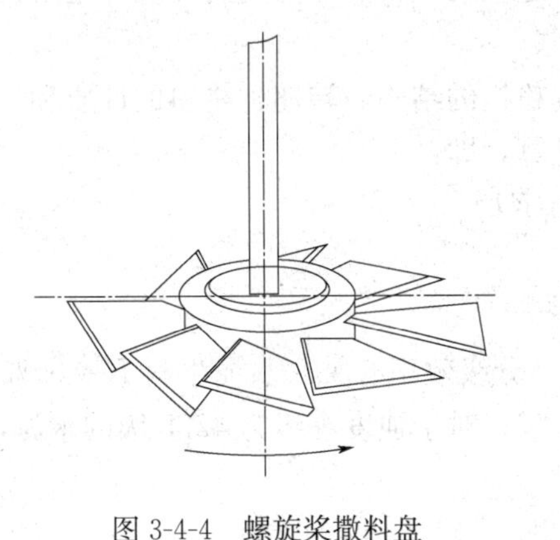

图 3-4-4　螺旋桨撒料盘

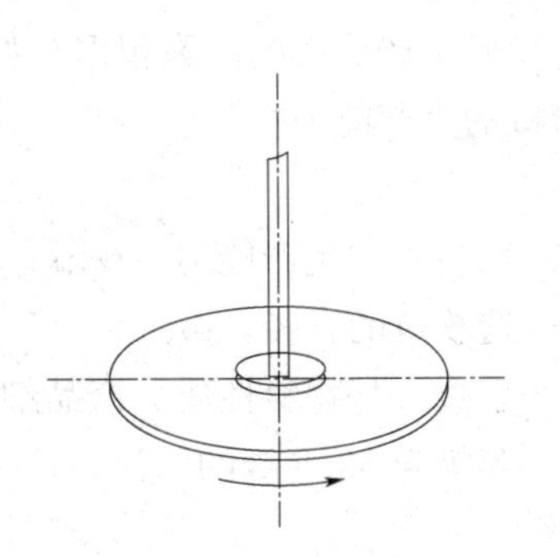

图 3-4-5　圆盘撒料盘

6）控制板

控制板又称为挡风板，具有调节风量的作用，而且也能用来调节产品细度。当控制板推进时，成品的细度变细。拉出控制板，成品的细度变粗。

7）回风叶

回风叶是选粉机内、外壳之间的百叶通道，循环风从内外壳之间的通道经过回风叶进入内壳。回风叶与安装点的圆切线的夹角称回风叶角度。离心式选粉机回风叶角度一般以45°或60°安装。

（2）工作原理

当传动装置带动立轴转动时，气流由内筒上升，至两筒间下降，再由固定回风叶进入内筒，构成循环气流。物料由中心加料管15喂入，经中轴漏斗落到撒料盘10上，受离心力的作用被分散抛出。分散后的物料受到旋转上升气流的作用，在选粉机内要经过两个分级区：一是内筒中的分级区，颗粒主要是在离心力的作用和风叶的碰撞作用下被分级，使物料中的粗颗粒被分离出来，沿内筒的壁面下滑，经粗粉出口8排出；另一个是内外筒之间的环形分级区，颗粒除了在重力的作用下沉降之外，当气流的方向急剧改变时，由于惯性作用也会从气流中分离出来，沿外筒体的内壁下滑，经细粉出口7排出，而少部分粒径很小的微粉随气流进入内筒进行下一次循环。

（3）其他机型

为了提高离心式选粉机的性能，在结构上可以作许多改进。比如把平盘式的撒料盘改为具有一定倾角的螺旋式或阶梯式，如图3-4-4所示，把平板式的主风叶改为涡旋式，采用曲轴分别传动主风叶与辅助风叶、撒料盘，采用上、下两端轴承支承立轴等。德国伯力鸠斯（Polysius）公司开发的TSU型离心式选粉机，我国设计并改进的GLF型离心式选粉机等在结构上都做了一些改进。

4.2.2 离心式选粉机性能与应用

（1）主要参数

1）生产能力

选粉机的生产能力即是选粉机选出成品的产量。

闭路粉磨系统中经过选粉机选出的成品产量，表示粉磨系统的能力，而并不能表示选粉机的能力，选粉机可以通过调节循环风量来适应磨机粉磨能力的需要，即选粉机的选粉能力具有较大的调节范围。

影响选粉机生产能力的因素很多，如选粉机的结构、转速、物料的性质和产品的细度要求等。选粉机的生产能力按一般经验公式计算，即：

$$Q=KD^{2.65} \tag{3-4-1}$$

式中 Q——选粉机的生产能力，t/h；

D——选粉机的直径，m；

K——系数，与物料性质、产品细度、分级效率有关。水泥生料 $K=0.85$，对于强度等级为32.5级的水泥，$K=0.56$；对于强度等级为42.5级的水泥，$K=0.42$。

2）功率

离心式选粉机的功率按经验公式计算，即：

$$N=KD^{2.4} \tag{3-4-2}$$

式中 N——选粉机的功率，kW；

K——系数，通常取1.58。

3）转速

选粉机主轴转速的高低关系到循环风量及选粉区气流的上升速度等，从而影响选粉机的生产能力、功率、选粉效率。一般离心式选粉机的转速 n 和直径 D 的乘积在 600～900 之间，即：

$$n=\frac{600\sim900}{D} \tag{3-4-3}$$

式中　n——主轴转速，r/min。

（2）性能特点

离心式选粉机的分级气流在机内循环，物料的分级和粗粉、细粉的收集都在机内进行。因此，结构较紧凑，能耗较低，设备较轻，占空间较小。但是，分级效率较低，生产能力较低，产品细度调节不方便，机件磨损较重，振动较大。离心式选粉适合于分级半径较大、处理量也很大的物料。

离心式选粉机的规格是用筒体的直径来表示的。离心式选粉机规格和技术性能如表 3-4-2所示。

表 3-4-2　离心式选粉机规格和技术性能

选粉机直径（m）		3.0	3.5	4.0	4.5	5.0	5.5
主轴转速（r/min）		256	230	180	190	190	165
产品细度（0.08mm 方孔筛筛余或比表面积）			5%～8%	6%～8%	6%～8%	6%～8%	3000～3400（cm^2/g）
生产能力（水泥）（t/h）		10	19（生料，16）	22	30	35～40	50
电动机	功率（kW）	22	30	40	55	75	95
	转速（r/min）	1460	1460	980	980	980	1000
	质量（kg）	197	270	555		890	
设备质量（kg）		4940（不包括电机）	9606	15636	13175	16868（不包括电机）	22350
备注			生料选粉机内通热风				

4.2.3　离心式选粉机操作与维护

（1）细度调节方法

1）调节挡风板

挡风板是控制产品细度的一种辅助手段，通过调整其位置来达到目的。挡风板向里推进时，内外筒之间的断面缩小，流体阻力增加，产品较细；挡风板往外拉出时，产品变粗。这种调整方法只有在细度变化不大时才有效。在调整时，根据产品细度要求，按相对位置成对地推进或拉出几块隔风板。

2）调节小风叶

小风叶的主要作用是控制产品细度。小风叶的旋转使内筒中形成旋转气流，可以把不合格的粗颗粒与合乎要求的细颗粒分离开。小风叶还能够把一部分细颗粒聚结成的大颗粒打碎，使合乎要求的颗粒及时选出来。这些都有助于提高选粉机的效率。增加小风叶片数，产品变细；减少小风叶片数，产品变粗。但小风叶叶片数太多，会使合格的细粉落入粗粉中的数量增多，选粉效率下降。选择适当的小风叶片数是保证产品细度和提高分级效率的重要因素。在安装时，必须保持小风叶两两对称，间隔均匀。

3）调节大风叶

在选粉机内，上升气流所能带走的物料颗粒的大小主要受气流速度的影响。而上升气流速度与循环风量成正比，循环风量增大，流速加快。流速越快，动能越大，带走的粗颗粒就越多，成品的细度随之变粗。增加大风叶的数量或增大其规格，风筒中上升气流的流速就增加，产品细度变粗；反之，产品变细。因此，合理选择大风叶的片数，能够有效地调整产品细度和生产能力。由于它的变动对细度影响较大，因此，生产中在细度要求变动不大的情况下不调整它。

4）调节主轴转速

主轴转速对循环风量影响很大，必须用变速传动装置调整。当选粉机的能力偏小，调节大风叶达不到目的时，可以通过改变电机转速，提高其生产能力，但同时产品变粗。

(2) 影响选粉机控制水泥细度的其他因素

在选粉机的日常运转中，受到一些特殊因素的影响，使水泥细度发生波动。这时，选粉机内部各种可调节装置也会失去应有的调节作用及其规律性。若发生这种情况，应特殊处理。

1）内壳破裂

选粉机内壳筒体经过物料的不断摩擦，容易破损，以致形成破洞。若定期检查安排不当，检查又不细致，会在生产中发生内壳破裂，造成内壳粗料漏入外壳成品之中，使成品细料变粗。发生这种情况时，用控制板或辅助风叶等办法都无效果，此时应停机检查。内壳因磨蚀而发生破洞，最易发生在下锥出料管弯曲处。检查时可用灯在内壳照射，检查者则在外壳仔细查找，如有破洞可临时焊补，待定期检查时再彻底处理。

2）风叶脱落或断裂

由于安装不好或材质不良等原因，主风叶和辅助风叶常会在选粉机运转中发生脱落或断裂。辅助风叶脱落时，成品细度突然变粗而且波动较大。此时选粉机体有较轻的摆动，应及时停机检查处理。

3）控制板不齐

控制板应保持在外尺寸一致，以使内壳出风口圆形截面整齐。在选粉机运转中，由于机体振动而发生控制板向内或向外移动，或者是操作不当使控制板在外尺寸不一致，致使成品细度变粗。在成品细度突然变粗时，也要检查控制板在外尺寸是否整齐，以便及时纠正。

4）内壳下料管堵塞

由于长时间停机或掉入杂物而发生堵塞。下料管堵塞时，内壳积存的粗料可从回风叶口溢入外壳成品中，使成品细度突然变粗。此时出磨提升机的负荷会很快下降。如有此情况发生，则应立即停机检查处理，尤其水泥粉磨系统，会造成细度很粗的水泥入库，影响水泥质量。

5）磨机出料“跑粗”

由于入磨物料性能变化或喂料操作不当而引起磨机发生“跑粗”或“满磨”。物料细度突然发生变粗，致使选粉机选出的成品变粗。这种情况发生时，应首先调整磨机喂料量，恢复磨内物料细度达到正常控制范围。

(3) 维护要点

1) 开车前，应认真检查运转部件及齿轮啮合情况，无问题时再启动。

2) 开车后才能加料，停车时要先停料，防止启动时负荷过大或出现卡住现象。

3) 设备运转中，要保持良好的润滑和冷却，防止轴承温度超过规定值。

4) 运转中如发现噪声、振动、电流超过额定值、轴承温度过高现象，应及时处理，必要时停车进行检查修理。

4.3　旋风式选粉机

4.3.1　旋风式选粉机构造与原理

(1) 构造

旋风式选粉机是在离心式选粉机的基础上发展起来的第二代风力分级机。为了克服离心式选粉机的分级效率低、生产能力低、部件易磨损的缺点，用外部专用风机代替了大风叶，用外部旋风筒代替内外筒之间的细粉分离空间，将粉料分级、产品分离、流体推动三者分别进行。

维达格（Wedag）型旋风式选粉机是典型的代表，图 3-4-6（a）是带支风管的旋风式选粉机。在分级室的主轴上装有小风叶和撒料盘，由电机通过传动装置驱动。分级室的下部设有滴流装置，既可让气流通过，又便于粗粉下落。分级室的周围均匀地布置有几个使细粉与空气分离的旋风筒，外部装有风机、风管、调节阀，可以形成循环分级气流。在进风管切向入口的下部，设有内、外两层锥体，内锥体收集粗粉，外锥体收集细粉。

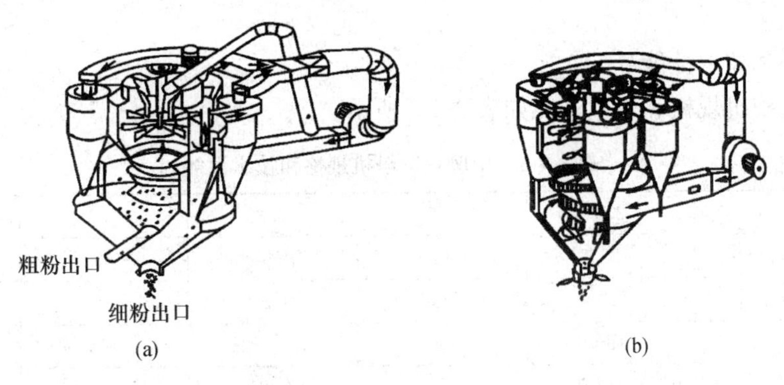

图 3-4-6　旋风式选粉机

(a) 维达格型；(b) 洪堡-维达格型

(2) 工作原理

鼓风机通过进风管向分级室送风，气流从切向进入，经滴流装置的缝隙旋转上升，在分级室中形成分级气流。从进料口中喂入的物料落到撒料盘上，并被甩出散布到分级气流中。物料中的粗颗粒被甩向分级室的内壁，并沿壁面下落，在滴流装置处被上升的气流再次进行分选，将混入粗颗粒中的细颗粒分离出来。粗颗粒落入内锥体内，由其下部的粗粉出口排出。

物料中的细颗粒随气流一起沿切向进入旋风筒，在其中与空气分离，细颗粒落入底部的外锥体内，由细粉出口排出。空气则由旋风筒中心的排风管，经集风管和回风管再次返回到风机，形成分级室与外部的空气循环。调节阀、支风管和支风管调节阀用于调节循环空气的流量。

旋风式选粉机的分级原理与离心式选粉机相同，颗粒在分级室内的受力和运动情况及分级料径的计算方法等也与离心式选粉机相似。

(3) 其他机型

德国洪堡（KHD）公司的洪堡-维达格型旋风式选粉机的主体部分与维达格型基本相同，不同之处是旋风筒的卸料口不在主机下部的内外锥体之间，而在一倾斜的细粉输送管中，旋风筒的出料口需设锁风装置，如图 3-4-6（b）所示。川崎维达格型与洪堡-维达格型旋风式选粉机的结构基本相同。

旋风式造粉机外形如图 3-4-7 所示。

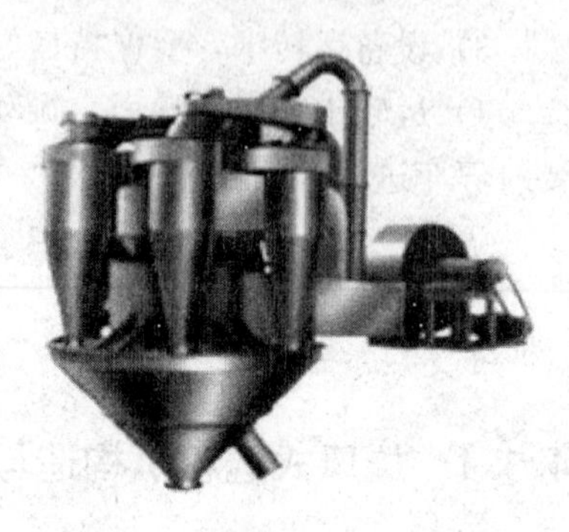

图 3-4-7　旋风式选粉机外形

4.3.2　旋风式选粉机的性能与应用

(1) 主要参数

1) 生产能力

一般按照经验公式计算，即：

用于生料粉磨系统　$Q=7.12D^2$　(3-4-4)

粉磨 32.5 级水泥　$Q=5.35D^2$　(3-4-5)

粉磨 42.5 级水泥　$Q=4.00D^2$　(3-4-6)

式中　D——选粉室直径，m。

2) 主轴转速

旋风式选粉机的主轴转速 n 和直径 D 的乘积在 300～500 之间。选粉机的直径越大，nD 值也越大。

(2) 规格和技术性能

旋风式选粉机规格和技术性能如表 3-4-3 所示。

表 3-4-3　旋风式选粉机规格和技术性能

选粉机直径（m）		2.0	2.5	2.8	3.0	4.0
生产能力	生料（t/h）	28	44	55	65	114
	水泥（t/h）	21	33	42	48	86
主轴转速（r/min）		190	180	152～228	165	87～174
电动机	型号	Y160L-8	Y180L-8	Z_2-81	Y200L_1-6	JZTS-92-4
	转速（r/min）	720	730	750	970	440-1320
	功率（kW）	7.5	11	13	18.5	75
配用风机	型号	4-72-11NO. 10C	4-72-11NO. 12C	4-72-12NO. 12C	4-72-11NO. 16C	G4-73-11NO. 16D
	风量（m^3/h）	37850	68020	72760	91200	168000
	风压（kPa）	2.36	2.49	2.36	2.51	2.70
	功率（kW）	40	75	75	75	155

4.3.3 旋风式选粉机操作与维护

（1）产品细度调节方法

根据熟料强度、矿渣活性和水泥强度的要求可对细度进行调节，以满足市场需求。

1）主轴转速加快，物料离心力加大，产品细度变细，反之变粗。

2）支风管风量加大，主风量减小，选粉机内上升气流速度降低，产品细度变细；关小支风管调节阀门时，选粉室内上升气流速度提高，产品细度变粗。

3）对称增加小风叶，产品细度变细，反之变粗。

4）风机风量减少，选粉室内上升气流速度降低，产品细度变细，反之变粗。

（2）操作维护及检修

影响选粉系统产量、细度、选粉效率的因素有很多，但各个因素之间联系密切且又不相互制约，为使选粉系统达到满意的效果，必须由具有一定工作经验的技术工人去操作，并制定符合本厂实际情况的操作规程和维护检修制度。

1）开、停机顺序：先开主风机及主轴电动机，待选粉机运转正常后再投料，停机时的顺序恰恰相反。

2）各轴承应定期加润滑油，油脂必须清洁。轴承中若出现“沙沙”的声音，应停机检查，清除杂质，更换油脂。现行大多数选粉机的立轴采用机油滴油润滑，故应控制好滴油频率，为避免流油和断油，油杯中可放入海绵，并定期清洗油管和海绵。

3）检查选粉机在运行中是否正常，如有异常振动应及时停机排除。振动起因一般是由于回转体不平衡和垫铁移动造成。

4）风机在启动、停止过程中如有振动，应在停机后打开壳体上的检修门清理风叶上的积灰，并检查叶轮与壳体之间是否有碰撞现象。

5）风机在运转过程中应经常检查轴承温度是否正常，其温度不应超过环境温度的40℃。

6）由于突然停电及正常停机的影响，选粉机风管管道中不可避免会存在积灰现象，特别是上部集风管和旋风筒进风口蜗壳处，均应定期清理，否则影响选粉效率和系统产量。

7）风机轴承润滑油补充时应按油标加油，过多易产生高温和漏油现象，过少则轴承润滑不良。

8）检修中的注意事项

选粉机中的某些零部件在运转过程中，必然会产生自然磨损。为避免零件的过度磨损而影响设备正常运转，应对选粉机进行定期检修。

在电动机停转数分钟，选粉机内部物料沉降后，打开检修门检查以下内容。

① 检查轴承的磨损情况，清理轴承中的油脂残渣，注意灰尘勿入轴承内。

② 检查三角带的松紧程度，以防带轮和三角带的磨损加快。

③ 检查各连接螺栓是否松动。

④ 检查撒料盘和小风叶的磨损情况，如发现过度磨损应及时更换。如进行焊接修复，易产生不平衡。

⑤ 检查各连接处的密封情况（包括油封），如漏风或漏油应立即更换。

注意在打开检修门进入选粉机内部检修时，必须切断电动机电源，并挂“请勿合闸”标志，以防随意开机造成伤亡事故。

4.4 新型高效选粉机（O-Sepa）

选粉机在1885年被发明以来，经历了第一代离心式选粉机，第二代旋风式选粉机，1979年日本小野公司开发了O-Sepa型选粉机。它不仅保留了旋风式选粉机外部循环风的特点，而且采用笼式转子，改变了选粉原理，大幅度提高了选粉效率，克服了离心式、旋风式选粉机撒料不均匀、分级流场不均匀等缺陷。目前，得到广泛应用的O-Sepa型选粉机，通常被认为是第三代高效分级机的典型代表。

4.4.1 新型高效选粉机的构造与原理

O-Sepa选粉机结构如图3-4-8和图3-4-9所示。气流分别由一次风管8、二次风管9切向进入涡壳形筒体1，经过导流叶片6进入导流叶片和涡轮转子之间的环形分级区，形成一次涡流。然后进入涡轮内部的分级区，在高速旋转的涡轮叶片5的带动下，形成二次涡流。最后气流经过涡轮中部，由细粉出口11进入旋风筒或袋收尘器等细粉收集设备。图3-4-10、图3-4-11为笼式转子。

被分级的物料从进料口12喂入，经撒料盘2离心撒开，在缓冲板3的作用下均匀地分散后落入环形分级区，与经过导流后的分级气流进行料气混合。在旋转的分级气流作用下，物料中较粗的颗粒被甩向导流叶片，沿分级室下降进入锥体形灰斗7。再经过由三次风管10进入的三次空气的漂洗，将混入粗颗粒中或凝聚的细颗粒分出后，粗颗粒经翻转阀13排出。粒径较小的细颗粒随气流进入涡轮分级区，在强制涡流场中再次被分级。较粗的颗粒被甩出，回到环形分级区，合格的细颗粒则随气流一起通过涡轮中部，由细粉出口11排出。

4.4.2 新型高效选粉机性能与应用

O-Sepa选粉机在分级原理上，与前两代选粉机相比有较大的改进，其分级气流仅在水平面内旋转，而且气流平稳。物料在经过撒料盘和缓冲板充分分散之后垂直下落，从上而下通过整个分级区，可受到多次分级的作用。因而，具有分级效率高、处理物料量大、产品粒径范围窄等特性。该选粉机除了在分级机理和性能方面具有明显的优越性之外，还具有以下特点：

（1）粉粒状物料粒径的分选精度较高，因此，分级效率可以提高，产量增加。

（2）可以生产粒度分布较窄的产品，改变涡轮的转速，可在10～300μm的范围内调节分级粒径。

（3）由于可以用含尘气体作为分级气流，因此，粉碎分级非常紧凑，并具有冷却等功能。

（4）可与辊磨或辊压机组合成粉碎－分级系统，简化工艺流程，提高粉碎效率。

表3-4-4列出了在生产条件基本相同的情况下，O-Sepa选粉机与离心式、旋风式选粉机的实际生产数据。对比结果说明：O-Sepa选粉机比离心式、旋风式选粉机的产量分别提高23%和7%，电耗降低7.8kWh/t和3.2kWh/t。

O-Sepa选粉机主要技术参数如表3-4-5所示。

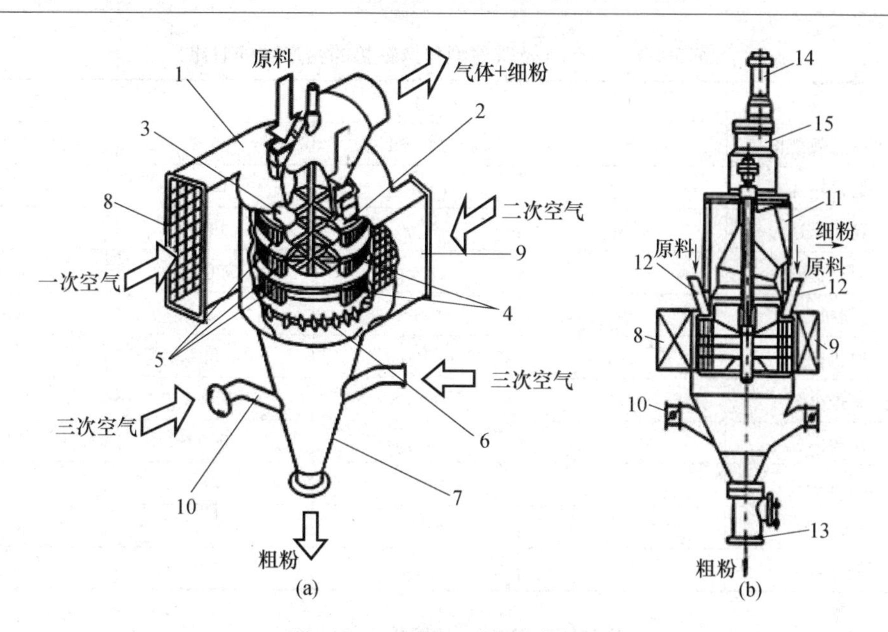

图 3-4-8　O-Sepa 选粉机结构图

(a) 立体图；(b) 剖面图

1—涡壳形筒体；2—撒料盘；3—缓冲板；4—水平分阁隔板；5—涡轮叶片；6—导流叶片；7—锥形灰斗；8—一次风管；9—二次风管；10—三次风管；11—细粉出口；12—进料口；13—粗粉出口和翻转阀；14—电机；15—减速器

图 3-4-9　O-Sepa 选粉机仿真剖视图

图 3-4-10　笼子配件

图 3-4-11　笼子现场图

表 3-4-4 O-Sepa 及其他型号选粉机的生产数据对比

序号	系统	单位	1	2	3
1	磨机有效规格	m	ϕ4.16×11.72	ϕ4.16×11.72	ϕ4.12×12.74
2	磨机转速	r/min	14.8	14.8	14.8
3	磨机马达	kW	3300	3300	3300
4	选粉机型号		O-Sepa	离心式	旋风式
5	选粉机台数	台	1	2	3
6	磨机产量	t/h	105	85	98
7	单位电耗	MJ/t	125.3	153.4	136.8
8	比表面积	cm^2/g	3240	3400	3300
	+33μm	%	20	18	18
	+88μm	%	0.2	1.2	0.6
9	循环负荷	%	424	160	117

表 3-4-5 O-Sepa 选粉机规格和性能

型号	转速（r/min）	装机容量（kW）	风量（m^3/min）	最大喂料量（t/h）	小时产量（t/h）
N-500	190～420	25～50	500	150	20～40
N-1000	140～320	50～100	1000	300	35～75
N-1500	120～260	75～150	1500	450	50～110
N-2000	105～230	100～200	2000	600	70～150
N-2500	95～205	130～250	2500	750	90～190
N-3000	85～175	155～300	3000	900	105～225

自 O-Sepa 选粉机问世以来，相继研制出一些工作过程与 O-Sepa 选粉机基本相同，但在结构上各具特点的高效选粉机。例如丹麦史密斯（Smidth）公司的 Sepax 型高效选粉机、德国伯力鸠斯（Polysius）公司的 Sepol 型高效选粉机等。

4.4.3 新型高效选粉机操作与维护

（1）O-Sepa 选粉机开机前准备

O-Sepa 选粉机在开机前，必须做好各部分的检查工作，具体检查内容有以下几项。

1）转子旋转平稳，无卡滞、碰撞等现象。

2）减速器的油位是否达到指定的油位。

3）轴套内是否充满足够量的润滑油。

4）检查主电动机转向。

5）润滑系统的仪表齐全，管路畅通。

6）检查并紧固各处连接螺栓。

（2）O-Sepa 选粉机启动与停止

1）开机顺序

① 首先开启除尘器以及系统风机。

② 开启润滑系统，检查无误后，开启选粉机电动机。

③ 开启磨机出料输送设备。

④ 开启球磨机。

⑤ 按工艺流程逆向开启磨机前各设备。

2）停机顺序

停机顺序与开机顺序相反。

（3）O-Sepa 选粉机停机维护

① 做好设备及工作场所的卫生工作，有利于巡检及设备的安全运转。

② 按时加油、换油。第一次加入润滑油运转一个月后，必须更换新油。若长期停止运转且周围温度在 10℃以下时，应将机内润滑油排出。

③ 检查轴、轴承及各连接处的密封，如有磨损，立即更换。

④ 各风管、管道要定期清灰，防止灰尘积累。

⑤ 各风管接头处，要严防雨水进入，以免粉尘粘积在管道内。

（4）O-Sepa 选粉机常见故障分析和排除方法

O-Sepa 选粉机常见故障分析和排除方法如表 3-4-6 所示。

表 3-4-6　O-Sepa 选粉机常见故障分析和排除方法

故障名称	产生原因	排除方法
选粉机运转中发现异常的振动和噪声	① 由于回转部分磨损、损坏引起的不平衡； ② 撒料不均造成的冲击； ③ 不正常的润滑引起轴承损坏	① 及时停机，检修回转部分并重新找平衡； ② 设法保证均匀撒料； ③ 检修轴承，清洗并换油，保证密封和润滑
产品细度过粗或过细	① 选粉机细度与产量的调整不佳； ② 转子转速与风量控制不合理	① 调整选粉机细度与产量； ② 调节转子转速与风量
壳体、风口、排气弯管、缓冲板、导向叶片等零件磨损严重	① 连接部位安装不正、接口不严； ② 缺少密封垫或密封垫损坏； ③ 壳体或管路被磨透	① 重新安装、找正、连接固定； ② 接口处采用新密封垫； ③ 补焊壳体，维修管路
电动机、减速器运转声音异常，温度过高	耐磨瓷片等耐磨衬垫磨损严重、破碎或粘接不牢而脱落	加强内部保护耐磨层的巡检与粘结固定质量，及时修补与更换
壳体部分有漏料、漏灰、漏气现象	① 润滑冷却不良； ② 密封损坏，摩擦部位阻力增大； ③ 轴承损坏； ④ 电动机或减速器振动； ⑤ 齿面磨损严重，轮齿断裂	① 检查、清洗润滑部位，更换新的润滑油或脂，加强冷却； ② 检查更换密封； ③ 更换轴承； ④ 紧固电动机或减速器与机体联结； ⑤ 更换
转子不平衡，设备振动	转子由于检修或磨损不均造成不平衡	对转子进行检修并重新找平衡
滚动轴承温度过高（超过 65℃）	① 润滑油量过少，润滑冷却效果差； ② 轴承密封损坏； ③ 轴承损坏； ④ 供油管路漏油	① 加足或更换新的润滑油，加强供油量； ② 检修、更换轴承密封； ③ 更换新轴承； ④ 检修供油管路

续表

故障名称	产生原因	排除方法
转子磨损严重	① 处理物料量过大； ② 进气温度过高； ③ 转子未进行定期检修与维护保养； ④ 进料粒度过大	① 减少喂料量； ② 进气温度要保持在合理的范围； ③ 转子须按规定进行定期检修与维护保养； ④ 控制进料粒度

任务小结

本任务讲述了常用选粉机的结构、工作原理、主要参数、性能应用及日常操作与维护。重点讲述了离心式选粉机、旋风式选粉机的结构、工作原理及细度调节方法等。本任务还介绍了以O-Sepa选粉机为典型代表的新型高效选粉机的结构、工作原理、性能应用及操作维护。

思考题

1. 简述粗粉选粉机的构造及工作原理。
2. 简述离心式选粉机的构造及工作原理。
3. 简述离心式选粉机的性能特点及细度调节方法。
4. 简述旋风式选粉机的细度调节方法。
5. 旋风式选粉机在离心式选粉机的基础上做了哪些改进?
6. 简述O-Sepa选粉机的工作过程以及细度调节方法。

任务5　辊压机联合粉磨系统

知识目标　了解水泥厂中控工作岗位的职责；掌握辊压机联合粉磨系统的工艺流程；掌握辊压机的工作过程；

能力目标　能够严格按照中控工作岗位职责的要求工作；能够对辊压机联合粉磨系统进行正确的中控操作。

5.1　水泥制成中控操作员岗位职责

1. 水泥磨中控操作员岗位职责

(1) 遵守劳动纪律、厂规厂纪，工作积极主动，听从领导的调动和指挥，保质保量完成水泥粉磨任务。

(2) 严格执行操作规程及作业指导书，保证和现场的联系畅通，减少无负荷运转，保持负压操作，以降低消耗，保持环境卫生。

(3) 认真交接班，把本班运转和操作情况以及存在问题以文字形式交给下班，做到交班详细，接班明确。

(4) 坚持合理操作，运转中注意各参数的变化，及时调整，在保证安全运转的前提下，优质高产。

(5) 及时准确地填写运转和操作记录，要按时填写工艺参数记录表，对开停车时间和原因要填写清楚。

(6) 负责记录表、记录纸、质量通知单的保管，避免丢失。

2. 水泥磨中控操作员工作要求

(1) 生产任务的控制：按水泥磨操作规程操作，确保设备在最佳状况下运转，与巡检工配合，全面完成当班作业计划。

(2) 质量控制：为了所在水泥磨系统的质量达到公司预定目标，在相关技术人员的指导下，不断优化系统参数，提高产品的合格率，使水泥质量满足市场的要求。

(3) 磨机运转率的控制：为了水泥磨系统的电耗达到公司预定目标，根据磨机电流、辊压机电流、出磨负压等参数合理调整各种工艺参数，在质量合格的前提下提高磨机产量，使水泥磨优质高产运转，生产过程中必须密切监控操作画面上各种操作参数，出现异常情况及时分析判断处理，使磨机长期、稳定、安全运转；为稳定成品质量，使磨机稳定正常运转，必须严格按照中控操作规程进行操作，严禁大幅度调节各种操作参数，严禁恶意交班，以达到磨机稳定、质量稳定的目标。

(4) 安全生产：为使磨机安全生产，严格按照各种操作规程开停机，发现人身事故隐患或设备隐患时及时采取措施，避免事故的进一步扩大。

(5) 卫生：为使中控室有一个干净、整洁的工作环境，操作员要爱惜公物，做好交接班卫生工作。

5.2　辊压机联合粉磨系统工艺流程和稳定参数

5.2.1　辊压机联合粉磨系统工艺流程

如图3-5-1所示，来自配料站的物料，分别经各自定量给料机喂入库底皮带，经过斗式提升机进入辊压机上方的稳流仓，经辊压机挤压后的物料进入V型选粉机，细粉入磨，粗粉回稳流仓，入斗提皮带上配有金属除铁器，出斗提皮带上配有金属探测仪。

喂入磨内的物料在磨内进行粉磨，粉磨后的物料经出磨斗提、空气斜槽入O-SEPA选粉机，粗粉回磨，细粉经布袋除尘器收下后由入库斗提提升入空气斜槽入水泥库。

5.2.2　辊压机联合粉磨系统稳定参数

1. 主机设备技术参数

(1) 辊压机

型号：CLF180-120；电机功率：2×1250kW；

最大单位辊宽粉碎力：12960kN；正常工作辊缝：25～50mm；

最大喂料粒径：75mm；最大喂料温度：100℃；

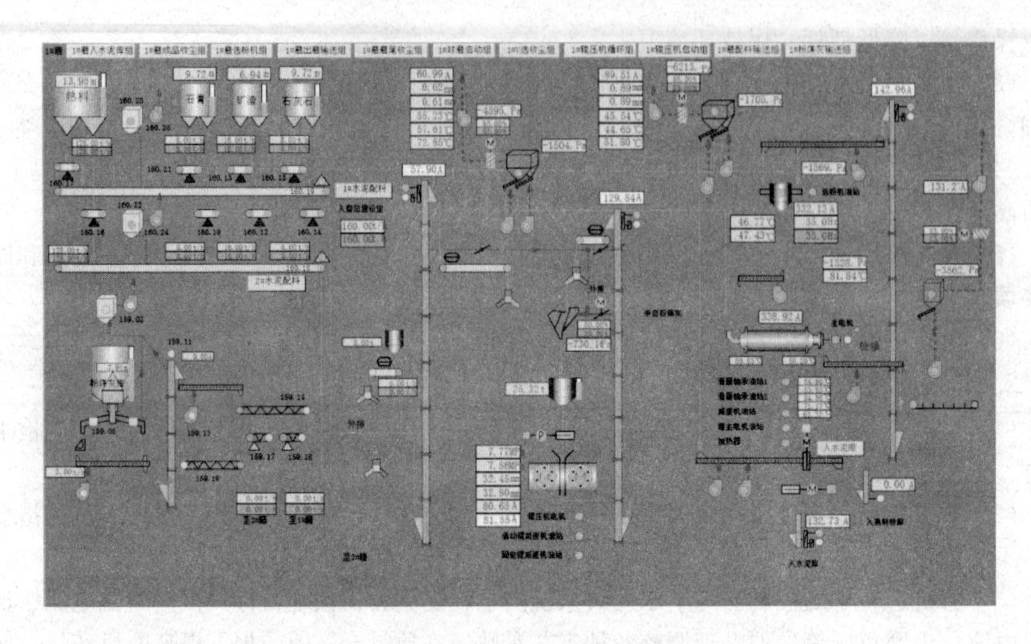

图 3-5-1　辊压机联合粉磨系统工艺流程

处理量：700～850t；辊压机线速度：1.8m/s；

油缸正常工作压力：7～9MPa；油缸最大工作压力：20MPa。

（2）V 型选粉机

规格：VX8820；分级粒径：小于 0.2mm；

生产能力：160～275t/h。

（3）水泥磨

规格：ϕ4.2×13.5m；生产能力：（220±5）t/h；

研磨体装载量：230t；入磨物料粒度：小于 2mm（95%通过）；

入磨物料水分≤1.5%，成品细度：≥340m^2/kg；

电机功率：3550kW。

（4）磨头循环风机

电机功率：560kW；风量：275000m^3/h。

（5）磨尾主排风机

电机功率：630kW；风量：270000m^3/h。

（6）辊压机出料提升机（带辅传）

电机功率：2×132kW；输送能力：1200t/h。

（7）出磨提升机（带辅传）

电机功率：132kW；输送能力：680t/h。

（8）入库提升机

电机功率：55kW；输送能力：250t/h。

2. 辊压机操作

辊压机操作应以“保证后续磨机系统稳定前提下维持仓重平衡”为目的，操作中主要通过对喂料量 Q、系统压力 P、分料挡板开度 D、辊缝 B 的调整从而改变辊压机通过量 G、入磨物料量 G_1、循环量 G_2、入磨物料粒度 d、仓重 T、球磨负荷 H、辊压机效率 η 来实现上述目的，具体调整方式及结果如表 3-5-1 所示。

表 3-5-1　辊压机参数调整及结果

调整参数	相应改变工艺参数	调整方向即改变效果		注释
		增加	减小	
Q	T	$T\uparrow$	$T\downarrow$	
P	B、d、H	$B\downarrow$、$d\downarrow$、$H\downarrow$	$B\uparrow$、$d\uparrow$、$H\uparrow$	B 的改变不明显
D	G_1、G_2、H、η、T	$G_1\downarrow$、$G_2\uparrow$ $H\downarrow$、$T\uparrow$	$G_1\uparrow$、$G_2\downarrow$ $H\uparrow$、$T\downarrow$	分料挡板小于 50%时 η 将降低
B	G	$G\uparrow$	$G\downarrow$	

（1）辊缝调整

在辊压机钳料范围不便的前提下，辊缝将随物料物理性质（如水分、粒度组成）的改变而改变，为保持辊压机合理的流通量，以保证系统辅机的合理负荷，有必要对辊缝进行适时调整，主要通过对现场手动插板进行调整从而改变辊压机钳料范围得以实现。如运转中出现辊缝偏小现象（近于机械限位宽度约 15mm）可以判断为堵料此时进行如下操作：停止喂料，现场开大手动插板，加大辊缝并现场敲击，将大料放出，如不能奏效则需停机处理。

（2）分料挡板调整

带有边料循环的辊压机系统，循环量超过 100%时，系统效率将降低，所以分料挡板开度不要超过 50%（分料量与挡板开度相符情况）。当系统稳定平衡时，分料挡板超过 50%，可通过减小辊缝、降低辊压机通过量、适当提高系统压力的同时关小分料挡板，使系统达到新的平衡。

5.3　辊压机联合粉磨系统操作

5.3.1　辊压机联合粉磨系统启停及正常运行操作

1. 系统启动

（1）运转前准备

辊压机联合粉磨系统启动操作

操作员在接到上级的开机指令后，必须做好下述准备工作：

1）通知电气值班人员送电，了解电力供应情况，联系总降是否允许开机；

2）通知 PLC 人员将 DCS 系统投入运行，并符合开磨条件；

3）通知调度室、化验室及现场巡检人员准备开机；

4）进行联锁检查，确认现场所有设备均打到“中控”位置，并处于备妥状态；

5）通知现场巡检人员慢转磨机 360°，并脱慢转，确保现场工作备妥，安全正常，并保持密切联系；

6）通知化验室下达质量控制指标，熟料出库分配和水泥入库库号，并通知现场巡检人员做好入库准备工作；

7）依据化验室下达的配比通知单，设定石膏、混合材、熟料等物料比例；

8）将有关设备的袋收尘启动执行任务。

(2) 开机操作

1) 经过上述准备，在确认所有设备、计算机、DCS系统处于备妥状态，并可以运行时，方可开机；

2) 各机组的启动必须严格按顺序进行；

(3) 水泥粉磨系统启动顺序

1) 启动所有润滑油泵机组，确认正常，并在整个系统启动前30min投入运行。

2) 启动水泥库顶袋收尘机组时，应将成品输送线和入该库的袋收尘启动起来。

3) 启动水泥输送入库机组时，应根据所入库号做出判断。

4) 启动出磨物料输送机组时，应将磨尾排风机启动，待稳定后风门开至30%，磨机正常将磨尾排风机风门开至90%左右。

5) 启动磨头循环机组。

6) 启动辊压机系统，注意电流、压力、辊缝、温度等参数工作状况，及时调整，保证辊压机挤压效果。

7) 启动混合料输送袋收尘机组。

8) 待辊压机运转正常后，启动入稳流称重仓喂料组。

9) 启动混合料输送机组时，应确定混合料所供应的流量，精心操作，防止失误而引起事故。

10) 打开库底棒阀至合适位置，一次性喂料至满负荷值。磨头循环风机风门开度首先为零，待磨机启动，称重仓料位达到合适位置后再逐步增大循环风机风速。

11) 启动磨机启停组时，应经现场确认慢转离合器脱开，各润滑油泵30min前启动等都处于备妥状态。

12) 喂料过程中，要合理控制好稳流称重仓料位，操作员应根据运行参数的变化情况及时缓慢地调节混合料配料总量和循环风机的风速，配料总量每次调节±5t，使磨机逐渐进入稳定的运行状态，严禁大幅度变动操作参数而造成系统工况不稳。

13) 开磨初期，为尽快达到磨内合理的球料比和成品输出量，入磨细粉量应由小到大逐渐到正常，使磨机声音、回料和斗提电流在最短的时间内达到正常值。

(4) 操作注意事项

1) 无论在任何情况下，磨机必须在完全静止状态下方可启动，严禁磨机在筒体摆动的情况下启动。

2) 紧急停机或跳停后，磨机一仓存有较多的物料。当再次启动时，不要急于马上加喂料，要待出磨斗提功率稍有下降后，再开始喂料操作。

3) 严禁频繁启动磨机，连续二次以上启动磨机，必须取得电气技术人员同意方可操作。

2. 磨机正常操作

(1) 在正常运转中，操作员要认真观察各控制参数的变化，精心操作，使磨机各参数保持最佳状态，确保磨机稳定、优质、高效运行。

(2) 运转记录必须在整点前后5min以内填写，严禁几小时或交班时一次性完成记录。记录数据要真实、有效、完整。

(3) 正常运转中，操作员应重点监测以下参数：磨机喂料量、回料量、磨机一仓声音、磨机电流。磨机出口负压、出辊斗提功率、出磨斗提功率、入库斗提功率、辊压机电流。操作中必须掌握一定的技术，精心操作，发现问题要及时分析并处理，使这些参数控制在正常范围内，保持系统在最佳稳定的状态下运行。这些参数是关于整个系统稳定运转的重要参数。

（4）水泥磨产品质量指标有：筛余细度、比表面积、SO_3含量、混合材掺加量、出磨水泥温度。这五项质量指标分别影响着水泥不同的性能。操作员在实际生产中，要依据化验室提供的分析化验数据，及时调整操作参数，调整结果由化验室及时反馈给操作员。

（5）在混合料配料过程中，要注意稳流称重仓料位的变化情况，防止因高料位而使输送机组跳停。

（6）水泥成品的入库必须严格执行化验室的要求，操作中要经常注意水泥库位的变化。在换库时要注意各挡板的位置，换库后要注意入库斗提的运行情况。要联系现场人员确认，严防堵塞漏库、涨库。

（7）注意磨内通风，改善磨内的粉磨状况，提高粉磨效率。磨机在运转中必须要保证适当的通风，从中控角度来说，就是保证磨机出入口维持一定的负压。

（8）当发现袋收尘有堵塞倾向或已堵塞时，应立即着手处理。一般要断料或减料运行，通知现场人员检查水泥输送相关设备；若短时间内处理不好应停磨处理。

（9）操作员在正常操作中应严格遵守以上各条及有关规定、通知。

3. 生产期间调整

（1）注意观察原料

辊压机系统对于原料水分较为敏感，如原料的综合水分超过2.5%，就可能引起辊压机进料管、出料溜子等部位的堵塞，甚至压死提升机，在配料站部位也可能引起堵塞，因此必须注意避免使用高水分原料，适时采用晾晒等措施。

岗位工要注意来自水泥配料系统库底皮带输送机转而进入辊压机的物料中的大块料情况，辊压机要求最大进料粒度小于75mm，如发现大块物料应进行剔除，并及时通知混合材破碎工序进行调整，要求混合材堆场注意分拣，避免大块物料进入辊压机造成偏辊。

如果金属杂物（大块金属）混入辊压机辊缝，会损坏辊压机辊面耐磨层，并导致主电动机跳闸，这种情况必须绝对避免。所以应经常检查水泥配料系统皮带除铁器和金属探测器是否正常工作。若发现金属大块进入稳流称重仓，辊压机应立即停机，同时辊压机液压系统泄压，待人工剔除金属杂物后，方可启动辊压机。这个过程尽管繁杂，但十分必要，可以有效保护设备。

（2）辊压机调整

注意观察润滑系统是否在正常动作。

入料插板向下调，即减小料饼厚度，可降低辊压机处理量；入料插板向上调，可加大料饼厚度，提高辊压机处理量。料饼越厚，电动机电流越大，注意电动机电流最大不能超限。电动机电流一般控制在30～65A，料饼厚度一般控制在25～40mm。

液压压力调整应根据物料特性调整，一般控制在7～9MPa，在保证挤压效果的前提下，尽可能降低液压系统操作压力。

（3）辊压机稳流称重仓料位

为了确保辊压机正常工作，要求辊压机的物料保持一定的料压，因此必须控制稳流称重仓的料位，稳流称重仓料位控制在60%～80%。根据称重仓上的压力传感器信号，调整水泥配料系统喂料量。当稳流称重仓料位高于设定值时，控制水泥配料系统减少喂料量。当稳流称重仓料位低于设定值时，则采取相反措施。确保稳流称重仓内物料量控制在合理范围内。

(4) V型选粉机回料量控制

维持辊压机和磨机能力平衡，有利于系统连续运转，且辊压机入磨颗粒级配合理，挤压效果好，磨机产量高，水泥质量好。V型选粉机风速快时细粉较粗，V型选粉机风速慢时细粉较细。通过调节风速，可以控制分级粒径以及送入磨机进行粉磨与返回辊压机重新挤压的物料比例。循环风机风门一般在60%～100%之间。

(5) 磨机的调整

磨机投料运行过程中可能会发生饱磨、堵塞或空磨现象，应注意检查并及时进行处理。

1) 饱磨现象的判断与处理

表象：磨音沉闷，磨音值下降；磨机出口负压上升。

原因：喂料量过大；喂料粒度过大；磨内通风不足。

处理方法：减少喂料量，严重时止料；增大风机风门，加强磨内通风。

2) 堵磨现象的判断与处理

表象：磨音沉闷，磨音值骤降；磨机主电动机电流骤降；磨尾出料提升机电机电流下降，料斗内无料；磨机进口冒灰，出口负压上升。

原因：磨机隔仓板孔缝堵塞；饱磨处理不及时；磨机各仓配球不合理。

处理方法：停止喂料；增大尾排风机风门，加强磨内通风；严重时系统停机，人工清理；调整磨机各仓配球级配。

3) 空磨现象的判断与处理

表象：磨音清脆响亮，磨机主电动机电流上升，磨音值上升；磨尾出料提升机电动机电流下降；磨机出口负压下降。

原因：喂料量过少。

处理方法：增大喂料量；检查上一级系统，如长时间不能解决，则系统停机。

4. 停机操作

(1) 在保证稳流称重仓料位一定的情况下，停止向稳流称重仓供料，并停止有关输送线的袋收尘。

(2) 将混合料喂料总量调节为0t，待皮带上的物料排空后，停止喂料机组。

(3) 当斗提功率降至最低点且趋于平稳后，停止磨机。并通知现场人员按规程进行磨机慢转。

辊压机联合粉磨系统停车操作

(4) 如短时间停机，水泥输送机组及出磨物料分级输送机组继续运转15min左右，即可进行停机操作；如长时间停机，则适当地延长时间，但不应超过1h，同时通知现场巡检人员反复敲打各空气斜槽、重力翻板阀、选粉机粗粉下料装置，排空设备内部积灰。

(5) 待现场排空各设备积灰后，停止出磨物料分级及输送机组、水泥入库机组及库顶袋收尘机组。

(6) 磨机低压油泵在停机后运转48h，高压油泵运转72h后自动停止。

5. 主机设备紧急停机条件

(1) 辊压机在出现下列异常情况之一时，需要紧急停机：

① 水泥配料系统库底皮带输送机上的皮带除铁器出现故障或停机。

② 辊压机出料提升机出现故障或停机。

③ 稳流称重仓压力传感器出现故障或停机。

④ 辊压机润滑系统、液压系统出现故障或停机。

⑤ 辊压机辊子轴承温度超过 65℃或减速器润滑油温超过 65℃时，自动停机。

⑥ 辊压机产生连续“激震”。

⑦ 辊压机进提升机口堵塞。

（2）V 型选粉机在出现下列异常情况之一时，需要紧急停机：

① V 型选粉机风机主电动机出现故障或停机。

② V 型选粉机风机润滑油无法注油，轴承温升较快或传动系统故障。

③ 粗、细粉下料口或斜槽堵塞。

（3）磨机在出现下列异常情况之一时，需要紧急停机：

① 滑履轴承振动异常。

② 轴瓦温度超过 75℃，自动停机。

③ 因信号或自动控制系统失灵导致润滑系统、水冷却系统发生故障，使润滑油温升超过规定值或不能正常供油。

④ 各处联接螺栓发生松动、折断或脱落。

⑤ 隔仓板因堵塞而影响正常生产。

⑥ 磨机内部零件发生破裂、脱落。

⑦ 主减速机、主电动机出现异常振动、噪声及温升等现象。

⑧ 磨尾袋收尘故障或停机。

⑨ 磨机后续出料设备出现故障或停机。

6. 主机设备停机处理方法

（1）辊压机停机处理方法

① 立即电动或人工关闭稳流称重仓下料口阀门，同时辊压机前续设备停机。

② 检修辊压机或故障设备，查找故障原因，尽快修复。

③ 若长时间不能排除故障，则系统按正常停机顺序停机。

（2）磨机停机处理方法

① 磨机前续设备停机。

② 磨机停机时，为避免因磨体冷却收缩引起擦伤滚圈和轴瓦瓦面，不得停止磨机润滑装置。

③ 检修磨机或故障设备，查找故障原因，尽快修复。

④ 若一时不能排除故障，则系统按正常停机顺序停机。

⑤ 为防止因长时间停磨引起筒体变形，应通过慢速驱动装置转动磨体。

⑥ 磨机长期停机时，应将磨内研磨体倒出，防止磨机筒体变形。

7. 异常问题处理

（1）某台设备因故障而停止时，为防止相关设备受影响，并为重新启动创造条件，必须进行相应的处理，原则如下：

立即停止所有上游设备，并联系相关人员检查故障原因，进行紧急处理和调整，下游设备继续运转。若 30min 内不能恢复的，按停机要领进行停机操作。

设备故障造成系统联锁跳停，必须通知现场巡检人员给磨机挂慢转，以及现场启动风机运转。

磨机喂料机组故障，10min 之内不能恢复的，应立即停磨，其余设备按正常操作要领进行停止或继续运转。

水泥磨系统突然停电时，应立即与电气值班人员联系，启用紧急备用电源，尽快将各润滑油泵启动，并要求现场巡检人员按规程慢转磨机。

（2）当有下列情况之一时，应使用系统紧急停机开关，停止当前系统所有设备：某一设备发生严重故障；发生人身事故或有事故苗头时；其他意外情况必须停机时。

（3）当现场巡检人员发现磨机运转异常，并判断有筒体衬板、端盖衬板脱落，隔仓板破损造成窜仓，或发现有螺栓松动、折断等情况时，应停机处理。

（4）当发现磨机堵塞且入口向外溢料时，应立即停止喂料，但磨机要继续运转，待其恢复正常，重新启动喂料机组。

（5）从磨机各运转参数判断磨机隔仓板或卸料篦板严重堵塞，应及时汇报，建议停磨检查处理。

（6）当收尘设备严重故障，造成系统工况紊乱，应及时汇报，建议停磨检查处理。

（7）轴瓦高温处理：当轴瓦温度低于 60℃，正常；当轴瓦温度高于 65℃，通知现场巡检人员给混合料或熟料淋水，将稀油站高压油泵打在常开状态；当轴瓦温度高于 70℃，通知现场巡检人员给轴瓦稀油站换冷油，并通知生产部领导和专业工程师；当轴瓦温度高于 75℃，立即停机，打慢转。

8. 细度、温度调节

（1）细度、比表面积调节方法，如表 3-5-2 所示。

表 3-5-2　细度、比表面积调节方法

调节方法	细度粗或比表面积小	细度细或比表面积大
喂料量	减少喂料量	增加喂料量
磨尾通风	减少磨尾通风，降低物料流速	增加磨尾通风，提高物料流速
磨尾风机风门	减少	增大
选粉机转速	增大	降低

（2）出磨水泥温度调节方法，如表 3-5-3 所示。

表 3-5-3　出磨水泥温度调节方法

调节措施	磨尾排风机风门	喂料量	隔仓板	球径	装球量
过高	增大	增大	清理	减小	减小
过低	减小	减小		增大	增大

5.3.2　辊压机联合粉磨系统常见故障处理

1. 辊压机辊缝过小

（1）检查进料装置开度，是否开度过小，物料通过量过小造成，应调整到适当位置。

（2）检查侧挡板是否磨损，侧挡板若磨损，将造成一定的影响，严重时还能造成跳停，应时常查看。

（3）检查辊面是否磨损，辊面磨损将严重影响辊压机两辊间物料料饼的成形，严重时还会引起减速机和扭力盘的振动，应尽快修复。

2. 辊压机辊子轴承温度高

（1）检查用油脂牌号、基本参数、性能和使用范围，检查是否能够适用于辊压机的工况，不适用则应该立即给予更换适用的用油脂。检查加入轴承的油脂量，轴承用油脂过少则润滑不足，造成干摩擦，引起轴承损伤和高温；用油脂过多，则轴承不能散热，造成热量富集，轴承温度高，引起轴承损伤，应按照说明书中用量加注。

（2）检查轴承是否已经磨损。轴承温度高还可能是轴承在运行过程中受到物料不均或者进入了大块硬质物体引起轴承振动损伤，甚至是违规操作造成轴承受损引起，应观察运行状况，从声音和振动情况、电流和液压波动情况以及打开端盖仔细检查等方式查处实际情况，并及时妥善处理。

（3）检查冷却水系统是否正常，可通过进水和回水温度、流量等检查是否供水足够。

3. 辊压机振动大

（1）检查喂料粒度，查看喂料粒度是否过大。

（2）检查辊面是否有凹坑，若辊面受损形成凹坑，将引起辊压机的振动，还会引起减速机、电机的连带损坏，产量也将受到影响，应及时补焊。检查辊压机主轴承是否损坏，轴承损坏将造成辊压机的震动，应及时排查。

（3）检查减速机轴承、齿面是否损坏。减速机轴承、齿轮受损将引起辊压机震动和电机电流的波动，应及时排查修复。

4. 辊压机运行中左、右侧压力波动较大

解决方法：停机检查储能器内压力是否正常和循环负荷是否过大，物料中细粉含量是否过多，是否有液压阀件在泄漏。循环负荷大，造成进入辊压机中的物料细粉含量过多，喂料不均匀，辊子压力波动大，辊缝偏差大等，应及时对工艺进行调整。发现是由于液压阀件泄漏引起两侧压力波动时，则应该检修或更换阀件。

任务小结

在本任务的学习过程中，学习了生产硅酸盐水泥熟料的水泥企业辊压机联合粉磨系统的操作生产工艺流程、主机设备技术参数；利用中控室仿真系统模拟进行组启动与组停车以及生产参数的调节；利用中控室生产故障模拟系统对常见故障进行及时判断、准确分析、正确处理。熟练的操作是在正确的理解知识，并不断反复操作后才能掌握的，生料制备（中卸磨）系统操作也是一样。

思考题

1. 简述水泥磨中控操作员的岗位职责。
2. 简述操作注意事项。
3. 简述饱磨现象的判断与处理。
4. 简述堵磨现象的判断与处理。
5. 简述辊压机停机处理方法。

操 作 训 练

1. 水泥磨综合问题 1：喂料量大，选粉机转速小，V 型选粉机通风机拉风大。

水泥磨综合问题 1

2. 水泥磨综合问题 2：喂料量大，V 型选粉机入口风量小，磨尾排风机开度小。

水泥磨综合问题 2

项目四　拓展项目

任务1　风扫磨煤粉制备系统操作

知识目标　熟悉水泥生产中央控制室煤粉制备岗位职责；认识风扫磨煤粉制备系统工艺流程及其设备，了解煤粉制备系统的各安全注意事项。

能力目标　掌握煤粉制备系统启停车操作顺序、紧急停车的处理方法、正常运行时的操作方法及各参数变化范围；能正确分析煤粉制备系统各种故障的原因，并掌握其处理方法。

1.1　煤粉制备系统中控操作员岗位职责

（1）煤粉制备系统的主要任务是为窑和分解炉提供所需的煤粉，保证窑和分解炉的正常运转。

（2）掌握系统工艺流程、各设备的工作原理及规格性能，对各测量仪表的位置及数值范围要了如指掌。

（3）掌握煤磨的开、停车方法及正常运行时的参数。

（4）时刻注意系统的参数变化，发现异常及时采取措施，使系统运行在正常参数范围内。

（5）严禁正压操作和长时间超高温或超低温运行，以防系统内煤粉燃烧爆炸或结露堵塞。

（6）熟悉并掌握CO_2集中灭火装置及其使用方法。

（7）根据生产部下达的质量指标和产量指标进行生产。

（8）对煤粉制备系统及相关输送系统的所有设备进行监视和控制，对巡检工下达指令。

（9）巡检工对煤粉制备系统和所有设备进行点检、维护和保养，对设备故障、异常情况及时处理，并及时通知操作员。

（10）操作员、巡检工及时将设备运行状况汇报值班主任并详细交接班。

（11）煤磨操作必须遵循“安全第一，预防为主”的方针，要处理好安全运转与产、质量的关系，后者要服从于前者。

1.2　煤粉制备系统简介

1.2.1　煤粉制备系统工艺流程

水泥厂煤粉制备系统的范围一般是始于煤粉制备系统的原煤仓，止于煤粉入煤粉仓。目前，水泥工业煤粉制备系统主要采用风扫式钢球磨系统。风扫式钢球磨系统通常由钢球磨、选粉机和收尘器等设备组成，磨内物料的输送均由气力完成，工艺流程如图 4-1-1 所示。煤粉磨采用烘干兼粉磨的风扫磨系统，磨机有单仓、双仓和三仓三种，整个流程和风扫式生料磨类似。

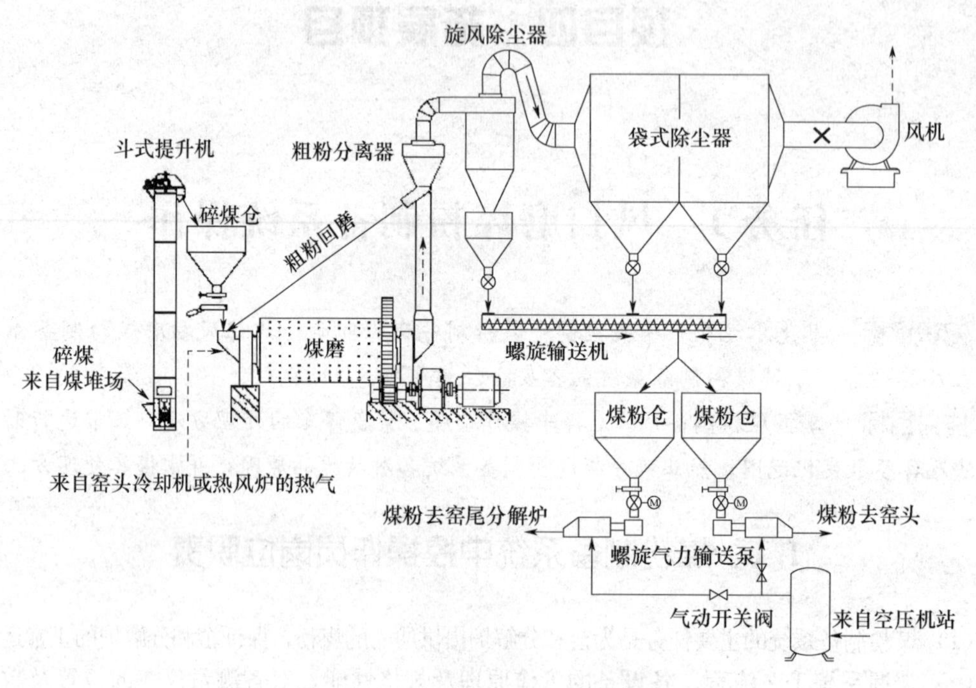

图 4-1-1　风扫磨粉煤制备工艺流程图

储存在堆场的原煤，由原煤输送系统（取料机、皮带机）送入煤粉制备车间的原煤仓，然后经磨头的电子皮带秤，定量入磨。用于烘干原煤水分的热源来自窑尾废气或窑头篦式冷却机的余热，其温度为 250～300℃。因为煤粉具有燃烧爆炸性，所以要严格控制进出磨机的气体温度。在实际生产中，根据出磨煤粉成品的水分及系统的温度压力状况来调节电动百叶阀以控制入磨热风量，通过调节磨头冷风阀的开度掺入适量冷风，使入磨风温控制在 200～250℃。当烧成系统未投入运行之前，可采用备用热风炉提供热风。

原煤在风扫磨的烘干仓内烘干，再入粉磨仓粉磨，在收尘器尾部系统风机的抽吸作用下，磨细的煤粉被气流带走，出磨气体携带着煤粉经动态选粉机选粉，粗粉通过锥形锁风阀、螺旋输送机返回磨内进一步粉磨，携带细煤粉的废气经旋风收尘器、袋收尘器净化收集，废气达到国家废气排放的标准后，由离心风机排入大气。被收集下来的煤粉作为成品送至煤粉仓，煤粉仓中的煤粉经过计量之后，由气力输送设备分别送到分解炉和窑头喷煤管。

为防止袋收尘器、煤粉仓发生火灾，每一处都设置有 CO 检测装置，并备有 CO_2 灭火装置，煤粉仓及收尘器等处均设有防爆阀。螺旋输送机可以反转，将收尘器内已自燃的煤粉排至系统之外，但要注意打开外排的气动闸阀。

1.2.2　煤粉制备系统主要设备

1. 风扫磨

风扫式钢球煤磨与一般球磨机的工作原理相同，结构也相似，其详细结构参照球磨机相关章节。原煤和用于烘干的热风由磨头一同进入进料装置，在此处两者开始进行热交换，为了保证烘干和粉磨效果，通常要求入磨原煤的水分在12%以下。随后原煤进入烘干仓，被扬料板扬起进行强烈的热交换而得以烘干。烘干后的煤块通过双层隔仓板进入粉磨仓，由研磨体（钢球）粉碎研磨成细粉。与此同时，由专设的排风机经过磨机的出料装置将已粉碎的煤粉连同已经用过的热风一同排出磨外。其主要结构包括进料装置、出料装置、传动装置、移动端滑履轴承、出料端主轴承和回转部分等，如图4-1-2所示。风扫磨实物图如图4-1-3所示。

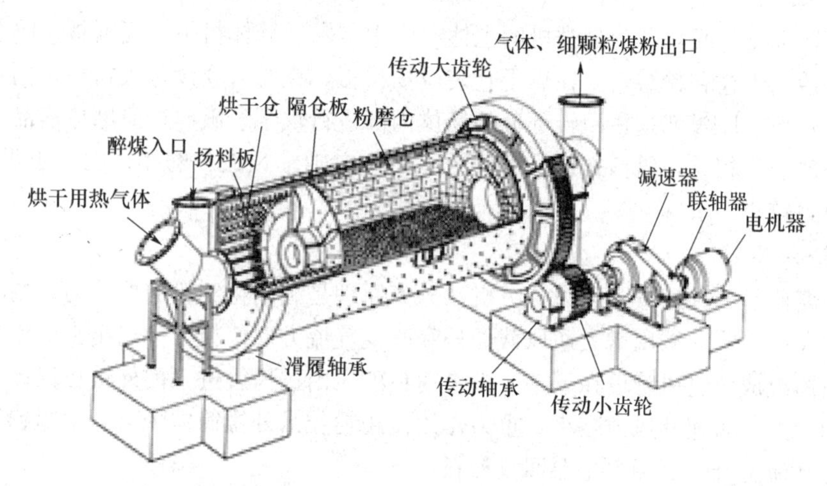

图4-1-2 风扫磨结构示意图

图4-1-3 风扫磨实物图

（1）进料装置。由进料进风管、支架组成，进料风管内部设有用螺栓固定的衬板，进风管壁内敷有耐热混凝土，起隔热作用。

（2）出料装置。出料装置采用弯形圆管结构，圆管内装有衬板以防磨损，同时利用返料螺旋筒将不合格的粗粉再推回到粉磨仓进行粉磨，避免了磨机出渣及积尘，保证了安全生产，减轻了环境污染和工人的劳动强度。为了便于检查，在出料装置上安装了检查门。

（3）移动端滑履轴承。滑履轴承由两个与垂直方向成30°的托瓦组成。每个托瓦下部有凹凸球体结构，凸球体安装在凹球体内，两者为球面接触，以便自动调节。托瓦为铸件，内衬轴承合金，承受比压不大于200kg/cm^2（1kg/cm^2＝0.098MPa），托瓦内径比滑环外径略大，以便形成油楔。表面粗糙度≤0.8，因此原则上不要求刮瓦，托瓦中心有油囊，高压油由此进入托瓦与滑环之间。为了防止磨机运转中托瓦温度过高，保证磨机正常运行，托瓦腔体用水冷却，冷却水进口在托瓦的最低点，出水通过管子和软管接头流至安装在轴承罩外的一个排水箱，由此排走。在滑环上方放置测温元件，可以在磨机运转中随时监测滑环的温度，它与主电机连锁，一旦轴瓦温度超过规定值，可发出报警信号直至主电机停止运转。滑履轴承罩由钢板焊接而成，上面设有检查孔，以便日常操作、维护、检查之用；滑履轴承罩和底座之间采用橡胶及密封胶密封，使用中应加强密封，防止漏油。

（4）主轴承。主轴承是磨机主体回转部分的又一个支承装置，主轴承主要由主轴瓦、外壳和轴承座组成，其轴承结构和球磨机相同，在此不再赘述。所不同的是，为了增加通风面积，风扫磨采用大中空轴径结构。

（5）回转部分。回转部分是磨机的主体，由中空轴、筒体衬板、扬料板、隔仓板、衬板等组成，包括烘干仓和粉磨仓。在烘干仓装设扬料板，在粉磨仓设分级衬板，两仓之间有提升式双层隔仓板。原煤就是在回转部分的筒体内部进行烘干、破碎、研磨成成品的。

与一般球磨机相比，风扫式钢球磨的进出料中空轴轴颈大、磨体短粗、不设出料篦板，因而通风阻力较小。

2. 粗粉分离器

粗粉分离器是一种通过式风力分级机。分离原理是利用粗细粉的惯性力、离心力以及所需用的动力大小不同，采用增大通风截面积和改变气流方向使粗粉分离出来。粗粉分离器由内外锥形筒体组成，进风管设在下部，携带粉料的风由进风管进入内外锥形筒体之间，由于通风截面积增大，风速和风力减小，重力作用使粗粉粒沿外锥筒体降落，由粗粉管排出，其余粉料仍随气流上升，后经收尘器回收粉料。

3. 收尘设备

由于煤粉具有易燃、易爆、质轻、粉细的特点，除应满足收尘器一般技术性能要求外，还必须满足防止燃爆、捕集微细粉能力强、收尘效率高的要求。因此，煤磨的收尘一般选用袋式收尘器或进行特别设计的含煤粉气体净化功能的煤粉专用电收尘器，电收尘器除结构特殊外，还设有无火花自动控制系统，CO 和温度超限报警装置，自动关闭进、出口闸门并喷入 CO_2 气体的灭火装置，以及启动前的预热装置等，以保证操作安全。

1.3 煤粉制备系统启停及正常运行操作

1.3.1 煤粉制备系统启停

1. 煤粉制备系统开车前检查与准备

煤粉制备系统的全部设备在启动前都应做认真的检查和调整工作。

（1）设备和润滑系统检查及调整

设备润滑对保证设备的长期、稳定运转起着关键作用，润滑油量要适当，并且要定期更换润滑油，用油的品种、标号不能有误，而且要保证油中无水和其他杂质。

主要检查项目如下：

1）煤磨主轴承稀油站油量要适合，油路要畅通。

2）煤磨主轴承高压启动装置油路要畅通，压力正常。

3）煤磨减速机稀油站的油量要合适，油路要畅通。

4）所有设备的传动装置，包括减速机、电机、联轴器等润滑要加油。

5）所有设备的轴承活动件及传动链条等部位要加油。

6）所有电动阀门的执行机构要加油。

（2）设备内人孔门、检查门检查及密封

设备启动前，要对设备内部进行全面检查，清除安装或检修时掉在设备内部的杂物，防止设备运行时卡死或打坏设备。在内部检查完成后，所有人孔门、检查孔都要严格密封，防止生产时漏风、漏料、漏油。

（3）闸门

系统内所有闸门要全部开到适当的位置，保证煤粉畅通运行。

（4）设备紧固检查

检查设备的紧固情况，如磨机的衬板螺栓、磨门螺栓、基础地脚螺栓等，不能有松动现象。

（5）冷却水系统检查

应检查管路阀门是否打开，水管连接部分要保证无渗漏，特别是磨机主轴承瓦和润滑油系统冷却器不能让水漏至油里，对冷却水量，要合理控制。

（6）压缩空气检查

确认压缩空气管道及阀门连接正确，经耐压试验无漏气；确认煤磨岗位储气罐进气阀关闭，排积水后再打开；确认通往煤磨防爆收尘器的压缩空气管网阀门开度在合适位置；确认进入气缸的压缩空气阀门打开；确认空压机站供气准备完毕。

（7）现场仪表检查

在开车前，要进行系统检查，确认电源已供上，仪表有指示并与中控员核实其准确性。确认所有温度、压力测点位置合适、仪表无损坏、显示准确。

（8）确认原煤仓的料位在适量的位置，原煤输送设备能正常运行；确认所有大于或等于3.0kW的电机完好，运转方向正确。

（9）防爆收尘器检查

整体密封性检查，要求泄压阀、检修门及连接处不得有任何漏风现象；各机械运动部分的动作要灵活、到位，反吹风机旋转方向正确，脉动阀与壳体之间不得有摩擦现象；确认电磁气阀动作到位；确认微机控制柜与其控制的清灰、卸灰机构工作正常。

2. 煤粉制备系统单机试车

系统的全部设备在启动前应按上述要求进行认真的检查和调整，还要对磨机、选粉机、细粉分离器及袋式收尘器等进行重点检查。这一点不仅在试生产阶段，在以后的正常生产中也应作为生产操作规程的一部分认真执行，以确保单机设备的安全运行和系统的正常与稳定。特别强调，现场操作人员均应在安全区域。

（1）系统的每台设备应逐个进行单机试运转，并根据相应设备的说明书验收标准进行。

（2）试车后应确认每台设备的主要监控参数（如振动、轴承温度等）无异常，故障报警保护有效，设备性能达到生产要求。

（3）确认传动机构、设备旋转运行方向正确无误。

（4）确认各阀门、闸板等动作灵活，操作位置与状态显示正确对应。

（5）确认设备能够正常运行，无刮壳、卡堵等异常现象。各种水、气、油管路无堵塞和渗漏。

（6）对皮带给料秤进行标定，确认计量精度满足要求。

（7）确认所有现场的电气、自控元件与仪表等完好可靠，反应灵敏，显示正确。

（8）对试车中可能发现的部件损坏，设备异常，水、气、油供应不畅等情况，必须及时进行处理，确认完全后可以随时投入正常运行。

（9）确认煤磨袋收尘器接地可靠。

（10）确认所有设备及管道连接可靠、运转无异常。

（11）机旁控制系统应正确无误，中控室控制系统有效可靠。

（12）对煤磨的单机试车应特别强调，磨机在试车前应首先试开稀油站，检查其是否有异常振动、漏油或堵塞现象，油量及油压是否符合要求，磨机轴承是否能够被顶起，回油情况是否良好。各个机构运转方向是否正确。轴承无碰撞、摩擦及发热等妨碍正常运转的情况。在空载状态下运转至少4h，一旦发现问题，应立即停磨检查处理。

（13）确认选粉机的细度调节装置是否在设备要求值的范围内，调速是否可靠有效。

（14）确认车间所有防爆阀片无破损，车间内相应位置安装了足够的CO_2灭火器。

3．煤粉制备系统联动空载试车

联动空载试车结合单机试车前的检查、试车后的确认情况，以及试车中可能的设备异常故障性质等，有计划、有步骤地和单机试车交叉进行，在联动空载试车后，除了对上述确认事项外，还应至少确认以下内容：

（1）确认系统每一分组中的设备开停顺序符合工艺联动要求，其联锁、模拟各个故障停车报警保护等检验均有效可靠。

（2）确认控制室和机旁控制均可进行正常的开停操作，并对模拟各个故障均快速、有效、灵活地处理。

（3）确认系统中管路阀门的操作正确、有效，并与中央控制室指示一致，翻板阀等的阀位指示与物料流向一致。

（4）风机要至少进行8h的连续运转，观察风机轴温情况、出口管道内空气温度、电机电流大小等，以便判断和确认风机能否保证长期安全运转，另外应记录每台风机在正常工作状态时的出口静压，供以后判断物料输送情况时参考。

4．煤粉制备系统投料试生产

负载试运行前，首先必须检查落实安全措施，检查外部条件（水、压缩空气、电力等）的落实情况。与调度室联系送电及供水，通知岗位工做好开车前的准备。还要通知化验室质量调度做好取样、检验准备，并必须确认下列事项：

（1）确认所有设备转动方向与工艺要求无误。

（2）确认阀的内部位置和外部指示正确对应，动作灵活。

（3）机旁控制系统应准确无误，控制室控制系统有效可靠。

（4）设备的单机性能调试验收，试车后应确认各设备的振动及轴承温度等无异常。

（5）所有设备管路应密封严密，风管不漏风，水管不漏水。

（6）控制室的所有仪表指示应与现场实际情况一致，各种计测仪表功能准确可靠，调节量与实际相同。

（7）系统每一机组联动、联锁、模拟各种故障停车检验、报警保护等均有效可靠。

（8）检查原煤堆场是否有足够的原煤堆存，并确认原煤输送系统能正常运行。

（9）确认原煤仓的料位高低，仓满不宜超过75%，并确认原煤仓无堵塞。

（10）确认磨机衬板无脱落，磨机螺栓无松动。

（11）检查筛板有无磨损和堵塞，螺栓有无脱落。

（12）确认煤粉仓已能顺利接受煤粉，并确认煤粉收集和输送系统能正常运行。

（13）确认系统所有机电设备、各种计测仪表能正常工作。

（14）确认收尘器能正常工作，无破袋等故障；防爆阀能正常开启，气路系统及卸料设备能正常开启。

确认上述内容后，开始投料试生产。煤磨系统的投料试生产将主要围绕煤磨进行。当煤磨系统的其他附属设备全部启动并正常运行后，煤磨负荷试车应按逐步加载的程序进行，并在加载的同时喂入适量的原煤，调节相应的磨内通风量。

装入研磨体额定量的30%，运转24h。

装入研磨体额定量的50%，运转96h。

装入研磨体额定量的75%，运转120h。

装入研磨体额定量的100%，运转96h。

在上述负荷试车期间，每次装载研磨体后均应关好磨门；除按煤磨空车试运行规定的有关内容进行检查外，还应检查电机的电流波动是否正常，减速机有无异常，各处紧固件有无松动，进出料装置有无漏料冒灰或通料不畅，各处密封是否良好，磨机轴承温度是否超过65℃等。一旦发现上述异常应立即停磨，并及时查明原因进行处理。此外，当磨机运转中发生下列异常情况时，也应紧急停磨。

①磨机润滑或水冷却系统发生故障，轴承温度超过65℃并继续上升时；

②各处连接螺栓发生松动折断或脱落时；

③磨机内部件脱落、碰撞磨擦时；

④减速机发生故障或发生异常振动、噪声、轴温超限时。

当30%负荷试车4h后，视情况需要决定是否停磨紧固衬板螺栓，在50%试车后，必须进行紧固衬板螺栓的工作，并复查一下大、小齿轮啮合情况，其余试车阶段发现有松动的螺栓应随时停车紧固。

为防止各设备、管道等的内壁沉积煤粉，在投煤试车前，在30%负荷时先粉磨干燥石灰石2～4t，注意需将煤粉仓和管道中的石灰石粉料排净后，方可喂入原煤进行投料试车。

在磨机刚开车时，喂煤量应略小于该生产阶段的额定喂煤量，约为80%，保证煤粉成品的细度和水分满足烧成需要，以后慢慢根据磨音调整喂煤量至额定值。在带负荷运转期间，要摸索磨机产量和装球量的关系，使磨机产量尽可能与窑用煤粉量相匹配。

为避免煤粉仓内煤粉出现自燃或爆炸，当烧成系统长期不运行时，应避免煤粉在仓内积存。所以煤磨带负荷试车的日期应与烧成系统试运行日期统一考虑，以尽量减少煤粉在仓内的存放时间。

5. 煤粉制备系统开车操作

接到开车指令后，与化验及现场岗位联系好开车前的准备，做好检查工作。中控室操作员要详细确认以下项目：所有仪表、报警器无问题；系统各处温度、CO浓度正常；系统内所有的阀门灵活好用并与现场对应；确认润滑油、压缩空气、冷却水全通；设备备妥情况。当需进行某一组操作时，要与现场岗位联系确认。

（1）利用窑尾废气时

1）来自余热发电热风阀全关。

2）来自电收尘热风阀全关。

3）热风炉出口阀全关。

4）冷风阀全开。

煤粉制备系统
开车操作

5）热风炉烟囱阀全开。

6）煤粉通风机入口阀门全关。

7）启动可逆螺旋输送机袋式收尘器。

8）启动可逆螺旋输送机袋式收尘器通风机。

9）选择煤粉入仓。

10）启动煤磨选煤组。

11）开启煤磨出口电动阀门。

12）增大煤粉通风机入口阀门。

13）增大来自电收尘热风阀。

14）关小冷风阀。

15）启动选粉机稀油站。

16）启动煤磨选粉机组。

17）启动煤磨主轴承油站、主减速机油站、滑履轴承油站。

18）启动煤磨主电机。

19）设定原煤仓下料量 20t/h。

20）启动原煤喂料秤。

21）调整来自电收尘热风阀及冷风阀，保持煤磨入口温度在 200～250℃之间。

22）增大煤粉通风机入口阀门，保持煤磨出口负压为－1500Pa 左右，煤磨出口烟气温度为 65～75℃。

23）调整喂煤量，同时调整风量、风温，使系统稳定运行。

（2）使用备用热风炉时

1）来自余热发电热风阀全关。

2）来自电收尘热风阀全关。

3）热风炉出口阀全关。

4）冷风阀全开。

5）热风炉烟囱阀全开。

6）煤粉通风机入口阀门全关。

7）启动热风炉点火油泵。

8）启动热风炉鼓风机。

9）启动可逆螺旋输送机袋式收尘器。

10）启动可逆螺旋输送机袋式收尘器通风机。

11）选择煤粉入仓。

12）启动煤磨选煤组。

13）开启煤磨出口电动阀门。

14）增大煤粉通风机入口阀门。

15）增大热风炉出口阀。

16）关小冷风阀。

17）关闭热风炉烟囱阀。

18）启动选粉机稀油站。

19）启动煤磨选粉机组。

20）启动煤磨主轴承油站、主减速机油站、滑履轴承油站。

21）启动煤磨主电机。

22）启动原煤喂料秤。

23）设定原煤仓下料量 20t/h。

24）启动原煤取料组（视原煤仓料位而定，料位不足时启动）。

25）调整热风炉出口阀及冷风阀，保持煤磨入口温度在 200～250℃之间。

26）增大煤粉通风机入口阀门，保持煤磨出口负压为－1500Pa。

27）调整喂煤量，同时调整风量、风温，使系统稳定运行。

6. 煤粉制备系统停车操作

在停车操作时，应与窑操作人员、现场巡检人员联系，做好停车准备，确认原煤仓料位，如长时间停磨（8h 以上），应将原煤仓放空，以防结块自燃和原煤仓架空。使用窑尾废气和使用备用热风炉烘干的停车操作大同小异。

煤粉制备系统停车操作

（1）利用窑尾废气时

1）逐步减小原煤仓下料量至 0t/h。

2）逐步关小来自电收尘热风阀至 10％。

3）逐步开大冷风阀至 100％。

4）逐步减小煤粉通风机入口阀门。

5）关闭原煤喂料秤。

6）停煤磨主电机。

7）停止煤磨主轴承油站、主减速机油站、滑履轴承油站。

8）全关来自电收尘热风阀。

9）停止煤磨选煤组。

10）停止可逆螺旋输送机袋式收尘器通风机。

11）停止可逆螺旋输送机袋式收尘器。

12）停止煤磨选粉机组。

13）停止选粉机稀油站。

（2）使用备用热风炉时

1）逐步减小原煤仓下料量至 0t/h。

2）逐步关小热风炉出口阀至 10％。

3）逐步开大冷风阀至 100％。

4）逐步减小煤粉通风机入口阀门。

5）关闭原煤喂料秤。

6）停煤磨主电机、煤磨主轴承油站、主减速机油站、滑履轴承油站。

7）停热风炉点火油泵、停热风炉鼓风机。

8）全开热风炉烟囱阀。

9）全关热风炉出口阀。

10）停止煤磨选煤组。

11）停止可逆螺旋输送机袋式收尘器通风机。

12）停止可逆螺旋输送机袋式收尘器。

13）停止煤磨选粉机组。

7. 煤粉制备系统紧急停车操作

在生产中，当巡检人员发现设备有不正常的运转情况或危害人身安全时，可用机旁按钮进行紧急停车。当中控操作员遇到系统内特殊故障，并可能发展为更大事故时，可在屏幕上进行紧急停车，使所有设备同时立刻停车。某单体设备因负荷过大、温度超高或压力不正常时，均可发生该设备跳停，这是保护设备的需要。

当发生以上紧急停车时，屏幕上会报警，指示故障设备，操作员可根据停车范围迅速判断故障原因，完成后续操作。

操作中若遇设备故障，应针对性地采取操作措施。物料堵塞，喂料设备电机跳闸，此时应开大冷风阀，使出磨气体温度控制在65～75℃内以维持低产量运行。袋（电）收尘器灰斗温度超过65℃报警，超过80℃停车，关闭袋（电）收尘器进出口阀门，喷入CO_2，打开单向螺旋闸门，螺旋输送机反转，排出灰斗内煤粉，检查极板。高温时风机跳停，热风中断，将喂煤停止，控制磨出口温度不超过65℃，按正常停车操作。防爆阀破裂，系统压力急剧升高，然后又下降，此时系统漏气、冒灰，应迅速停止喂煤、停磨、停热风，进行紧急停车。如果系统内部气体温度上升较快，迅速关闭所有阀门，袋（电）收尘器要喷入CO_2。防爆阀爆炸处理后，要检查收尘器是否变形，工艺管道是否有裂缝，风机叶轮是否振动等。煤粉仓温度超高，应间隔喷入CO_2，减少仓内煤粉与空气接触的机会，最好的预防是窑计划停车，排空煤粉仓，或者降低煤磨装球量、压产，达到与窑同步运转。在窑正常生产期间，一般要求煤磨工作时间每班不小于6h。

8. 煤粉制备系统开、停车注意事项

（1）启动磨机前及时通知窑操作员，调节风量时幅度要小，注意与窑系统用风量平衡。

（2）任何时候系统不允许有正压出现。

（3）开启任何设备，必须和现场联系好。

（4）冬季开磨要提前把稀油站开启并预热。

（5）因喂料前系统通风好，为了保护主风机及保证煤粉质量，系统风量、风压不可过大。

（6）原煤必须经过除铁器才能进入磨机。

（7）正常操作时，稳定系统的要点是稳定风量、风温和喂料量。

（8）操作过程中要密切关注袋式收尘器灰斗锥部的温度变化，温度大于65℃或过低时，要检查灰斗下料情况，并采取必要的处理措施（如敲打等），直到正常。

（9）当系统出现燃、爆或其他紧急事故时，进行系统紧急停机后必须确认关闭系统所有挡板。

（10）尽量将两煤粉仓控制在高料位（85%左右）状态，多观察煤粉仓顶部、锥部温度，当锥部温度超过65℃且有上升趋势时，表明煤粉已自燃，要采取放仓等处理措施。

（11）打开磨机检修门，只有在磨机出口温度低于40℃时才可以进行。

1.3.2 煤粉制备系统正常运行操作

（1）控制磨音

磨音的大小反映了磨内物料量的多少和磨机粉磨能力的大小。磨音过大，表明磨内的物料量过小，磨机的产量较低，消耗过大；磨音低沉，表明磨内物料过多，粉磨能力不足或饱磨。正常磨音控制为50%～80%，可根据入磨物料粒度、产品细度等及时调节喂料量，使磨内物料量稳定。

(2) 控制喂煤量

磨机在正常操作中，在保证出磨煤粉质量的前提下，尽可能提高磨机的产量，喂料量的调整幅度可根据磨机电流、进出口温度及差压、选粉机电流及转速等参数来决定，在增减喂料量的同时，调节各挡板开度，保证磨机出口温度。

1) 原煤水分增大，喂煤量要减少，反之则增加，也可用调节热风量的办法来平衡原煤水分的变化。

2) 原煤易磨性好，喂煤量要增加，反之则减少。

3) 磨出口负压增加，差压增大，磨机电流下降，说明喂煤量过多，应适当减少喂煤量。

4) 磨尾负压降低，差压变小，磨尾温度升高，说明喂煤量过少，应适当增加喂煤量，同时应注意原煤仓、给料机、下煤溜管等处是否堵塞导致断煤。

(3) 控制入磨负压

入磨负压反映了磨内存料量，以及通风阻力、通风量的情况。入磨负压过低，磨内通风阻力大，通风量少，磨内存料多；若入磨负压过大，磨内通风阻力过小，通风量较大，磨内存料量过少。当入磨物料量正常、各测点压力正常、选粉机转速正常、系统排风机运转正常时，入磨负压在正常范围内变化。通过调节磨内存料量或根据磨内存料量调节系统排风机入口阀门开度，可以达到稳定入磨负压的目的。

(4) 控制出磨气体压力

出磨气体压力的大小反映了磨内的阻力大小及磨内的生产状况。出磨气体压力过低，磨内的排风量不够，烘干效果差，出磨产品水分大、细度细；压力过高，磨内阻力较大，这可能是系统排风量过大造成的，也可能是出现了饱磨现象。出磨气体压力可通过控制磨尾排风机进口阀门开度进行调节。

通常通过磨机入、出磨差压分析磨内状况，差压的变化主要取决于磨机的喂煤量、通风量、磨机出口温度、磨内各隔仓板的堵塞情况。在差压发生变化时，先看原煤仓下煤是否稳定。如有波动，查出原因通知现场人员处理，并在中控室做适当调整，稳定磨机喂料量。如原煤仓下煤正常，查看磨出口温度变化，如有波动，可通过改变各挡板来稳定差压。如因隔仓板堵塞导致差压变化，则等停磨后进磨内检修处理。

(5) 控制出磨气体温度

磨机出口温度对保证煤粉水分合格和磨机稳定运转具有重要作用，它反映了磨内的烘干效果、喂煤量的多少、入磨热风温度和热风量等情况。出磨气体温度过低，磨内物料的烘干效果差，出磨产品水分大；温度过高，会影响系统排风机和窑尾收尘器的安全运转。磨机入、出口温度通过调整喂煤量、热风挡板和冷风挡板来控制（磨机出口温度控制在65～75℃、入口温度控制在200～250℃）。

(6) 控制出磨煤粉细度

出磨煤粉细度的大小反映了出磨煤粉的质量。出磨煤粉越细，着火燃烧越快，形成的火焰越短。但煤粉过细时，会使磨机产量降低，各种消耗增大。可通过调整选粉机转速、喂料量和系统通风量来控制。若出现煤粉过粗，可通过增大选粉机转速、降低系统的风量、减少喂煤量等方法来控制，反之亦然。

(7) 控制选粉机电流

选粉机电流的大小反映了出磨物料量的多少和选粉机上游设备的运转情况。选粉机电流过大，表明入选粉机物料量过多；选粉机电流过小，表明入选粉机物料量过少，其原因可能是出磨物料量少，也可能是选粉机前的设备出现堵塞或故障。可根据入磨物料粒度、易磨性等及时调节喂料量，使入选粉机物料量稳定，确保选粉机电流在要求的范围内。当选粉机电流过低时，应特别检查其上游设备的运行情况。

（8）控制袋式收尘器进、出口温度

袋式收尘器进口温度和磨机出口温度息息相关（一般要求在65～75℃），袋式收尘器进口温度太高，要适当降低磨机的出口风温；当袋式收尘器的进口温度低于65℃时，有可能导致结露和糊袋，应适当提高磨出口温度。

正常情况下，袋式收尘器的出口风温略低于其进口风温，若高于进口风温且持续上升，可能是袋式收尘器内着火，应迅速停止主排风机，关死袋收尘进出口阀门，将外排平板阀打开，细粉铰刀反转，将煤粉排出室外，同时通知现场人员对袋式收尘采取充氮灭火措施；若出口风温与进口风温较正常值差很多，且差压上升，可能是袋式收尘器漏风，应立即通知现场人员检查处理。保证袋式收尘器出口风温不要太低，以防结露、糊袋。

（9）控制煤粉仓锥部温度

若出现异常持续升温，应通知现场人员检查。根据温升和现场检查情况可采取一次性用空仓内煤粉后重新进煤粉的措施，防止锥部温度继续升高。若温度上升幅度较快，需立即停机处理。

1.3.3 煤粉制备系统安全注意事项

原煤和煤粉都具有可燃性，原煤主要是自燃，而煤粉具有自燃和爆炸的双重危险。因此煤粉制备系统应特别重视安全。

（1）系统安全措施

1）为防止煤粉外逸，系统所有设备都设计成在零压或负压下运转，如果煤粉由于偶然原因外逸或取样时带出，要立即清扫，设备内部不能产生煤粉堆积现象。

2）煤磨各设备通过导线接地，防止因煤粉与设备内壁摩擦，产生静电，引起电火花，而引燃细煤粉。

3）煤粉制备系统在工艺设计中要考虑防燃、防爆的措施。如在煤粉仓、选粉机、旋风分离器上设置防爆阀。袋式收尘器灰斗还应设有温度报警装置，温度不超过80℃，收尘器出口CO浓度不超过800ppm。超过时除报警外，自动联锁切断电源，防止发生事故。当设备内部压力升高时，防爆阀的阀片会自动崩裂，以防设备被损坏。

4）煤粉制备系统所有工艺管道或收尘管道都应有足够的倾斜度，在避免出现水平管道布置的同时，应采用较高的管内风速以防止粉尘沉积，在管道外壁应设置保温层，可避免管道内气体的结露现象，防止管道内部煤粉附着。

5）为防止选粉机、旋风收尘器及袋式收尘器的结露，应采取必要的保温措施，灰斗设计应有足够的落料角度，易于煤粉排出。还应在容易积灰的部位设捅料孔、检查门等，防止积存煤粉。

6）为掌握系统设备的运转情况，及时显示各种操作参数，保证设备安全运行，系统在设计时应考虑安装有各种仪表对各部分压力、温度显示、控制和报警。

7）为防止煤粉仓、袋（电）收尘器等设备着火爆炸，设计了CO_2灭火器装置。一般当煤粉仓或袋（电）收尘器灰斗中煤粉温度达到80℃以上或因紧急停车，设备内部有滞留煤粉，且停车时间超过 3d 时，应喷入 CO_2 气体。

8）在工艺设计时应考虑到烧成系统在实际生产过程中所需的煤粉用量有变化这一情况，可以用调节皮带秤给料的办法来控制煤磨的喂煤量，这样可以避免煤量过剩或不足时引起的操作不稳定。磨机的烘干热源来自烧成窑头，温度为 250～300℃。设计中在磨机热风管上设置了冷风阀，可随时调节入磨风温，在任何情况下，入磨风温不得超过 250℃。磨机出口气体温度控制宜在 65～75℃范围内，超温时将会报警。

9）为在火灾时防止火势蔓延，迅速灭火，车间各层须配备灭火器及消防设施，并定期检查、维护这些设施。在打开手动板阀将煤粉外排时，应注意当煤粉外排遇到空气时很容易着火，岗位人员必须持灭火器监视。

（2）系统安全检查

在保证上述安全措施的情况下，还应注意安全检查，以确保安全。

1）每班至少巡检两次，在设备停止运行时同样应坚持巡检。

2）巡检时应注意，煤及煤粉是否外逸；车间内是否有明火；车间内有无煤粉堆积现象；是否有因为轴承摩擦、螺旋输送机的叶片与壳机摩擦等原因引起的设备不正常发热；为防止设备发热而需要的润滑油量是否充足；防爆阀阀片是否破裂；各溜子是否堵塞等。需要进设备内部检查时，要打开人孔门，开启排风机，将设备内部有害气排空方可进入，同时要有人在外部与之随时联系。需要照明时，应使用安全防爆型移动灯或手电筒，严禁明火照明。

3）无论在停机或设备运转时，都应注意清扫，以保持系统的整洁。清扫应注意：清扫前应先洒水，然后再清扫，不要使楼板上粉尘再次飞扬；不要用压缩空气吹扫地面；设备内部清扫所应在停车后进行，设备内部的煤粉应全部清扫干净。

4）负载试运行开始后，车间内严禁烟火，在必须使用气割、气焊、电焊等明火施工时，应彻底清扫周围的煤及煤粉，对实施焊割的设备或溜子等必须彻底清扫其内部、外部的煤或煤粉，同时对相邻设备进行同样的清扫。

5）在运转过程中，煤磨出口气体温度应经常保持在 65℃左右；经常注意检查煤粉细度，合理调整粗粉分离器转速，以减少过粉磨现象；当喂煤量过高或过低时，应严密监视各部分工艺参数显示的变化，防止出现意外情况；每隔一段时间进行巡查，注意各溜子、工艺管道是否通畅，收尘器的灰斗、旋风分离器、选粉机及输送设备是否有堵塞现象。

6）正常停车时，煤磨、旋风分离器、袋式收尘器及输送设备应在煤粉全部空后才可停车；预计停车 3d 以上时，煤粉仓中的煤粉要排空，停车 10d 以上时，原煤仓中的原煤也要排空；停车磨机喂料量减少时，应注意控制磨机出口气体温度不得超过 75℃；停止喂煤 5～10min 后应立即停磨。

7）长期停车时，检查煤粉仓、袋式收尘器的易堵部位及输送设备内部，确认没有煤粉及杂物，同时应检查车间内是否有煤或煤粉的堆积。短期停车后开车时，需检查确认输送设备内部无煤粉。为防止开车时发生爆炸，应先启动排风机，将煤磨等设备及管道中可能产生的易燃气体预先全部排出。

8）紧急停车时的安全注意事项：原煤输送设备紧急停车时，应及时控制煤磨出口气体温度不得超过 75℃，当停车时间超过 20min 时，按正常情况下停车操作程序进行系统停车；煤磨排风机紧急停车时应及时严密监视磨机出口温度变化，控制其温度不得超过设定的报警值，当上述温度达到报警值并有继续上升趋势时必须采取措施。

9）为维持煤磨随窑长期同步运转，需要降低煤磨产量时，装球量应相应减少，以降低粉磨温度。

1.4　煤粉制备系统常见故障处理

1. 温度异常处理

(1) 入磨气体温度过高

现象：入磨气体温度值高于正常控制范围。

原因分析：从煅烧系统引来的热风量过多。

处理方法：打开冷风阀掺入适量冷风，或关小来自煅烧系统的热风阀开度。

(2) 出磨气体温度过高

现象：出磨气体温度值高于正常控制范围。

原因分析：热风量太多；入磨冷风阀门开度太小；喂煤量过少；原煤水分小。

处理方法：关小入磨热风阀门；开大入磨冷风阀门；增加喂煤量。

(3) 出磨气体温度急剧升高

现象：磨机出口温度突然升高超过75℃；气体中CO含量上升。

原因分析：磨机内部着火。

处理方法：通知现场迅速查明着火点；压料压火；停磨并通知现场立即向磨内喷入CO_2气体。

(4) 出磨气体温度过低

现象：出磨气体温度值低于正常控制范围。

原因分析：热风量太少；入磨冷风阀门开度太大；喂煤量过多；原煤水分大。

处理方法：开大入磨热风阀门；关小入磨冷风阀门；减少喂煤量。

(5) 煤粉仓内温度上升报警

现象：煤粉仓温度上升报警。

原因分析：堆积的煤粉自燃。

处理方法：煤磨系统紧急停车；双管螺旋输送机紧急停车，关闭下螺旋闸门；通知现场确认着火，并喷入CO_2气体进行灭火。

(6) 煤磨电收尘出口气体温度过高

现象：煤磨电收尘出口气体温度高于正常控制范围。

原因分析：电收尘灰斗积灰自燃；热风量太多；磨头冷风阀开度太小。

处理方法：通知现场处理，用CO_2灭火；关小热风风机进口阀门开度；加大冷风阀门开度。

(7) 煤磨电收尘灰斗温度过高

现象：煤磨电收尘灰斗温度值高于正常控制范围。

原因分析：灰斗积灰；灰斗着火。

处理方法：通知现场处理；停机灭火。

(8) 主轴、减速机轴温度高

现象：温度指示仪偏高；磨机电流升高。

处理方法：检查供油系统，看供油压力、温度是否正常，如不正常则进行调整；检查润滑油中是否有水或其他杂质；检查入磨风温是否过高，如过高则进行调整；检查冷却水系统是否有堵塞。

2. 压力异常处理

(1) 磨压差急剧上升

现象：磨压差急剧上升。

原因分析：喂料量增加速度过快；系统风量迅猛上升；磨机出口温度急剧上升。

处理方法：缓慢增加喂料量；分析风量上升的原因，调整磨内通风；关小热风挡板。

(2) 出磨负压偏高

现象：出磨负压偏高，入磨负压增大；或出磨负压偏高，入磨负压降低。

原因分析：磨尾拉风大；磨内物料过多或发生堵塞。

处理方法：降低磨尾拉风；降低喂料量或停止喂料。

(3) 磨尾排风机入口负压过高

原因分析：排风量过大；磨尾收尘器堵塞或通风阻力过大。

处理方法：关小该风机入口阀门；检查收尘器出、入口压差是否比正常值高很多，查明原因进行处理。

(4) 磨尾收尘器入口负压过高

现象：磨尾收尘器入口负压过高。

原因分析：排风量过大；粉磨系统通风阻力过大或该系统有堵塞。

处理方法：适当关小磨尾风机入口阀门，降低排风量；检查粉磨系统各设备出入口的压差大小，做出正确判断并及时处理。

3. 电流异常处理

(1) 选粉机电流过高

现象：磨音低沉、磨机电流较高、出磨提升机电流较大；选粉机电流过高。

原因分析：入选粉机物料量过多；选粉机自身的问题，如转子的转向与导向叶片的倾角不一致等。

处理方法：减少磨机喂料量，必要时可停止喂料。待磨音、磨机电流、出磨提升机电流、选粉机电流达到正常后逐渐增加喂料量至正常值；若是其他原因引起的电流过高，应停机检查再进行处理。

(2) 磨机电流过大

现象：磨机电流过大。

原因分析：磨机喂料量过多；回磨粗粉量过多，使磨内总的存料量过多。

处理方法：应减料，必要时停料，同时要适当加大排风量。

4. 细度异常处理

(1) 出磨煤粉细度过粗

现象：化验室检验报告显示煤粉细度粗。

原因分析：风量过大；料量过多；选粉机转速过低；研磨能力不足；入磨物料粒度大、煤质硬；选粉机导向叶片磨损严重，选粉效果不好。

处理方法：降低排风机挡板开度；适当减少喂料量；增加选粉机转速；调整煤磨的研磨能力；降低入磨物料粒度、换位取煤；更换导向叶片。

(2) 出磨煤粉过细

现象：化验室检验报告显示细度过细。

原因分析：选粉机转速太高；系统通风量小；磨机喂料量小。

处理方法：降低选粉机转速；开大系统排风机挡板、增大系统拉风；增加喂料量。

5. 磨音异常处理

(1) 磨音过低

现象：磨音低沉；磨机电流突然变大或突然变小；磨尾提升机电流变大；进出磨气体压差增大。

原因分析：磨机喂料量过大。

处理方法：降低喂料量或停止喂料，并在该状态下再运转一段时间，以消除磨内积料；注意观察各测点参数，当显示磨内较空时，逐渐增加喂料量，使磨机恢复正常操作。

(2) 磨音过高

现象：磨音高、声脆，磨机电流变小，磨尾（粗粉分离器）出口负压下降；磨音高、声脆，磨尾（粗粉分离器）出口负压上升。

原因分析：磨机喂料量过小；磨烘干仓堵塞。

处理方法：逐渐增加喂煤量直到各参数正常；检查原煤水分是否较大，若较大可适当减少喂料量，适当提高磨头风温；如以上措施无明显效果，应停磨检查。

(3) 磨音记录为刺状曲线

现象：磨音异常，从中控磨音记录上可以发现有刺状曲线。

原因分析：隔仓板破损或倒塌。

处理方法：立即停磨检查。

(4) 磨音记录曲线上有明显峰值

现象：磨音记录线上有明显峰值；现场可听到明显的周期性冲击声；筒体衬板螺栓外冒灰较严重。

原因分析：衬板掉落。

处理办法：立即停磨进行处理，并检查筒体有没有被砸坏的地方。

6. 煤粉水分异常处理

(1) 煤粉水分过大

现象：化验室检验报告显示煤粉水分过大。

处理方法：增加热风量；减少喂料量。

(2) 煤粉水分过低

现象：化验室检验报告显示煤粉水分过低。

处理方法：减小热风量；增加喂料量。

7. 磨机喂煤量异常处理

(1) 磨机喂煤量过多（饱磨）

现象：磨音低沉；磨机电流变大；磨尾（粗粉分离器）出口负压上升。

处理方法：降低喂料量，并在低喂料量的情况下运转一段时间，以消除磨内积料；在各参数显示磨机较空时，逐渐增加喂煤量，使磨机恢复正常。

(2) 磨机喂料量过少（空磨）

现象：磨音高、声脆；磨机电流变小，磨尾（粗粉分离器）出口负压下降。

处理方法：逐渐增加喂煤量直到各参数正常。

(3) 煤磨综合问题处理

① 煤磨综合问题1：喂料量大，沉降室入口热风阀开度小，选粉机转速小，排风机入口风量大。

② 煤磨综合问题2：沉降室入口热风阀开度大，入磨冷风阀开度大，喂料量大，选粉机转速低。

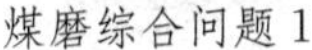

煤磨综合问题1

煤磨综合问题2

8. 设备故障停车处理

(1) 煤磨电机跳停

处理方法：因设备间的联锁，喂煤系统设备应立即停车；迅速打开磨头冷风阀，使煤磨出口气体温度保持在65℃以下；煤磨慢转装置能工作时，按正常操作顺序系统停车；煤磨慢转系统不能工作时，首先关闭进磨热风管道阀门，全开磨头冷风阀，降低磨机出口温度，使出磨气体温度在50℃以下；若不行，则将排风机及煤粉输送设备停车。

(2) 喂煤设备跳停

处理方法：使系统中喂煤设备以外的设备继续运转；逐渐减少进磨热风量，慢慢打开磨头冷风阀，使煤磨出口气体温度保持在75℃以下；按正常操作顺序停车。

(3) 煤磨排风机电机跳停

处理方法：煤磨及喂煤系统设备因联锁立即停车；立即关闭进磨热风管道阀门，打开磨头冷风阀，降低磨头气体温度；按煤磨排风机正常停车后的操作顺序使系统停车。

(4) 电收尘器排风机电机跳停

处理方法：因设备间的联锁，煤磨排风机紧急停车，煤磨及喂煤系统设备紧急停车；立即关闭进磨热风管道阀门，打开磨头冷风阀，降低磨头气温；按电收尘器排风机正常停车后的操作顺序使系统停车。

(5) 煤粉输送设备电机跳闸

处理方法：电收尘器排风机紧急停车，电收尘器进口阀门关闭；煤磨排风机紧急停车；因设备间的联锁，煤磨及喂煤设备紧急停车。

(6) 磨头仓堵塞、入磨溜子堵塞造成突然断煤

处理方法：打开磨头冷风阀，使磨机出口气温在设定值以下；如溜子堵塞，则立即通知现场进行溜子的清理；当超过10min不能恢复时，按正常操作顺序停车。

(7) 烘干仓、粉磨仓堵塞

处理方法：迅速停止喂料；风量维护正常；当磨尾气温有超过75℃趋势时，使磨头气体温度降低。

9. 其他异常故障处理

(1) 煤磨

现象：磨机内部着火。

原因：磨机出口气温突然超过 75℃；气体中 CO 含量上升。

处理方法：通知现场迅速查明着火点；压料灭火，或停磨通知现场立即向磨内喷入 CO_2 气体。

（2）电收尘器

1）现象：出磨气体温度上升报警。

原因：堆积的煤粉自燃。

处理方法：根据报警，增大磨头冷风阀的开度，使温度降低；确认有着火现象时，电收尘器立即断电，煤磨系统紧急停车，并向电收尘器内喷入 CO_2 气体进行灭火。

2）现象：CO 含量上升报警。

处理方法：①根据报警，查明着火点，增大磨头冷风阀的开度，使温度降低；CO 含量持续上升时，使电收尘器立即断电；煤磨系统紧急停车，通知现场确认着火点后喷入 CO_2 气体进行灭火。

3）现象：灰斗内煤粉温度上升报警。

处理方法：温度持续上升时，煤磨系统紧急停车，电收尘器立即断电；通知现场喷入 CO_2 气体进行灭火。

（3）煤粉仓

1）现象：煤粉仓内温度上升报警。

原因分析：堆积的煤粉自燃。

处理方法：煤磨系统紧急停车；双管螺旋输送机紧急停车。

2）现象：仓内煤粉外逸。

原因：煤粉仓在正压下进料；局部煤粉爆炸使法兰等变形。

处理方法：通知现场；检查仓上部收尘管道是否堵塞；检查仓顶防爆片是否损坏。

（4）防爆阀破裂

现象：系统压力急剧上升；巡检中发现有漏气和煤粉外逸；有爆炸声。

原因：入磨气体温度太高；静电火花；设备摩擦撞击产生高温或火花。

处理方法：煤磨系统紧急停车；通知现场进行外逸煤粉的清扫工作；现场确认设备内部情况，如内部着火，则将着火煤粉排出之后再处理；修理损坏的防爆阀，更换阀片，如法兰有损坏，则对法兰进行更换。

任务小结

本任务是煤粉制备风扫磨操作控制，主要任务是了解煤粉制风扫磨系统工艺特点、相关设备的结构与工作原理，掌握风扫煤磨系统的开停车操作，掌握系统的安全操作、控制要点及注意事项。

煤粉制备系统在启动之前要对整个系统全面检查，达到开车要求时要经过单机试车、联动试车、负荷试车，一直到正常连续生产。在生产过程中可以磨音、出入磨负压、出磨气体温度、选粉机电流为控制参数，对系统进行操作。当巡检人员发现设备有不正常的运转状况或危害人身安全时，可用机旁按钮进行紧急停车。中控操作员遇到系统故障时，要能迅速分析故障原因，并加以处理。当中控员发现特殊故障并可能发展为更大事故时，可在屏幕上进行紧急系统停车，使所有设备同时立刻停车，煤磨操作要在保障安全的前提下进行。

思考题

1. 简述煤粉制备系统工艺流程。
2. 简述煤粉制备系统安全措施。
3. 煤粉制备系统重点控制的参数有哪些?
4. 简述煤粉制备系统的开、停车顺序。
5. 出、入磨的气体温度异常分别如何处理?
6. 如何预防煤粉制备系统的燃烧和爆炸?

任务2　生料制备（中卸磨）系统操作

知识目标　了解中卸磨系统工艺流程；掌握物料及气体的流动关系。

能力目标　能够对工艺设备进行正确的中控操作；能够对系统出现的故障进行分析、判断及正确处理。

2.1　生料制备（中卸磨）系统工艺流程

生料制备（中卸磨）系统工艺流程如图4-2-1所示。

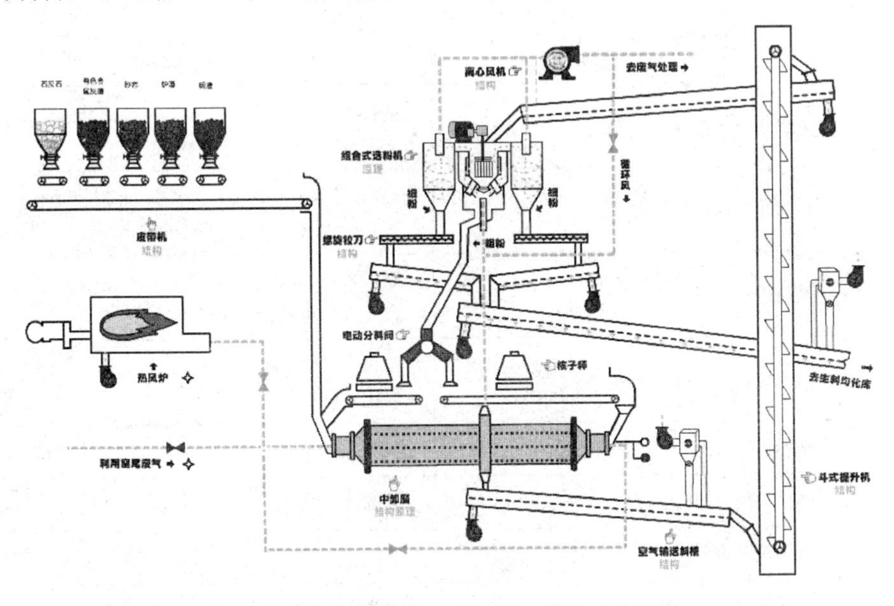

图4-2-1　生料制备（中卸磨）系统工艺流程

三种或四种原料，按质量控制系统自动预先设定的配比，由各自的喂料机从库中卸出，送到配合料胶带输送机上，经锁风喂料机进入原料磨的烘干仓，被该仓内的扬料板带起，由进入磨内的热风烘干。热风温度可根据需要用入磨冷风阀进行调节。

经过烘干的物料，通过磨内的隔仓板进入粗磨仓，在该仓中，由较大直径的钢球对物料进行粗粉磨，同时物料在粗磨仓内得到进一步烘干。经过粗粉磨的物料再经过隔仓板进入中卸仓，一部分细颗粒随气流进入组合式选粉机进行气料分离，大部分物料从中卸仓经过出料装置排出磨外。

排出磨外的物料经翻板阀、空气输送斜槽、出磨提升机、斜槽进入组合式选粉机。分选后的粗粉和气料分离后的粗粉经分料阀和胶带输送机分别送至磨头和磨尾，将满足细度要求的生料选出，由选粉机的旋风筒收集下来，经输送斜槽同废气处理收集的窑灰一起送入生料均化库。粗粉除少部分经分料阀和胶带输送机送入磨头外，大部分粗粉送入细磨仓进行细粉磨，粉磨后的物料也经中卸仓排出磨外。在细磨仓引入热风对物料进一步烘干。

出选粉机的含尘气体，经系统排风机，一部分作为循环风进入组合式选粉机，另一部分排至废气处理电收尘的入口管道。

生料在入库提升机前的入料溜子上装有全自动取样器，取出的生料经气力输送管道送至中控荧光分析室进行成分分析，并由质量控制计算机按设定率值自动控制和调整物料各组分的配合比例，以保证出磨生料率值的合格率和化学成分的均匀稳定。

生料制备（中卸磨）系统稳定工况工艺参数如表 4-2-1 所示。

表 4-2-1　中卸磨系统重点参数

所属设备	重点参数	参数范围
中卸磨	磨机电流	346.8A（342～352A）
	磨音	55％
	入磨头气体温度、压力	225℃（210～230℃） －441Pa（－300～－600Pa）
	入磨尾气体温度、压力	204℃（190～220℃） －845Pa（－700～－1000Pa）
	磨机出口温度、压力	93.4℃（85～100℃） －1984Pa（－1750～－2250Pa）
	磨机进口热风阀门开度	磨头入口热风阀：85％ 磨尾入口热风阀：70％
	磨机进口冷风阀门开度	磨头入口冷风阀：0％ 磨尾入口冷风阀：0％
	选粉机转速	170r/min（160～180r/min，最大 210r/min）
热风炉	热风炉出口阀门开度	90％
磨尾排风机	排风机电流	237.9A
	风机入口阀门开度	90％
	循环风阀门开度	10％
其他	总料量设定	170t/h（150～190t/h）

2.2　生料制备（中卸磨）系统操作

2.2.1　生料制备（中卸磨）系统正常操作

1. 原料喂入量的调节

磨音强度弱时，磨内料多或堵塞；磨音强时，磨内料少。磨尾提升机电流反映出磨物料量的多少，电流大，出磨物料多，反之，出磨料少。

出磨物料由入磨原料和回磨粗粉组成，当入磨原料量不变，磨尾提升机电流过大时，则回磨粗粉量过多。出现回粉过多的原因可能是入磨原料粒度增大或料的易磨性降低，未及时减少入磨原料或产品细度过细等。所以，磨尾提升机电流作为第二调节变量。

2. 压力调节

通过系统各测点负压值的大小，调节系统中的冷风、热风、循环风及排风机的阀门，使各测点的负压在正常值范围。磨机进、出口压差大，可能磨内负荷过大或磨内出现堵塞。任何两点间的压差变化较大时，表明两点间阻力变化也较大。在生产基本正常，压差变动不大时，可适当调节排风机阀门。例如，磨机进、出口压差减小时开大排风机阀门，或开大循环风阀；当出磨风温低、负压增大时，可开大循环风阀。

3. 温度调节

根据原料、成品水分，调节系统排风机阀门，调节入磨热风量；调节入磨冷风阀，控制入磨风温。后一种方法利于磨系统的稳定生产。

中卸磨启动操作

4. 循环负荷率调节

正常生产控制下，回粉 2/3 去细磨仓，1/3 进粗磨仓，并通过称量显示调节分料阀，使两仓负荷平衡。调好后不常变动。循环负荷适宜在 100％～300％。

中卸磨停车操作

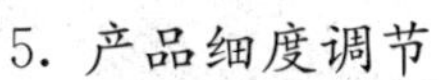

5. 产品细度调节

（1）粉磨条件一定时，产品细度主要决定于选粉机中的风量、风速和离心分离作用。当出磨细度适当而产品细度不符合要求时，应调节选粉机转速。转速快，产品细，反之产品粗。

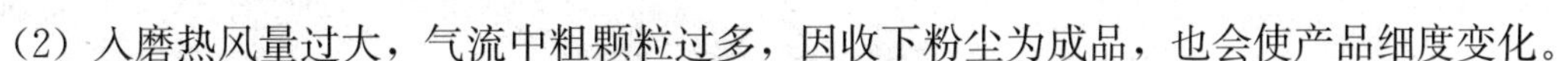

（2）入磨热风量过大，气流中粗颗粒过多，因收下粉尘为成品，也会使产品细度变化。

（3）磨内喂料量过多，出磨物料量过多、过粗时，选粉机选出的产品也就粗。喂料过少，虽然出磨物料细度细，但数量少，即使选粉机的循环风速不变，物料的粗颗粒也易被选入产品中。故需保持喂料均匀。

2.2.2　生料制备（中卸磨）系统常见故障及处理

（1）隔仓板篦缝易堵

新篦板常带有毛刺，对物料起到阻碍作用，易使磨内料速降低、磨内通风阻力增大，磨机出入口压差不正常，所以，应及时停磨检查篦缝堵塞情况并迅速处理。

（2）选粉机转速失控

选粉机从正常转速迅速掉到低限以下，中控电流显示与转速不对应，判断可能是变频器出现了问题，这时，关小所有热风阀门，开大磨头、磨尾的冷风阀门，喂料量设定为“0”，停机检查处理。

（3）选粉机立轴轴承温度过高

立轴轴承温度达到90℃以上时，选粉机跳停。首先检查立轴轴承的润滑和冷却系统是否出现问题，例如：检查润滑油量是否适宜，过量润滑，会使轴承温度升高，通常采用小油量、短间隔的润滑方式。其次检查立轴是否有晃动，过量的晃动也会使轴承温度过高。

（4）选粉机电流过高

选粉机电流超额定值，可能是选粉机的转子转向与导向叶片的倾角方向相反，使转子的运行阻力过大所致。

（5）磨机的滑履轴承和主轴承温度过高

滑履轴承和主轴承温度偏高，始终在70℃左右，原因可能是测温元件测温不正确、润滑油质差、入磨风温过高、设备的制造精度或安装精度差、轴承的润滑和冷却效果差或润滑和冷却系统出现堵塞等。

（6）设备易跳停

系统排风机因其油压供应超高、选粉机转速失控或其立轴轴承温度过高、设备过载或机电保护或按钮误操作或紧急情况等均可使设备易跳停。

（7）斜槽易堵塞

刚开始磨料时，磨内细粉量过少，出磨物料偏粗，流动性差，出磨斜槽易堵塞；若生料输送量和输送风量、风压不匹配，成品斜槽也易堵塞。

（8）中卸磨综合问题的处理

① 中卸磨综合问题1：喂料量大，选粉机转速高，通风机入口阀开度小。

② 中卸磨综合问题2：喂料量大，入磨头热风阀过大，入磨尾热风阀过大，选粉机转速低。

中卸磨
综合问题1

中卸磨
综合问题2

任务小结

在本任务的学习过程中，学习了生产硅酸盐水泥熟料的水泥企业生料粉磨中卸磨系统的生产工艺流程、主机设备技术参数；利用中控室仿真系统模拟进行组启动与组停车以及生产参数的调节；利用中控室生产故障模拟系统对常见故障进行及时判断、准确分析、正确处理。熟练的操作只有正确理解知识并不断反复操作才能掌握，生料制备（中卸磨）系统操作也是一样。

思考题

1. 生料中卸磨系统操作的重点参数有哪些？

2. 简述生料中卸磨常见的故障及分析。

任务3　辊压机终粉磨系统操作

知识目标　了解辊压机终粉磨系统中央控制室的岗位职责；掌握生料制备辊压机终粉磨系统的工艺流程及系统中各项安全注意事项。

能力目标　掌握辊压机终粉磨系统启停车操作顺序、紧急停车的处理方法、正常运行时的操作方法及各参数变化范围；能正确分析系统各种故障的原因，并掌握其处理方法。

3.1　辊压机终粉磨系统中控操作员岗位职责

辊压机终粉磨系统在本工程中用于生料制备，其系统中控操作员的岗位职责如下：

（1）掌握系统工艺流程、各设备的工作原理及规格性能，以及各种测量仪表的位置及数值范围。

（2）掌握系统的开停方法及正常运行时的参数。

（3）时刻注意系统的参数变化，发现异常及时采取措施，使系统运行在正常参数范围内。

（4）投料前，确保金属探测仪和除铁器开启并正常工作。

（5）严格执行操作规程，保证和现场的联系畅通，减少无负荷运转，保持负压操作，以降低消耗，保持环境卫生。

（6）及时准确地填写运转和操作记录，要按时填写工艺参数记录表，对开停车时间和原因要填写清楚。

（7）认真交接班，把本班运转和操作情况以及存在的问题以文字形式交给下班，做到交班详细，接班明确。

（8）遵守劳动纪律、厂规厂纪，工作积极主动，听从领导的调动和指挥，保质保量完成生料粉磨任务。

3.2　辊压机终粉磨系统简介

1．概述

随着能源的日趋紧张，电价上扬，水泥厂生产逐步把节能降耗的目标提到首位，尤其是新建的水泥生产线，必须保证工艺先进、节能降耗、稳定可靠。

在水泥厂的生产中，电能消耗大的系统主要是生料粉磨及水泥粉磨系统，目前很多水泥粉磨系统采用辊压机与磨机组成联合粉磨系统取得良好的节能效果。在生料磨系统中，由于管磨机能耗较高（单位电耗 22～26kWh/t），国内新建线大多采用立式磨粉磨以节约能耗（单位电耗 18kWh/t 左右），而由于辊压机的节能效果优于立式磨，在国外及我国台湾省，越来越多的水泥生产线采用辊压机生料终粉磨系统。以台湾亚东水泥集团为例，在江西亚东及四川亚东均采用了辊压机终粉磨系统，单位电耗 11.5kWh/t，取得了良好的节能效果。

2. 辊压机粉磨特性

相比于球磨机单点接触粉碎的粉磨原理，辊压机与立式磨之所以节能，完全是由于采用料床粉碎的原理，即物料是作为一层或一个料床得到粉碎，料床在高压下导致颗粒集体破碎、断裂。与立式磨相比，辊压机的料床压力约为立式磨料床压力的 10 倍，因此辊压机高压作用产生的细粉具有微裂纹，同时细粉颗粒形状均为针状或片状，生料易烧性更好。

辊压机系统由固定辊和活动辊组成。按比例配好的不含金属的混合料进入系统内，边烘干边粉磨。在额定产量时，用窑尾废气作为烘干热源，可烘干粉磨初水分小于 5%的混合料。

3. 辊压机生料终粉磨系统工艺

辊压机终粉磨系统具有较高的烘干和粉磨能力。在正常生产时，系统的烘干热源采用来自废气处理的窑尾废气。可以通过电动阀门的开度控制窑尾热风量，同时冷风阀的开度可以控制掺入冷风量，以控制入 V 型选粉机的热风温度。

粉磨系统含尘废气由旋风筒经循环风机排出后，一部分经调节阀循环回 V 型选粉机进风管，大部分进入窑尾废气处理袋收尘，除尘净化后排入大气。循环风机出口设有阀门，循环风机电机为变频电机，可通过调频调节用风量，系统工艺流程图如图 4-3-1 所示。

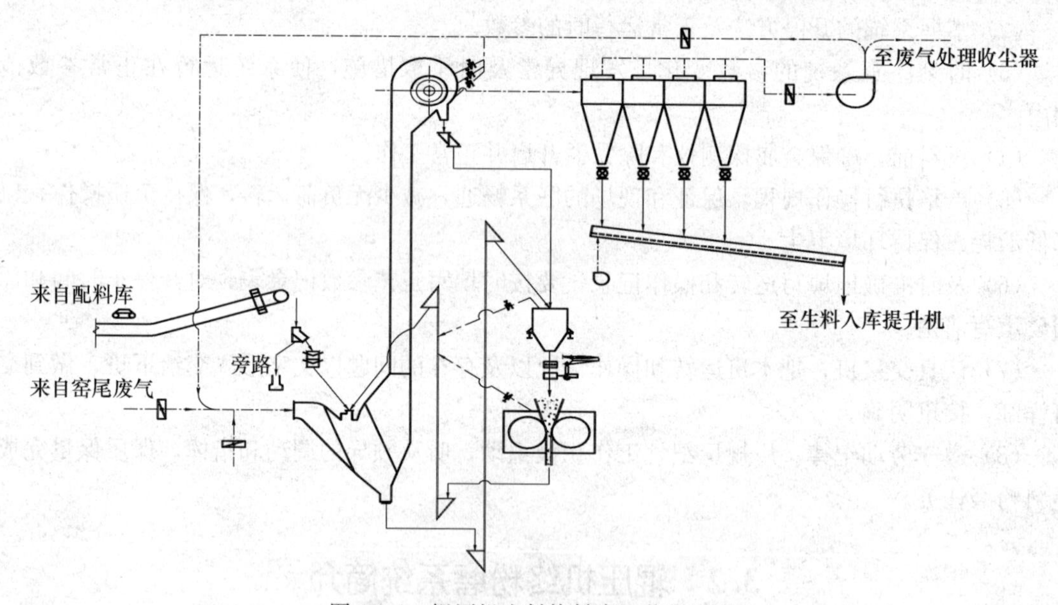

图 4-3-1　辊压机生料终粉磨工艺流程图

3.3　辊压机终粉磨系统启停及正常运行操作

1. 开车顺序

辊压机终粉磨系统启动操作

工况及条件：全系统运行，辊压机系统冷态。不采用热风炉，采用窑尾烟气作烘干兼粉磨热源。

(1) 启动前确认：所有设备状态正常。

①高温风机至 V 型选粉机热风阀全关。

②循环风机入口热风阀全关。

（2）启动生料入库组，如图 4-3-2 所示。

图 4-3-2　生料入库组启动界面

（3）启动循环风机组，如图 4-3-3 所示。

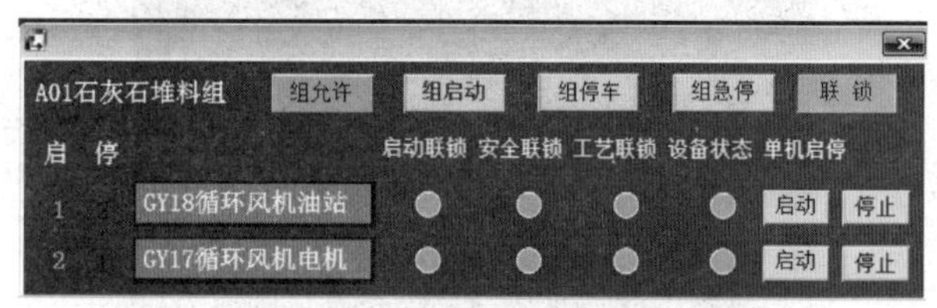

图 4-3-3　循环风机组启动界面

打开循环风机入口阀门 20％左右，高温风机出口至 V 型选粉机入口热风阀 20％左右。对设备预热，使 V 型选粉机出口烟气温度在 85℃左右。

（4）启动动态选粉机组，如图 4-3-4 所示。

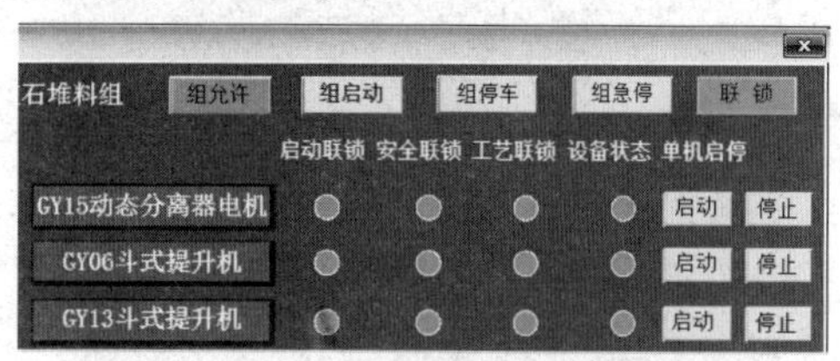

图 4-3-4　动态选粉机组启动界面

（5）启动辊压机启动组，如图 4-3-5 所示。

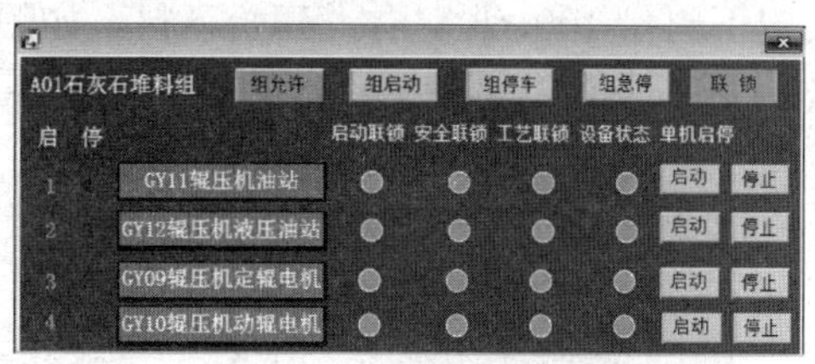

图 4-3-5　辊压机启动组启动界面

（6）启动生料输送组，如图 4-3-6 所示。

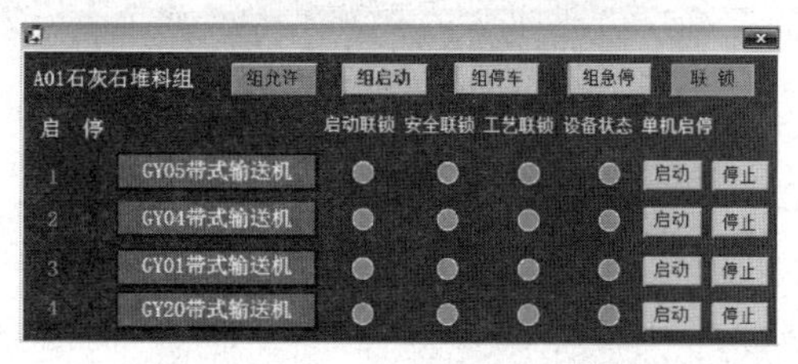

图 4-3-6　生料输送组启动界面

(7) 启动给料秤启动组，如图 4-3-7 所示。

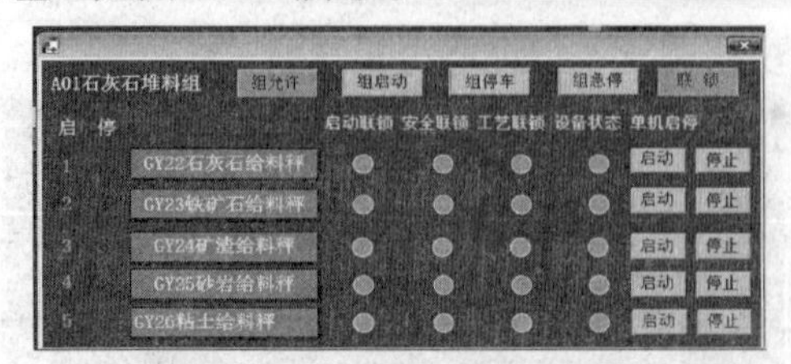

图 4-3-7 给料秤启动组启动界面

(8) 根据工艺要求，调整好原料比例，如图 4-3-8 所示。

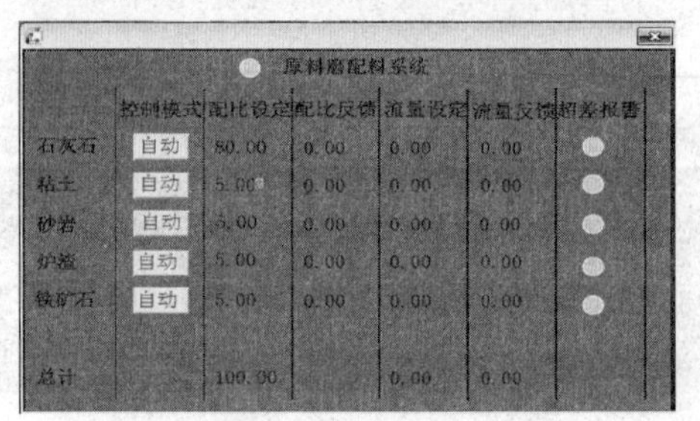

图 4-3-8 原料配合比调整界面

(9) 将三通分料阀开至入 V 型选粉机方向，如图 4-3-9 所示。

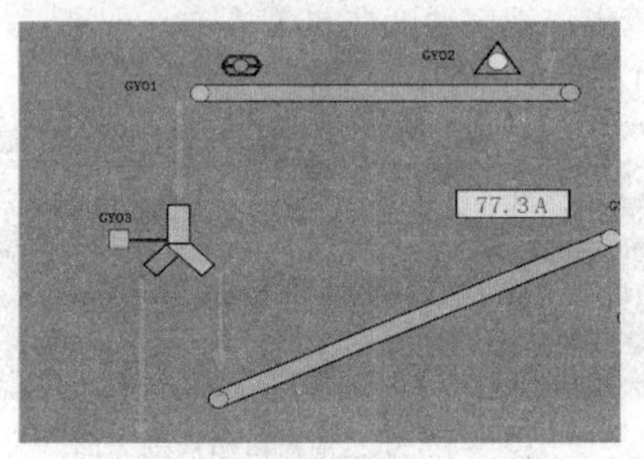

图 4-3-9 三通分料阀打开界面

(10) 启动除铁器，设定下料量 100t/h 左右，开始下料，如图 4-3-10 所示。

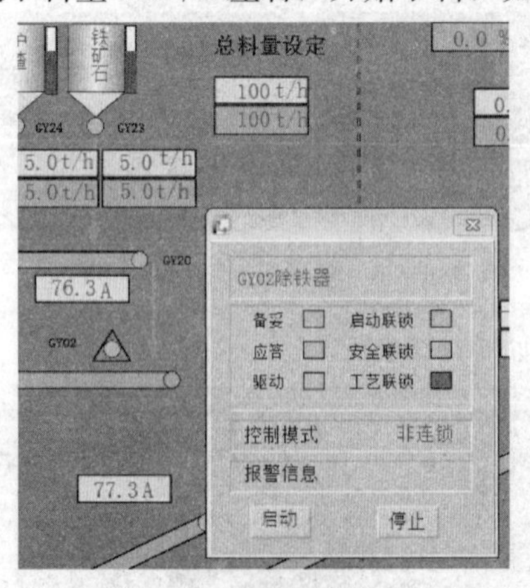

图 4-3-10 除铁器启动界面

(11) 等待辊压机上方稳料仓内料重达到 10～15t 时，打开仓下闸板阀，设定辊压

100MPa 左右，开始研磨，如图 4-3-11 所示。

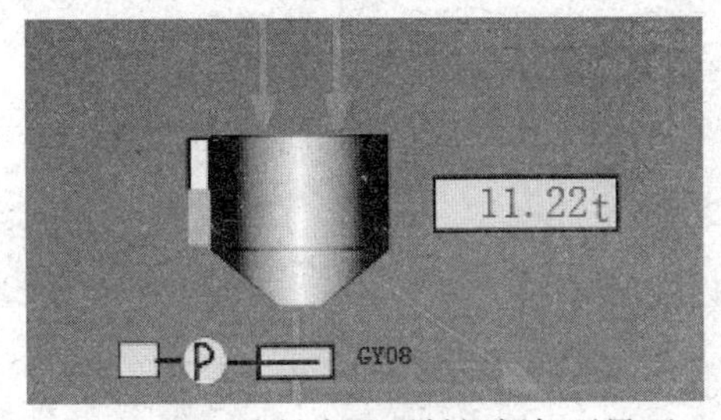

图 4-3-11　稳料仓及下料闸阀打开界面

（12）打开辊压机两侧收尘管路阀门，升高选粉机转速，调整 V 型选粉机出口烟气温度至 85℃左右。选粉机转速以最大 60Hz 为宜，配合升高辊压，以 120MPa 为宜，如图 4-3-12 所示。

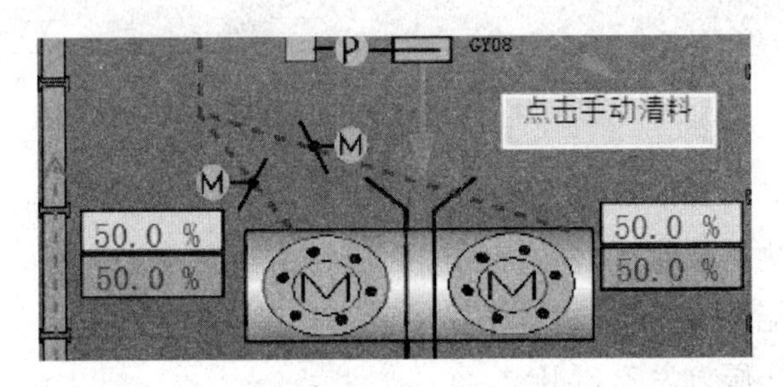

图 4-3-12　辊压机两侧收尘管路阀门打开界面

（13）产量上升并稳定后，逐渐打开循环风阀门，适当增加循环风量，提高烟气利用率，如图 4-3-13 所示。

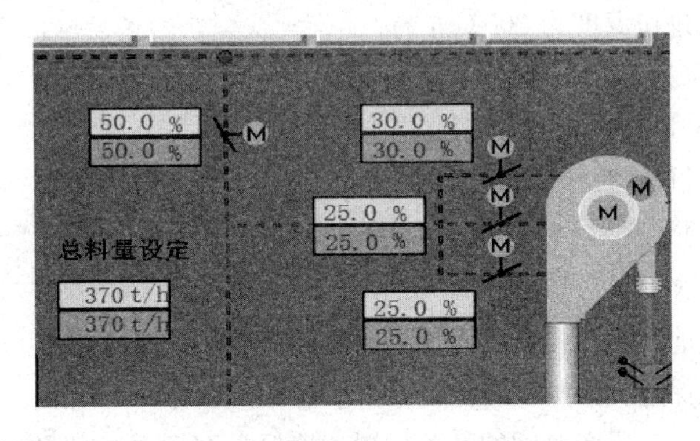

图 4-3-13　循环风阀门打开界面

2. 停车顺序

各皮带秤→仓下皮带→仓下皮带收尘器→入磨皮带→入磨皮带收尘器→电磁除铁器→金属探测仪→（恒重仓位降低至 5t 时）关闭辊压机气动插板→辊压机主电机→入 V 型选粉机提升机→出 V 型选粉机提升机→管道除铁器→XR 选粉机→循环风机→成品斜槽风机→入库提升机→库顶斜槽风机→辊压机润滑站。

3. 正常运行时操作参数

稳定生产参数可参考图 4-3-14。

（1）辊压机进料温度 ≤100℃。

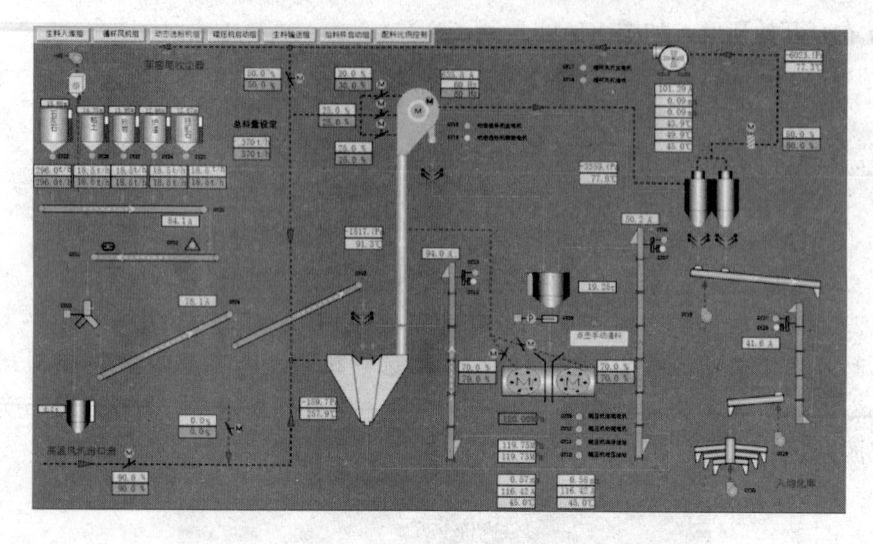

图 4-3-14　辊压机终粉磨系统稳定生产时参数参考值

（2）物料湿度≤5%。

（3）入辊压机的物料粒度 95%≤45mm/max≤75mm。

（4）辊压机通过能力为 553～844t/h。

（5）液压系统预压压力为 7.3MPa。

（6）液压系统工作压力为 8.5～11MPa。

（7）辊缝工作间隙为 25～50mm。

（8）初始辊缝为 25mm。

辊压机终粉磨系统稳定生产时参数参考值

（9）V 型选粉机进口温度为 200℃左右。

（10）稳流仓仓重为 60%～70%。

（11）循环风机进口负压为－6000Pa 左右。

（12）动态选粉机进口负压为－2000Pa 左右。

（13）循环风阀门开度为 80%左右（根据生产情况适当调节）。

4. 操作注意事项

（1）辊压机启动前，必须检查其内部是否有物料，严禁带料运行。

（2）投料前，确保金属探测仪和除铁器开启并正常工作。

（3）投料前，检查三通旁路阀的开关位置，确保入 V 型选粉机的回路畅通。

（4）气动阀开启之前先补仓，确保称重仓仓重在 70%以上再开气动阀。

（5）辊压机运行中，如气动阀上有棒阀，必须 100%全打开 。

（6）运行中，严禁空仓运行，建议仓重维持在 60%～70%，在一定喂料量下通过循环风机的风门调节来稳定称重仓的仓重。

（7）要定期进行清理称重仓，从旁路放出，不一定都是金属，如钢渣对辊面磨损就较大，一般 7d 或者 10d 就必须清理一次。

（8）防止金属体进入辊压机，要注意使用除铁器和金属探测仪，除铁器只能除一些铁性金属，而金属探测仪能除非铁性金属。

（9）一般在安装除铁器时，要求厂家调试皮带机头用的电磁滚筒，20mm 以上的铁性金属99%能排出，20mm以下的能排出最好，如果达不到上面要求，设备会报警。

3.4 辊压机终粉磨系统故障处理

辊压机终粉磨系统常见故障及处理方法如表4-3-1所示。

表4-3-1 辊压机终粉磨系统常见故障及处理方法

序号	故障现象	检测判断方法	调整处理方法
1	磨机喂料过量	（1）稳流仓仓位上升 （2）提升机电流上升 （3）V型选粉机进口负压下降 （4）V型选粉机出口负压上升 （5）选粉机出口负压上升	（1）降低喂料量，并在低喂料量的状态下运转一段时间。 （2）调整循环风放风阀门控制稳流仓仓位稳定。 （3）在各参数显示基本正常时，慢慢地增加喂料量。 （4）注意观察，当各参数正常后稳定喂料量
2	磨机喂料不足	（1）稳流仓仓位下降 （2）提升机电流下降 （3）V型选粉机进口负压上升 （4）V型选粉机出口负压下降 （5）选粉机出口负压下降	（1）调整循环风放风阀门稳定稳流仓仓位。 （2）慢慢地增加磨机的喂料量直到各参数正常为止
3	辊压机辊缝过小	位移检测装置显示值过小	（1）检查进料装置开度是否过小，物料通过量过小造成，应调整到适当位置。 （2）检查侧挡板是否磨损，磨损严重时还能造成辊压机跳停，应时常查看。 （3）检查辊面是否磨损，辊面磨损将严重影响辊压机两辊间物料料饼的成型，严重时还会引起减速机和扭力盘的振动，应尽快修复
4	辊压机辊子轴承温度高	温度指示或现场检查温度上升	（1）检查油脂牌号，油脂的基本参数、性能和使用范围，检查是否能够适用于辊压机的工况，不适应则更换适用的油脂。 （2）检查加入轴承的油脂量，轴承油脂过少则润滑不足，造成干摩擦，引起轴承损伤和高温；油脂过多，则轴承不能散热，造成热量富集而轴承温度高，引起轴承损伤，应按照说明书中用量加注。 （3）检查轴承是否已经磨损。可能是轴承在运行过程中受到物料不均或者进入了大块硬质物体引起轴承振动损伤，甚至是违规操作造成轴承受损，应观察运行状况，从声音和振动情况、电流和液压波动情况以及打开端盖仔细检查等方式查处实际情况，并及时妥善处理。 （4）检查冷却水系统是否正常，可通过进水和回水温度、流量等检查是否供水足够
5	辊压机振动大	现场观察有明显的振动情况	（1）检查喂料粒度是否过大。 （2）检查辊面是否有凹坑，若辊面受损形成凹坑将引起辊压机的振动，还会引起减速机、电机的连带损坏，产量也将受到影响，应及时补焊。 （3）检查辊压机主轴承是否损坏。 （4）检查减速机轴承、齿面是否损坏

续表

序号	故障现象	检测判断方法	调整处理方法
6	辊压机运行中左右侧压力波动较大	压力指示波动大	(1) 循环负荷是否过大，物料中细粉含量是否过多，造成喂料不均，使辊子压力波动大、辊缝偏差大等，应及时对工艺进行调整。 (2) 停机检查储能器内压力是否正常，是否有液压阀件泄漏
7	辊压机跳停	(1) 辊缝间隙极限开关动作急停 (2) 左、右侧辊缝超高高限急停 (3) 左右侧压力差超高高限急停 (4) 压力超高高限急停 (5) 辊缝差超高高限急停	(1) 检查物料中是否有大块或耐火砖，是否超过辊压机允许进料粒度。 (2) 检查金属探测仪是否漂移导致入辊压机物料中含有金属铁件导致辊面损伤。 (3) 检查辊压机进口溜子处所装的气动阀门是否开关灵活
		(1) 主电机电流超高高限急停 (2) 主电机电流差超高高限急停	(1) 检查进料装置是否开度过大。 (2) 若进料装置开度合适，可适当减小进料溜子上棒条阀门开度。 (3) 打开辊压机辊罩检修门检查是否有物料堵塞情况。 (4) 检查侧挡板是否与电流高的辊轴有擦碰现象。 (5) 检查进料调节板是否与电流高的辊轴有擦碰现象。 (6) 检查辊面花纹是否磨损，测量动、定辊直径，若已磨损，进行辊面堆焊
8	减速机温度高	温度指示上升	(1) 检查油站的供油量是否符合要求。 (2) 检查过滤器是否有杂质。 (3) 检查供、回油的温差，冷却器的冷却效果。 (4) 检查冷却水的压力和水管管径，保证冷却水用量。 (5) 检查减速机高速轴承是否损坏，是否轴窜
9	减速机振动大、声音异常		(1) 检查进辊压机的物料粒度是否偏大。 (2) 检查扭力支撑的关节轴承是否损坏。 (3) 检查辊面是否有凹。 (4) 检查减速机油站回油过滤器中是否有片状金属物
10	选粉机振动	(1) 电机电流上升，且波动剧烈 (2) 现场振感，刮擦噪声	停机处理，检查选粉机内部，现场观察转子运转是否跑偏，并做相应处理
11	选粉机堵塞	(1) V型选粉机进出口负压下降 (2) 旋转给料机、斜槽无料或料少 (3) 选粉机出口负压上升	(1) 检查是否粗粉出口帘式锁风阀不灵或卡死。 (2) 开机检查选粉机粗粉出料通道是否不畅，有无异物或堵料。 (3) 检查是否脱落衬板或紧固件卡死

续表

序号	故障现象	检测判断方法	调整处理方法
12	液压系统不能加压		(1) 检查各阀件是否通电，能否正常工作。 (2) 检查油站油位。 (3) 检查集成块上加压节流阀是否打开。 (4) 液压油站齿轮泵是否完好。 (5) 检查油站电机是否工作正常。 (6) 组合控制阀块故障
13	液压系统不能保压或压力不稳		(1) 检查减压阀、快泄阀是否带电，是否按照设定要求动作。 (2) 检查溢流阀是否漏油。 (3) 检查蓄能器氮气压力是否符合要求，是否氮气压力过小。 (4) 检查喂料是否不均匀或太少，是否进料溜子上的棒阀没有全部打开。 (5) 检查辊面是否有凹坑，辊面受损引起周期性压力波动。 (6) 辊侧挡板是否调节到合适距离

任务小结

本任务是辊压机终粉磨系统的操作控制，主要任务是了解辊压机终粉磨系统工艺特点，掌握辊压机终粉磨系统的开停车操作，掌握系统的安全操作、控制要点及注意事项。

辊压机终粉磨系统所用到的设备主要是辊压机和V型选粉机。系统的开车顺序为：高温风机至V型选粉机热风阀全关，循环风机入口热风阀全关→启动生料入库组→启动循环风机组→启动动态选粉机组→启动辊压机启动组→启动生料输送组→启动给料秤启动组→调整好原料比例→开三通分料阀→启动除铁器，设定下料量100t/h左右，开始下料→打开仓下闸板阀，设定辊压100MPa左右→升高选粉机转速，调整V型选粉机出口烟气温度至85℃左右。选粉机转速以最大60Hz为宜。配合升高辊压，以120MPa为宜，产量上升并稳定后，逐渐打开循环风阀门，适当增加循环风量，提高烟气利用率。

停车顺序：各皮带秤→仓下皮带→仓下皮带收尘器→入磨皮带→入磨皮带收尘器→电磁除铁器→金属探测仪→（恒重仓位降低至5t时）关闭辊压机气动插板→辊压机主电机→入V型选粉机提升机→出V型选粉机提升机→管道除铁器→XR选粉机→循环风机→成品斜槽风机→入库提升机→库顶斜槽风机→辊压机润滑站。

思考题

1. 简述辊压机终粉磨系统工艺流程。
2. 辊压机终粉磨系统重点控制的参数有哪些？
3. 简述辊压机终粉磨系统的开、停车顺序。

任务4　生料均化储存与生料入窑系统操作

知识目标　了解生料均化及生料入窑工艺流程；掌握生料均化流程的操作要点、常见问题及处理方法。

能力目标　学会生料均化系统的开车与停车的操作。

4.1　生料均化及生料入窑系统

1. 概述

本系统由生料均化库和生料入窑系统两个子项组成。生料均化库采用一座IBAU型连续式均化库，设计均化指标为进库生料$CaCO_3$标准偏差$1.0\% < S_1 < 1.5\%$时，均化效果不低于5；进库生料$CaCO_3$标准偏差$S_2 \leqslant 1\%$时，出库生料$CaCO_3$标准偏差$S_2 \leqslant \pm 0.2\%$，由称量仓、流量控制阀、固体冲板流量计及提升机等组成的生料入窑系统，可保证入窑生料计量误差$\leqslant \pm 1.0\%$。

2. 生料均化库

生料均化库的工作原理就是利用物料的重力切割混合作用来实现生料的均化。它的结构特点是库底边形成漏斗形，中部有一个锥体，库壁与中心锥之间的环形区设有若干个充气区，每个充气区设有一定数量的充气箱，每个区有一条卸料口与充气生料小仓相通。在库底设有7个卸料口，生料从设在库底的一个或两个卸料口同时进入生料小仓，每隔20～30min轮换一次卸料口。罗茨风机中的一台向库底环形区两个相对分区的一半轮流充气。在孔洞上方出现多个漏斗凹陷，漏斗沿径向排成一列，随充气的变换而旋转角度，从而不仅产生重力混合，而且也因漏斗卸料速度不同，使库底生料产生径向混合，生料卸入充气生料小仓后，由一台充气罗茨风机连续充气，使重力混合后的生料又进行一次气力混合。出库生料量由库底卸料阀根据称量仓内料位或荷重传感器显示出的料重来调节与控制（在基本稳定工作时，由自控回路实现调节）。因此，当均化库投入运行时，均化库环形区总是在充气。

3. 生料入窑

出库生料由空气输送斜槽送至称重仓，仓底设气动阀、流量控制阀与冲板流量计组成一套喂料计量系统，计量后的流量信号回馈给流量控制阀，及时通过调节流量控制阀的开度来控制喂料量，计量后的生料由空气输送斜槽和入窑提升机送入预热器。生料入窑设有两台袋收尘器，用于提升机、称重仓、空气输送斜槽的收尘，净化后的气体由风机排入大气。由于冲板流量计的传感器要受到此处收尘负压的影响，因此要保持冲板流量计处的负压不要太大，只要保持不冒灰即可。

4.2　生料均化及生料入窑系统主要工艺

在水泥干法生产工艺中，生料均化是生产均化链中最为重要的工艺环节，其对提高水泥熟料产量，确保水泥质量的稳定有着举足轻重的作用。因而，生料均化库设计的优劣，直接关系到均化效果的好坏，能否保证入窑生料成分的高度均匀，而最终完成整个生料均化链的全部任务。生料均化及生料入窑系统工艺流程如图 4-4-1 所示。

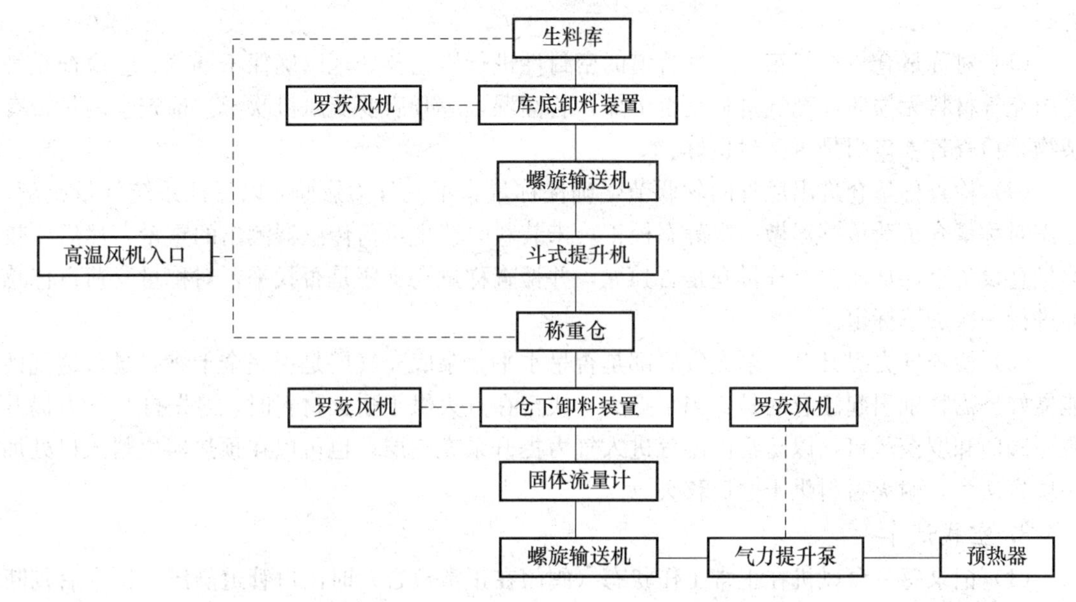

图 4-4-1　生料均化及生料入窑系统工艺流程图

4.3　生料均化及生料入窑系统操作

4.3.1　准备工作

该系统启动前应进行认真的检查调整工作，以确保设备的安全运行和系统的稳定工作。

1. 生料均化库装料前准备工作

（1）确保库不漏进雨水，同时严防杂物入库，保持库内清洁。

（2）清理库壁结料，在检修清理时要对充气箱进行检查，凡怀疑密封胶已干脱或其他原因漏气的充气箱均需拆下充气层，重新涂上密封胶再装上充气层。充气层有损坏的均需更换。

（3）检查充气管道阀门是否运转灵活，开关状态是否满足工艺要求，充气管道上应无电焊渣及其余堵塞物，并清除库内所有杂物。

（4）投料前，必须对库充气系统进行一次全面检查，开启罗茨风机及库充气控制器向库内送风。检查每一个充气箱、管道接头及焊点的密封情况，可以用肥皂水涂在检查部位，如该处漏气，将会出现肥皂泡。漏气的充气箱如在拧紧螺栓后仍未解决问题，则需打紧活接头或弯头，或采取其他措施来处理。必须强调，在库内充气层已装上的情况下，不宜再在库内使用电焊或气焊处理管道漏气问题，以免烧坏充气层。

（5）在投料前，应开启罗茨风机向库内送风 1～2 周，以干燥充气材料，同时可带走库内湿气，防止生料在库壁结料。

（6）在投料前，需对本系统各设备进行全面检查。

（7）上述各项准备工作均已完成后，可以封好库侧入孔门，做好装料准备。

2. 生料入窑运转前准备工作

窑喂料系统是稳定预热器及窑热工制度，确保熟料的产质量，提高窑运转率的重要环节之一。

（1）对称量仓、充气箱及充气管道的密封性进行检查及处理以确保不漏气。应检查充气箱内充气材料无损坏，充气材料是否干燥，若潮湿，应开启罗茨风机吹干。检查仓内是否有杂物，检查各入口门是否密封良好。

（2）检查称量仓进出风管的软联节，确保称量仓不受外力影响，以保证系统计量精度。还需对称量仓负荷传感器做一次静态校正，未装料时读出负荷传感器测出的重量，然后比较称量仓设备重，从而检查称量仓是否独立，并检查称量仓支座是否找平，对称量仓荷重传感器进行一次加码标定。

（3）检查气力提升泵，泵充气底部是否呈水平，泵底充气层是否完全干燥，是否透气性能良好。需特别引起注意的是：当窑点火，或窑在点火烘干耐火材料时，需先打开气力提升泵底阀门和罗茨风机，以防窑内湿气进入气力提升泵充气层，也可以在预热器生料入口处加一块盲法兰，耐火材料烘干之后移去。

3. 空载试车

（1）记录每一台风机在正常工作状态（阀门在正常位置）时出口管道静压，供今后判断均化库及称量仓料层高度参考。当压力值偏大时，要检查管道，止逆阀是否堵塞。

（2）PLC 程序开启均化库充气系统，检查电磁阀是否按要求充气程序开闭，如果在某一时间内罗茨风机出口压力超过正常值，可能是应开启的电磁阀有故障，需检查更换。

（3）由 PLC 系统对各组设备进行联动试运转，观察各组设备的开停是否满足工艺联锁要求。

（4）调整气力提升泵下气动阀开关时，气动阀上带有二位五通电磁阀，调节电磁阀出口两个截流阀可使得气动阀慢速打开，快速关闭。泵下充气区充气量为 $2.85m^2/min$，调节入气力提升泵充气区空气管上截流阀，使充气区保持最佳风量。

4. 开机前设备检查

（1）开机前还应检查所有的润滑点的油量及油质情况，按规定加符合要求的润滑油及润滑脂，并确认不漏油。

（2）检查各台罗茨风机冷却水是否通畅，冷却水流量表应有指示。

（3）其他检查项目：提升机、螺旋输送机设备完好情况、密闭情况，气力提升泵喷嘴及送料管位置检查，气动阀、流量控制阀开闭情况检查。

5. 投料运转

（1）库内生料停留时间过长应考虑利用库可逆螺旋输送机及气力提升泵进行倒库，防止生料板结。

（2）入库生料成分必须围绕着控制指标波动，且入窑生料平均波动周期小于 6h，一般控制入库生料 $CaCO_3$ 6h 平均值符合控制指标，而且每小时 $CaCO_3$ 的绝对波动尽可能在要求的范围内。

（3）运转期间，应注意称量仓及气力提升泵上部压力会对系统的计量有一定的影响，应调整收尘系统使其保持微负压。

（4）入库生料水分控制。为确保均化库的高效能，要求入库生料水分控制在 0.5%以下。当生料水分低于 0.5%时，生料具有良好的流动性能，环形区各重力漏斗流效果能充分体现出来，库内生料活动区域也大。当生料水分增大时，其流动性能变差，使库内死角或不活动区域增大，降低 MF 库的重力混合效果，故应保证生料水分小于 0.5%，若水分大于 1.0%，将影响均化库正常使用。

（5）均化库正常操作时，库内料面高度应大于其最低允许值，一般要求库内最低料位不得低于 12.6m，这样才能充分发挥 MF 库的重力混合作用，确保均化效果。在考虑均化效果的同时，也应考虑给库壁处生料有更多的活动机会，正常操作后，可根据运行经验，使库内料位在一定范围内波动。

4.3.2　冷态开车工作

1. *仿真系统启动*

进入系统后启动系统平台，选择工况，进入 DCS 界面，如图 4-4-2 所示。

画面中每一个圆点代表一个设备的电机。点击后会弹出该设备的操作窗口，设备运行时圆点显示绿色，未运行时显示黄色。画面中模拟量检查点是白色底框，蓝色字体。画面中蓝色底框的点可以点开进行设置，如阀门开度、喂料量等模拟量需要设定。

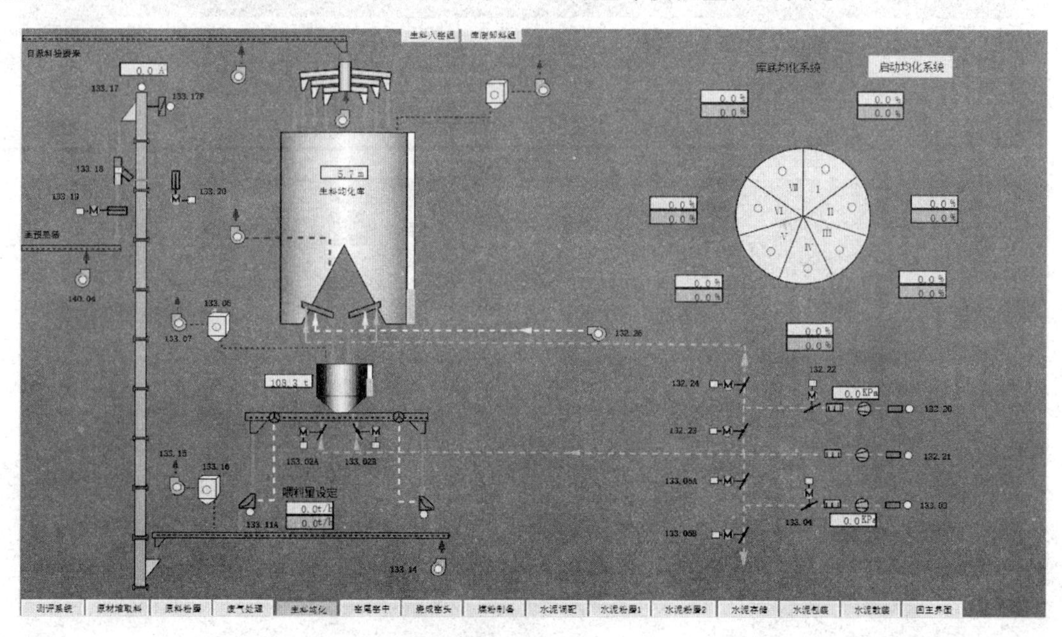

图 4-4-2　生料均化操作界面

2. *开车顺序*

工况及条件：在系统全冷态情况下启动。

（1）启动前检查以下阀门状态：

133.19、133.20 电动平板闸阀全关。

132.22、132.23、132.24、133.04、133.05A、133.05B 开关型电动蝶阀全关。133.02A、133.02B 斜槽充气阀全关。

（2）先打开罗茨风机的各个阀门，依次打开 132.22、133.04、132.24、133.05B 开关型电动蝶阀，如图 4-4-3 所示。（132.23、132.24 是一备一用，133.05A、133.05B 也是一备一用，故只打开一个即可）

（3）再打开斜槽充气阀门 133.02A、133.02B，如图 4-4-4 所示。

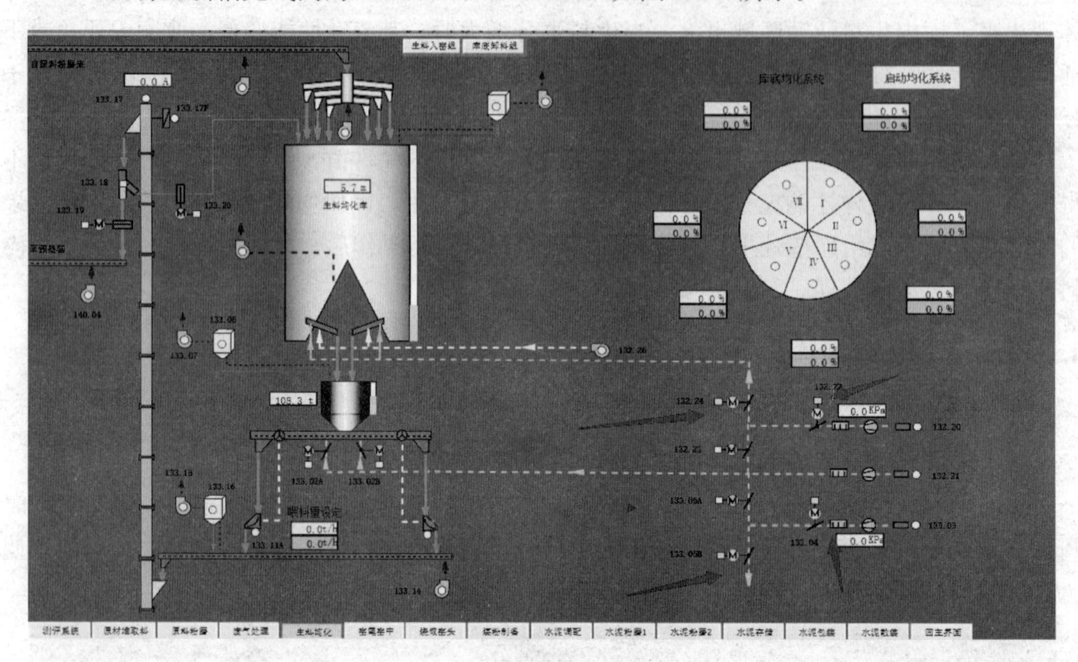

图 4-4-3　罗茨风机阀门打开界面

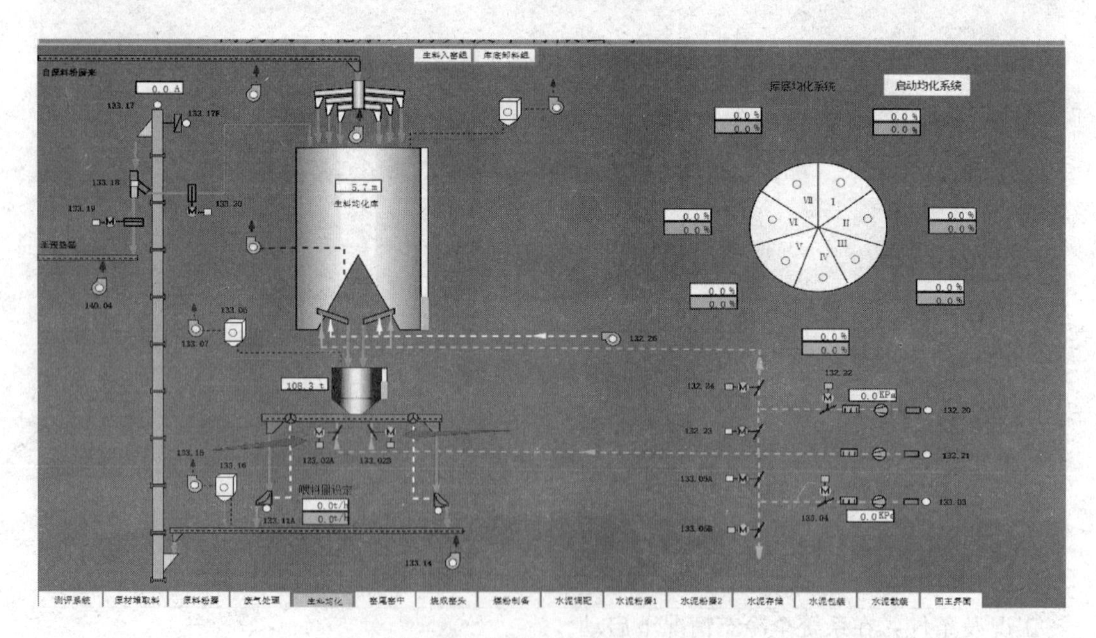

图 4-4-4　斜槽充气阀门打开界面

（4）启动生料入窑组，如图 4-4-5 所示。

注意：C133111F2 冲击流量计不在组启动之列的，然后将生料输送组切换到“解锁”状态，单独启动这个冲击流量计，如图 4-4-6 所示。

注意：C14005、C14006 回转锁风阀，C14007、C14008 电动闸板阀在窑尾窑中系统的预热分解器模块，如图 4-4-7 和图 4-4-8 所示。

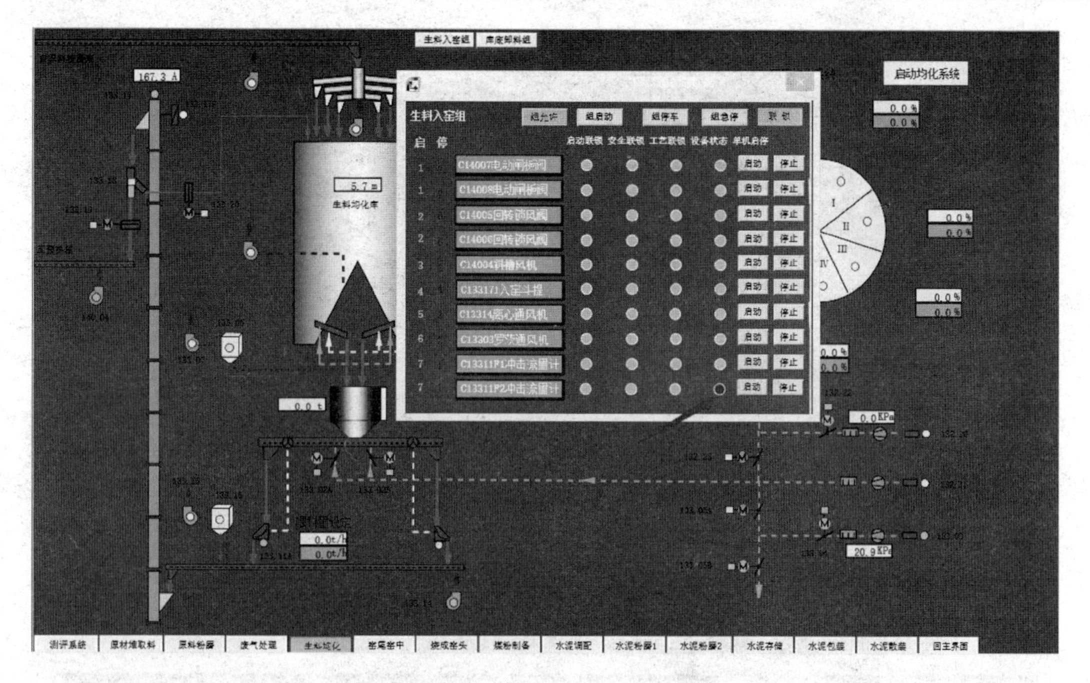

图 4-4-5　生料入窑组启动界面

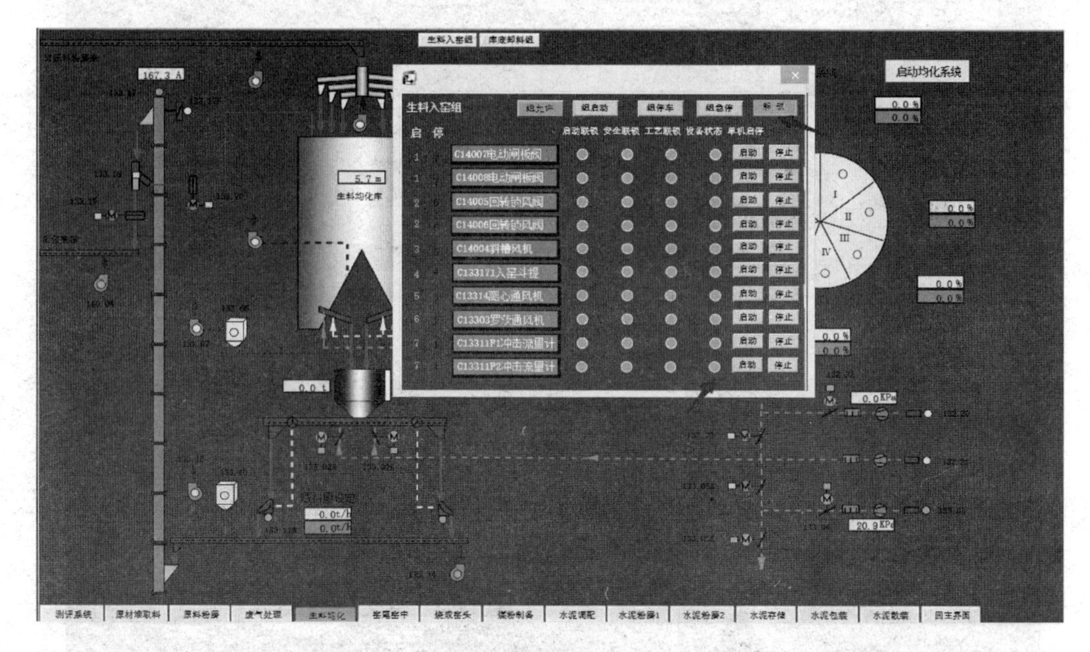

图 4-4-6　冲击流量计单独启动界面

（5）启动库底卸料组，如图 4-4-9 所示。

（6）启动均化系统，如图 4-4-10 所示。

（7）依次启动离心通风机（133.09、133.15、133.26、140.04）、袋式收尘（133.06、133.08、133.16）、轴流通风机 133.07、生料分配器通风机（B132.06）、斜槽风机（B13204），如图 4-4-11 所示。

（8）启动输送料去预热器的电动平板闸阀，如图 4-4-12 所示。

（9）再输入喂料量，如图 4-4-13 所示。

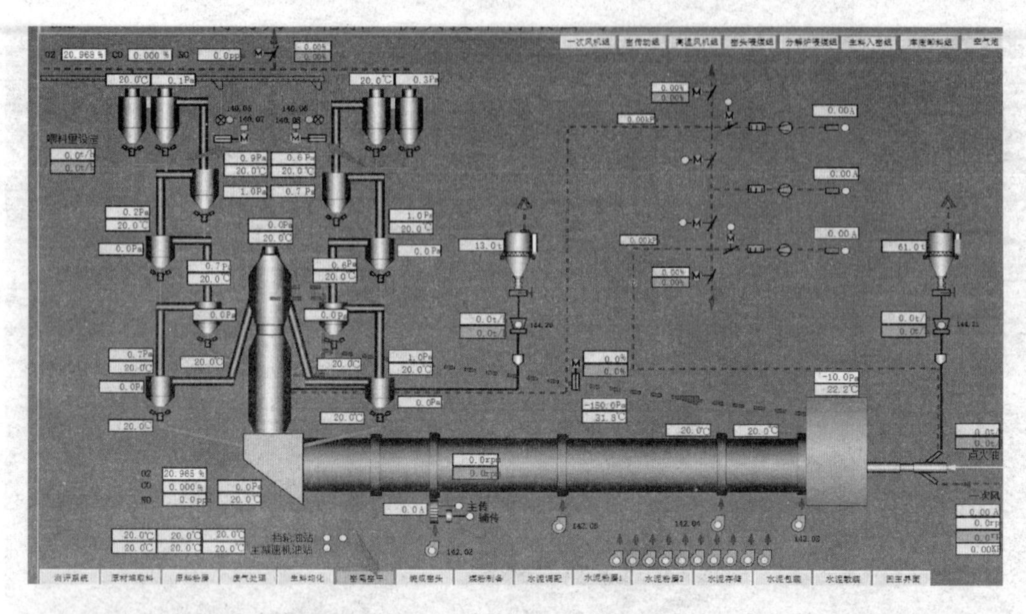

图 4-4-7　窑尾窑中操作界面

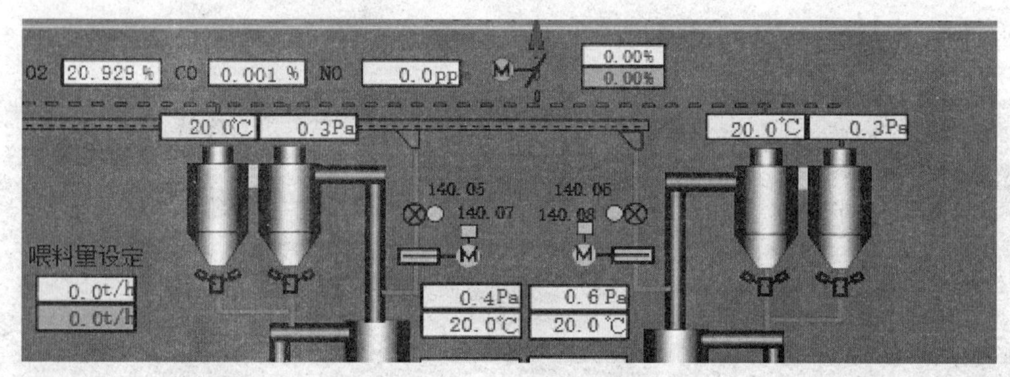

图 4-4-8　回转锁风阀、电动闸板阀开启界面

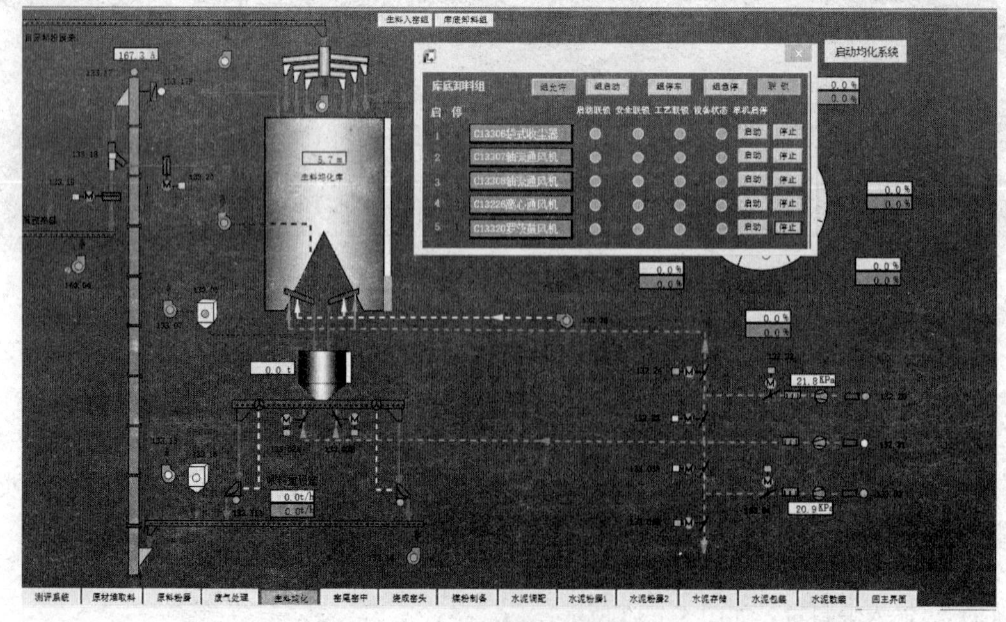

图 4-4-9　库底卸料组启动操作界面

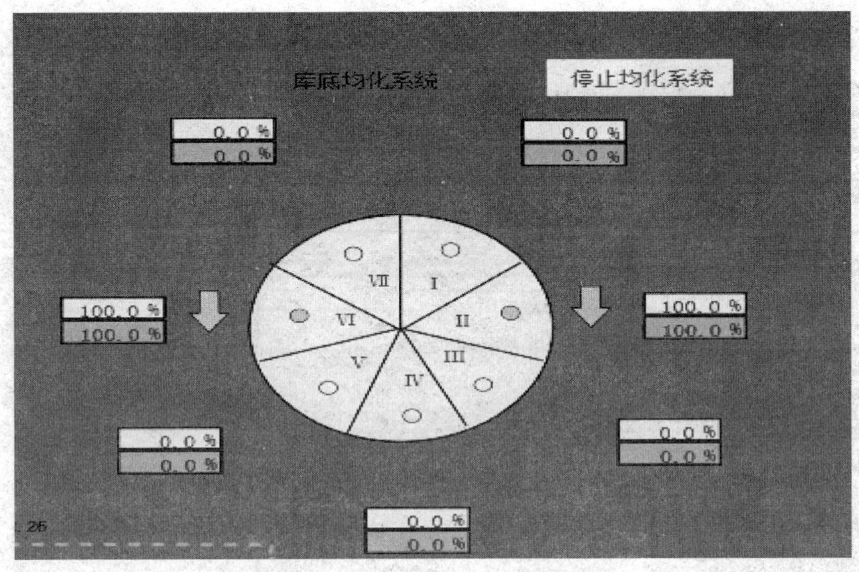

图 4-4-10　均化系统启动操作界面

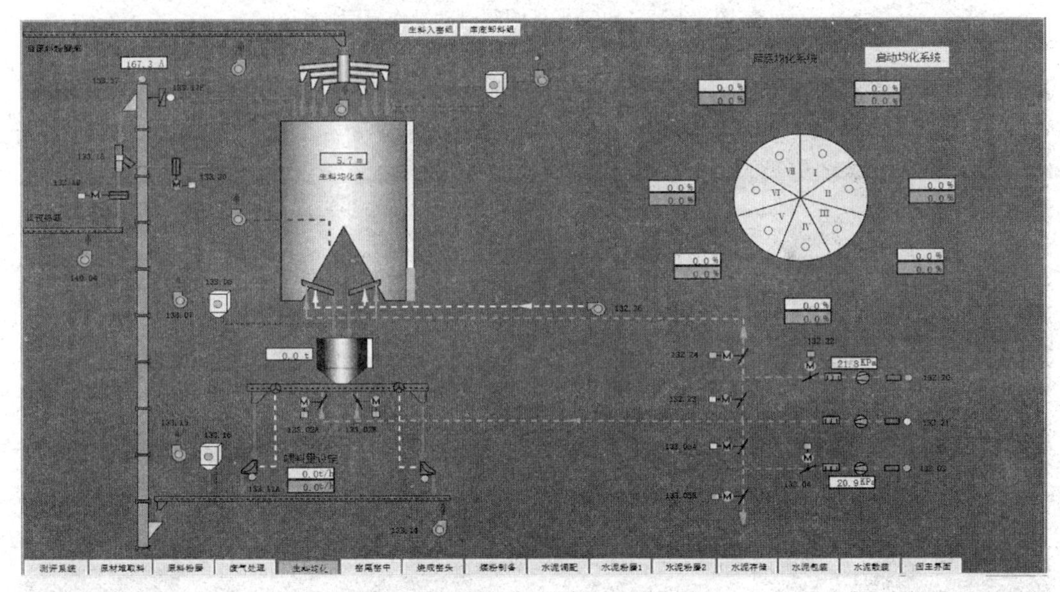

图 4-4-11　离心通风机启动操作界面

3. 正常停车顺序

工况及条件：全系统运行状态。

（1）逐步减小喂料量。操作原则如下：

① 每次减料操作，应保证均化库入物料均化效果。

② 每次减料幅度控制在 50～100t/h 为宜。

（2）最后将喂料量减小到 0，关闭罗茨风机阀门，关闭斜槽充气阀门。

（3）关闭所有的离心通风机、轴心通风机、生料分配器通风机、斜槽风机、袋式收尘设备。

（4）停止均化系统。

（5）停止库底卸料组。

（6）停止生料入窑组。

（7）关闭输送生料到预热器的电动平板闸阀。

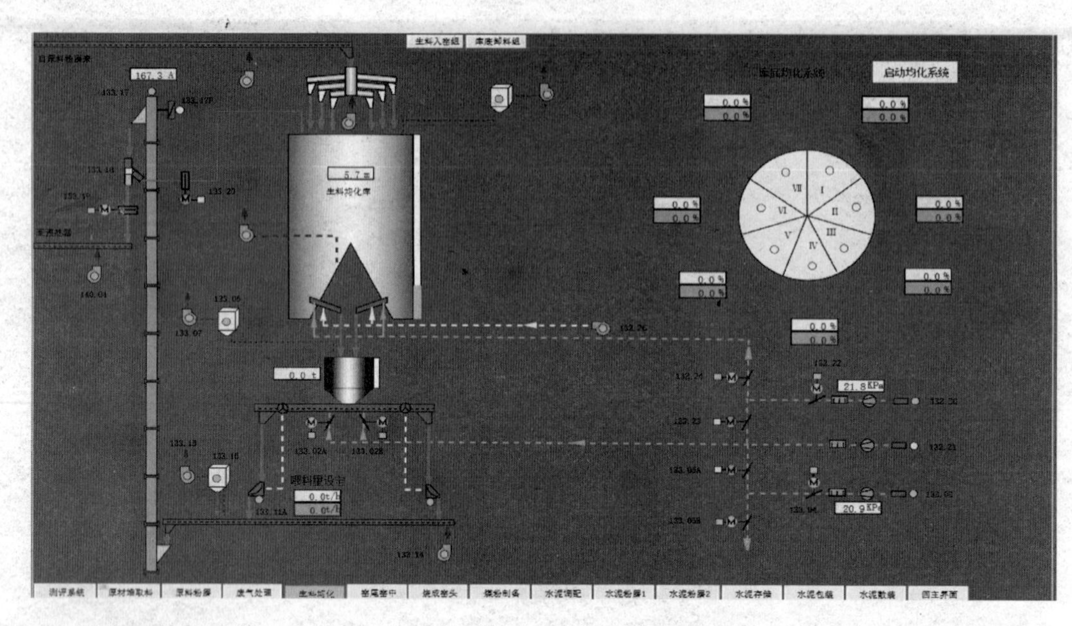

图 4-4-12　电动平板闸阀启动操作界面

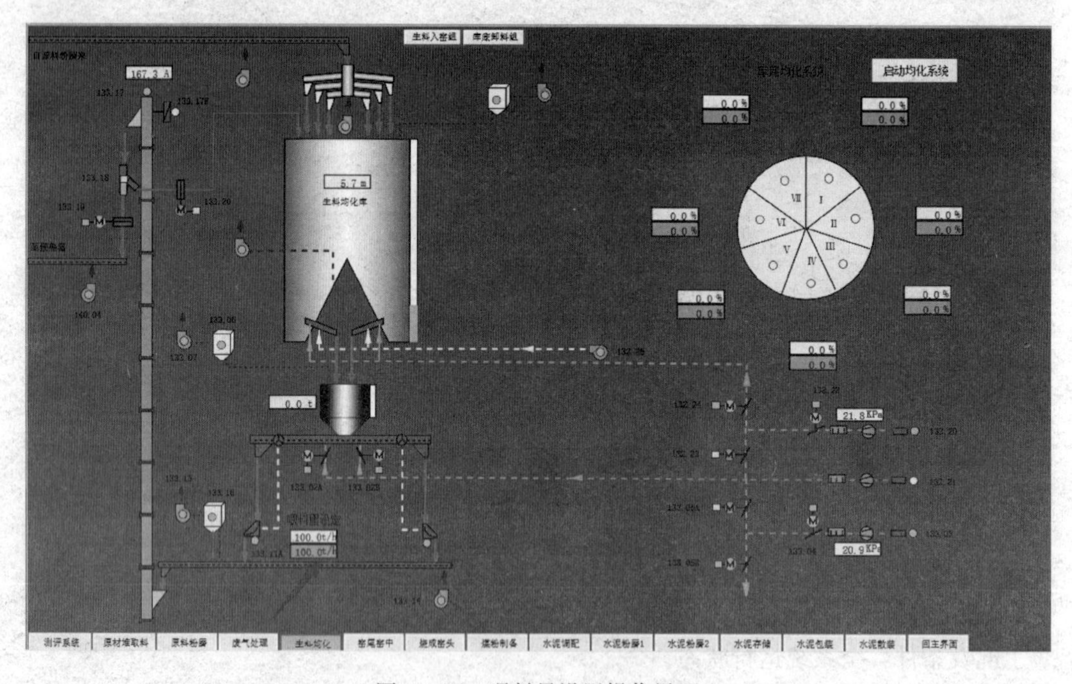

图 4-4-13　喂料量设置操作界面

4.4　常见故障及处理方法

（1）库内物料下落不匀或塌方。有时均化库充气设备运转正常，出磨生料成分符合控制要求，且库内也储有一定量的生料，但均化效果却明显下降，不能满足入窑生料要求。出现这种情况主要是由于库使用期间，由于生料入库水分控制不好（例如增湿塔湿灰进入库内）使库内充气箱透气性能减弱，从而可能造成一个卸料沟道内仅有一个或两个卸料口向库中心室卸料，或库内出现大漏斗，入库生料通过大漏斗快速抵达中心室，使 MF 库重力混合作用明显减弱。库内生料停用一段时间再使用也易发生上述现象。显然解决这一问题的办法是限制入库水分，并同时把库内生料用至接近放空，使库内原有流动性不好的生料放出后，再加入干燥生料，从而使库的操作恢复正常。严重时需待窑检修时清库检修。

（2）充气箱充气材料的更换。均化库内充气材料有时易损坏，很多时候充气材料由于工具落入，或在库内清料时，被工具刮刺而造成损坏。如果不能及时发现，生料就会充满充气箱，充气箱失去作用，有时甚至会返回到电磁阀、罗茨风机中。充气箱或库内管道漏气也会出现上述情况。更换时，先将附近的生料打扫干净，从充气箱上拆下损坏的充气材料，然后开动风机将充气箱吹干净，换上新的充气材料，更换时，要加密封胶，并检查漏气情况。

（3）电磁阀故障。因均化库底电磁阀较多，尤其在库底工作环境差时，电磁阀可能会发生故障。当环形区或中心室充气罗茨风机在某段时间出口压力明显超过正常操作压力时，可能是该开启的电磁阀发生故障，此时可检查电磁阀，判断出故障电磁阀，更换阀芯或阀体。平时应加强库底通风，延长电磁阀使用寿命。

（4）当称量仓物料量明显减少。可能是均化库底流量阀出故障，应检查处理或切换到备用卸料装置。如果窑喂料设定值与测定值出现较大偏差并持续一段时间，此时可能是仓底流量阀出故障，需进行处理，如果气动阀不起作用，校正系统无法工作，可能是压缩空气供气问题，需检查压缩空气供气系统。

（5）如果生料仓生料量变化明显，而称量仓罗茨风机出口压力变化不大，说明生料在仓内不能完全流态化，影响仓下流量控制阀的调节精度，从而影响入窑生料量的稳定。可能是风机问题，也可能是充气管道漏气或堵塞，应采取相应措施。

（6）如果窑喂料系统生料喂料量正常，而气力提升泵泵底气室压力明显增加，此时可能是泵底充气层上有杂物或者堵塞，当生料入窑系统能正常运转时，可等停窑时清理。

4.5　日常维护及保养

生料均化库及入窑系统的正常运转与系统内每台设备的正常维护管理密切相关。正常的维护管理既是设备本身的需要，又是系统长期安全运转的保证。本节仅从工艺生产角度阐述主要设备的维护工作，具体要求请详见说明书及规程。

（1）生料均化库应每 3～6 年进行一次同期性检查，放空库内生料，清扫干净。主要检查充气层的损坏情况、库渗水及库底结料情况。第一次进料时，检修期最好缩短至 3 个月以内。当打开库侧入口门时需特别注意生料从入口门向外突然涌出。

（2）生料称量仓每隔 1 年进行一次全面检查，包括充气箱、充气管软联节、进出料设备等。

（3）定期清除提升机底部结块和斗内粘结物料，更换磨损的链条、斗钩及变形的斗子等。

（4）定期更换螺旋输送机吊轴承，清除叶片、机壳内粘结的物料。

（5）按设备有关说明为各设备需要润滑的部分定期添加或更换润滑油。

（6）定期检查收尘器滤袋，每次停车后检查回转臂有无脱落。

（7）定期清除罗茨风机过滤器积灰。

（8）每班清扫现场，擦净设备外壳一次，并清除电机散热片积灰。

任务小结

本任务介绍了生料均化库的原理和入窑生料流程、生料均化及生料入窑系统操作、冷态开车工作、设备常见故障及处理方法以及日常维护及保养。

生料均化库的工作原理就是利用物料的重力切割混合作用来实现生料的均化。它的结构特点是库底边形成漏斗形，中部有一个锥体，库壁与中心锥之间的环形区设有若干个充气区，每个充气区设有一定数量的充气箱，每个区有一条卸料口与充气生料小仓相通。罗茨风机轮流充气；出库生料量由库底卸料阀根据称量仓内料位或荷重传感器显示出的料重来调节与控制。

出库生料由空气输送斜槽送至称重仓，仓底设气动阀、流量控制阀与冲板流量计组成一套喂料计量系统，计量后的流量信号回馈给流量控制阀，及时通过调节流量控制阀的开度来控制喂料量，计量后的生料由空气输送斜槽和入窑提升机送入预热器。生料入窑设有两台袋收尘器，用于提升机、称重仓、空气输送斜槽的收尘，净化后的气体由风机排入大气。由于冲板流量计的传感器要受到此处收尘负压的影响，因此要保持冲板流量计处的负压不要太大，只要保持不冒灰即可。

思考题

1. 画出生料均化及生料入窑系统工艺流程图。
2. 生料入窑运转前需要做哪些准备工作?
3. 称量仓物料量明显减少的原因是什么?
4. 库内物料下落不匀或塌方的原因是什么?
5. 如何对生料均化库及入窑系统进行日常维护及保养?

参考文献

[1] 张宝光，李德江．粉磨生产技术［M］．北京：北京理工大学出版社，2012.
[2] 芮君渭，彭宝利．水泥粉磨工艺及设备［M］．北京：化学工业出版社，2006.
[3] 李坚利，周灰群．水泥生产工艺［M］．武汉：武汉理工大学出版社，2008.
[4] 陈玉平，严峻．水泥粉磨设备操作与维护［M］．武汉：武汉理工大学出版社，2012.
[5] 彭宝利，孙素贞．水泥生料制备与水泥制成［M］．北京：化学工业出版社，2012.